			13	14	15	16	17	18
								² He ヘリウム 4.003 —
			13	14	15	16	17	
			⁵ B ホウ素 10.81 2.04	⁶ C 炭素 12.01 2.55	⁷ N 窒素 14.01 3.04	⁸ O 酸素 16.00 3.44	⁹ F フッ素 19.00 3.98	¹⁰ Ne ネオン 20.18 —
10	11	12	¹³ Al アルミニウム 26.98 1.61	¹⁴ Si ケイ素 28.09 1.90	¹⁵ P リン 30.97 2.19	¹⁶ S 硫黄 32.07 2.58	¹⁷ Cl 塩素 35.45 3.16	¹⁸ Ar アルゴン 39.95 —
²⁸ Ni ニッケル 58.69 1.91	²⁹ Cu 銅 63.55 2.00	³⁰ Zn 亜鉛 65.39 1.65	³¹ Ga ガリウム 69.73 1.81	³² Ge ゲルマニウム 72.61 2.01	³³ As ヒ素 74.92 2.18	³⁴ Se セレン 78.96 2.55	³⁵ Br 臭素 79.90 2.96	³⁶ Kr クリプトン 83.80 —
⁴⁶ Pd パラジウム 106.4 2.20	⁴⁷ Ag 銀 107.9 1.93	⁴⁸ Cd カドミウム 112.4 1.69	⁴⁹ In インジウム 114.8 1.78	⁵⁰ Sn スズ 118.7 1.96	⁵¹ Sb アンチモン 121.8 2.05	⁵² Te テルル 127.6 2.10	⁵³ I ヨウ素 126.9 2.66	⁵⁴ Xe キセノン 131.3 —
⁷⁸ Pt 白金 195.1 2.28	⁷⁹ Au 金 197.0 2.54	⁸⁰ Hg 水銀 200.6 2.00	⁸¹ Tl タリウム 204.4 2.04	⁸² Pb 鉛 207.2 2.33	⁸³ Bi* ビスマス 209.0 2.02	⁸⁴ Po* ポロニウム (210) 2.00	⁸⁵ At* アスタチン (210) 2.20	⁸⁶ Rn* ラドン (222) —
¹¹⁰ Ds* ダームスタチウム (269)	¹¹¹ Rg* レントゲニウム (272)	¹¹² Cn* コペルニシウム (285)	¹¹³ Uut* ウンウントリウム (284)	¹¹⁴ Fl* フレロビウム (289)	¹¹⁵ Uup* ウンウンペンチウム (288)	¹¹⁶ Lv リバモリウム (293)	¹¹⁷ Uns* ウンウンセプチウム (293)	¹¹⁸ Uno* ウンウンオクチウム (294)

⁶⁴ Gd ガドリニウム 157.3	⁶⁵ Tb テルビウム 158.9	⁶⁶ Dy ジスプロシウム 162.5	⁶⁷ Ho ホルミウム 164.9	⁶⁸ Er エルビウム 167.3	⁶⁹ Tm ツリウム 168.9	⁷⁰ Yb イッテルビウム 173.0	⁷¹ Lu ルテチウム 175.0
⁹⁶ Cm* キュリウム (247)	⁹⁷ Bk* バークリウム (247)	⁹⁸ Cf* カリホルニウム (252)	⁹⁹ Es* アインスタイニウム (252)	¹⁰⁰ Fm* フェルミウム (257)	¹⁰¹ Md* メンデレビウム (258)	¹⁰² No* ノーベリウム (259)	¹⁰³ Lr* ローレンシウム (262)

( )内に示した。

有機反応論

加納航治 著

三共出版

はじめに

　有機化学における反応を理解するための手法には大別して2つある。その1つは，官能基別の化学であり，この手法は有機化学を始めて学ぶ者にとって有効である。他の1つは，反応機構別に学ぶ手法である。ここでは，このような学問を「有機反応論」とよんでいる。有機反応論は，官能基別の有機化学を習得した後，さらに反応を系統的に理解しなおす方法として非常に役に立つのみならず，今後，新しい化合物を合成していく場合の合成設計を可能にするためには必要不可欠な学問である。

　有機反応論については，これまでに多くの教科書が出版されてきた。三共出版の『基礎有機反応論』もその1つであり，1989年に初版が出版されて以来すでにかなりの年月がたった。この間，有機反応論の内容が大きく変わったわけではないが，1つの注目すべき変化としては，有機化学を理解するうえでの分子軌道法の重要性が，最近ますます大きくなってきたことがあげられる。

　このような状況下ではあるが，有機反応論では原子価理論に基づく反応機構と分子軌道計算の結果から有機反応を理解するフロンティア分子軌道理論とは，いまだに別々の教科書にまとめられている。そのために，学ぶ側の学生諸君は有機反応論と分子軌道法とが上手くかみあって理解できないと感じているだろう。本書では，あくまでも原子価理論に基づく有機反応論に主眼を置いているが，フロンティア分子軌道も随所に取り入れ，新しい有機化学の理解方法も不十分ではあるが一部解説した。大学あるいは工業高等専門学校においては，原子価理論のみで講義されるところもあろうかと思われる。そのような講義では，フロンティア軌道理論のか所を飛ばしていただいても，まったく差し支えないようにした。

　本書を執筆するにあたり，ボルハルト・ショアー，『現代有機化学（上）（下）』を参考にさせていただいた。著者がこの教科書で「有機化学」を講義しているためである。また，分子の静電ポテンシャルやHOMO, LUMOの計算には，BioMedCAChe Version6.1.12.34（Fujitsu）を用いた。ほとんどの計算は半経験的分子軌道計算AM1によったが，一部PM3を用いた。計算結果は本文中ではモノクロームで図示したが，巻末には理解を助けるためにカラーの図をまとめて載せているので利用していただきたい。BioMedCACheはやや高価であり，学生諸君が自分のコンピュータにインストールして使うわけにはいかない。汎用ソフトとしては，Chem3D Plusがあり，大学の化学の研究室にはたいてい備わっている。これを使って，分子軌道計算することができる。

　著者の専門外のところまでふくめてこの教科書は書かれている。そのため，分子軌道法の記述に不十分な個所があるのではないかと危惧される。読者のご指摘，ご教示を歓迎するしだいである。

　本書を出版するにあたり，三共出版の秀島　功氏には非常にお世話になった。ここに深謝の意を表したい。

2006年　新春

加納航治

目　次

1　化学結合
- 1.1　原　子 ··· 1
- 1.2　分　子 ··· 3
- 1.3　炭素の混成軌道 ·· 5
- 1.4　その他の原子の混成軌道 ·· 9

2　分子軌道法
- 2.1　H_2 の分子軌道法と共有結合 ·· 15
- 2.2　メタンの分子軌道 ··· 18
- 2.3　エチレン（エタン）の分子軌道 ··· 19

3　酸と塩基
- 3.1　酸・塩基の定義 ·· 21
- 3.2　酸解離平衡定数 ·· 23
- 3.3　置換基の誘起効果と酸解離 ··· 26
- 3.4　酸解離における共鳴効果 ·· 28
- 3.5　酸解離における溶媒効果 ·· 29
- 3.6　酸解離の熱力学 ·· 33

4　脂肪族求核置換反応
- 4.1　S_N2 反応 ·· 34
- 4.2　S_N2 反応の速度論 ··· 35
- 4.3　S_N2 反応の有機反応論的機構 ··· 36
- 4.4　S_N2 反応における Walden 反転 ·· 37
- 4.5　反応のエネルギー図 ·· 39
- 4.6　S_N2 反応における立体障害 ·· 40
- 4.7　S_N2 反応例 ·· 41
- 4.8　求　核　性 ··· 44
- 4.9　脱　離　基 ··· 45
- 4.10　良好な脱離基の用意 ··· 46

4.11	S_N2 反応の分子軌道法的取り扱い	48
4.12	S_N1 反応の有機反応論的機構	51
4.13	S_N1 反応のポテンシャルエネルギー図	54
4.14	S_N1 反応における部分ラセミ化	54
4.15	S_N1 反応における転位	56
4.16	S_N1 反応例	58
4.17	S_N1 反応の分子軌道法的取り扱い	59
4.18	求核置換反応の溶媒効果	60
4.19	非プロトン性極性溶媒と S_N2 反応	63

5 脱離反応

5.1	E2 反応	65
5.2	E2 反応と塩基	68
5.3	E2 反応の立体化学	69
5.4	E2 反応の配向性	73
5.5	E2 反応の分子軌道法的取り扱い	76
5.6	E1 反応	77
5.7	E1 反応の立体化学	78
5.8	E1 反応の分子軌道法的取り扱い	79
5.9	脱離反応の溶媒効果	80
5.10	E1cB 反応	82
5.11	脱離反応の例	83

6 求核付加反応

6.1	カルボニル基の特徴	85
6.2	水の付加	89
6.3	アルコールの付加	92
6.4	シアン化水素の付加	97
6.5	アミンの付加	100
6.6	カルボアニオンの付加	103
6.7	有機金属の付加	106
6.8	ヒドリド移動を含む付加	110
6.9	求核付加反応の分子軌道法的取り扱い	114

7 求核付加 – 脱離反応

- 7.1 カルボン酸誘導体の特徴 ... 116
- 7.2 水との反応 - 加水分解反応 ... 117
- 7.3 アルコールとの反応 ... 121
- 7.4 カルボン酸との反応 ... 125
- 7.5 アミンとの反応 ... 126
- 7.6 カルボアニオンとの反応 ... 127
- 7.7 有機金属との反応 ... 132
- 7.8 ヒドリド還元 ... 135
- 7.9 付加 - 脱離反応の分子軌道法的取り扱い ... 136

8 求電子付加反応

- 8.1 ハロゲンの付加 ... 138
- 8.2 アルケンへのハロゲンの付加反応に対する分子軌道法的取り扱い ... 142
- 8.3 プロトン酸の付加 ... 143
- 8.4 ヒドロホウ素化 - 酸化反応 ... 147
- 8.5 カルベンの付加 ... 149
- 8.6 相間移動触媒 ... 152
- 8.7 過酸との反応 ... 154

9 共役化合物の化学

- 9.1 共役ジエンの水素添加熱 ... 155
- 9.2 Hückel 分子軌道法 ... 156

10 芳香族化合物の特徴と反応性

- 10.1 ベンゼンと脂肪族不飽和化合物との反応性の相違 ... 177
- 10.2 ベンゼンの共鳴安定化 ... 178
- 10.3 芳香族性 -Hückel 則 ... 180
- 10.4 ベンゼンの置換基効果 ... 182
- 10.5 Hammett 則 ... 185
- 10.6 芳香族求電子置換反応 ... 186
- 10.7 芳香族求電子置換反応の分子軌道法的取り扱い ... 189

11 芳香族求電子置換反応　各論
- 11.1 ニトロ化反応 ·· 191
- 11.2 スルホン化反応 ·· 200
- 11.3 ハロゲン化 ·· 203
- 11.4 アルキル化およびアルカノイル化 ······································ 205
- 11.5 カルボキシ化反応 ·· 212
- 11.6 ジアゾカップリング反応 ·· 213

12 芳香族求核置換反応
- 12.1 付加-脱離機構（芳香族 S_N2 反応） ································· 216
- 12.2 アリールカチオン機構（芳香族 S_N1 反応） ·························· 219
- 12.3 脱離-付加機構 ·· 220

13 芳香族ヘテロ環化合物
- 13.1 ピリジン，ピロールおよびフランの構造化学 ···························· 225
- 13.2 求電子置換反応 ·· 228
- 13.3 求核置換反応 ·· 234

索　引 ·· 239
参　考　図 ·· 245

1 化学結合

2つの原子間に働く結合には，共有結合（配位共有結合も含む）とイオン結合とがある。一般に，共有結合，イオン結合および金属結合を化学結合と言う。有機分子の基本骨格は，炭素原子と水素原子の共有結合により形成されている。では，共有結合（covalent bond）とはどのような結合なのだろうか。

1.1 原子

元素周期表を見ると，一番初めに水素Hが置かれており，原子番号（atomic number, AN）は1，原子量は1.00794であることがわかる。ANはその原子が持っている電子の数に等しい。水素原子は1個の電子を持っている。この負電荷の電子を電気的に中和する陽子（proton）が水素の原子核に1個存在する。Hの1個の電子はHの原子核（atomic nucleus）の周りを軌道運動する。この軌道を原子軌道（atomic orbital, AO）と呼ぶ。水素の原子核には中性子（neutron）はないので，質量数（質量数 = 陽子の数 + 中性子の数）は1となる。このような水素原子を ^1H で表す。しかし，自然界には電子の数は1であるにもかかわらず，陽子1と中性子1をあわせ持つ重水素（deuterium）という同位体（isotope）が0.015 %だけ存在する。この重水素は質量数が2である。重水素は ^2H と表す。

炭素Cは元素周期表では第2周期の第14属に位置する原子である。ANは6であるので，6個の電子が原子核の周りを軌道運動する。6個の電子を電気的に中和するように6個の陽子が原子核にあるが，陽子以外に6個の中性子を持つ炭素原子がほとんどである。よって質量数は12となる。このような炭素原子は ^{12}C で表す。自然界には中性子を7個持つ炭素同位体 ^{13}C が1.10 %存在する。

国際純正応用化学連合（IUPAC）は， ^{12}C の質量を12とし，これを基準としてそれぞれの原子の相対質量を決めている。例えば ^1H と ^2H の相対質量はそれぞれ，1.0078および2.0141である。^1H と ^2H の天然存在比は0.99985および0.00015であるので，水素原子の平均質量数（原子量）は

$$\text{水素の原子量} = (1.0078 \times 0.99985) + (2.0141 \times 0.00015) = 1.00795$$

となる。

　水素原子に属する1個の電子は原子軌道 AO にあり，原子核の周りを軌道運動する。Schrödinger の波動方程式を解くと，この電子は連続のエネルギーをとるのではなく，飛び飛びのポテンシャルエネルギーをとる。このことを量子化と言う。原子中の電子のみならず，分子中のあらゆる電子もそれぞれが持つポテンシャルエネルギーは量子化されている。ある原子や分子に存在する1つ1つの電子は，それぞれに異なった1組の量子数を持つ。

n： 主量子数　$n = 1, 2, 3 \cdots n$　　殻：$K, L, M, N \cdots$
　　電子の空間的広がり，つまりポテンシャルエネルギーを決める量子数
l： 方位量子数（軌道角運動量量子数）　$l = 0, 1, 2, \cdots (n-1)$　軌道：s, p, d, f$\cdots$
　　電子雲の形を決める量子数
m： 磁気量子数　$m = \pm 1, \pm 2, \pm 3 \cdots \pm l$
　　電子雲の空間における配向を決める量子数
s： スピン量子数　$s = +1/2, -1/2$
　　電子スピンの磁気モーメントの方向を決める量子数

エネルギー的に最も安定な水素原子と炭素原子の電子配置は図1.1 のようになる。この図から，それぞれの電子が異なった1組の量子数を持つことが分かるだろう。

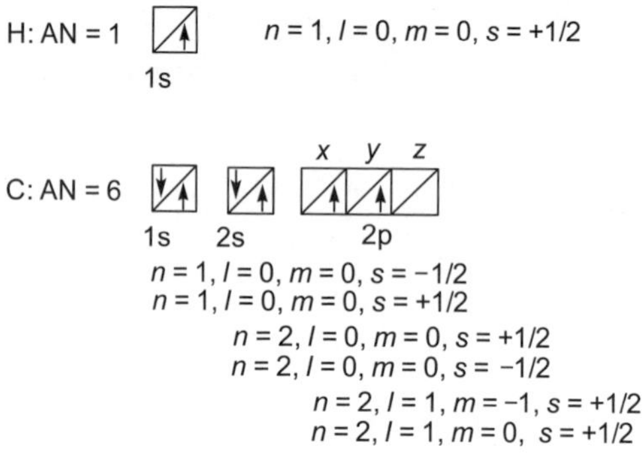

H: AN = 1　　[↑]　　$n = 1, l = 0, m = 0, s = +1/2$
　　　　　　　1s

C: AN = 6　[↑↓] [↑↓] [↑][↑][ ]
　　　　　　1s　 2s　 2p (x y z)
$n = 1, l = 0, m = 0, s = -1/2$
$n = 1, l = 0, m = 0, s = +1/2$
$n = 2, l = 0, m = 0, s = +1/2$
$n = 2, l = 0, m = 0, s = -1/2$
$n = 2, l = 1, m = -1, s = +1/2$
$n = 2, l = 1, m = 0, s = +1/2$

図 1.1　水素原子と炭素原子の電子配置

原子の電子配置は，次の3つの規則に従う。
1. 積み上げ原理（Aufbau principle）：電子はエネルギーの低い軌道から入っていく。
2. Pauli の原理（Pauli の排他律，Pauli's principle）：同一原子中の複数の電子が，全く同じ1組の量子数を持つことはない。
3. Hund の規則（Hund's rule）：エネルギー順位の等しい軌道（例えば p_x，p_y，p_z 軌道）に複数の電子が入る場合，電子はお互いに電子スピンの向きを平行にし，磁気量子数の異なっ

た軌道に入る．

この3つの規則に従うと，炭素原子の電子配置は図1.1のようになる．

> **問題 1-1** ヘリウム，リチウム，フッ素，ネオンおよびナトリウムの電子配置を，図1.1にならって書け．

1.2 分子

　水素原子の1s軌道は電子で埋まっていない．最外殻（原子価殻）の軌道にある電子を原子価電子あるいは価電子（valence electron）と言い，最外殻の軌道にある電子のうち，対を作っていない電子の数を原子価（valence）と呼ぶ．原子価の数だけ，共有結合ができる．水素原子の原子価は1である．よって，水素原子が分子を形成するときには，1つの共有結合ができる．水素分子を考えよう．2つの水素原子（ともに原子価は1）から共有結合を1つ有する水素分子が形成される．量子化学的には，「水素原子の1s軌道同士の相互作用により，1つの結合性分子軌道（bonding molecular orbital）と1つの反結合性分子軌道（antibonding molecular orbital）ができる」ということになる（第2章参照）．

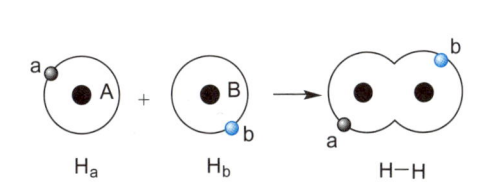

図1.2　2つの水素原子の相互作用による水素分子の生成

　共有結合とは「ある電子がもともと属していた原子の原子核と別の原子に属していた原子核とによって共有されるために生じるエネルギー的に安定な結合」である．図1.2で説明しよう．水素原子H_aのAOと水素原子H_bのAOとが相互作用して水素分子が生じると，電子aは原子核AとBとに共有されることになる．電子bについても同じことが言える．このことによって生じるエネルギーの安定化（安定化のエネルギーが結合エネルギー）により，水素分子の1つのσ結合が形成される．量子化学的には，2つの水素原子のAOが相互作用することにより結合性分子軌道と反結合性分子軌道とが同時に形成され，水素分子中の2つの電子は，結合性軌道に入り，反結合性軌道は空となる．結合性分子軌道は，水素原子の原子軌道よりもエネルギー的に安定であり，このために分子が形成される．結合性軌道に入った2つの電子のスピンの向きは逆である（図1.3）．

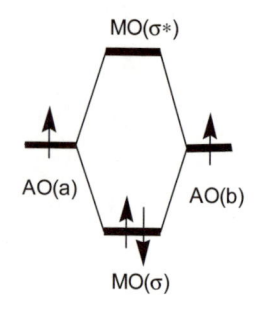

図1.3　2つの原子軌道（AO(a)とAO(b)）の相互作用によって生じる結合性分子軌道（MO(σ)）と反結合性分子軌道（MO(σ*））

次に，フッ化水素分子をとり上げて，Lewisの8電子則を学ぶことにする。フッ素原子はAN = 9 であるから，9個の電子を持っている。

最外殻はL殻（$n = 2$）であり，L殻には7個の原子価電子が配置されている。原子価は1であるので，フッ素原子は1つの共有結合を作ることができる。原子価1の水素原子と1つの共有結合を作って，H-F分子となる。このことをLewis構造式で書くと，式（1-1）のようになる。

$$\text{H}\cdot + \cdot\ddot{\underset{\cdot\cdot}{\text{F}}}: \longrightarrow \text{H}:\ddot{\underset{\cdot\cdot}{\text{F}}}: \tag{1-1}$$

Lewis構造式は，原子の最外殻の電子をそれぞれ点で示し，対を作っていない電子同士で共有結合を形成させる。(1)式を見ると分かるように，H-F中の水素原子の周りには2個の電子があり，不活性気体であるヘリウムの電子配置と同じになっている。一方，H-F中のフッ素原子の周りには8個の電子があり，これはやはり不活性気体のネオンの電子配置に等しい。この「安定な分子を構成する原子の周りの電子配置は，不活性気体の電子配置に等しい」という一般的な規則を，Lewisの8電子則という。この規則は有機化学を学ぶ上で極めて有用である。8電子則は安定なイオンについても成り立つ。

> **問題 1-2**　ナトリウムイオンおよびフッ化物イオンが安定に存在できる理由を，Lewisの8電子則から考察せよ。

1.3 炭素の混成軌道

(1) sp³混成軌道

図1.1の炭素原子の電子配置をもう一度ながめてみると，原子価電子はL殻にある4つの電子であるが，原子価は2となる。よって炭素は2つの共有結合しか作れないことになってしまう。

$$2H\cdot + \cdot \ddot{C}\cdot \longrightarrow H:\ddot{C}:H \tag{1-2}$$

我々が知っている最も簡単で安定な有機分子はメタン（CH_4）であるのに，原子の電子配置からは最も簡単な有機分子はCH_2となる。またCH_2分子中の炭素原子の周りには6個の電子しかなく，Lewisの8電子則に当てはまらない。炭素原子は分子を作るときには原子価4として振舞うことを混成軌道 (hybrid orbital) という概念で見事に説明したのが，L. Paulingである。

混成軌道の考え方は，2s軌道にある1個の電子を昇位させて等価な4つの軌道（sp³混成軌道）を作らせるというものである。sp³という意味は1つのs軌道と3つのp軌道から1組の混成軌道を作るということである。この混成軌道の概念を使えば，炭素は4つのσ結合をつくり，メタンの場合，その4つのσ結合が等価であるという事実が容易に説明できる。

$$4H\cdot + \cdot\ddot{C}\cdot \longrightarrow H:\underset{H}{\overset{H}{C}}:H \tag{1-3}$$

また，Lewisの8電子則も満足する。混成軌道を考えず，2s軌道の電子を単に$2p_z$軌道に昇位させても，炭素の原子価は4になる。もしこのような原子軌道を用いてメタンができるとすれば，

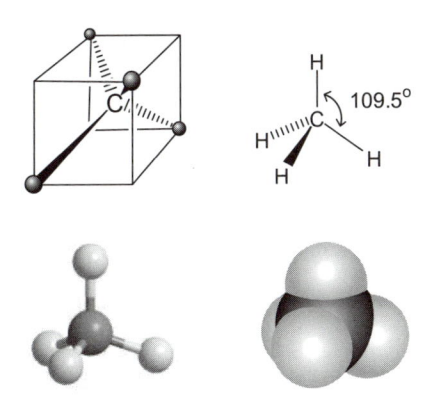

図1.4 sp³混成軌道とメタンの構造

3つのC-H結合のなす結合角は直行した2p軌道のなす角度と同じ90°になるし，さらに，2s軌道1つと2p軌道3つからできる共有結合は等価とはならない。これはメタンの4つの共有結合は等価であるという事実に反する。

sp^3 混成軌道では4つの軌道は等価である。この軌道を用いて CH_4 分子ができると，4つの σ 分子軌道にそれぞれ2個の σ 電子が入る。この負電荷をもった電子間の静電反発を最小にするためには，メタンが正四面体構造をとり，直方体の4つの頂点に水素が位置するような配置をとることになる。

エタン（C_2H_6）はメタンの水素の1つがメチル基に置き換わった化合物である。分子は出来るだけエネルギーの低い状態になろうとする。メタンとは異なり，エタンに対しては立体配座（conformation）を考慮する必要がある。図1.5にエタンの可能な構造を示す。C-C結合の回転により2つの立体配座異性体(conformational isomer, conformer)ができる。1つはねじれ形（staggered conformation）とよばれ，他方は重なり形（eclipsed conformation）とよばれる。重なり形はねじれ形よりも立体反発が大きい分，そのポテンシャルエネルギーは高くなる。このような効果を立体障害（steric hindrance）という。2つの異性体間のエネルギー差はエタンの場合12 kJ/mol程度であり，この程度のエネルギーは室温から獲得できるため，エタンのC-C一重結合は自由回転する。

staggered conformation　　　　eclipsed conformation

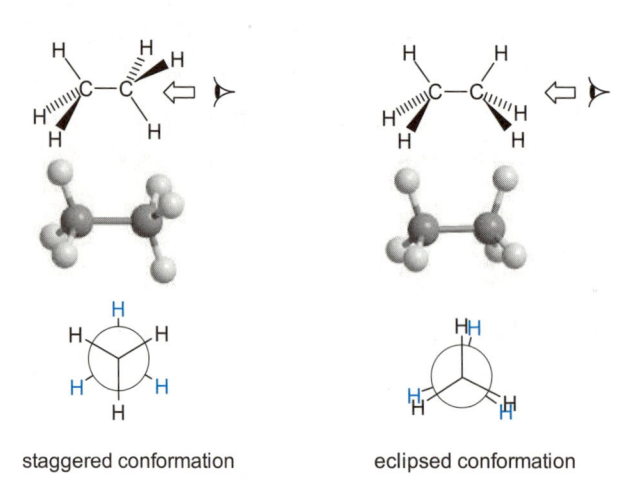

図1.5　エタンの立体配座異性体

（2）sp^2 混成軌道

エチレン（ethylene, エテン ethene）の炭素は3つの σ 結合と1つの π 結合を作る必要がある。このような場合には，1つの2s軌道と2つの2p軌道（$2p_x, 2p_y$）から1組の sp^2 混成軌道を作って3つの σ 結合を形成し，残った $2p_z$ 軌道が1つの π 結合に関わると考える。

3 つの σ 結合がお互いに最も離れるためには（σ 結合の電子による静電反発を最少にするため），お互いが 120° の角度で同一平面に位置するとよい。これら 3 つの σ 結合と π 結合とが最大に離れるためには，π 結合に関わる $2p_z$ 軌道が，σ 結合が置かれている平面に対して垂直に立つ必要がある。

図 1.6 には $2p_z$ 軌道の形（ローブ，lobe）が示されている。この軌道にプラスとマイナスの記

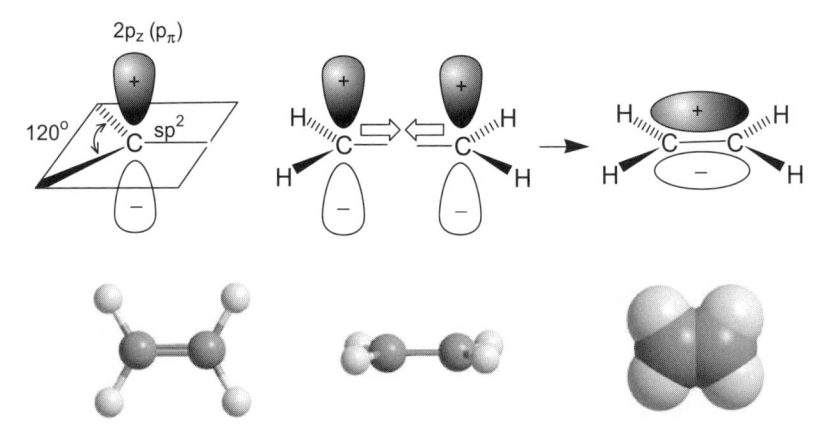

図 1.6　sp^2 混成軌道とエチレン（エテン）の構造

号が書かれているが，これは電荷を表すのではない。原子軌道の位相の符号である。原子の軌道間に結合型の相互作用が生じるためには，位相の符号が同じでなければならない。異符号の軌道間には結合は生じず，反結合性軌道となる。π 結合の場合，結合性軌道は π，反結合性軌道は π* で表現する。

エタンの C-C 単結合は自由回転するが，エチレンの C-C 二重結合は室温では自由回転できない。自由回転するためには，いったん π 結合を切断し，単結合にする必要がある。このためには約 260 kJ/mol ものエネルギーが必要であり，これだけ大きなエネルギーは室温からは得られない。このために，ある種の C-C 二重結合を有する分子には立体異性体（stereoisomer）が存在する。異性体の分類を図 1.7（次ページ）に示す。

（3）sp 混成軌道

アセチレン（acetylene，エチン ethyne）の炭素は 2 つの σ 結合と 2 つの π 結合を作る必要がある。2 つの σ 結合は 1 つの 2s 軌道と 1 つの 2p 軌道（$2p_x$）から作られる 1 組の sp 混成軌道により形成され，残った $2p_y$ と $2p_z$ 軌道が 2 つの π 結合を形成する。

2 つの σ 結合がお互いに最も離れた位置に存在するためには，これらが 180° の角度で直線状に並ぶ必要があり，また π 結合が他の結合と最大に離れるには，この直線状の σ 結合に垂直に 2

立体配座異性体：単結合の回転やねじれによって生じる異性体
　（例）エチレンの重なり形とねじれ形，シクロヘキサンのいす形と舟形

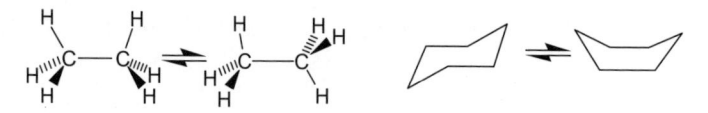

立体異性体（立体配置異性体）：分子を構成する原子や原子団は同じであるが，空間における配置が異なり，お互いに重ね合わすことができない異性体で，立体配座異性体以外の異性体

幾何異性体（geometric isomer）：立体異性体のうち，ある結合に対する原子
　あるいは原子団の位置関係が異なる異性体
　（例）

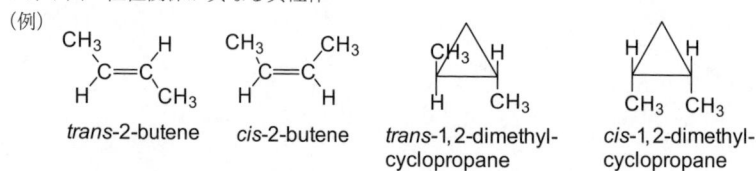

　　trans-2-butene　　cis-2-butene　　trans-1,2-dimethyl-cyclopropane　　cis-1,2-dimethyl-cyclopropane

鏡像異性体（enantiomer）：立体異性体のうち，お互いに鏡像関係にある異性体。
光学異性体（optical isomer）ともいう。
　（例）

　　(R)-alanine　　(S)-alanine

図 1.7　異性体の分類

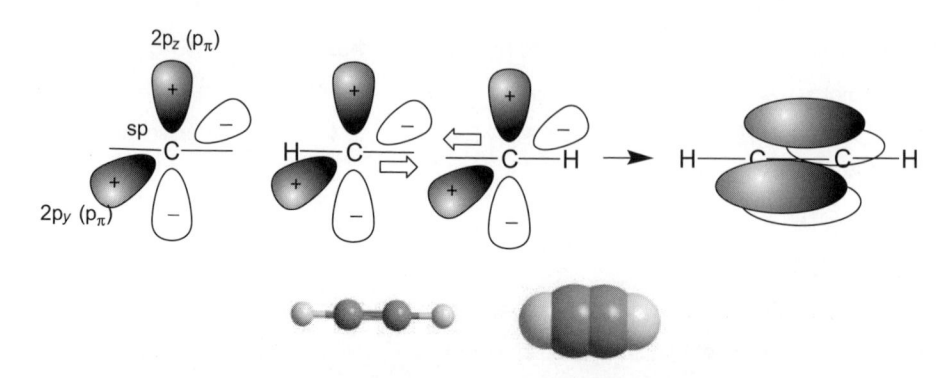

つの p_π 軌道が直交すればよい。

図 1.8　sp 混成軌道とアセチレン（エチン）の構造

　アセチレンの水素は酸性度が高いため，種々の原子あるいは原子団に置き換えることができる。そのため，直線状をした多くのアセチレン誘導体を合成することができる。

> **問題 1-3** アレン (allene, 1, 2-propadiene) $CH_2=C=CH_2$ 中の各炭素原子はどのような混成軌道か。
>
> **問題 1-4** $2s \rightarrow 2p$ の昇位エネルギーを 502 kJ/mol とし，C-H 結合エネルギーを 420 kJ/mol とする。これらの値から，炭素の原子軌道を使って CH_2 分子ができる場合と，sp^3 混成軌道を使って CH_4 分子ができる場合の反応熱 (ΔH^0) を計算し，どちらがエネルギー的に得をするかを論じよ。

1.4 その他の原子の混成軌道

(1) ホウ素とアルミニウム

ホウ素の AN は 5 であり，その電子配置は次のようになる。

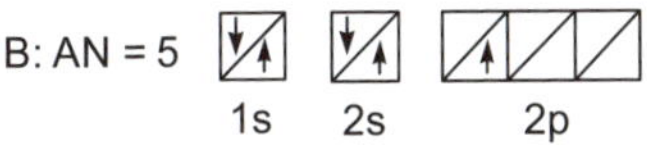

B: AN = 5　1s　2s　2p

ホウ素の原子価電子は 3 個であり，原子価は 1 である。しかし，ホウ素は通常原子価 3 としてふるまう。sp^2 混成軌道を使って，ホウ素は 3 価になると考える。

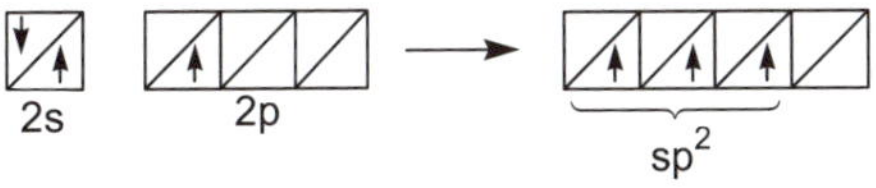

2s　2p　→　sp^2

BF_3 のような分子は sp^2 混成軌道を使っており，そのため，4 つの原子は全て同一平面にあり，結合角は 120° である。

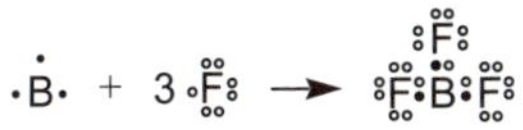

$$\cdot \ddot{B} \cdot + 3 \, \colon\!\ddot{F}\!\colon \longrightarrow \colon\!\ddot{F}\!\colon\!\ddot{B}\!\colon\!\ddot{F}\!\colon \tag{1-4}$$

第 2 章で述べるように，BF_3 のホウ素は Lewis の 8 電子則を満足していないので，Lewis 酸として作用する。

元素周期表を見て欲しい。Al は B と同じ 13 族の原子で，最外殻 ($n=3$, M 殻) の電子配置は B と同じである（同族元素）。Al も B と同様，sp^2 混成軌道を使って，3 価としてふるまう。$AlCl_3$ は Friedel-Crafts 反応の触媒となる Lewis 酸である。

(2) 窒　素

窒素は原子番号 7 の第 15 族の原子である。

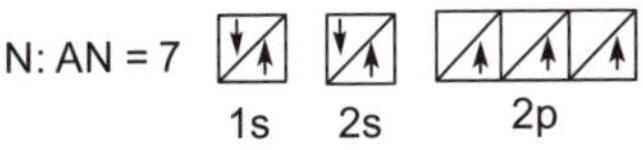

N: AN = 7　1s　2s　2p

原子価は3であり，3つの共有結合ができるはずである。アンモニア分子はNH_3であり，問題なさそうに思われるが，実はそうではない。もし，Nの原子軌道を使ってNH_3分子ができているのであれば，アンモニアの結合角は$90°$のはずである。しかし，実際の結合角は$107°$であり，sp^3混成軌道の結合角に近い。アンモニア分子はNのsp^3混成軌道を使っている。

よって，アンモニア分子はメタンと良く似た構造をしている。非共有電子対（unshared electron pair）あるいは孤立電子対（lone electron pair）と呼ばれる非結合電子対（nonbonding electron pair）はsp^3混成軌道に入っている。

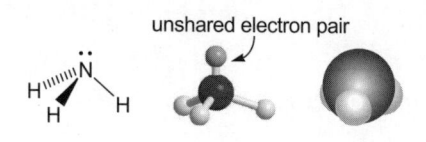

図1.9　アンモニア分子

$R^1R^2C=NR^3$のような$C=N$二重結合を有する分子のNはどのような軌道を使うのだろうか？炭素原子と同様にsp^2混成軌道である。

Nの$2p_z$軌道がCの$2p_z$軌道と相互作用し，$C=N$二重結合のπ結合を形成する。

(3) 酸 素

水分子中の酸素原子もsp^3混成軌道を使う。

水分子の結合角は$104.5°$であり，やはり原子軌道を使うと考えるより，sp^3混成軌道を考えるほうが妥当である。2つの非共有電子対はsp^3混成軌道に入る。

$R^1R^2C=O$のような$C=O$二重結合に対してはsp^2混成軌道の酸素を考える。

よって，アセトンの2つのメチル基の炭素，カルボニル炭素およびカルボニル酸素，さらには2組の非共有電子対は同一平面上に存在することになる。

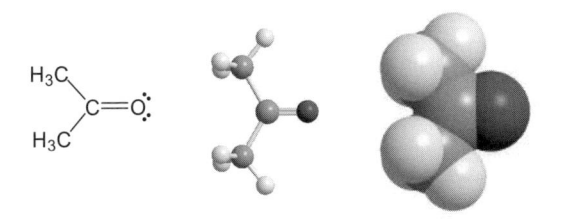

図 1.10　アセトンの分子構造

(4) リ ン

リンの AN は 15 であり，第 3 周期 15 族の窒素同族元素である。よって，最外殻の電子配置は窒素と同じである。

P: AN = 15　1s　2s　2p　3s　3p

ハロゲン化リンの結合角は PF_3, PCl_3, PBr_3 および PI_3 でそれぞれ 104, 100, 101.5 および 98° である。3p 軌道のそれぞれがなす角度（90°）よりも大きな結合角であり，N と同様にハロゲン化リン中のリンは sp^3 混成軌道を用いてハロゲン原子と結合する。

3s　3p　→　sp^3

結合角が 109.5° よりも狭いのは，PX_3 のハロゲン原子にある非共有電子対が P 原子上の非共有電子対と静電反発をするためである。

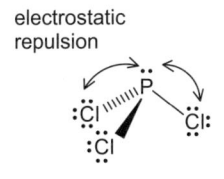

リンの化合物には PCl_5 のようにリンが 5 価となるものがある。このような分子では d 軌道が関与した sp^3d 混成軌道を考えると，上手く説明できる。

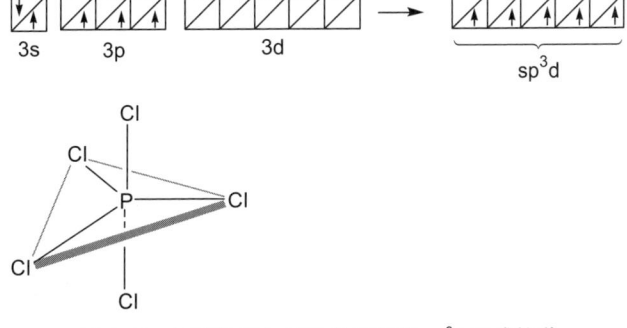

3s　3p　3d　→　sp^3d

図 1.11　五塩化リンの三角両錘型 sp^3d 混成軌道

図 1.11 で PCl$_5$ のリン原子周りの電子数を数えて欲しい。全部で 10 個の電子があり，Lewis の 8 電子則からずれている。Lewis の 8 電子則が適応されるのは元素周期表の第二周期までの原子についてであり，第三周期からはこの規則からずれる分子が多い。このような現象は原子価殻の拡大（valence shell expansion）と呼ばれる。

（5）硫 黄

硫黄は AN が 16 の酸素同族元素である。

S: AN = 16   (1s)^2(2s)^2(2p)^6 3s 3p

硫化水素の結合角は 92.2° であるが，この場合も H$_2$S 中の S は sp^3 混成軌道と考える。硫黄はこのような 2 価以外に，SF$_4$ および SF$_6$ のように 4 価や 6 価の原子として，分子の構成員になる。4 価の場合には sp^{3}d，6 価の場合は sp^{3}d^2 混成軌道を考える。

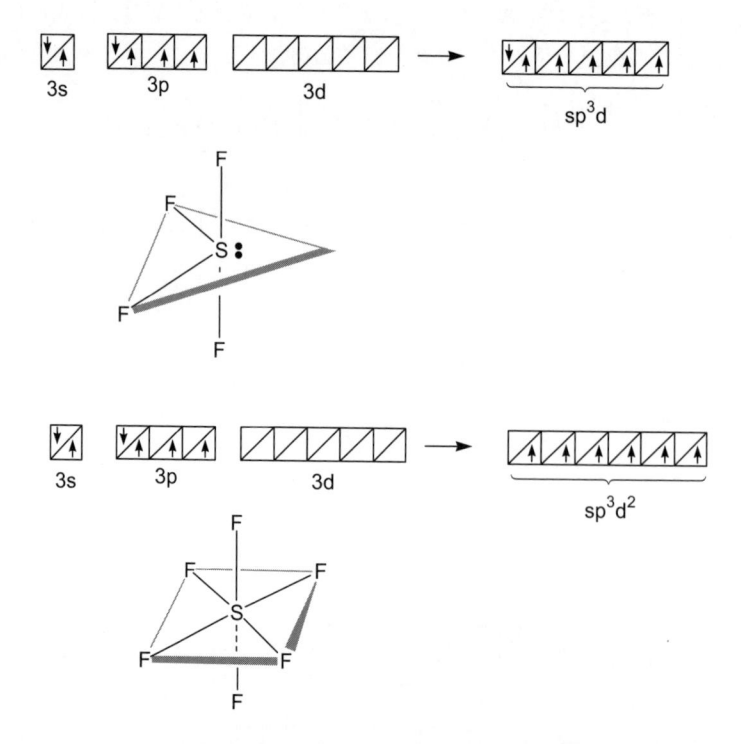

図 1.12　硫黄の sp^{3}d（三角両錐型）および sp^{3}d^2（正八面体型）混成軌道

SO$_3$ 分子はどのような軌道を使っているのだろうか？ SO$_3$ 分子は同一平面に 4 つの原子が存在するので，硫黄の sp^2 混成軌道を使って S-O の σ 結合ができているといえる。3 つの π 結合は硫黄の 3p$_z$ 軌道と 3d 軌道を 2 つ使って形成する。硫黄の 3d 軌道と酸素の 2p$_z$ 軌道の相互作用で π 結合を作る。硫黄の化合物ではこのような π 結合の形成は良く見られる。

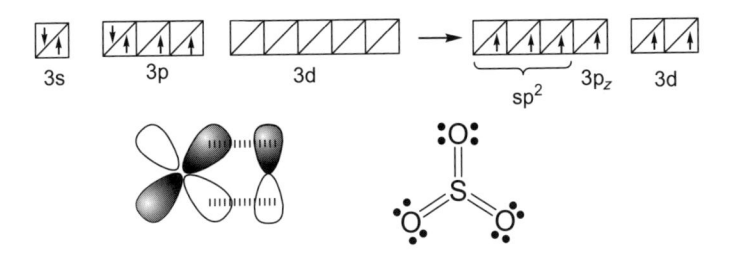

図 1.13 三酸化イオウの結合と混成軌道

p-トルエンスルホニルクロリド（*p*-toluenesulfonyl chloride，TsCl と略す）は有機化学では良く用いられる試薬である。この化合物中の S の混成軌道を考えよう。4 つの σ 結合と 2 つの π 結合が必要である。4 つの σ 結合は sp^3 混成軌道でできる。2 つの π 結合は図 1.14 に示されるような p-d 相互作用で作られる。

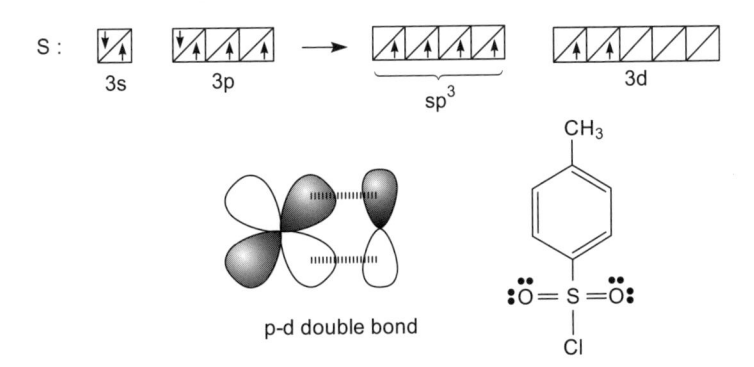

図 1.14 *p*-トルエンスルホニルクロリドの結合

ジメチルスルホキシドの硫黄は sp^3 混成軌道であり，3 つの σ 結合を作りかつ 1 組の非共有電子対が入る軌道となる。1 個の 3d 軌道の電子が π 結合に関与すると考える。

問題 1-5 塩化ベリリウム（BeCl$_2$）は直線状の分子である。Be はどのような混成軌道で塩素と結合していると考えられるか。

問題 1-6 アセトニトリル（CH$_3$C≡N）を構成する全ての原子（水素原子は除く）はどのような混成軌道を使っているか。

2 分子軌道法

　現代の有機反応論においては，量子化学的な知識が不可欠である。ここでは，有機反応論を学ぶうえで最小限必要な分子軌道法について解説する。では，分子軌道法とは何をする方法なのだろうか？ 2つの原子軌道（AO）の相互作用で分子軌道（MO）ができる。原子軌道には原子波動関数があり，分子軌道には分子波動関数がある。波動関数とは軌道上にある電子（波動性と粒子性がある）の状態を表す関数である。分子軌道法とは，ある分子に存在する電子の状態とそれが持つエネルギーを理論的に求める方法である。

2.1　H_2の分子軌道法と共有結合

　水素原子に対しては，Schrödingerの波動方程式を厳密に解くことができる。しかし，水素分子になると厳密解は得られない。そのため，水素分子の波動関数とそのエネルギーを求めるためには近似法が用いられる。その1つにLCAO MO法（Linear Combination of Atomic Orbital Molecular Orbital Theory）がある。

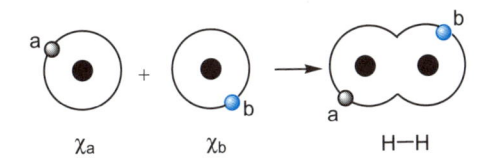

　水素原子AおよびBの原子軌道（AO）をそれぞれχ_aおよびχ_bとする。χ_aとχ_bとが相互作用して生じる分子軌道（MO，1電子波動関数）をφとすると，φは式（2-1）のように近似される。

$$\varphi = C_a \chi_a + C_b \chi_b \tag{2-1}$$

　C_aとC_bはAOにかかる係数である。MOがAOの一次結合で表されるので，このような近似法をLCAO MO法と呼んでいる。水素分子中の1個の電子が有するエネルギーεは式（2-2）となる。

$$\varepsilon = <\varphi|H|\varphi^*>/<\varphi|\varphi^*>^{\text{注1)}} \tag{2-2}$$

H はハミルトン演算子である。φ が複素数を含む場合には，式 (2-2) にはその複素共役関数 φ^* が用いられる。式 (2-2) に (2-1) を代入すると，式 (2-3) が得られる。

$$\varepsilon = (C_a^2 h_{aa} + 2C_a C_b h_{ab} + C_b^2 h_{bb})/(C_a^2 + 2C_a C_b S_{ab} + C_b^2) \tag{2-3}$$

ここで，

$$h_{aa} = <\chi_a|H|\chi_a>, h_{bb} = <\chi_b|H|\chi_b> \quad \text{クーロン積分} \quad (h_{aa} < 0, h_{bb} < 0) \tag{2-4}$$

$$h_{ab} = <\chi_a|H|\chi_b> = <\chi_b|H|\chi_a> \quad \text{共鳴積分} \quad (h_{ab} < 0) \tag{2-5}$$

$$S_{aa} = <\chi_a|\chi_a> = S_{bb} = <\chi_b|\chi_b> = 1 \tag{2-6}$$

$$S_{ab} = <\chi_a|\chi_b> \quad \text{重なり積分} \tag{2-7}$$

変分法により，式 (2-3) の最もありそうな近似の ε を求めるための条件は，エネルギー ε が極小値をとる条件であり，よって

$$\partial \varepsilon / \partial C_a = \partial \varepsilon / \partial C_b = 0 \tag{2-8}$$

となる。式 (2-3) を変形すると，

$$\varepsilon (C_a^2 + 2C_a C_b S_{ab} + C_b^2) = (C_a^2 h_{aa} + 2C_a C_b h_{ab} + C_b^2 h_{bb}) \tag{2-9}$$

となり，式 (2-9) を C_a および C_b で偏微分すると，

$$\begin{aligned}(h_{aa} - \varepsilon)C_a + (h_{ab} - \varepsilon S_{ab})C_b &= 0 \\ (h_{ab} - \varepsilon S_{ab})C_a + (h_{bb} - \varepsilon)C_b &= 0\end{aligned} \tag{2-10}$$

となる。(2-10) 式は永年方程式と呼ばれる。係数 C_a と C_b とが同時にゼロとならないためには，次の永年行列式[注2)]が成り立つ必要がある。

注1) $<\varphi|H|\varphi^*> = \int \varphi H \varphi^* d\tau$, $<\varphi|\varphi^*> = \int \varphi \varphi^* d\tau$

注2) 永年行列式の意味
$aC_a + bC_b = c$
$a'C_a + b'C_b = c'$
の連立方程式の解は

$$C_a = \frac{\begin{vmatrix} c & b \\ c' & b' \end{vmatrix}}{\begin{vmatrix} a & b \\ a' & b' \end{vmatrix}} \qquad C_b = \frac{\begin{vmatrix} a & c \\ a' & c' \end{vmatrix}}{\begin{vmatrix} a & b \\ a' & b' \end{vmatrix}}$$

である。ここで，式 (2-10) では c と c' がともにゼロであるので，C_a，C_b がある有限の値をとるためには，分母の行列式がゼロに等しくなる必要がある。

$$\begin{vmatrix} h_{aa}-\varepsilon & h_{ab}-\varepsilon S_{ab} \\ h_{ab}-\varepsilon S_{ab} & h_{bb}-\varepsilon \end{vmatrix} = 0 \tag{2-11}$$

式 (2-11) を解くと,

$$(\varepsilon-h_{aa})(\varepsilon-h_{bb})-(h_{ab}-\varepsilon S_{ab})^2 = 0 \tag{2-12}$$

となる。水素分子の場合には $h_{aa}=h_{bb}$ であるので, 式 (2-12) は式 (2-13) となる。

$$(\varepsilon-h_{aa})^2-(h_{ab}-\varepsilon S_{ab})^2 = 0 \tag{2-13}$$

よって, 式 (2-13) から, 水素分子中の 1 電子のエネルギーが求まる。

$$\varepsilon_1 = (h_{aa}+h_{ab})/(1+S_{ab}), \quad \varepsilon_2 = (h_{aa}-h_{ab})/(1-S_{ab}) \tag{2-14}$$

式 (2-14) から, 水素分子には, ε_1 と ε_2 の 2 つのエネルギー準位があることがわかる。

式 (2-14) を式 (2-10) に代入して C_a/C_b を求めると,

$$C_a/C_b = 1, \quad C_a/C_b = -1 \tag{2-15}$$

となる。つまり, $C_a=C_b$ と $C_a=-C_b$ という条件が成り立つ。規格化の条件 ($<\varphi|\varphi>=1$) と式 (2-1) から,

$$<(C_a\chi_a+C_b\chi_b)|(C_a\chi_a+C_b\chi_b)> = C_a^2+2C_aC_bS_{ab}+C_b^2 = 1 \tag{2-16}$$

となる。$<\chi_a|\chi_a>=<\chi_b|\chi_b>=1$ である (規格化の条件) ことに注意しよう。規格化の条件とは, ある分子あるいは原子が実在するのであれば, その分子あるいは原子に属している 1 個の電子を全宇宙空間に見つけにいけば, 必ずその電子は見つけられるというものである。

ここで, $C_a=C_b$ のとき, 式 (2-16) は

$$C_a^2(2S_{ab}+2) = 1 \tag{2-17}$$

となるので, C_a として正の値をとれば,

$$C_a = (2+2S_{ab})^{-1/2} = C_b \tag{2-18}$$

となる。

一方, $C_a=-C_b$ のときには, 同様にして

$$C_a = (2-2S_{ab})^{-1/2} = -C_b \tag{2-19}$$

が求まる。式 (2-18), (2-19) および (2-1) から, 水素分子の 1 電子分子軌道は

$$\varphi_1 = (2+2S_{ab})^{-1/2}(\chi_a+\chi_b)$$
$$\varphi_2 = (2-2S_{ab})^{-1/2}(\chi_a-\chi_b) \tag{2-20}$$

と求まる。φ_1 に対応する 1 電子エネルギーは $\varepsilon_1(C_a=C_b)$ であり，φ_2 のそれは $\varepsilon_2(C_a=-C_b)$ である。h_{aa} も h_{ab} も負（< 0）であり，S_{ab} は 1 より小さな値であり，かなりゼロに近い値を持つ。よって，ε_1 のエネルギーを持つ分子軌道 φ_1 は水素原子のエネルギーよりも低い値を持つ。一方，ε_2 のエネルギーを持つ φ_2 は水素原子のエネルギーよりも高くなる（$-h_{ab} > 0$）。

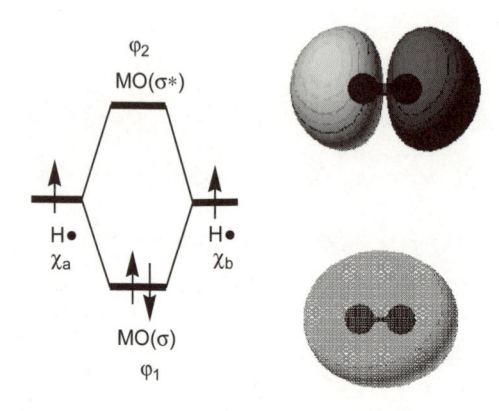

図 2.1　水素分子の結合性 σ 分子軌道と反結合性 σ^* 分子軌道（参考図 1 参照）

1 つの分子軌道には 2 個の電子がスピンの向きを変えて入ることができる。よって，水素分子は通常 φ_1 の軌道（結合性 σ 軌道）に 2 個の電子を保有し，反結合性 σ^* 軌道 φ_2 は空となっている。

2.2　メタンの分子軌道

メタンには 4 つの C-H σ 軌道がある。このような分子には 4 つの結合性 σ 分子軌道（MO）と 4 つの反結合性 MO がある。図 2.2 の左側には 4 つの結合性 MO を，右側には反結合性 MO を示している。ローブの濃淡の違いがローブの位相の違いを示している。

φ_4 は結合性 MO の中では最もエネルギーが高い。このような軌道を最高被占軌道（HOMO）という。φ_5 は反結合性 MO の中では最もエネルギーが低い。このような軌道を最低空軌道（LUMO）という。

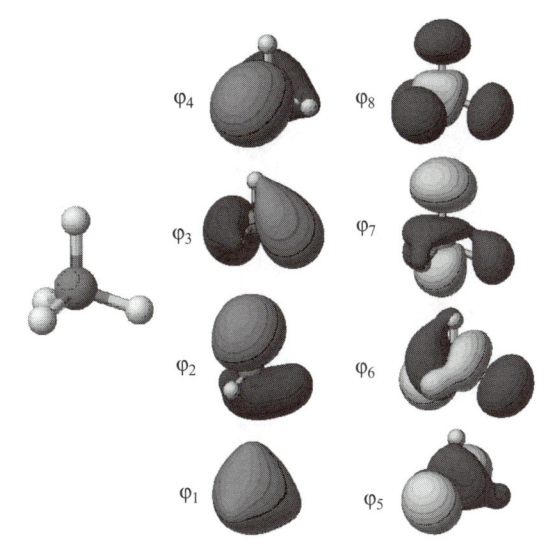

図 2.2　メタンの分子軌道（AM1 計算）（参考図 2 参照）

2.3　エチレン（エテン）の分子軌道

エチレン(エテン)には 4 つの C-H 単結合，1 つの C-Cσ 結合および 1 つの C-Cπ 結合がある。よって MO は結合性軌道が 6 つ，反結合性軌道（反結合性軌道を表すのに＊印を用いる）が 6 つの計 12 ある。図 2.3 には，AM1 という分子軌道計算プログラムで計算したエチレンの最高被占軌道（HOMO）と最低空軌道（LUMO）を示している。結合性 π 軌道のエネルギーは σ 軌道のエネルギーよりも高い。一方，反結合性の π^* 軌道のエネルギーは σ^* のエネルギーよりも低い。よって，図 2.3 に示されている HOMO と LUMO は，エチレンの π および π^* 軌道である。

一般に，有機化学反応には HOMO と LUMO の軌道が大きく関与する。このような考え方は，福井謙一（1981 年ノーベル化学賞受賞）によって，フロンティア電子理論として体系づけられた。

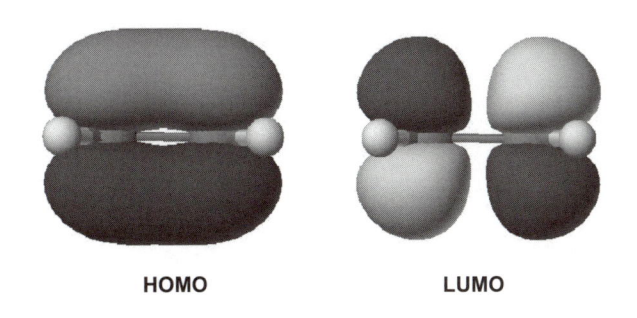

図 2.3　エチレン（エテン）の HOMO と LUMO　（AM1 計算結果）（参考図 3 参照）

問題 2-1 Hückel は，C-C 二重結合を有する化合物の化学的性質の本質は π 結合にのみよるとして，π 分子軌道のみを取り扱う方法を考えた．これを Hückel 分子軌道法と呼ぶ．エチレンの π 軌道を作るための π 原子軌道を χ_a および χ_b とし，1 電子 π 分子軌道を φ とし，水素分子に対する LCAO MO 法をそのままエチレンの π 分子軌道計算に応用して，エチレンの π 分子軌道およびそのエネルギー ε を求めよ．ただし，重なり積分 S_{ab} はゼロとする（単純 Hückel 法）．また，永年方程式において

$(\varepsilon - h_{aa})/h_{ab} = (\varepsilon - h_{bb})/h_{ab} = \lambda$

と置き，永年行列式を解け．（解法は第 9 章に書かれている）

問題 2-2 インターネットを使って，福井謙一の業績について調べよ．

3 酸と塩基

「酸（acid）と塩基（base）」については，充分な知識を習得する必要がある。分子の極性，分子の構造と反応性，化学平衡と熱力学，共鳴の理論，化学反応における電子対の移動の重要性，溶媒効果など，非常に多くの基礎知識が酸・塩基を学ぶことによって習得できる。

3.1　酸・塩基の定義

酸・塩基の定義としては，次の2つが重要である。

(1) Brönsted-Lowry の定義：酸とはプロトン（H^+）供与体であり，塩基とはプロトン受容体である。
(2) Lewis の定義：酸とは電子対受容体であり，塩基とは電子対供与体である。

(1) の定義で酸・塩基を議論するときには，特に酸に対して Brönsted 酸と表現することが多い。一方，(2) の場合には Lewis 酸，Lewis 塩基と呼ぶ。全ての Lewis 塩基は，Brönsted-Lowry の定義でいう塩基でもある。しかし，Lewis 酸は Brönsted 酸とは異なる。酢酸の酸解離を例にとろう。

$$CH_3COOH + H_2O \underset{}{\overset{K}{\rightleftharpoons}} CH_3COO^- + H_3O^+ \tag{3-1}$$

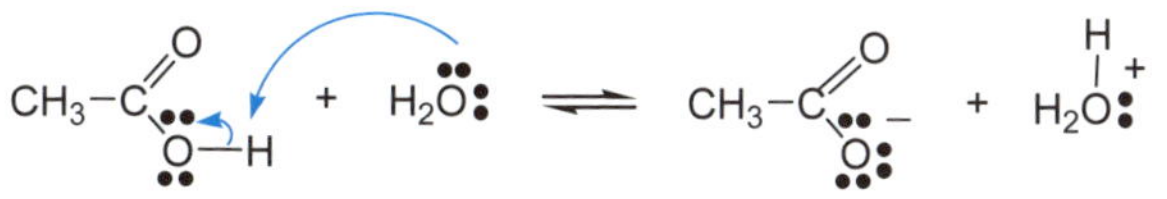

<!-- equation (3-2): arrow-pushing mechanism -->
$$\tag{3-2}$$

酢酸の水中での酸解離は通常式 (3-1) のように書き表される。この酸解離反応を有機反応論的に表現すると式 (3-2) のようになる。

酢酸は水にプロトンを与えているので Brönsted 酸である。一方，水はプロトンを受容しているので Brönsted-Lowry の定義の塩基である。次に平衡反応式の右辺を見てみよう。酢酸アニオン（acetate ion）とオキソニウムイオン（oxonium ion）が酸解離の生成物である。酸解離は平衡反応であるので，右辺から左辺への反応も起こる。酢酸アニオンはオキソニウムイオンからプロ

トンを受容しているので，Brönsted-Lowry の定義の塩基である。酢酸アニオンは酢酸の共役塩基（conjugate base）という。一方，オキソニウムイオンは酢酸アニオンにプロトンを供与しているので酸である。オキソニウムイオンを水の共役酸（conjugate acid）という。

では，酢酸は Lewis 酸の定義にあてはまる酸だろうか？水の持っている電子対を受容していれば Lewis 酸といえるが，受容した形を書けば次のようになる。

$$CH_3-C(=O)(O-H) + H_2O: \rightleftharpoons CH_3-C(=O)(O-H···O-H)^{-+}H \tag{3-3}$$

式（3-3）の右辺のような構造は酸解離の遷移状態に近いが，安定な化学種（chemical species）ではない。よって，酢酸は Lewis 酸とは分類しない。

では次のような場合はどうだろうか？

$$H^+ + H_2O: \rightleftharpoons H_3O^+ \tag{3-4}$$

プロトンは水から電子対を受容している。よって，プロトンは Lewis 酸であり，水は Lewis 塩基である。

代表的な Lewis 酸に三フッ化ホウ素がある。1.4 でも説明したように，BF_3 は Lewis の 8 電子則を満足しない化合物である。BF_3 はアンモニア分子と反応し，塩（salt）を与える。

$$BF_3 + :NH_3 \rightleftharpoons F_3B^- - {}^+NH_3 \tag{3-5}$$

BF_3 はアンモニアからの電子対を受容して 8 電子則を満足する塩となる。よって，BF_3 は Lewis 酸である。塩中の B は形式上 4 価となり，原子核中の陽子の数 3 よりも 1 つ多い電子を持つことになるから，B 上にマイナスをつける。一方，アンモニア中の窒素は形式上，1 個の電子をホウ素に与えたので，N 上にプラスをつける。このような荷電を形式荷電（formal charge）と呼ぶ。第 1 章で学んだように，BF_3 は B の sp^2 混成軌道を使っている。一方，塩中の B は sp^3 混成軌道である。

問題 3-1 メタノールも水と同じようにプロトンを受容することができる。このことを式（3-2）に習って反応式で書け。

問題 3-2 問題 3-1 のメタノールは塩基である。メタノールは Brönsted 酸にもなりうる。強いアルカリが存在すると，メトキシドアニオンとなる。このことを平衡反応式で示せ。

問題 3-3 塩化アルミニウムはクロロメタンと塩を形成する。このことを平衡反応式で示し，それぞれの化合物を Lewis の定義で酸・塩基に分類せよ。

22

3.2 酸解離平衡定数

酢酸の酸解離の平衡式をもう一度書いておく。

$$\text{CH}_3\text{COOH} + \text{H}_2\text{O} \overset{K}{\rightleftharpoons} \text{CH}_3\text{COO}^- + \text{H}_3\text{O}^+ \tag{3-6}$$

ここで，平衡定数 K は

$$K = \frac{[\text{CH}_3\text{COO}^-][\text{H}_3\text{O}^+]}{[\text{CH}_3\text{COOH}][\text{H}_2\text{O}]} \tag{3-7}$$

となる。しかし，少量の酢酸を水に溶かした系であれば，[H_2O] の濃度（純水では 55.6 M）は，酢酸の酸解離によっても変わらないと考えてもよい。したがって，一般には式 (3-8) に示される酸解離に対する平衡定数（酸解離平衡定数，acid dissociation constant）K_a を用いて，Brönsted 酸の酸としての強弱を表している。

$$\text{CH}_3\text{COOH} \overset{K_a}{\rightleftharpoons} \text{CH}_3\text{COO}^- + \text{H}^+ \tag{3-8}$$

$$K_a = \frac{[\text{CH}_3\text{COO}^-][\text{H}^+]}{[\text{CH}_3\text{COOH}]} \tag{3-9}$$

式 (3-9) は酢酸についての K_a であるが，もちろん，他の Brönsted 酸についても同様の式を適応する。式 (3-9) の両辺の常用対数に -1 をかけ，これを pK_a とする。

$$-\log K_a = pK_a \tag{3-10}$$

式 (3-9) から，

$$pK_a = \text{pH} + \log [\text{CH}_3\text{COOH}] - \log [\text{CH}_3\text{COO}^-] \tag{3-11}$$

がえられ，式(3-11)を Henderson-Hasselbalch の式という。この式から，$[\text{CH}_3\text{COOH}] = [\text{CH}_3\text{COO}^-]$ となるとき，その系の pH が酢酸の pK_a に相当することがわかる。

塩基であるアミンの場合には，その共役酸の pK_a をもって，塩基の強弱を判断することが多い。メチルアミン（メタンアミン）を例に取ると，

$$\text{CH}_3\text{NH}_3^+ \overset{K_a}{\rightleftharpoons} \text{CH}_3\text{NH}_2 + \text{H}^+ \tag{3-12}$$

式 (3-12) の酸解離平衡に対する pK_a を，一般にアミンの pK_a と呼んでいる。正確に表現すれば，アミンの共役酸の pK_a となる。

代表的な無機および有機 Brönsted 酸の pK_a を，それぞれ表 3.1 および 3.2 に示す。また，アミンの pK_a を表 3.3 に示す。

表 3.1 無機 Brönsted 酸の pK_a (25℃)

酸	共役塩基	pK_a
NH_3	NH_2^-	36
H_2O	OH^-	15.7
H_2O_2	HO_2^-	11.65
H_3BO_3	$H_2BO_3^-$	9.24
NH_4^+	NH_3	9.2
HCN	CN^-	9.2
H_2S	SH^-	7.02
HF	F^-	3.17
HSO_4^-	SO_4^{2-}	2
HNO_3	NO_3^-	-1.4
H_3O^+	H_2O	-1.74
HCl	Cl^-	-7
HBr	Br^-	-9
HI	I^-	-10
H_2SO_4	HSO_4^-	-10

表 3.2 有機 Brönsted 酸の pK_a (25℃)

酸		共役塩基	pK_a
ギ酸	HCOOH	$HCOO^-$	3.752
酢酸	CH_3COOH	CH_3COO^-	4.756
プロパン酸	CH_3CH_2COOH	$CH_3CH_2COO^-$	4.874
ブタン酸	$CH_3CH_2CH_2COOH$	$CH_3CH_2CH_2COO^-$	4.820
アクリル酸	$CH_2=CHCOOH$	$CH_2=CHCOO^-$	4.26
シュウ酸	HOOC-COOH	$HOOC-COO^-$, $^-OOC-COO^-$	1.2, 4.2
マレイン酸	(cis) HOOC-CH=CH-COOH	mono-anion	1.75
		di-anion	5.83
フマル酸	(trans) HOOC-CH=CH-COOH	mono-anion	2.85
		di-anion	4.10
安息香酸	C_6H_5COOH	$C_6H_5COO^-$	4.20
p-アミノ安息香酸	p-NH_2-C_6H_4-COOH	p-NH_2-C_6H_4-COO^-, p-NH_3^+-C_6H_4-COO^-	2.41, 4.85
p-ニトロ安息香酸	p-NO_2-C_6H_4-COOH	p-NO_2-C_6H_4-COO^-	3.44
フェノール	C_6H_5OH	$C_6H_5O^-$	9.82
チオフェノール	C_6H_5SH	$C_6H_5S^-$	6.6
p-ニトロフェノール	p-NO_2-C_6H_4-OH	p-NO_2-C_6H_4-O^-	7.14
ベンゼンスルホン酸	C_6H_5-SO_3H	C_6H_5-SO_3^-	-6.5
メタンスルホン酸	CH_3SO_3H	$CH_3SO_3^-$	-2
トリフルオロメタンスルホン酸	CF_3SO_3H	$CF_3SO_3^-$	-12
メタン	CH_4	CH_3^-	ca. 60
エチレン(エテン)	$CH_2=CH_2$	$CH_2=CH^-$	44

酸		共役塩基		pK_a
ベンゼン	C_6H_6	$C_6H_5^-$		43
トルエン	$CH_3-C_6H_5$	$^-CH_2\text{-}C_6H_5$		41
アセチレン（エチン）	$CH \equiv CH$	$CH \equiv C^-$		25
アセトン	CH_3COCH_3	$CH_3COCH_2^-$		19.3
2-メチル-2-プロパノール	$(CH_3)_3COH$	$(CH_3)_3CO^-$		18
エタノール	C_2H_5OH	$C_2H_5O^-$		16
メタノール	CH_3OH	CH_3O^-		15
プロトン化エタノール	$C_2H_5OH_2^+$	C_2H_5OH		-2
メタンチオール	CH_3SH	CH_3S^-		10.3
アセトニトリル	CH_3CN	$^-{:}CH_2CN$		25
シクロペンタジエン	(cyclopentadiene)	(cyclopentadienyl anion)		15
マロン酸ジメチル	$CH_3OOCCH_2COOCH_3$	$CH_3OOC\ddot{C}HCOOCH_3$		12.9
ペンタン-2,4-ジオン	$CH_3OCCH_2COCH_3$	$CH_3OC\ddot{C}HCOCH_3$		8.8

表 3.3　アミンの pK_a（25°C）

アミン	酸	塩基	pK_a
アンモニア	NH_4^+	NH_3	9.3
アンモニア	NH_3	NH_2^-	36
メチルアミン	$CH_3NH_3^+$	CH_3NH_2	10.64
エチルアミン	$C_2H_5NH_3^+$	$C_2H_5NH_2$	10.63
ジメチルアミン	$(CH_3)_2NH_2^+$	$(CH_3)_2NH$	10.77
ジエチルアミン	$(C_2H_5)_2NH_2^+$	$(C_2H_5)_2NH$	10.93
トリメチルアミン	$(CH_3)_3NH^+$	$(CH_3)_3N$	9.80
トリエチルアミン	$(C_2H_5)_3NH^+$	$(C_2H_5)_3N$	10.72
フタルイミド	(phthalimide N-H)	(phthalimide N:$^-$)	8.3
ピリジン	(pyridinium)	(pyridine)	5.2
アニリン	$C_6H_5NH_3^+$	$C_6H_5NH_2$	4.6
アニリン	$C_6H_5NH_2$	$C_6H_5NH{:}^-$	25
ジイソプロピルアミン	$[(CH_3)_2CH]_2NH$	$[(CH_3)_2CH]_2N{:}^-$	40
アセトアミド	CH_3CONH_2	$CH_3CONH{:}^-$	17

式（3-9）および（3-10）の定義から分かるように，pK_aの小さな酸ほど，酸として強い。硫酸やヨウ素酸は極めて強い酸である。酢酸は弱酸である。一方，pK_aの大きな化合物の共役塩基は塩基として強い。メタンやベンゼンの共役塩基であるメタニド（methanide, メチルアニオン）やベンゼニド（benzenide, フェニルアニオン）は，極めて強い塩基である。

3.3　置換基による誘起効果と酸解離

　酢酸のpK_aは4.8であるが，酢酸のメチル基の水素の1つをハロゲンに置換すると，pK_aは著しく下がる（表3.4）。

表3.4　ハロゲン化酢酸のpK_a（25°C）

酸	分子式	pK_a
酢　酸	CH_3COOH	4.8
フルオロ酢酸	FCH_2COOH	2.6
クロロ酢酸	$ClCH_2COOH$	2.7
ブロモ酢酸	$BrCH_2COOH$	2.7
ヨード酢酸	ICH_2COOH	3.0
トリフルオロ酢酸	CF_3COOH	0.23
ジクロロ酢酸	$HCCl_2COOH$	1.30
トリクロロ酢酸	CCl_3COOH	0.66

　酢酸のメチル基の水素をすべてハロゲンで置換したトリフルオロ酢酸やトリクロロ酢酸は，かなり強い酸である。なぜ，ハロゲンで置換すると酸として強くなるのだろうか。この答えは，Paulingの提唱した電気陰性度（electronegativity）と電子の非局在化（delocalization）による安定化によって説明される。元素周期表に，各原子に対するPaulingの電気陰性度を示す。

　電気陰性度の値が大きいほど，その原子の電子を引っ張る力は強い。電気陰性度の値が小さな原子は，相手に対して電子を与える力が強い。よって，全原子中でフッ素原子は最も電子を引っ張る力が強い（電気的に陰性）ことが分かる。一方，フランシウム（Fr）は最も電気的に陽性である。

　表3.4を見ると，電気的に陰性な置換基を有する酢酸誘導体のpK_aは低くなる，つまり酸として強くなることが分かる。酸として強いということは，式（3-13）の酸解離平衡反応が右に片寄

$$AH \rightleftarrows A^- + H^+ \tag{3-13}$$

ることを意味する。平衡が右に片寄るということは，A^-およびH^+というイオン種が安定であるということである。H^+は溶媒である水に結合してオキソニウムイオン（H_3O^+）となる。問題はA^-の安定性である。酸としてより強いフルオロ酢酸のアニオンが酢酸アニオンよりも安定であるのは，電気陰性度の大きなフッ素がカルボキシラートイオンの負電荷を引き寄せることにより，負電荷を非局在化させるためである。

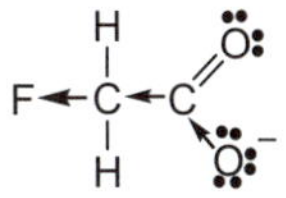

図 3.1 フルオロ酢酸アニオンの＋I 効果

電荷やπ電子が分子全体に非局在化すればするほど，そのイオンやπ電子系は安定化されると考える．図 3.1 に示されているように，カルボキシラートの酸素上の負電荷が，フッ素によって求引され，分子全体に非局在化する．そのため，負電荷の非局在化エネルギーが系に放出され，アニオンは安定化される．この場合のように，置換基により σ 結合を通して電子が流れる効果を誘起効果（inductive effect，I 効果）と呼ぶ．置換基が電子を引き寄せるとき，この効果を＋I 効果と言い，このような置換基は電子求引性基（electron-withdrawing group）と呼ばれる．「吸引」と書かないように注意しよう．逆に電子を供与する基は，電子供与性基（electron-donating group）と言い，このような基が示す I 効果を －I 効果と呼ぶ．トリフルオロ酢酸の pK_a がモノフルオロ酢酸の pK_a よりも小さいのは，より多くのフッ素原子が結合するほど，負電荷の非局在化がより進み，カルボキシラートアニオンがより安定化されるとして理解する．

誘起効果は置換基の位置が遠のけば遠のくほど，効果的に作用できなくなる．その例が表 3.5 に示されている．

表 3.5 モノクロロプロパン酸の pK_a（25℃）

酸	分子式	pK_a
プロパン酸	CH_3CH_2COOH	4.67
2-クロロプロパン酸	$CH_3CHClCOOH$	2.71
3-クロロプロパン酸	$ClCH_2CH_2COOH$	3.92

α-位に Cl を持つ 2-クロロプロパン酸の pK_a はプロパン酸よりも約 2 pK_a 単位も低い値であるが，β-位の 3-クロロプロパン酸ではプロパン酸の pK_a にかなり近くなる．このように，置換基と作用点との距離が遠のけば，著しく I 効果は弱まるという特徴がある．このような，置換基-作用点間の距離の効果はスクリーン効果（screen effect）あるいはしゃへい効果（shielding effect）と呼ばれる．

表 3.2 を見て欲しい．ギ酸（HCOOH）の pK_a は 3.8 であり，酢酸（pK_a 4.8）よりも強い酸である．酢酸のメチル基は電子供与性基である．そのため，カルボキシラートアニオンの負電荷は分子全体に非局在化し難くなり，CO_2^- 基に局在化する傾向が強い．このため，ギ酸よりも酸性度が低くなる．

脂肪族カルボン酸の pK_a は，脂肪族化合物に対する置換基の効果の目安となる．誘起効果のみを考慮した場合の置換基効果を，表 3.6 にまとめて示す．

表 3.6　脂肪族化合物における置換基効果（I 効果のみ）

電子求引性基				電子供与性基	
F	NH_2	OR	NO_2	CH_3	COO^-
Cl	NHR	SH	CN	CH_2CH_3	O^-
Br	NR_2	COOH	NR_3^+	$CH(CH_3)_2$	
I	OH	COOR	C=C	$C(CH_3)_3$	
			C≡C		

ベンゼンやナフタレンのような芳香環に置換基がついている場合には共鳴効果が関与し，表 3.6 とは違った置換基効果となるので注意が必要である（第 10 章参照）。

3.4　酸解離における共鳴効果

アルコールは酸解離しにくいのに，カルボン酸はなぜ弱いながらも水の中で酸解離するのだろうか？酸解離した後の酢酸アニオンの共鳴構造式を図 3.2 に示す。

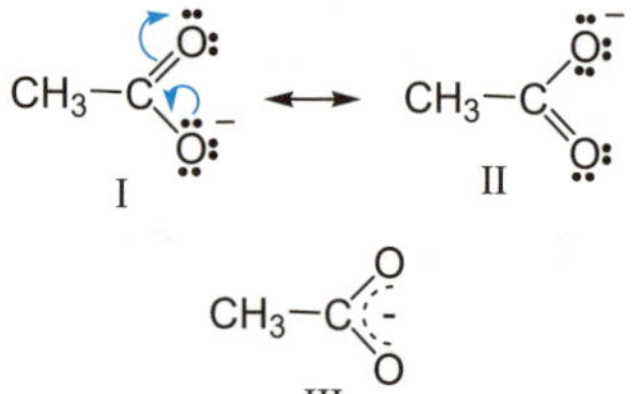

図 3.2　酢酸アニオンの共鳴式と共鳴混成体

図 3.2 には，酢酸アニオンの共鳴構造式（極限式あるいは共鳴限界構造式ともいう，resonance structure）I と II が書かれている。この共鳴構造式では各原子の原子価が正しく守られて書かれている。共鳴の理論では，実際の酢酸アニオンの姿は，共鳴構造式 I と II の共鳴混成体 III であるが，このことを表現するために，便宜上，原子価結合を守って I ↔ II と書くものとする。量子化学計算の結果は III の構造が正しいことを支持しているが，構造式 III では，酸素の原子価が 2 であり，炭素の原子価が 4 であることを表すことができない。したがって，図 3.2 の I および II を用いて，酢酸アニオンを便宜上書き表すものとする。ここにおいても，負電荷は 2 つの酸素原子上に非局在化しており，アニオンが安定化されると考える。共鳴構造式を書く上では 2 つの注意事項を守る必要がある。

（1）共鳴は↔という矢印を用いる。この意味は，酢酸アニオンは図 3.2 の構造式 I と II との間を行ったり来たりするのではなく，この 2 つの構造式を足して 2 で割った構造 III をしているということを示す。決して⇌を使わないように。

（2）共鳴においては電子のみを移動させる。原子核は移動させない。

カルボン酸に比べてアルコールは酸として弱い。pK_a の値を比較すれば分かるだろう。アルコー

ルには，酸解離した後のアルコキシドアニオンの負電荷が非局在化するような共鳴効果が働かない。このことは，アルコールがカルボン酸よりも弱い酸である原因の1つである。

> **問題 3-4** ベンゼンの共鳴構造式を書け。
>
> **問題 3-5** ペンタン-2,4-ジオンの pK_a が 8.8 と非常に低い理由を，共鳴の理論を用いて説明せよ。
>
> $$CH_3-\overset{\overset{\displaystyle ..}{O:}}{\underset{}{C}}-CH_2-\overset{\overset{\displaystyle ..}{O:}}{\underset{}{C}}-CH_3 \quad \underset{}{\overset{pK_a\ 8.8}{\rightleftharpoons}} \quad CH_3-\overset{\overset{\displaystyle ..}{\overset{..}{O:}}}{\underset{}{C}}-\overset{-}{C}H-\overset{\overset{\displaystyle ..}{\overset{..}{O:}}}{\underset{}{C}}-CH_3 \ + \ H^+$$
>
> **問題 3-6** 2-オキソプロパン酸（ピルビン酸，$CH_3COCOOH$）の pK_a は 2.26 と低い。この理由を説明せよ。アルカノイル基 RCO- は電子求引性基であることに注意せよ。

3.5　酸解離における溶媒効果

それぞれの溶媒にはそれぞれの溶媒分子の構造に基づく極性（polarity）がある。溶媒の極性を表すパラメータにはいろいろあるが，最もよく用いられるのは比誘電率（dielectric constant, ε）である。比誘電率は，図 3.3 のような原理で測定される。コンデンサーの2つの電極間に電場 E をかける。真空であれば電極の単位面積あたりの電荷を σ とすれば，

$$E = 4\pi\sigma \tag{3-14}$$

この電極間に溶媒を満たすと，極性のある溶媒はプラス電極に対してはマイナスに分極した部分を向けて配向する。一方，マイナス電極にはプラスに分極した部分を向けて配向する。よって，電場 E は溶媒の電荷によって一部中和される分，弱くなる。これを式（3-15）で表す。

$$E = 4\pi\sigma/\varepsilon \tag{3-15}$$

式（3-15）の ε が誘電率である。式（3-15）からも分かるように，ε の大きな溶媒は強く分極

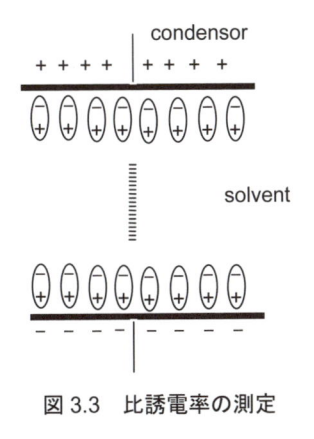

図 3.3　比誘電率の測定

した溶媒であり，そのような溶媒は極性溶媒（polar solvent）と呼ばれる。ε の小さな極性の低い溶媒は無極性溶媒（nonpolar solvent）である。表3.7にいろいろな溶媒の比誘電率を示す。

無極性溶媒と極性溶媒をどの ε の値から分けるかという決まりはない。一般にベンゼンは無極性溶媒に属するが，クロロホルムやジエチルエーテルはやや極性の高い溶媒に分類する。酢酸になれば極性溶媒と言える。

表 3.7　溶媒の比誘電率

溶媒	分子式	温度（℃）	比誘電率
水	H_2O	0	87.74
		10	83.83
		20	80.10
		30	76.55
		40	74.15
		100	55.72
ギ酸	HCOOH	16	58
ジメチルスルホキシド	$(CH_3)_2S=O$	25	46.6
プロパン-1,2,3-トリオール	$HOCH_2CH(OH)CH_2OH$	25	42.5
N,N-ジメチルアセトアミド	$CH_3CON(CH_3)_2$	25	37.8
エタン-1,2-ジオール	$HOCH_2CH_2OH$	25	37.7
アセトニトリル	CH_3CN	20	37.5
N,N-ジメチルホルムアミド	$(CH_3)_2NCHO$	25	37
ニトロベンゼン	$C_6H_5NO_2$	20	35.7
メタノール	CH_3OH	25	32.63
エタノール	C_2H_5OH	25	24.55
1-ブタノール	$CH_3CH_2CH_2CH_2OH$	25	17.51
ピリジン	C_5H_5N	25	12.3
1-オクタノール	$CH_3(CH_2)_7OH$	20	10.34
酢酸	CH_3COOH	20	6.15
クロロホルム	$CHCl_3$	20	4.806
ジエチルエーテル	$C_2H_5OC_2H_5$	20	4.335
ベンゼン	C_6H_6	25	2.274
テトラクロロメタン	CCl_4	20	2.238
ジオキサン	$C_4H_8O_2$	20	2.102
シクロヘキサン	C_6H_{12}	25	2.0152
テトラデカフルオロヘキサン	C_6F_{14}	25	1.68

メタノールは典型的な極性溶媒であるが，水に比べると相当に極性は低い。表3.8には，メタノール-水混合溶媒中の酢酸の pK_a が示されている。

表 3.8　メタノール-水混合溶媒中の酢酸の pK_a（25℃）

メタノール（wt%）	ε	pK_a
10	75.8	4.91
20	71.0	5.07
40	61.2	5.45
60	46.5	5.90
80	36.8	6.63
90	32.4	7.31

表 3.8 から，メタノールの含有量が増え，溶媒の比誘電率が低下すれば，酢酸の pK_a が規則的に大きくなることが分かる．この事実に対する可能な説明は 2 つ考えられる．この点を理解するためには，平衡反応における，反応のエネルギー図を理解する必要がある．

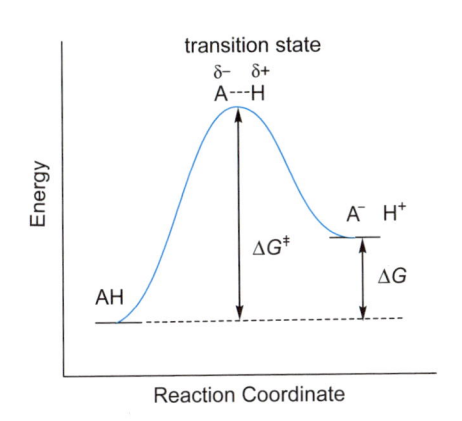

図 3.4 酸解離のエネルギー図

図 3.4 の横軸は反応座標（reaction coordinate）と呼ばれ，反応の進む方向である．時間軸ではないことに注意する必要がある．縦軸はこの場合 Gibbs の自由エネルギーをとる．AH は始原系であり，A^- と H^+ が書かれているところは生成系である．酸である AH は自由エネルギーの山を登り，遷移状態（transition state）に達する．この状態から右の坂を転がれば酸解離が起こり，左に転がれば元にもどる．もちろん，生成系から始原系にもどることもある（横軸が時間軸でない理由）．Gibbs の自由エネルギー変化（ΔG^0）は生成系の自由エネルギー G_f と始原系の自由エネルギー G_i の差である．

$$\Delta G^0 = G_f - G_i \tag{3-16}$$

$$\Delta G^0 = -RT\ln K \tag{3-17}$$

$$\Delta G^0 = \Delta H^0 - T\Delta S^0 \tag{3-18}$$

熱力学においてよく知られた式 (3-17) と (3-18) がある．R は気体定数（$R=8.314$ J/(K·mol)），T は絶対温度，K は平衡定数（ここでは K_a），ΔH^0 と ΔS^0 は，それぞれ標準エンタルピー変化および標準エントロピー変化である．強い酸は大きな K_a を持つので，そのような場合には式 (3-17) から ΔG^0 は小さな値となる．$K_a > 1$ の場合は $\Delta G^0 < 0$ となり，$K_a < 1$ の場合には，$\Delta G^0 > 0$ となる．ΔG^0 は（K_a は）生成系の自由エネルギー G_f と始原系の自由エネルギー G_i のみで決まる．

ここで，溶媒によって ΔG^0 がどのように変わるかを考える．2 種類の比較する溶媒で，G_f がほぼ等しい場合には，G_i が溶媒によってどのように影響を受けるかで，溶媒効果が決まる．一方，G_i が両溶媒でほぼ同じであれば，溶媒効果を決める因子は G_f となる．もちろん，G_i も G_f も溶媒で大きく変わる場合もあろう．

では，酢酸の水とメタノール中の酸解離はどのように説明されるだろうか？

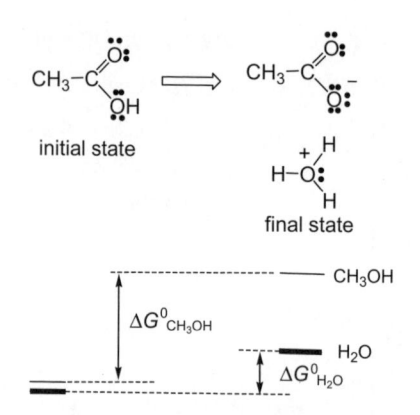

図 3.5　酢酸の水およびメタノール中の酸解離における自由エネルギー変化

　始原系は中性の CH_3COOH である。メタノールも水も，この分子に対して水素結合と van der Waals 相互作用で溶媒和する。そのため，あまり両溶媒で始原系の自由エネルギーは変わらないと思われる。問題は生成系である。生成系は酢酸アニオンとオキソニウムイオンというイオンであり，極めて極性が高い化学種が生じる。細かい議論は後ほどするとして，「極性の高い化合物は極性の高い溶媒によって，より強く溶媒和される」という一般則からすると，生成系は水中のほうがメタノール中よりも安定となる。この様子が図 3.5 に示されている。
　中性の分子やアニオンあるいはカチオンは溶媒とどのような相互作用をするのだろうか？溶質 - 溶媒相互作用（solute-solvent interaction）には，次のようなものがある。
　(1) 分散力（dispersion force）：どのような分子（イオンを含む）も電子を持っている。電子は絶えず運動しているため，ある一瞬においては無極性の分子も電子的なかたよりを生じる。つまり局所的な双極子が生じる。この双極子が近くの分子の双極子を誘起し，このため，これらの 2 分子間に静電相互作用が働くことになる（誘起双極子 - 誘起双極子相互作用）。このような溶質 - 溶媒相互作用は London の分散力といい，無極性分子間に働く van der Waals 相互作用の主たる力である。
　(2) 双極子 - 双極子相互作用（dipole-dipole interaction）：分子が極性を持つような場合，分子間に静電相互作用が生じる。極性のある分子が極性溶媒によく溶けるのはこの相互作用による。

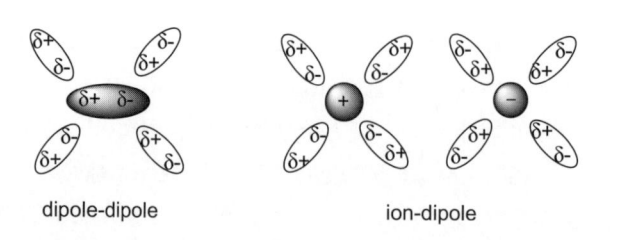

図 3.6　双極子 - 双極子相互作用とイオン - 双極子相互作用のモデル図

　(3) イオン - 双極子相互作用（ion-dipole interaction）：本質的には静電相互作用である。

(4) 水素結合（hydrogen bonding）：分子中の電気的に陰性な原子（ハロゲン，O, S, N, P など）と他の分子中の共有結合した酸性度の高い水素との間に働く静電相互作用である。

(5) その他の特殊な相互作用：電荷移動相互作用（charge-transfer interaction），配位結合（coordination bonding）あるいは疎水性相互作用（hydrophobic interaction）などは，特殊な溶質と溶媒間に働く結合力である。ヨウ素分子がベンゼンに溶けるときに電荷移動相互作用が働き，ベンゼンからヨウ素に電荷が一部移動することにより電荷移動錯体ができる。BF_3 がテトラヒドロフランのようなエーテル系溶媒に溶けるのは，Lewis 酸である BF_3 に Lewis 塩基であるエーテル酸素の非共有電子対が配位共有結合するためである（8.4 参照）。疎水性相互作用は，疎水的な溶質が水の中に溶かされたときにのみ現れる特殊な分子間相互作用である。

では，酢酸アニオンと水およびメタノールとの相互作用を比較してみよう。イオン - 双極子相互作用は極性の高い水の方がメタノールよりも強いといえる。あとは水素結合である。水素結合の基本は静電相互作用であり，より酸性度の高い溶媒が酢酸アニオンとより強い水素結合を作るはずである。しかし，水とメタノールとはその pK_a の値はほぼ同じであり，酸性度は変わらない。しかし，分子サイズの小さな水は分子サイズの大きなメタノールよりも，$-COO^-$ により多く水素結合できる。以上の理由から，水のほうがメタノールよりも酢酸アニオンをより安定化することができる。つまり，酢酸の酸解離は水中のほうがメタノール中よりも起こりやすい。

3.6 酸解離の熱力学

酢酸の 25℃（298 K）における酸解離平衡定数は $K_a = 1.754 \times 10^{-5}$ M である。式（3-17）から，$\Delta G^0 = 27.1$ kJ/mol と求まる。式（3-18）を変形すると，

$$R\ln K = -\Delta H^0/T + \Delta S^0 \tag{3-19}$$

となる。種々の温度での K を求め，ΔG^0 を T に対してプロットするとその直線の傾きから ΔS^0 が求まる（式（3-18）を見よ）。また $R\ln K$ を T^{-1} に対してプロットすると ΔH^0 が求まる（式（3-19））。このようなプロットを van't Hoff プロットという。酢酸の酸解離に対しては，$\Delta H^0 = -0.57$ kJ/mol, $\Delta S^0 = -92.3$ J/(mol・K)（25℃で $T\Delta S^0 = -27.5$ kJ/mol）となる。酢酸の酸解離はわずかな発熱反応であるが，エントロピー的に非常に不利なため，あまり進行しない。ΔH^0 はその反応が発熱か，吸熱かを表すパラメータであり，ΔS^0 は系の乱雑さの変化を表すパラメータである。系の乱雑さが増せば $\Delta S^0 > 0$ となり，逆に乱雑さが減れば $\Delta S^0 < 0$ となる。酢酸 1 分子と水 1 分子とが関与して，酢酸アニオンとオキソニウムイオンとが生じる。特に系の乱雑さが減ったようには見受けられないのに，どうして $\Delta S^0 < 0$ となるのだろうか？エントロピーを議論するときには，反応式に書かれている化学種のみを考慮するだけでは不十分である。溶媒和まで考慮しなければならない。酢酸（始原系）が酢酸アニオンとオキソニウムイオン（生成系）とに解離すると，始原系よりも生成系への水和がより進み，エントロピー的に不利になる。このために $\Delta S^0 < 0$ となる。

4 脂肪族求核置換反応

ハロアルカンのように分子内に良好な脱離基を有する化合物は，求核剤の攻撃により置換反応を起こす。この脂肪族求核置換反応（nucleophilic aliphatic substitution）には，S_N2 反応と S_N1 反応の 2 種類がある。有機反応論の基礎を学ぶ上で，この章は非常に大切である。十分に理解しよう。

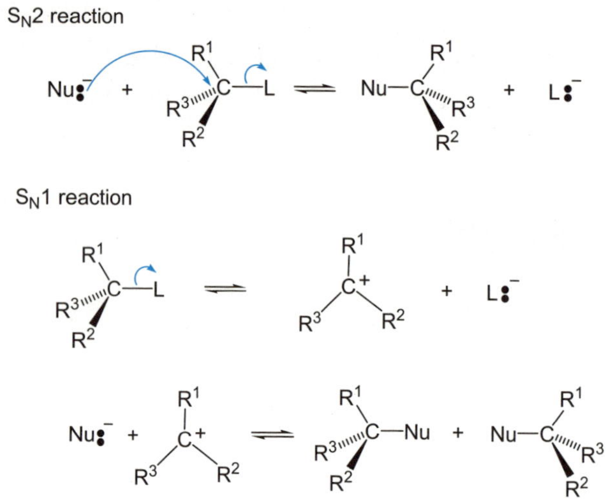

S_N2 reaction

S_N1 reaction

4.1　S_N2 反応

ブロモメタン（bromomethane，慣用名 methyl bromide）は水には溶けないので，水 - エタノール混合溶媒に溶かす。しばらく観測しても，反応が起こっている様子はない。しかし，この中に水酸化ナトリウムを加えて少し加熱すると，ブロモメタンは消失し，代わってメタノールが生成する。この現象を反応式で書くと，式 (4-1) のようになる。

$$CH_3Br + Na^+ + OH^- \xrightarrow{55°C, EtOH-H_2O} CH_3OH + Na^+ + Br^- \tag{4-1}$$

Na^+ は，反応式の左辺にも右辺にも出てくるし，また反応の本質に関わっていないので，通常，反応式には書かない。

$$CH_3Br + OH^- \xrightarrow{55°C, EtOH-H_2O} CH_3OH + Br^- \qquad (4\text{-}2)$$

どのような有機化学反応も，基本的には可逆性があるが，明らかに逆反応が起こり難い場合には，→の矢印を用いる。反応式の矢印上には反応の条件や触媒を書く。式（4-2）で左辺に全体として−1の負電荷があれば，必ず右辺にも全体として−1の負電荷がある。

式（4-2）の反応は，一見なんでもないように見えるかも知れないが，ではなぜこの反応が進行するのか，と問われたら正確に答えられるだろうか？反応がなぜ起こり，また，どのような経路を経て進行するのかを解き明かすことが，「反応機構」を明らかにすることである。詳しい反応機構が分かれば，有機化学を系統的に理解でき，さらには，思い通りの化合物を合理的な経路で合成することができるようになる。

4.2　S_N2 反応の速度論

ある反応を理解するには，まず生成物を知らなければならない。式（4-2）の反応ではガスクロマトグラフィー（GC）やGCと質量分析計（MS）を組み合わせたGC-MS分析が有効である。この教科書ではこのような分析法については割愛する。生成物が分かっても，その反応の機構が分かるわけではない。式（4-2）の反応の機構を知る上では，反応速度論（reaction kinetics）が有効である。$[CH_3Br]_0$を一定にして，$[OH^-]_0$を変化させ，原料（反応基質 substrate という）の消失速度あるいは生成物の生成速度を測定する。式（4-2）の反応では，$[OH^-]_0$に比例して反応速度が増大する。一方，$[OH^-]_0$を一定にして$[CH_3Br]_0$を変えると，$[CH_3Br]_0$に比例して反応速度が増大する。このことを速度式で書き表すと，

$$-\frac{d[CH_3Br]}{dt} = \frac{d[CH_3OH]}{dt} = k[CH_3Br][OH^-] \qquad (4\text{-}3)$$

となる。基質の消失速度は生成物の生成速度に等しく，ブロモメタン濃度に対して1次，水酸化物イオン濃度に対して1次の，計2次の速度式に従う反応である。kは比例定数で二次速度定数（$M^{-1}s^{-1}$）という。式（4-2）の反応が2次の速度式に従うと言うことは，反応速度を決める段階（律速段階，rate-determining step）は，ブロモメタンと水酸化物イオンとが溶液中で拡散・衝突する過程であるということを意味する。このようなことは当たり前とは思わないで欲しい。S_N1反応を学習すれば，速度論の重要性がより理解できるだろう。

速度論からは，反応はCH_3BrとOH^-とが衝突することによって起こり，BrがOHに置換されることがわかった。このような2分子反応を二分子的求核置換反応（bimolecular nucleophilic substitution, S_N2）と呼ぶ。OH^-は負電荷を持っているので，CH_3Br分子中の正に分極した部分を攻撃するだろう。このように，反応基質の正に分極した部分を攻撃する試薬を求核剤（nucleophile）と呼ぶ。求核剤の攻撃を受ける基質の性質は，求電子性（electrophilicity）があるという。一方，OH^-には求核性（nucleophilicity）がある。

4.3　S_N2 反応の有機反応論的機構

では，基質であるブロモメタンのどの部分に求電子性があるのだろうか？この節での説明は，現在でも有機化学の機構を論ずる上で主流となっている伝統的な有機反応論を用いている。

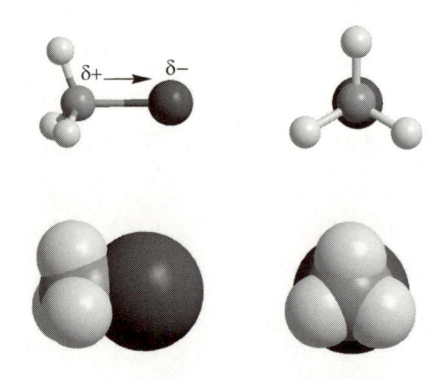

図 4.1　ブロモメタンの分子模型

臭素の電気陰性度は 3.0 であり，炭素の電気陰性度 2.6 よりも大きい。第 3 章の表 3.6 にも書かれているように，メチル基は電子供与性基である。したがって，図 4.1 に示すように，Br の +I 効果によって，メチル基上の電子は Br のほうに引き寄せられている。メタンそのものは分極していない分子であるが，ブロモメタンは双極子モーメント μ が 1.8 D (Debye, 1 Debye = 3.3356 × 10^{-30} Cm) であり，かなり分極した分子である。負電荷を持つ水酸化物イオンは $\delta+$ 性を帯びた炭素原子を攻撃するだろう。OH^- の攻撃方向には様々な可能性がある。

図 4.2　ブロモメタンと水酸化物イオンとの衝突方向
(a) S_N2 反応に不利な方向，(b) S_N2 反応に有利な方向

図 4.2 に 2 つの可能な衝突の方向が示されている。方向 (a) の場合には，負に分極した Br と OH^- との静電反発があり，また，van der Waals 半径の大きな Br によって立体的に邪魔をされて，OH^- は CH_3Br の炭素原子に近寄れない。一方，方向 (b) では静電反発はなく，かつ立体障害もない。方向 (b) が反応を起こすには好都合である。では，方向 (b) から衝突すれば，どのよう

な過程を経て，生成物になっていくのだろうか？可能な反応経路が式（4-4）に書かれている。

$$HO^- + H_3C-Br \longrightarrow HO-CH_3 + Br^- \qquad (4-4)$$

式（4-4）では電子が流れていく方向に矢印を付けている。⌒というように，鏃（やじり）が両方についているときには，2個の電子が対をなして移動していることを示す。⌒のように，鏃が一方にしか付いていないときは，1個の電子のみが移動することを示す。この教科書では，「電子の流れ図」（electron-flow diagram）と表現することにする。式（4-4）では水酸化物イオンが CH_3Br の C-Br 結合の背面から求核攻撃し，C-OH 結合ができるのと同時に C-Br 結合が切れる。このような機構は「協奏機構」（concerted mechanism）と呼ばれる。式（4-4）の反応機構が正しければ，反応は2次の速度式に従うことになる。また，OH^- が C-Br 結合の背面から攻撃するのであれば，メチル基の C-H 結合は反転するはずである。このような反転が実際に起こるのだろうか？

4.4　S_N2 反応における Walden 反転

式（4-4）の反応では，C-H 結合が反転していることを実験的に確かめようがない。しかし，光学活性な基質を用いれば，このことが確かめられる。(R)-(-)-2-ブロモブタンを基質に用いる。

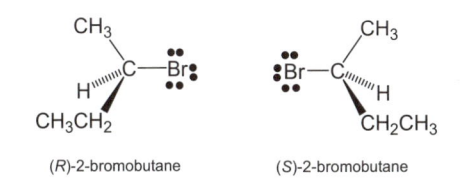

(R)-2-bromobutane　　　(S)-2-bromobutane

ここで，Cahn-Ingold-Prelog の絶対配置表示法を復習しておく。2-ブロモブタンの2位の炭素は不斉炭素（asymmetric carbon）である。不斉炭素に結合している4つの置換基（リガンドということがある）の配置は立体配置（configuration）という。立体配座（conformation）と区別する。立体配座は単結合の回転で変わりうるが，立体配置はいったん結合（σ あるいは π 結合）を切断しない限り変えることはできない。(R)-2-ブロモブタンと (S)-2-ブロモブタンとは，立体異性体（stereo isomer）の関係にあり，不斉炭素を持っているのでエナンチオマー（enantiomer, 鏡像異性体）の関係にある。エナンチオマーの立体配置を表す絶対配置表示法の概略を述べよう。まず，置換基に順位をつける。これは以下の順位則（sequence rule）に従う。

（順位則1）不斉炭素に結合している原子の原子番号が大きなものほど高順位とする。同位体の場合は，質量数の大きいものを高順位とする。

（順位則2）不斉炭素に結合している原子が同一の場合には，次に結合している原子の原子番号で決める。この操作を決着がつくまで続ける。

（順位則3）不飽和結合の場合には，次のようなレプリカ原子を便宜上考える。酸素や窒素原子上の非共有電子対は，原子番号0のピボット原子と考える。

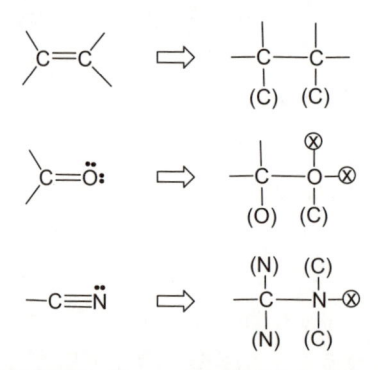

図4.3 レプリカ原子（カッコ内の原子）とピボット原子（⊗）

順位則に従い，4つの置換基に順位をつけた後，最も低順位の原子を目から最も遠い位置に置く。このようにして残りの3つの置換基をながめ，順位の大きな置換基から順番に小さな置換基へと目を移したとき，その方向が時計方向であれば (*R*)（rectus, ラテン語の右の意味），反時計方向であれば (*S*)（sinister, ラテン語の左の意味）とする。

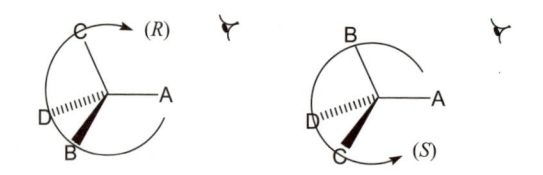

図4.4 絶対配置表示法
この図では置換基の順位をA-B-C-Dとし，Aが最高位，Dを最低位とする。

鏡像異性体を持つ化合物をキラル (chiral) な化合物といい，鏡像関係をキラリティー (chirality) という。キラリティーには中心キラリティー（不斉炭素を持つ化合物），軸性キラリティー，面性キラリティー，ヘリシティーなどの種類がある。

本題にもどる。(*R*)-2-ブロモブタンのOH^-による求核置換反応の生成物（後述するように，この基質は第2級ハロアルカンであり，求核置換反応以外に脱離反応を伴う）は，(*S*)-2-ブタノールのみであり，(*R*)-2-ブタノールは全く生成しない。立体特異的 (stereospecific) に立体配置が反転している。このようなS_N2反応における立体配置の反転を，Walden反転（Walden inversion）という。

$$\text{HO}^- + \underset{\text{CH}_2\text{CH}_3}{\underset{\text{H}}{\overset{\text{CH}_3}{\text{C}}}}\text{-Br} \longrightarrow \underset{\text{CH}_2\text{CH}_3}{\underset{\text{H}}{\overset{\text{CH}_3}{\text{C}}}}\text{-OH} + \text{Br}^- \tag{4-5}$$

式（4-4）の反応では証明できなかったC-H結合の反転が，キラルな基質を用いることにより証明できたことになる。

問題 4-1 (S)-2-ブロモオクタンの OH⁻ による S_N2 反応式を，基質と生成物の立体配置が分かるくさび形構造式を用いて書け。

問題 4-2 式（4-5）や問題 4-1 の反応では E2 反応も同時に進行する。E2 反応生成物の構造式を書け（今，回答ができない場合には，第 5 章を学習後答えてもよい）。

問題 4-3 次の化合物の絶対配置を R, S 表示せよ。

4.5 反応のエネルギー図

S_N2 反応は協奏的に進行する 2 分子反応であり，Walden 反転を伴うということまで分かった。式（4-5）の左辺から右辺へ反応が協奏的に進むのであれば，その過程で基質から生成物へと移行する遷移的な状態が生じるはずである。この状態を遷移状態（transition state）という。式（4-5）の反応の遷移状態は図 4.5 に示されている。

図 4.5 S_N2 反応の遷移状態

図 4.5 のような過程を経る反応のポテンシャルエネルギー図は図 4.6 のようになる。

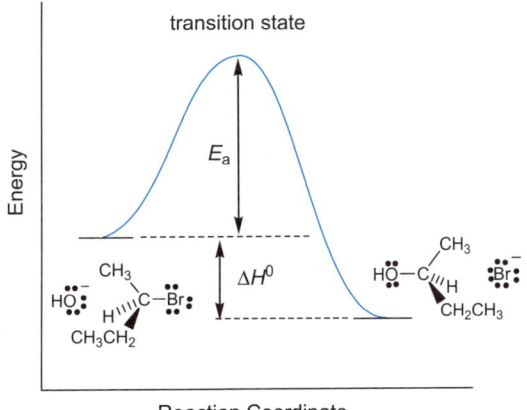

図 4.6 S_N2 反応のポテンシャルエネルギー図

第3章の図3.4を見て欲しい。よく似た図となっている。第3章のエネルギー図の縦軸はGibbsの自由エネルギーであるが，第4章の図4.6の縦軸はポテンシャルエネルギーである。基質と求核剤とが溶液中で拡散・衝突すると，その衝突錯体（collision complex）はある確率で遷移状態へ到達する。遷移状態へ到達できる衝突錯体は，基質のC-H結合の背面から衝突したペアーの内で，遷移状態まで到達するのに必要なエネルギーを保有している分だけである。遷移状態へ到達したペアーが，左のポテンシャルエネルギーの坂を転がり落ちれば元の始原系に戻るが，右の坂を転がり落ちれば生成系へ到達できる。図4.6のE_aはArrheniusの活性化エネルギーであり，ΔH^0は反応熱である。図4.6では生成系のエネルギーは始原系のエネルギーよりも低い。この場合$\Delta H^0 < 0$であり，発熱反応である。協奏的な2分子反応では，中間体（intermediate）は生じない。そのため，反応のポテンシャルエネルギー図は単純で，基質が越えなければならない山は1つのみである。

4.6　S_N2反応における立体障害

式（4-5）に示されるように，S_N2反応では必ずWallden反転が起こる。求核剤は必ずC-Br結合の背面から求電子的な炭素を攻撃しなければならない。このことは，S_N2反応は立体障害の影響を受けやすいということを意味する（式（4-5）および図4.7をながめるとすぐに理解できるだろう）。

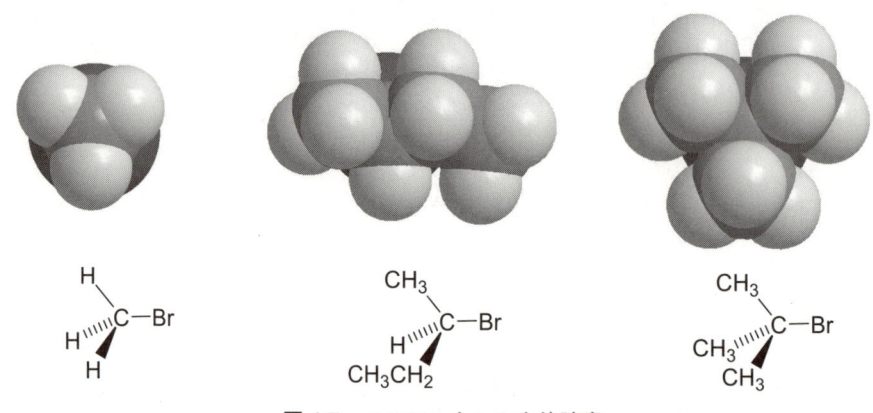

図4.7　ハロアルカンの立体障害

式（4-6）～（4-8）に第1級，第2級および第3級ハロアルカンのエトキシドイオンとの反応が示されている。

$$CH_3CH_2Br + CH_3CH_2O^- \longrightarrow CH_3CH_2OCH_2CH_3 + CH_2=CH_2 \qquad (4\text{-}6)$$
$$100 \quad : \quad 1$$

4 脂肪族求核置換反応

$$\text{(CH}_3\text{)}_2\text{CHBr} + \text{CH}_3\text{CH}_2\text{O}^- \longrightarrow \text{CH}_3\text{CH}_2\text{OCH(CH}_3\text{)}_2 + \text{CH}_3\text{CH}=\text{CH}_2 \quad (4\text{-}7)$$
$$1 \quad : \quad 3$$

$$(\text{CH}_3\text{)}_3\text{C}-\text{Br} + \text{CH}_3\text{CH}_2\text{O}^- \longrightarrow \text{C}_2\text{H}_5\text{OC(CH}_3\text{)}_3 + \text{CH}_2=\text{C(CH}_3\text{)}_2 \quad (4\text{-}8)$$
$$1 \quad : \quad 93$$

アルコキシドイオンは水酸化物イオンと同様に，良好な求核剤である。第1級ハロアルカンのブロモエタンの反応では，主として S_N2 反応生成物であるジエチルエーテル（エトキシエタン）が生じる。脱離反応生成物（第5章参照）であるエチレン（エテン）はほとんど生成しない。この反応は Williamson 反応とよばれるエーテル合成反応である。第2級ハロアルカンの 2-ブロモプロパンでは S_N2 反応生成物である 2-エトキシプロパンの生成は抑制され，代わって脱離反応生成物であるプロペンが主生成物となる。第3級ハロアルカンの 2-ブロモ-2-メチルプロパンでは S_N2 反応は全く進まなくなる（式 (4-8) のエーテルは S_N1 反応生成物）。代わりに脱離反応が進行する。このように，S_N2 反応は立体障害の影響を受けやすいという特徴がある。

> **問題 4-4** 1-ブロモ-2-メチルプロパンは第1級ハロアルカンである。しかし，この化合物はエタノール中ナトリウムエトキシドとの反応で，40% のみが S_N2 反応し，残りの 60% は E2 反応する。この理由を考えよ。第5章を学習後，回答してもよい。
>
> **問題 4-5** 1-ブロモ-2-フェニルエタンは問題 4-4 と同じ条件ではほとんどが E2 反応する (95%)。この理由を基質のくさび形構造式を書いて考察せよ。第5章を学習後，回答してもよい。

4.7 S_N2 反応例

(1) Williamson 反応

この反応は非対称エーテルの合成に適している。

$$\text{CH}_3\text{CH}_2\ddot{\text{O}}{:}^- + \text{CH}_3-\text{I} \longrightarrow \text{CH}_3\text{CH}_2\text{OCH}_3 + \text{I}^- \quad (4\text{-}9)$$

$$\text{HOCH}_2\text{CH}_2\text{CH}_2\text{CH}_2\text{Cl} \xrightarrow{\text{OH}^-} \underset{\text{O}}{\bigcirc} \quad (4\text{-}10)$$

(Mechanism)

$$\text{HOCH}_2\text{CH}_2\text{CH}_2\text{CH}_2\text{Cl} + \text{OH}^- \rightleftharpoons {}^-\text{OCH}_2\text{CH}_2\text{CH}_2\text{CH}_2\text{Cl} + \text{H}_2\text{O} \quad (4\text{-}11)$$

$$:\!\ddot{\text{O}}\!-\text{CH}_2\text{CH}_2\text{CH}_2\text{CH}_2\!-\!\ddot{\text{Cl}}\!: \longrightarrow \underset{\text{O}}{\bigcirc} + :\!\ddot{\text{Cl}}\!:^- \quad (4\text{-}12)$$

(2) Finkelstein 反応

I^- はハロゲン化物イオンの中では最もすぐれた求核剤である。ハロアルカンの I^- による S_N2 反応で, ヨードアルカンが生じる反応は Finkelstein 反応とよばれる。

$$\text{(反応式)} \tag{4-13}$$

(3) Menschutkin 反応

アミンが求核剤となってハロアルカンを攻撃すると, アンモニウム塩を与える。式 (4-14) の反応では, 反応後中和すれば第 2 級アミンが得られるが, 式 (4-15) や (4-16) では, 第 4 級アンモニウム塩が最終生成物である。

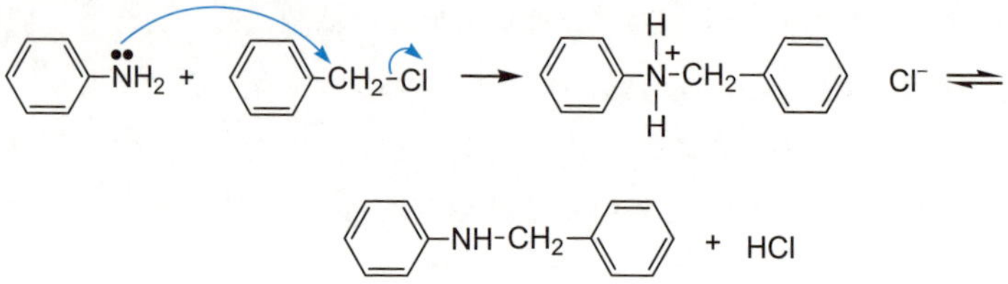

$$\text{(反応式)} \tag{4-14}$$

$$\text{(反応式)} \tag{4-15}$$

$$(C_2H_5)_3N: \ + \ CH_3CH_2I \ \longrightarrow \ (C_2H_5)_4N^+I^- \tag{4-16}$$

(4) ジメチル硫酸, ジアゾメタンによるエステル合成

ジメチル硫酸 (methyl sulfate) は良好なメチル化剤であるが, 猛毒であるので使用には細心の注意が必要である。

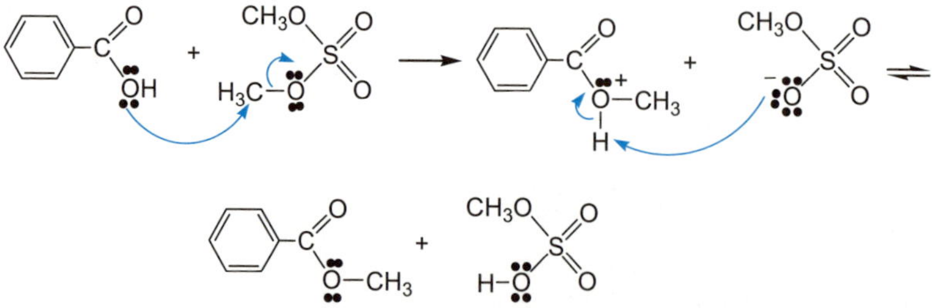

$$\text{(反応式)} \tag{4-17}$$

非解離形のカルボン酸は強い求核剤ではないが, ジメチル硫酸のメチル基は電気陰性な酸素や硫黄の影響で求電子性が高いため, ジメチル硫酸に対しては求核剤となる。式 (4-17) で生成するモノメチル硫酸はもう 1 分子のカルボン酸をエステル化し, 自身は硫酸となる。

ジアゾメタン (diazomethane) はプロトン源があると強力なメチル化剤となる。まず, ジアゾメタンの構造式を非共有電子対まで含めて書けなければいけない。

$$CH_2=\overset{+}{N}-\overset{..}{\underset{..}{N}}: \quad\quad CH_2=\overset{+}{N}=\overset{..}{\underset{-}{N}}: \longleftrightarrow \overset{..}{\underset{-}{C}}H_2-\overset{+}{N}\equiv N: \quad\quad (4\text{-}18)$$

窒素原子の価電子は 5 個である。式（4-18）の左端に書かれた構造では，分子中の全ての原子に対してその価電子の数は満足しているが，原子価 1 の窒素原子が含まれている。このような窒素は sp^2 混成軌道を考えれば可能ではあるが，$2p_z$ 軌道が空になる。このような混成軌道を用い

<!-- 軌道図: 2s, 2p → sp², 2p_z -->

てできる分子は，式（4-18）の左端に書かれているように Lewis の 8 電子則を満足しない分子となる。窒素の原子価が 1 となるような分子は考えてはいけない。よって，原子価結合法を適用したときに書かれるジアゾメタンの構造式は式（4-18）の右に書かれているものである。これらの構造式で表される分子中の 2 つの窒素原子は，いずれも sp 混成軌道である。式（4-18）には 2 つの共鳴構造式が書かれている。右端に書かれた，炭素原子上に負電荷がある構造はもう一方の構造よりも不安定である。なぜならば，窒素よりも電気的に陽性な炭素原子上に負，より陰性な窒素原子上に正の電荷が存在するからである。よって，共鳴構造式の左の寄与がより大きいと言える。しかし，共鳴構造式が示唆するところは，ジアゾメタンは炭素アニオン的な性質を持っているということである。このように考えると，次のような反応が理解できる。

<!-- 反応機構: PhCOOH + CH2=N2 ⇌ PhCOO⁻ + CH3-N≡N → PhCOOCH3 + N≡N -->

$$\quad\quad (4\text{-}19)$$

ジアゾメタンは酸性のフェノール類のメチル化によるエーテル合成にも使える。しかし，この化合物は非常に毒性が強く，かつ爆発性が高いので，使用に際しては細心の注意が必要である。

> **問題 4-6** ヨードメタンのメトキシドアニオンによる S_N2 反応（Williamson 反応）は，2-メチル-2-プロポキシドアニオンによる S_N2 反応よりも速い反応である。その理由を述べよ。
>
> **問題 4-7** 次の反応の機構を電子の流れ図で示せ。
>
> 1) エチレンオキシド + H_2O $\xrightarrow{NaOH}$ $HOCH_2CH_2OH$
>
> 2) N-メチルアクリジニウム塩化物 + OH^- $\xrightarrow{H_2O}$ アクリジン + CH_3OH + Cl^-

3) [反応式: PhCH$_2$OSO$_2$C$_6$H$_4$CH$_3$ + N$_3^-$ → PhCH$_2$N$_3$ + $^-$OSO$_2$C$_6$H$_4$CH$_3$]

($^-$:N̈=N⁺=N̈:⁻)

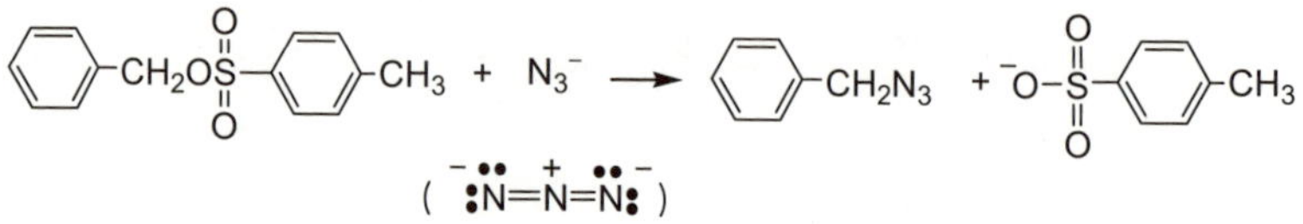

問題 4-8 次の反応の立体化学を解説せよ。

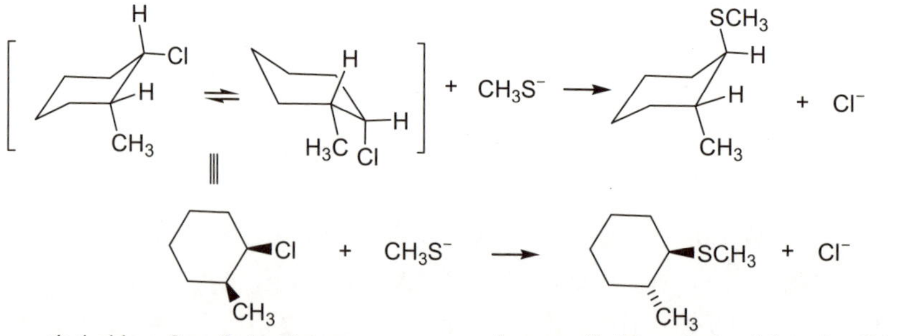

[反応式: cis-1-chloro-2-methylcyclohexane + CH$_3$S$^-$ → trans-methyl 2-methylcyclohexyl sulfide + Cl$^-$]

4.8 求核性

　水酸化物イオンやアルコキシドイオンは強い求核剤であるが，非解離形のカルボキシ基は弱い求核剤である。では，求核剤の強さをどのようにして知ることができるのだろうか。これまで見てきたように，S_N2 反応は，求核剤の非共有電子対が基質の求電子的な炭素を攻撃することにより進行する。すなわち，Lewis 塩基として強い試薬は強い求核剤ということができるだろう。共役酸の pK_a の大きな塩基は強い求核剤と言うことができるのだろうか？大体はこの議論が成り立つ。しかし，求核性は反応をともなうので，必ずしもより強い塩基がより強い求核剤とはいえない。そこで Pearson らは，ヨードメタンの S_N2 反応の速度から，試薬の求核性を定量化した。

$$CH_3I + :Nu^- \xrightarrow{k} CH_3Nu + I^- \tag{4-20}$$

　求核剤として CH$_3$OH を選び（極めて遅い S_N2 反応が起こる），25 ℃における CH$_3$I と CH$_3$OH との S_N2 反応の速度定数（k_{CH_3OH}）を求め，これを基準とする。他の求核剤のメタノール中，25 ℃における S_N2 反応速度定数を k_{Nu^-} とし，求核性定数 n_{CH_3I} を式（4-21）のように定義する。

$$n_{CH_3I} = \log(k_{Nu^-}/k_{CH_3OH}) \tag{4-21}$$

　このようにして求められた求核性定数を表 4.1 に示す。
　表 4.1 から，求核剤の求核性と塩基性の間に，良好な関係がないことがわかる。また，Pearson らの求核性定数は，あくまでもメタノールという限られた溶媒中で求められたものであり，反応に用いる溶媒がかわれば，求核性の序列も変わる。例えば，メタノールなどのプロトン性極性溶媒中ではハロゲン化物イオンの求核性は，F$^-$ < Cl$^-$ < Br$^-$ < I$^-$ の順に強くなるが，非プロトン性

4 脂肪族求核置換反応

表 4.1 Pearson らの求核性定数 n_{CH_3I}

求核剤	共役酸の pK_a	$k(M^{-1}s^{-1})$	n_{CH_3I}
CH_3OH	-1.7	1.3×10^{-7}	0
F^-	3.17	5×10^{-5}	2.7
CH_3COO^-	4.76	2.7×10^{-3}	4.3
Cl^-	-7	3×10^{-3}	4.37
$(CH_3O)_3P$		2×10^{-2}	5.2
C_5H_5N (pyridine)	5.2	2.2×10^{-2}	5.23
NO_2^-	3.29	2.9×10^{-2}	5.35
NH_3	9.25	4.1×10^{-2}	5.5
$(CH_3)_2S$		4.52×10^{-2}	5.54
$C_6H_5N(CH_3)_2$	5.1	5.62×10^{-2}	5.64
C_6H_5SH	(6.46)	6.4×10^{-2}	5.70
$C_6H_5O^-$	9.82	7.3×10^{-2}	5.75
N_3^-	4.74	7.8×10^{-2}	5.78
Br^-	-9	7.98×10^{-2}	5.79
CH_3O^-	15	0.251	6.29
NH_2OH	5.8	0.51	6.60
NH_2NH_2	7.9	0.51	6.61
$(C_2H_5)_3N$	10.72	0.592	6.66
CN^-	9.2	0.64	6.70
$(C_6H_5)_3P$	2.7	1.29	7.00
$(C_2H_5)_2NH$	10.93	1.2	7.00
I^-	-10	3.42	7.42
$(C_2H_5)_3P$	8.69	66	8.72
$C_6H_5S^-$	6.46	1070	9.92

C_6H_5SH の（ ）内の pK_a は，共役酸の値ではなく，C_6H_5SH を酸としたときの値。

極性溶媒中では求核性の強さは逆転し，$I^- < Br^- < Cl^- < F^-$ の順となる。プロトン性極性溶媒中では，ハロゲン化物イオンが溶媒分子と水素結合する。表面電荷密度の大きな F^- や Cl^- はメタノールなどとは強く水素結合する。そのため，S_N2 反応を起こすためには，大きな脱溶媒和エネルギーが必要となり，それだけ活性化エネルギーが大きくなる。非プロトン性溶媒中では，ハロゲン化物イオンの塩基性が大きくなるに従い，その求核性は増大する。

問題 4-9 表 4.1 の求核剤の n_{CH_3I} と pK_a との関係をプロットし，お互いの関係を考察せよ。

4.9　脱　離　基

S_N2 反応では，求核剤が攻撃すると同時に，脱離基（leaving group）が基質から離れなければならない。そのため，S_N2 反応が起こるためには，基質が良好な脱離基を持っている必要がある。

では，どのような基が良好な脱離基なのだろうか？式（4-4）を見直して欲しい。ブロモメタンのC-Br結合の背面からOH⁻が求核攻撃し，同時に脱離するBrは，C-Br単結合中の2つの電子を伴って，基質から離れていく。したがって，良好な脱離基は電子対を引き付ける力の大きな基ということになる。ここで，酸解離を思い起こして欲しい。

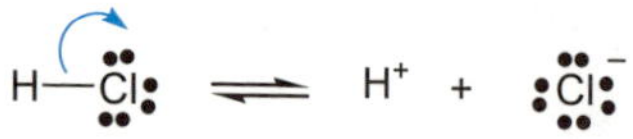

$$H-Cl \rightleftharpoons H^+ + Cl^- \tag{4-22}$$

酸解離でも同じことが起こっている。強い酸は式（4-22）の反応を起こしやすい化合物であり，酸解離するためには，Clが電子対を引き付ける力が強くなければならない。この議論を逆にすると，「良好な脱離基とは強酸の共役塩基である」ということになる。この考えはこれから有機反応論を学ぶ上で，非常に大切である。

式（4-19）を見て欲しい。脱離基はN_2である。N_2は一般に塩基とはいえない。N_2は非常に安定な気体である。このように非常に安定な分子が脱離する場合には，その元になる基は良好な脱離基である。

4.10　良好な脱離基の用意

式（4-4）に代表される，ハロアルカンのOH⁻によるS_N2反応においては，強酸であるハロゲン化水素酸の共役塩基が脱離するので問題はない。では，逆反応はおこるだろうか？

$$Br^- + H_3C-OH \xrightleftharpoons{?} Br-CH_3 + OH^- \tag{4-23}$$

Br⁻は十分に強い求核剤であるが，式（4-23）の反応は起こらない。脱離するOH⁻の共役酸はH_2Oである。H_2OのpK_aは第3章の表3.1を見れば15.7とある。OH⁻は強酸の共役塩基ではないので，良好な脱離基とはいえない。このような反応では工夫が必要である。OHを良好な脱離基に変えてしまえばよい。

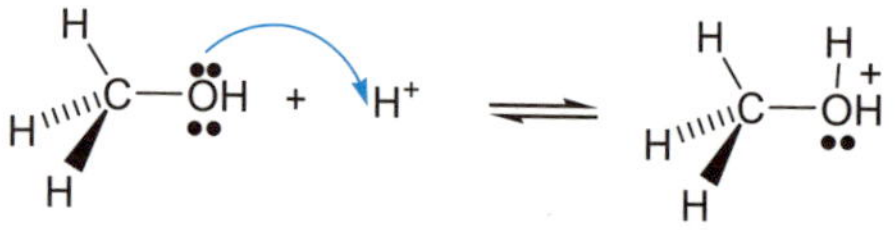

$$H_3C-OH + H^+ \rightleftharpoons H_3C-\overset{+}{O}H_2 \tag{4-24}$$

$$Br^- + H_3C-\overset{+}{O}H_2 \longrightarrow Br-CH_3 + H_2O \tag{4-25}$$

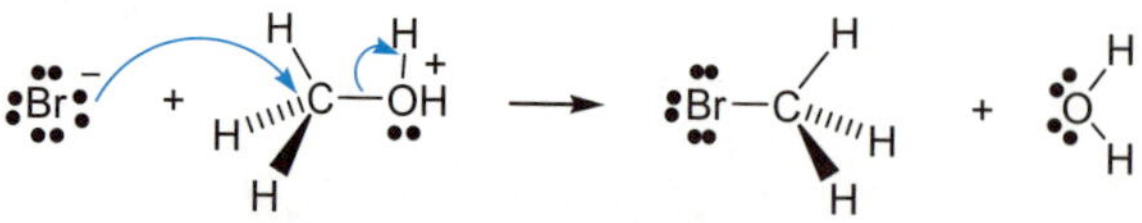

アルカノールを酸触媒で反応させれば，アルコールのごく一部がプロトン化され，水という良好な脱離基が用意される。水の共役酸はH_3O^+で，そのpK_aは-1.74である。式（4-24）のアルコールへのプロトン化は硫酸触媒で行うとよい。Br⁻の求核性は強いので式（4-25）の反応が進行する。触媒に用いるH_2SO_4の共役塩基（HSO_4^-）の求核性は非常に弱いので，反応に関与しない。同様

の反応を HCl を用いて行ってもうまく進行しない。Pearson の求核性定数(表 4.1)をみても分かるように，Br^- に比べて，Cl^- の求核性は弱いからである。この種の S_N2 反応は第 1 級アルコールの場合に限られる。

ヒドロキシ基は官能基であり，種々の反応により修飾できる。その 1 つにスルホニルクロリドとの反応でスルホン酸エステルを与える反応がある。

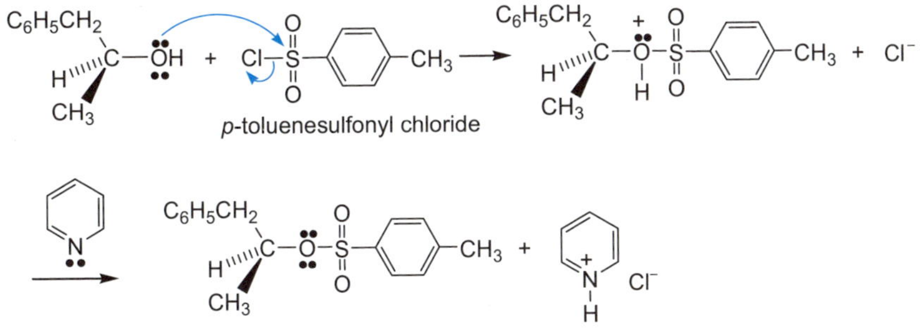

$$\text{(4-26)}$$

式 (4-26) はアルコールのトシラート生成反応であり，ピリジンは生成する HCl の除去に用いる。トシラート以外にアルコールのメシラートやトリフラートもヒドロキシ基の修飾によく用いられる。アルコール R-OH の p-トルエンスルホン酸クロリド（TsCl，トシルクロリドともいう）との反応生成物であるトシラートは ROTs と略す。

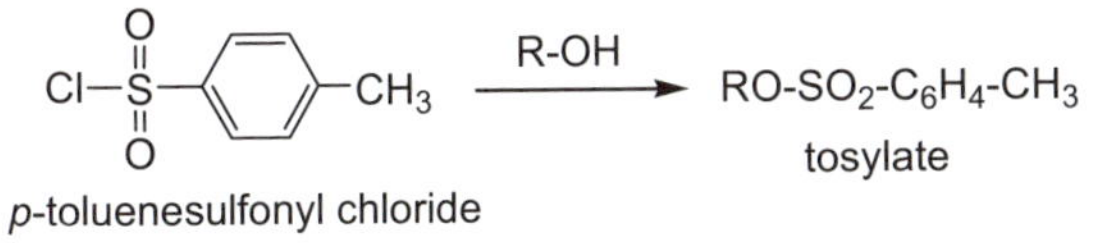

$$\text{(4-27)}$$

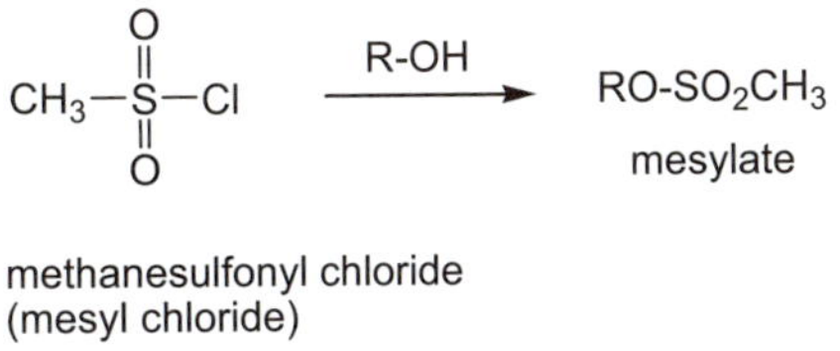

$$\text{(4-28)}$$

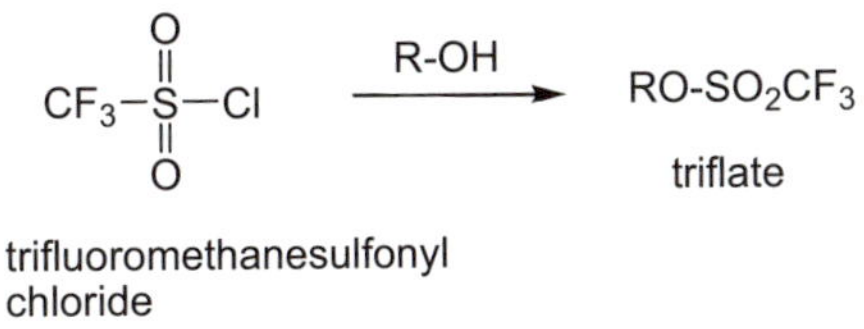

$$\text{(4-29)}$$

これらのスルホン酸エステル類はアルコールの S_N2 反応に利用できる。

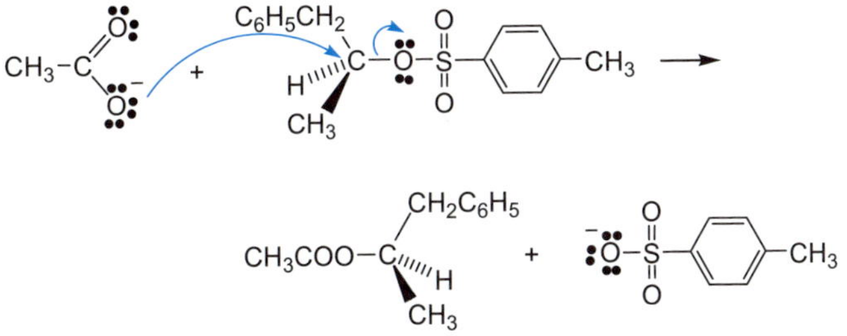

$$\text{(4-30)}$$

式（4-30）の反応の脱離基は p-トルエンスルホン酸アニオン（TsO⁻）である。このアニオンの共役酸は p-トルエンスルホン酸（TsOH）であり，TsOH の pK_a は−2.5 である。アルコールは良好な脱離基ではないが，その誘導体であるアルコールのトシラートは良い脱離基を持っているため，式（4-30）のような S_N2 反応を起こす。アルコールのメシラート（共役酸の pK_a ＝ −2）やトリフラート（共役酸の pK_a ＝ −13）も同様の反応性を示す。トリフラートは「超脱離基（super leaving group）」とよばれ，非常にすぐれた脱離基である。

> **問題 4-10** （S）-2-ブタノールから（R）-2-アジドブタンを合成する経路を反応式を用いて示せ。

4.11　S_N2 反応の分子軌道法的取り扱い

今までの S_N2 反応機構に関する説明には，原子価結合法に基づく古典的な有機反応論を用いた。この手法は現在でも有機化学の反応を理解する上で広く用いられている。一方で，反応を分子軌道の概念を用いて理解しようとする動きも活発になされており，このような手法は現代ではある目的の化合物を合成するときの合成戦略をたてるため，あるいは，ある観測した反応の機構を明らかにするためにはなくてはならないものとなっている。本書では，学部の早い時期からこの分子軌道法によって有機化学を理解する手法に慣れるため，MOPAC という市販の化学計算プログラムで AM1 計算をした結果を用いて，反応機構を理解する努力もする。量子化学の中の分子軌道法というと，はじめから毛嫌いしたくなるかも知れない。しかし本書では，量子化学や分子軌道法に関する最少の知識で有機化学反応を分子軌道法から理解することができるよう構成されている。

第 2 章には，共有結合を理解するために LCAO MO 法という分子軌道法が解説されている。さらに，福井謙一が提唱した「フロンティア電子理論」の簡単な説明も第 2 章に述べられている。今後，有機化学反応の分子軌道法的取り扱いをするうえでの，必要最小限の知識をまとめておこう。

1) 原子には，その原子が有している電子が入る原子軌道（AO）がある。AO の形はローブ（lobe）という。方位量子数（l）がゼロの s 軌道以外の p, d, f 軌道のそれぞれには，＋の位相をもつローブと−の位相をもつローブとの両方がある。原子軌道の相互作用で結合性分子軌道（bonding MO）ができるときには，同じ位相の符号をもつローブが重なり合う。異なった位相の原子軌道の相互作用からは反結合性分子軌道（antibonding MO）ができる。

2) 分子中のそれぞれの共有結合には，結合性分子軌道と反結合性分子軌道とが対を作っている。普通は（基底状態では），1 つの結合性軌道に 2 個の電子がスピンの向きを反対にして入り，反結合性分子軌道は空である。

3) 結合性 σ 分子軌道は，結合性 π 分子軌道よりも低いエネルギー準位にある。反対に，反結合性 π* 分子軌道のエネルギーは反結合性 σ* 分子軌道のエネルギーよりも低い。

4) 分子中の非共有電子対は，非結合性分子軌道（nonbonding MO）に対を作って入る。一般

に非結合性分子軌道のエネルギーは結合性 π MO のエネルギーよりも高い。

5) 反応に最も関与しやすい分子軌道は，最高被占軌道（HOMO）と最低空軌道（LUMO）である。

6) 分子間の反応は，2つの分子軌道の相互作用で起こる。このときも，同じ位相を持つ分子軌道間で新たな分子軌道が作られ，反応が進行する。

では，これだけの知識のみで，式（4-4）に書かれたブロモメタンの OH$^-$ による S$_N$2 反応を，分子軌道法を用いて解釈してみよう。まず，ブロモメタンの分子軌道を MOPAC で計算す

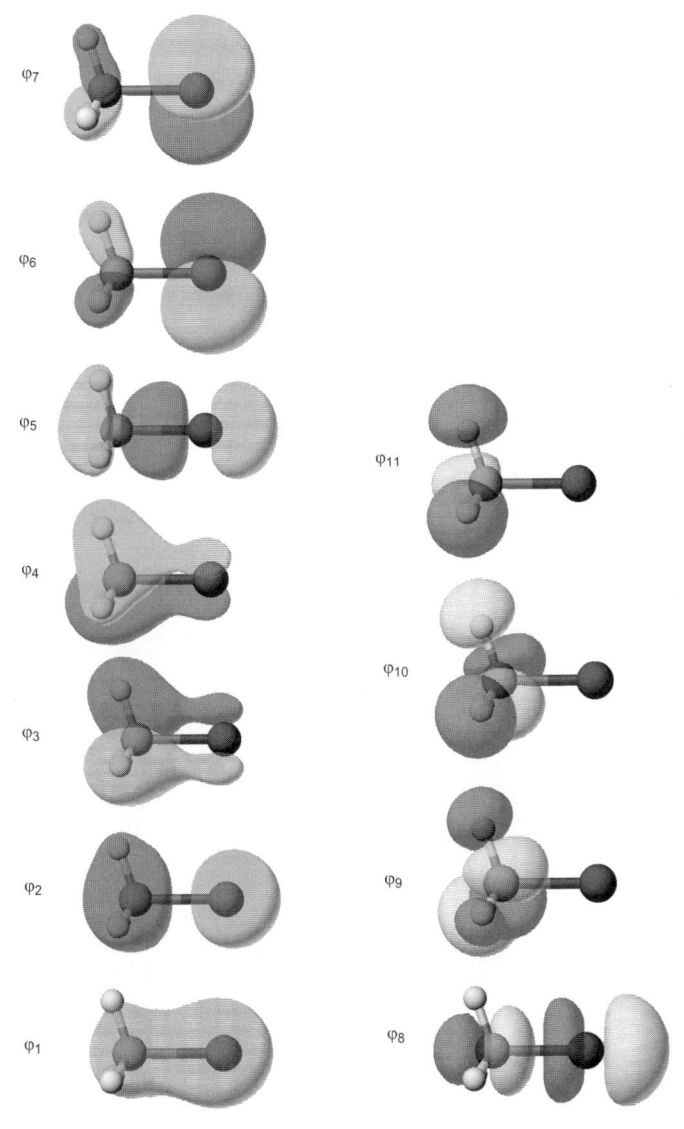

図 4.8　ブロモメタンの全分子軌道（参考図 4 参照）
左側は結合性 σ MO と非共有電子対の入る非結合性 MO であり，右側は反結合性 σ^*MO である。

る（MOPAC計算のプログラムが必要である。本書では市販のCACheというパッケージ内のMOPACを用いている）。

ブロモメタンにはC-H結合が3つ，C-Br結合が1つ，非共有電子対が3組ある。よって，結合性σ MOが4つ，反結合性σ^* MOが4つ，それに非共有結合性軌道が3つの計11個のMOがある。その分子軌道の計算結果を図4.8に示す。このMOのうちで，求核置換反応に最も関与しやすい軌道はブロモメタンのLUMOである。なぜならば，反応の遷移状態に達するために，OH⁻はその負電荷をブロモメタンに注入してくる。ブロモメタンの結合性σ軌道はすでに2個ずつの電子でうまっているので，OH⁻の電子は空いた反結合性軌道のうちで，最もエネルギー準位の低いLUMOに入らざるをえない。では，ブロモメタンのLUMOを注意深く眺めてみよう。LUMOはφ_8である。ギリシャ文字のφ（ファイ，phi）は分子軌道を表し，添え字の数字はエネルギー準位を表し，小さな番号ほどエネルギーが低い。

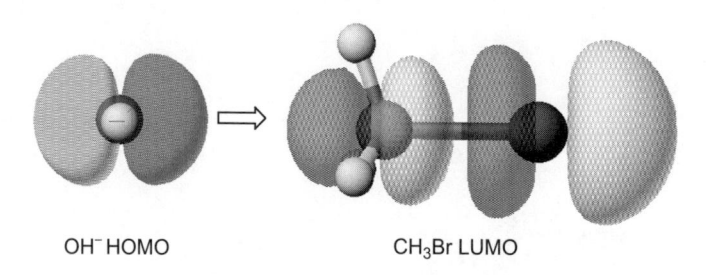

OH⁻ HOMO　　　　　　CH₃Br LUMO

図4.9　ブロモメタンのLUMOと水酸化物イオンのHOMOとの相互作用（参考図5参照）

図4.9に示すように，ブロモメタンのLUMOはちょうどC-Br結合のローブの符号が逆符号になっており，反発形である。このようなLUMOに水酸化物イオンのHOMOが近づいてくると，OH⁻のローブとC-Br結合の背面に出ているローブの符号が同じときにこの間に結合ができ，同時に反発形のC-Br結合からBr⁻が脱離していく。このようにフロンティア電子理論を用いると，S_N2反応が上手く説明できる。

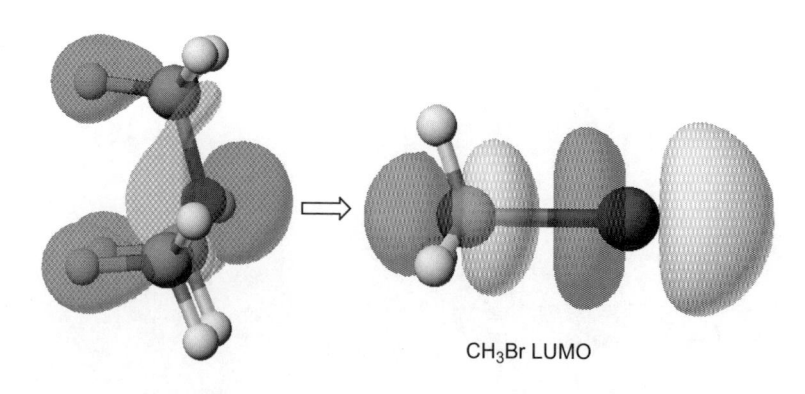

trimethylamine HOMO　　　　　　CH₃Br LUMO

図4.10　Menschutkin反応におけるHOMO-LUMO相互作用（参考図6参照）

トリメチルアミンとブロモメタンとの Menschutkin 反応でも同じようなことがいえる（図4.10）。

$$(CH_3)_3N: \ + \ CH_3Br \ \longrightarrow \ (CH_3)_4N^+Br^- \tag{4-31}$$

トリメチルアミンの HOMO では窒素原子上に CH_3Br の C-Br 結合の背面に突き出たローブと上手く重なり合えるように，同符号のローブが出ている。N-C 結合ができると同時に，C-Br 結合が切れていくのに好都合な HOMO-LUMO の関係にある。

4.12　S_N1 反応の有機反応論的機構

第3級ハロアルカンである 2-ブロモ-2-メチルプロパンを水酸化物イオンと反応させると，主に脱離反応が起こってしまい，S_N2 反応は全く進行しない（式（4-8）を見よ）。しかし，2-ブロモ-2-メチルプロパンを強い塩基あるいは求核剤であるナトリウムエトキシドを含まないエタノールそのものに溶解させて加熱すると，非常に速やかな反応が起こり，2-エトキシ-2-メチルプロパンが生じる。反応は数分で終わってしまう。

$$CH_3\text{-}\underset{\underset{CH_3}{|}}{\overset{\overset{CH_3}{|}}{C}}\text{-}Br \ + \ CH_3CH_2OH \ \longrightarrow \ CH_3\text{-}\underset{\underset{CH_3}{|}}{\overset{\overset{CH_3}{|}}{C}}\text{-}O\text{-}C_2H_5 \ + \ HBr \tag{4-32}$$

エタノールの求核性は弱いのに，どうしてこのような反応がいとも簡単に進行するのだろうか。2-ブロモ-2-メチルプロパンをアセトンのような求核性のない溶媒に溶かし，その中に水を加えて加熱しても速やかな反応が進行し，2-プロパノールが生成する。

$$CH_3\text{-}\underset{\underset{CH_3}{|}}{\overset{\overset{CH_3}{|}}{C}}\text{-}Br \ + \ H_2O \ \longrightarrow \ CH_3\text{-}\underset{\underset{CH_3}{|}}{\overset{\overset{CH_3}{|}}{C}}\text{-}OH \ + \ HBr \tag{4-33}$$

これらの反応の速度は，基質濃度には比例するが，求核剤であるエタノールや水の濃度には依存しない。

$$-\frac{d[(CH_3)_3CBr]}{dt} \ = \ k[(CH_3)_3CBr] \tag{4-34}$$

このような反応を，1分子的求核置換反応（unimolecular nucleophilic substitution）とよび，S_N1 反応と分類する。また，溶媒が求核剤として関与する反応であるので，加溶媒分解反応（solvolysis）とよぶことがある。

式（4-34）の速度式は，この反応の律速段階は基質と求核剤である溶媒分子とが拡散・衝突する過程ではなく，基質が1分子的に分解する過程が律速段階であることを意味している。2-ブロモ-2-メチルプロパンが1分子的に分解する過程で最も考えやすい反応は，C-Br 結合の切断である。σ-結合の切断には2つの可能性がある。イオン解裂（heterolysis）とラジカル解裂（homolysis）である。

$$R^2-\underset{R^3}{\overset{R^1}{C}}-Br \rightleftarrows R^2-\underset{R^3}{\overset{R^1}{C}}{+} + Br^- \quad \text{heterolysis} \tag{4-35}$$

$$R^2-\underset{R^3}{\overset{R^1}{C}}-Br \rightleftarrows R^2-\underset{R^3}{\overset{R^1}{C}}\cdot + \cdot Br \quad \text{homolysis} \tag{4-36}$$

式（4-36）のラジカル解裂を起こさせるには C-Br 結合の結合解離エネルギーに相当するエネルギーを与えなければならない。CH_3-Br の結合解離エネルギーは 291 kJ/mol で，相当に大きなエネルギーが必要である。もし，気相で式（4-35）のイオン解裂を起こさせるのであれば，ラジカル解裂よりも大きなエネルギーが必要である。しかし，極性溶媒中であれば，生じるイオンへの溶媒和が起こり，イオンが安定化される。このような場合には，比較的容易にイオン解裂が進む。

2-ブロモ-2-メチルプロパンの場合には，次のような反応が進行する。

$$CH_3-\underset{CH_3}{\overset{CH_3}{C}}-\ddot{B}r: \overset{\text{slow}}{\rightleftarrows} CH_3-\underset{CH_3}{\overset{CH_3}{C}}{+} + :\ddot{B}r:^- \tag{4-37}$$

$$CH_3-\underset{CH_3}{\overset{CH_3}{C}}{+} + CH_3CH_2-\ddot{O}H \overset{\text{fast}}{\rightleftarrows} CH_3-\underset{CH_3}{\overset{CH_3}{\underset{|}{C}}}-\overset{+}{\underset{H}{O}}CH_2CH_3 \tag{4-38}$$

$$CH_3-\underset{CH_3}{\overset{CH_3}{\underset{|}{C}}}-\overset{+}{\underset{H}{\ddot{O}}}CH_2CH_3 \overset{\text{fast}}{\rightleftarrows} CH_3-\underset{CH_3}{\overset{CH_3}{C}}-\ddot{O}CH_2CH_3 + H^+ \tag{4-39}$$

この3つの素過程のうち，最も遅い過程は式（4-37）のイオン解裂の過程である。よって，この過程が律速段階となる。反応が1次の速度式に従うのはこのためである。式（4-37）で生じるカチオンは炭素陽イオン（カルボカチオン，carbocation）である。カルボカチオンは Lewis の 8 電子則を満足しない求電子性の強い Lewis 酸である。エタノールの求核性が低いにも関わらず，求核置換反応が進行するのはこのカルボカチオンの強い求電子性による。

では，式（4-32）や（4-33）のような反応が第1級ハロアルカンやブロモメタンでも起こるのだろうか？

$$CH_3-Br + C_2H_5OH \not\rightarrow CH_3-O-C_2H_5 + HBr \tag{4-40}$$

第1級ハロアルカンやブロモメタンでは式（4-40）のような S_N1 反応は非常に遅く，実質上進行しない。では，第2級ハロアルカンである 2-ブロモブタンではどうだろうか？第3級ハロアルカンほど速くはないが，S_N1 反応が比較的ゆっくりと起こる。

$$\begin{array}{c}\text{CH}_3\text{CH}_2\text{CHCH}_3 \\ | \\ \text{Br}\end{array} + \text{C}_2\text{H}_5\text{OH} \longrightarrow \begin{array}{c}\text{CH}_3\text{CH}_2\text{CHCH}_3 \\ | \\ \text{OCH}_2\text{CH}_3\end{array} + \text{HBr} \qquad (4\text{-}41)$$

ハロアルカンの種類によって S_N1 反応の起こりやすさが異なるのは，イオン解離で生じるカルボカチオンの安定性の違いが原因である。カルボカチオンは第3級＞第2級＞＞第1級＞メチルカチオンの順に不安定となる。第1級カルボカチオンは通常は生成しないといってよい（例外はある）。メチルカチオンは考えない。原子価結合理論では，カルボカチオンの安定性は便宜上，超共役（hyperconjugation）という概念で説明される。

$$\qquad (4\text{-}42)$$

超共役は，メチル基による正電荷の非局在化を説明するための共鳴理論を用いた便宜的な説明方法である。第2級カルボカチオンでは共鳴構造式が1つ少なくなる。

$$\qquad (4\text{-}43)$$

第1級カルボカチオンではさらに共鳴構造式が1つ少ない。

$$\qquad (4\text{-}44)$$

正電荷の非局在化が起これば起こるほど，そのカチオンは安定となる。

カルボカチオンの炭素は sp^2 混成軌道である。この混成軌道を使って3つの共有結合を形成し，残った $2p_z$ 軌道にカチオンの正電荷が入る。

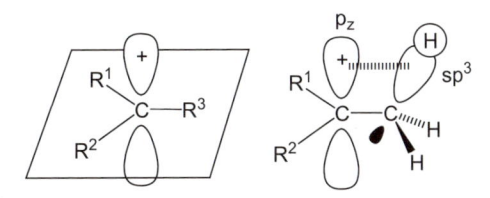

図 4.11 カルボカチオンの軌道とメチル基による正電荷の非局在化

図 4.11 に示されているように，正電荷の入っている $2p_z$ 軌道はメチル基の sp^3 混成軌道と一部重なることができ，この軌道の重なりを通して正電荷がメチル基上に非局在化するというのが，分子軌道によるカルボカチオン安定化の説明である。

4.13　S_N1 反応のポテンシャルエネルギー図

式（4-37）から（4-39）に書かれた 2-ブロモ-2-メチルプロパンのエタノール中における S_N1 反応のポテンシャルエネルギー図が図 4.12 に示されている。

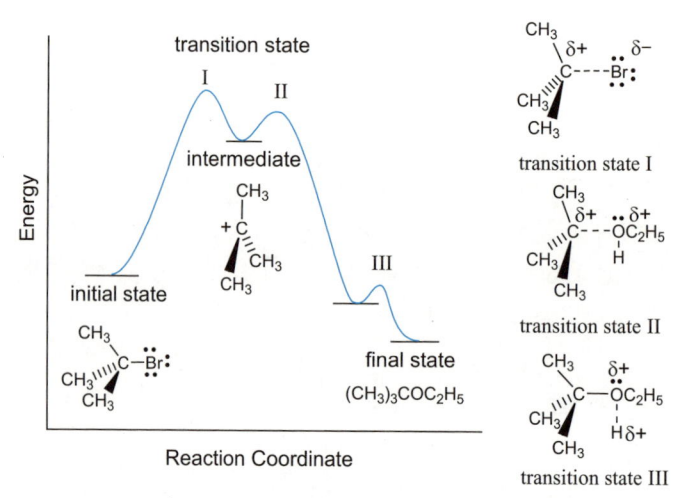

図 4.12　S_N1 反応のポテンシャルエネルギー図

S_N1 反応のポテンシャルエネルギー図は，S_N2 反応に比べて中間体（intermediate）がある分複雑になる。遷移状態は仮想的な状態であるが，中間体は化学的に存在可能な準安定状態である。

4.14　S_N1 反応における部分ラセミ化

S_N2 反応は必ず Walden 反転をともなう。では S_N1 反応はどうだろうか？第 2 級ハロアルカンである (R)-1-クロロ-1-フェニルエタンを水中で加溶媒分解反応すると，生成物のほとんどがラセミ化して得られる。しかし，やや反転（inversion）する反応が，立体配置が保持（retention）される反応よりも多く進行する。

$$\text{(4-45)}$$

44%　:　56%

S_N2 反応であれば生成物である 1-フェニルエタノールの 100 % が (S)-体となるはずであるが，式（4-45）の反応では (S)-体は 56 % である。完全にラセミ化すれば，生成物中の (S)-体の割合は 50 % となるはずである。やや立体配置が反転した生成物の割合が多い。このようなラセミ化を部分ラセミ化（partial racemization）とよぶ。式（4-45）の反応のラセミ化率は 88 %（44/50

×100％）である．部分ラセミ化が起こる理由が図 4.13 に書かれている．

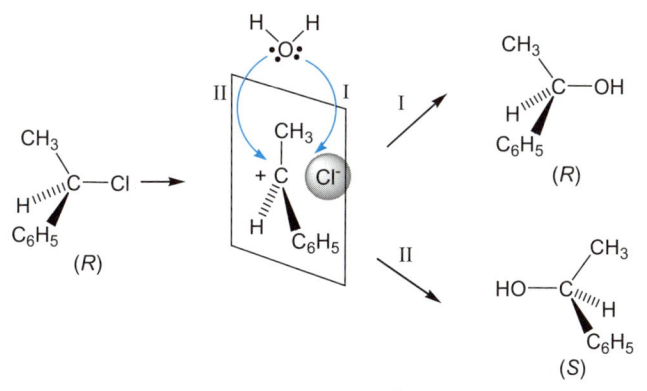

図 4.13　S_N1 反応における部分ラセミ化

　基質の 1-クロロ-1-フェニルエタンがイオン解離するとカルボカチオンが生じる．カルボカチオンの炭素は sp^2 混成軌道であり，正電荷は sp^2 炭素に直結した 3 つの置換基が存在する平面に垂直に立った $2p_z$ 軌道に入っている．$2p_z$ 軌道のローブは図 4.11 に示してあり，このローブに求核剤である水が攻撃する．水分子はどちらのローブに攻撃してもよい．図 4.13 の I の方向からの攻撃では立体配置が保持されるが，II の方向では反転する．この攻撃の確率が同じであれば完全なラセミ化が進行するが，実際には基質のイオン解離直後は，カルボカチオンの対アニオン（counter anion）として Cl^- がカルボカチオンの近傍にとどまっている．それゆえ I からの攻撃は Cl^- の立体障害により，やや起こりにくい．よって II の攻撃がやや起こりやすく，反転生成物が少しだけ多く生成する．この機構から，カルボカチオンが安定なほど，イオン対がお互いに遠距離まで離れることができ，ラセミ化がより多く進行することが分かる．

問題 4-11　次の反応におけるラセミ化率の違いを説明せよ．

$$C_6H_{13}-\underset{CH_3}{\overset{H}{C}}-Br + H_2O \longrightarrow C_6H_{13}-\underset{CH_3}{\overset{H}{C}}-OH + HBr$$
34 %

$$C_6H_5-\underset{CH_3}{\overset{H}{C}}-Cl + H_2O \longrightarrow C_6H_5-\underset{CH_3}{\overset{H}{C}}-OH + HCl$$
88 %

問題 4-12　次の反応によって生ずる生成物の構造式を，その立体配置が分かるように書け．ただし 1,1-ジメチルエチル基（t-ブチル基）はその立体障害によってエカトリアル配座しかとらない．

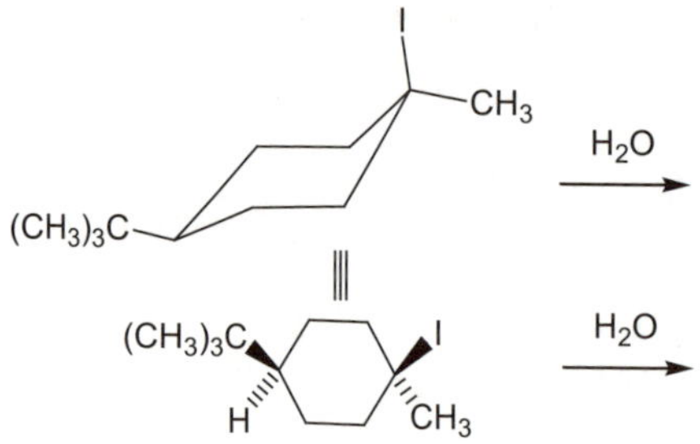

$$\text{cis-1-tert-butyl-4-iodo-4-methylcyclohexane}$$

4.15　S_N1 反応における転位

次の反応が理解できるだろうか？

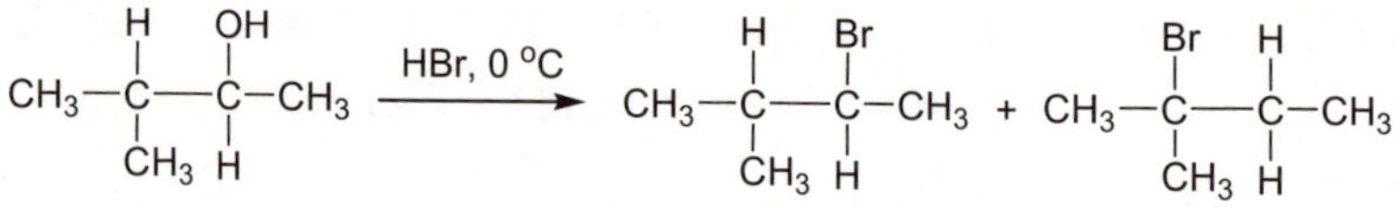

$$CH_3-\underset{\underset{CH_3}{|}}{\overset{\overset{H}{|}}{C}}-\underset{\underset{H}{|}}{\overset{\overset{OH}{|}}{C}}-CH_3 \xrightarrow{\text{HBr, 0 °C}} CH_3-\underset{\underset{CH_3}{|}}{\overset{\overset{H}{|}}{C}}-\underset{\underset{H}{|}}{\overset{\overset{Br}{|}}{C}}-CH_3 + CH_3-\underset{\underset{CH_3}{|}}{\overset{\overset{Br}{|}}{C}}-\underset{\underset{H}{|}}{\overset{\overset{H}{|}}{C}}-CH_3 \qquad (4\text{-}46)$$

まず，この反応は S_N1 か S_N2 か，どちらの機構で進行するのだろうか？ 4.10 で述べたように，アルカノールの臭化水素酸による求核置換反応では，第 1 級アルカノールに対しては S_N2 反応が進行する。しかし，第 2 級および第 3 級アルカノールでは S_N1 反応が起こる。Br^- は大きな van der Waals 半径を有するイオンであるので，立体障害の影響でプロトン化された第 2 級アルカノールの S_N2 反応を起こし難い。よって，式（4-46）の反応は S_N1 反応機構で進む。生成物のうち，2-ブロモ-3-メチルブタンは問題ない。分からないのはブロモ基が転位した 2-ブロモ-2-メチルブタンである。この化合物の生成は次のように説明される。

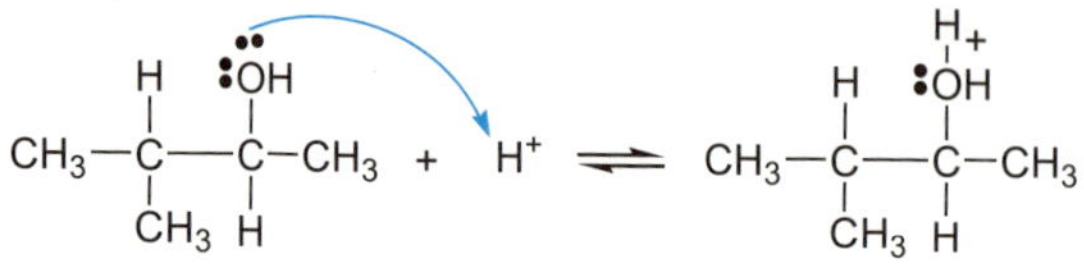

$$(4\text{-}47)$$

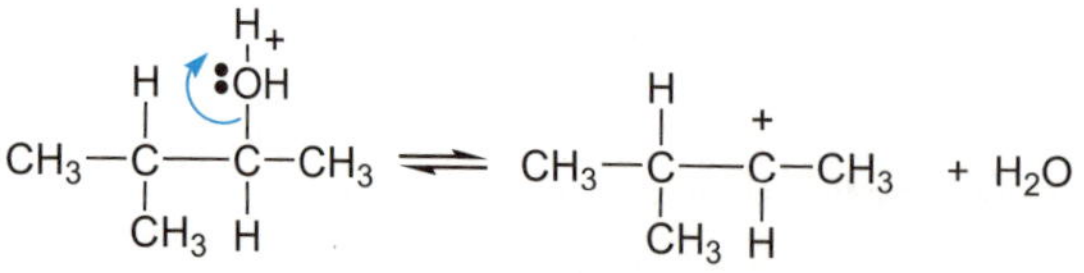

$$(4\text{-}48)$$

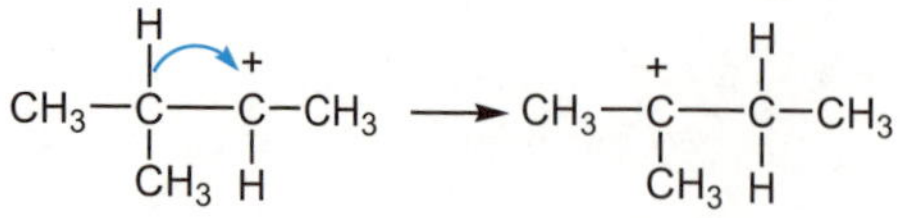

secondary carbocation

$$(4\text{-}49)$$

secondary carbocation　　　tertiary carbocation

$$CH_3-\underset{CH_3}{\underset{|}{\overset{H}{\overset{|}{C}}}}-\overset{+}{\underset{H}{\overset{|}{C}}}-CH_3 + Br^- \rightleftharpoons CH_3-\underset{CH_3}{\underset{|}{\overset{H}{\overset{|}{C}}}}-\underset{H}{\overset{Br}{\overset{|}{C}}}-CH_3 \qquad (4\text{-}50)$$

$$CH_3-\overset{+}{\underset{CH_3}{\overset{|}{C}}}-\underset{H}{\overset{H}{\overset{|}{C}}}-CH_3 + Br^- \rightleftharpoons CH_3-\underset{CH_3}{\overset{Br}{\overset{|}{C}}}-\underset{H}{\overset{H}{\overset{|}{C}}}-CH_3 \qquad (4\text{-}51)$$

式 (4-47) と (4-48) の反応は特に問題はない. 第2級アルコールにプロトン化が起こり, 良好な脱離基が用意されて水がとれると第2級カルボカチオンができる. 式 (4-49) は第2級カルボカチオンがより安定な第3級カルボカチオンへ変換する水素の転位反応である. 図4.11で, カルボカチオンの正電荷が入っている $2p_z$ 軌道と隣の炭素の sp^3 混成軌道の重なりがあることを述べたが, この軌道の重なりを通して水素原子が転位する.

同種の転位はアルキル基でも起こる. 式 (4-55) でアルキル基の転位が起こっている. このように, カルボカチオンの正電荷が存在する炭素の隣の sp^3 炭素からアルキル基が転位する反応を Wagner-Meerwein 転位 (Wagner-Meerwein rearrangement) とよぶ. 式 (4-52) では S_N1 反応生成物のみが書かれている. しかし実際には後で述べる1分子的脱離反応 (E1) も同時に進行する.

$$CH_3-\underset{CH_3}{\overset{CH_3}{\overset{|}{C}}}-\underset{H}{\overset{OH}{\overset{|}{C}}}-CH_3 \xrightarrow{HBr} CH_3-\underset{CH_3}{\overset{Br}{\overset{|}{C}}}-\underset{H}{\overset{CH_3}{\overset{|}{C}}}-CH_3 + CH_3-\underset{CH_3}{\overset{CH_3}{\overset{|}{C}}}-\underset{H}{\overset{Br}{\overset{|}{C}}}-CH_3 \qquad (4\text{-}52)$$

(Mechanism)

$$CH_3-\underset{CH_3}{\overset{CH_3}{\overset{|}{C}}}-\underset{H}{\overset{\ddot{O}H}{\overset{|}{C}}}-CH_3 + H^+ \rightleftharpoons CH_3-\underset{CH_3}{\overset{CH_3}{\overset{|}{C}}}-\underset{H}{\overset{\overset{H_+}{\ddot{O}H}}{\overset{|}{C}}}-CH_3 \qquad (4\text{-}53)$$

$$CH_3-\underset{CH_3}{\overset{H_3C}{\overset{|}{C}}}-\underset{H}{\overset{\overset{H_+}{\ddot{O}H}}{\overset{|}{C}}}-CH_3 \rightleftharpoons CH_3-\underset{CH_3}{\overset{H_3C}{\overset{|}{C}}}-\overset{+}{\underset{H}{\overset{|}{C}}}-CH_3 + H_2O \qquad (4\text{-}54)$$

$$CH_3-\underset{CH_3}{\overset{H_3C}{\overset{|}{C}}}-\overset{+}{\underset{H}{\overset{|}{C}}}-CH_3 \longrightarrow CH_3-\overset{+}{\underset{CH_3}{\overset{|}{C}}}-\underset{H}{\overset{CH_3}{\overset{|}{C}}}-CH_3 \qquad \text{Wagner-Meerwein rearrangement} \qquad (4\text{-}55)$$

secondary carbocation　　　tertiary carbocation

$$CH_3-\overset{+}{\underset{CH_3}{\overset{CH_3}{\overset{|}{C}}}}-\underset{H}{\overset{CH_3}{\overset{|}{C}}}-CH_3 + Br^- \rightleftharpoons CH_3-\underset{CH_3}{\overset{CH_3}{\overset{|}{C}}}-\underset{H}{\overset{Br}{\overset{|}{C}}}-CH_3 \qquad (4\text{-}56)$$

$$CH_3-\overset{+}{\underset{CH_3}{\underset{|}{C}}}-\underset{H}{\overset{CH_3}{\underset{|}{C}}}-CH_3 + Br^- \rightleftharpoons CH_3-\underset{CH_3}{\overset{Br}{\underset{|}{C}}}-\underset{H}{\overset{CH_3}{\underset{|}{C}}}-CH_3 \qquad (4\text{-}57)$$

> **問題 4-13** 次のような反応が知られている．カルボカチオンの転位が起こる反応であるが，メチル基が転位せずに，フェニル基が転位する．この理由を，図 4.11 を参考にして考えよ．
>
> $$\underset{CH_3}{\overset{Ph}{\underset{|}{C}}}\text{-}\overset{OH}{\underset{H}{\underset{|}{C}}}\xrightarrow{HBr/H_2O}\underset{CH_3}{\overset{Br}{\underset{|}{C}}}\text{-}\overset{Ph}{\underset{H}{\underset{|}{C}}}$$

4.16　S_N1 反応例

多くの S_N1 反応は次の章で述べる脱離反応（E1）を伴うため，有機合成化学的に有用な反応は少ない．

$$CH_3CH_2OCH_2Cl + C_2H_5OH \rightleftharpoons CH_3CH_2OCH_2OC_2H_5 + HCl \qquad (4\text{-}58)$$

式（4-58）の反応は不思議な反応である．第1級ハロアルカンであるにも関わらず，強い求核剤もないのに求核置換反応が速やかに進行する．その秘密は第1級カルボカチオン炭素の隣の酸素にある．

$$CH_3CH_2-\ddot{\overset{..}{O}}-\overset{+}{C}H_2 \longleftrightarrow CH_3CH_2-\overset{+}{\underset{..}{O}}=CH_2 \qquad (4\text{-}59)$$

酸素上の非共有電子対が第1級カルボカチオンを非常に強く安定化する．式（4-59）の右側に書かれた共鳴構造式は全ての原子が Lewis の 8 電子則を満足していることに注目して欲しい．

式（4-60）の反応では第3級カルボカチオンがまず生成するが，このカチオンが Wagner-Meerwein 転位を起こしてもやはり第3級カルボカチオンができる．よって，生成物はこのような混合物となる（脱離反応生成物は無視している）．

$$CH_3-\underset{CH_3}{\overset{CH_3}{\underset{|}{C}}}-\underset{C_2H_5}{\overset{Br}{\underset{|}{C}}}-C_2H_5 \xrightarrow{C_2H_5OH} CH_3-\underset{CH_3}{\overset{C_2H_5O}{\underset{|}{C}}}-\underset{C_2H_5}{\overset{CH_3}{\underset{|}{C}}}-C_2H_5 + CH_3-\underset{CH_3}{\overset{CH_3}{\underset{|}{C}}}-\underset{C_2H_5}{\overset{OC_2H_5}{\underset{|}{C}}}-C_2H_5 \qquad (4\text{-}60)$$

> **問題 4-14** 2-ブロモ-2-メチルプロパンをメタノール中，強い求核剤である NaN_3 存在下に反応させるときの反応機構を電子の流れ図で示せ．生成物は2種類考えよ．
>
> **問題 4-15** 次の反応は S_N1 反応である．中間体は第1級カルボカチオンであるのに，これらの反応が進行する理由を，共鳴理論から説明せよ．

$$CH_2=CHCH_2OTs + C_2H_5OH \longrightarrow CH_2=CHCH_2OC_2H_5 + TsOH$$

$$\text{C}_6\text{H}_5\text{-}CH_2OTs + C_2H_5OH \longrightarrow \text{C}_6\text{H}_5\text{-}CH_2OC_2H_5 + TsOH$$

4.17　S_N1 反応の分子軌道法的取り扱い

2-ブロモ-2-メチルプロパンから生じる第3級カルボカチオン（1,1-ジメチルエチルカチオン，t-ブチルカチオン）の HOMO と LUMO を図 4.14 に示す。

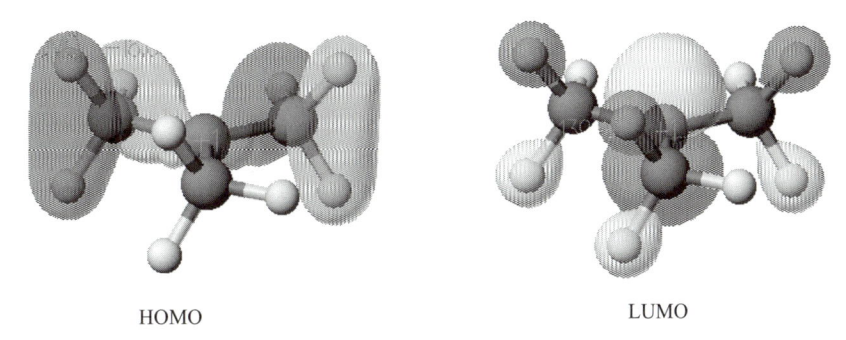

HOMO　　　　　　　　　　　　　　LUMO

図 4.14　1,1-ジメチルエチルカチオンの HOMO と LUMO（参考図7参照）

HOMO には正電荷が存在する sp^2 炭素にローブの広がりが見られない。一方，LUMO には p_z 軌道に似たローブの広がりが sp^2 炭素の上下にある。カルボカチオンへのアルコールや水，あるいは Br^- の求核攻撃はカルボカチオンの LUMO に起こる。なぜならば，HOMO はすでに2個の

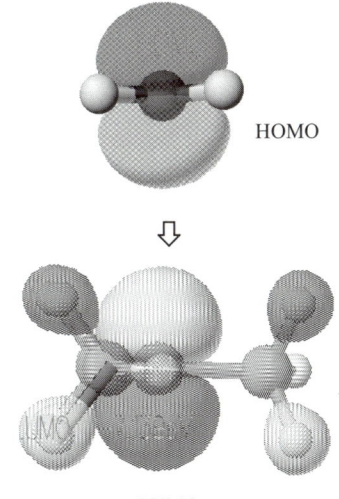

HOMO

⇩

LUMO

図 4.15　1,1-ジメチルエチルカチオンの LUMO と水の HOMO との相互作用（参考図8参照）

電子で埋まっており，求核剤の非共有電子対が入り込む余地がすでにないからである。このことについては S_N2 反応のところでも説明した。

カルボカチオンの LUMO に水分子の HOMO が攻撃すると，両者の間に有効なローブの重なりが生じ，σ結合の形成が起こる。

4.18 求核置換反応の溶媒効果

S_N1 反応は加溶媒分解反応と呼ばれるが，どのような溶媒中でも進行するわけではない。ヘキサンのような求核性の全くない溶媒とは反応しない。もっぱらアルコールや水などのプロトン性極性溶媒が S_N1 反応の溶媒をかねた求核剤になる。プロトン性極性溶媒の求核性はエタノール＞メタノール＞水の順であるが，S_N1 反応の速度は必ずしもこの順序にはならない。反応の律速段階はカルボカチオン生成の段階にある。よって，カルボカチオン生成に対する溶媒効果（solvent effect）を考える必要がある。

表 4.2 には 2-クロロ-2-メチルプロパンの水-エタノール混合溶媒中における加溶媒分解反応の溶媒効果が示されている。

表 4.2　2-クロロ-2-メチルプロパンの水-エタノール混合溶媒中の加溶媒分解反応（25℃）

水の含量（%）	ε (20℃)	$10^6 k$ (s^{-1})	相対速度
10	44.67	1.71	1
20	50.38	9.14	5.3
30	56.49	40.3	23.6
40	62.63	126	73.4
50	68.66	367	215
60	74.60	1294	757

エタノールよりも求核性は弱いが極性の高い水の含有量が増すに従い S_N1 反応速度は増加している。この事実はカルボカチオンが生成する過程が極性溶媒中で起こりやすいことを意味している。遷移状態がエタノール中よりも水中のほうが低いエネルギーを持つことに他ならない。ではどうして水中のほうがエタノール中より遷移状態が安定化されるのだろうか？

$$(CH_3)_3C-\ddot{B}r\!: \;\rightleftharpoons\; \underset{\text{transition state I}}{(CH_3)_3C^{\delta+}\cdots\ddot{B}r^{\delta-}} \;\rightleftharpoons\; \underset{\text{intermediate}}{(CH_3)_3C^+} + Br^- \tag{4-61}$$

反応基質は分極しているものの中性の分子である。これが C-Br 結合の振動が激しくなり，その平均距離が伸びて次第にイオン性を帯びてきて，正しく C-Br 結合が切れかかっているのが遷移状態である。原料よりもかなり強く分極してイオン対に近い状態である。極性の物質は極性

溶媒によって安定化されるという一般則からすると，遷移状態は極性の高い溶媒中でより安定化されるはずである．すなわち，極性のより高い水中のほうが遷移状態は安定であり，それだけArrheniusの活性化エネルギーは低くなり，S_N1反応速度は大きくなる．それを反応のエネルギー図で書けば図4.16のようになる．始原系のエネルギーは基質の分極があまり大きくないので，極性溶媒でもより極性の低い溶媒でも極端には変わらないはずである．遷移状態は分極が大きいので，極性溶媒中のほうが安定系である．中間体はカルボカチオンとハロゲン化物イオンであり，極性溶媒中で極端に安定となる．生成物は中性のアルコールかエーテルとHX（X: ハロゲン）であり，HXがイオン解離しやすい極性溶媒中のほうが安定系である．図4.16を見れば表4.2の結果は明確に説明できる．

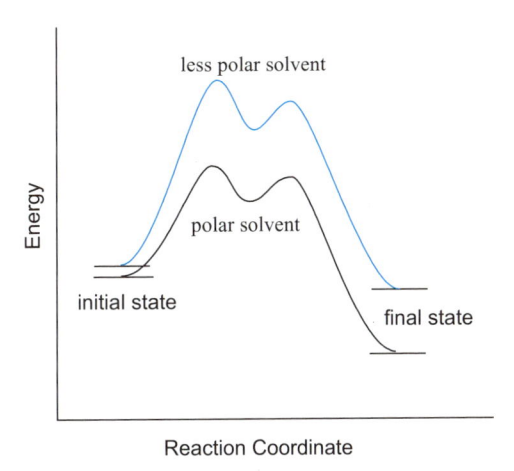

図4.16　S_N1反応の溶媒効果

有機化学では，中間体の安定性を考えて，遷移状態の安定性の議論に代えることがよく行われる．それは中間体の構造が，遷移状態の構造に似ているからである．

S_N2反応の溶媒効果はS_N1反応ほど単純ではない．それぞれの反応で考える必要がある．まず，次のような反応を考える．

$$\text{CH}_3-\underset{\text{CH}_3}{\overset{\text{H}}{\text{C}}}-\text{Br} + \text{OH}^- \longrightarrow \text{HO} \cdots \underset{\text{CH}_3\ \text{CH}_3}{\overset{\text{H}}{\text{C}}} \cdots \text{Br} \longrightarrow \text{HO}-\underset{\text{CH}_3}{\overset{\text{H}}{\text{C}}}-\text{CH}_3 + \text{Br}^- \quad (4\text{-}62)$$

始原系で問題になるのは水酸化物イオンである．このイオンは勿論極性溶媒中で安定化される．遷移状態では負電荷の分散が起こり，始原系ほど系全体の極性は高くない．よって，遷移状態では極性溶媒と極性の低い溶媒とで，その安定性は極端に変わらない．生成系は始原系と同じ議論が成り立つ．これをもとにエネルギー図を書くと図4.17のようになる．活性化エネルギーはやや極性溶媒中のほうが高く，極性溶媒中でこの反応は遅くなると予想される．事実，式（4-62）の反応は100％エタノール中では$k = 6.0 \times 10^{-5}\ \text{M}^{-1}\text{s}^{-1}$であるのに対し，40％(v/v)

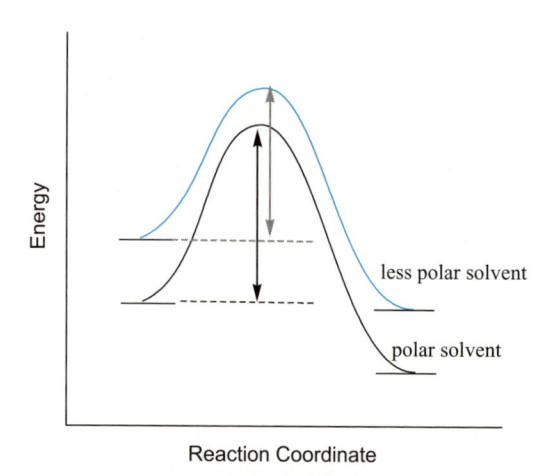

図 4.17 ハロアルカンの OH^- による S_N2 反応に対する溶媒効果

H_2O-60%(v/v)エタノール中では $k = 3.0 \times 10^{-5}$ $M^{-1}s^{-1}$ と，やや極性の高い溶媒中で反応は遅くなる。Williamson 反応の溶媒効果は式 (4-62) の S_N2 反応のそれに類似している。

Menschutkin 反応の溶媒効果は顕著である。

$$C_2H_5I + N(C_2H_5)_3 \longrightarrow (H_5C_2)_3\overset{\delta+}{N}\text{-----}\underset{\underset{H}{CH_3}}{\overset{\overset{H}{|}}{C}}\text{-----}\overset{\delta-}{I} \longrightarrow (C_2H_5)_4N^+I^- \quad (4\text{-}63)$$

transition state

中性の分子からなる始原系から分極した遷移状態を経て，イオン対型の生成物となる。もちろん，極性溶媒中で反応は速くなる。表 4.3 の結果を見れば分かる。

表 4.3 式 (4-63) の Menschutkin 反応 (100℃) の溶媒効果

溶 媒	ε (25℃)	$10^5 k$ ($M^{-1}s^{-1}$)
ヘキサン	1.90	0.5
トルエン	2.38	25.3
ベンゼン	2.274	39.8
ブロモベンゼン	5.39	166
アセトン	20.7	265
ベンゾニトリル	25.2	1125
ニトロベンゼン	34.6	1383

> **問題 4-16** 式 (4-63) の反応の溶媒効果を，エネルギー図を用いて説明せよ。

4.19 非プロトン性極性溶媒と S_N2 反応

ジメチルスルホキシド（dimethyl sulfoxide, DMSO），*N,N*-ジメチルホルムアミド（*N,N*-dimethylformamide, DMF），*N,N*-ジメチルアセトアミド（*N,N*-dimethylacetamide, DMA）およびヘキサメチルリン酸トリアミド（hexamethylphosphoric triamide, HMPA あるいは HMPT）などは，非プロトン性極性溶媒である。やや比誘電率の値は小さくなるが，アセトンやアセトニトリルも非プロトン性極性溶媒である。

表 4.4 非プロトン性極性溶媒

溶媒	構造式	ε (25℃)	bp (℃)
DMSO	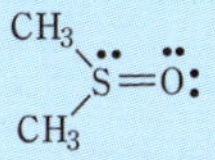 $(CH_3)_2S=O$	46.6	189
DMA	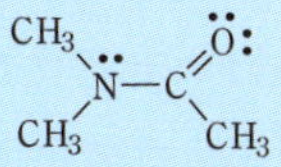 $(CH_3)_2N-C(=O)CH_3$	37.6	166.1
DMF	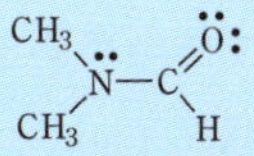 $(CH_3)_2N-C(=O)H$	37	153
HMPA	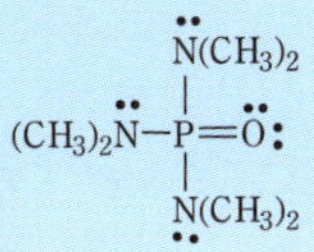 $((CH_3)_2N)_3P=O$	34	233

これらの溶媒の特徴は，溶質（solute）分子との間に水素結合を形成する能力はないが，非常に極性が高いというところにある。カチオンとはイオン‐双極子相互作用でかなり強く溶媒和できるが，アニオンとはプロトン性極性溶媒のような水素結合は形成できない。そのため，非プロトン性極性溶媒中のアニオンへの溶媒和はプロトン性極性溶媒中よりも弱い。その結果，非プロトン性極性溶媒中のアニオンは求核性が著しく大きくなる。

$$CH_3I + C_6H_5ONa \longrightarrow C_6H_5OCH_3 + NaI \tag{4-64}$$

式（4-64）の Williamson 反応は DMF 中ではメタノール中の 2.4×10^5 倍も速く進行する。

> **問題 4-17** 式（4-64）の反応の溶媒効果を，メタノール中と DMF 中の反応のエネルギー図を用いて説明せよ。
>
> **問題 4-18** 1-ブロモブタンとナトリウムアジドとの S_N2 反応式を書き，どのような溶媒を用いれば，反応をより速やかに起こすことができるかを考えよ。

非プロトン性極性溶媒の特徴に良く似た性質をもつ化合物に，クラウンエーテルと総称される

カチオンを包接する能力をもったホスト分子がある。この化合物は C. J. Pedersen によって最初に見出された。

$$2 \text{ catechol} + 2 \text{ ClCH}_2\text{CH}_2\text{OCH}_2\text{CH}_2\text{Cl} + 4\text{NaOH} \longrightarrow \text{dibenzo-18-crown-6} + 4 \text{ NaCl} + 4 \text{ H}_2\text{O} \tag{4-65}$$

ジベンゾ-18-クラウン-6 とよばれる化合物には 6 個のエーテル酸素が環状の分子内に規則正しく並んでいる。酸素原子は電気的に陰性であるので，酸素原子は負に分極している。非プロトン性極性溶媒とよく似ている。このクラウンエーテルはナトリウムイオンやカリウムイオンをイオン - 双極子相互作用により環状構造の内部に包接して，水酸化ナトリウムや水酸化カリウムのような無機化合物をベンゼンのような有機溶媒に溶かす能力がある。無極性の溶媒に溶かされた無機アニオンはあまり溶媒和されず，「裸のアニオン（naked anion）」として反応性に富むことが多い。

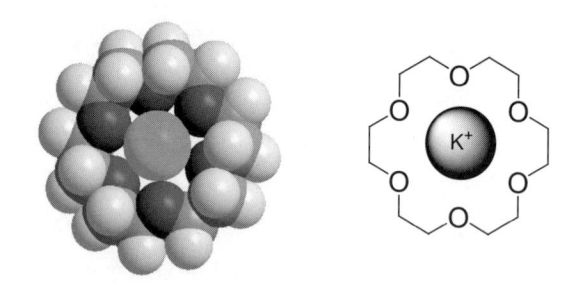

図 4.18　18-クラウン-6 のカリウムカチオン包接錯体

次のようなアセトニトリル中の求核置換反応はクラウンエーテル存在下に行うと定量的に進む。

$$\text{C}_6\text{H}_5\text{-CH}_2\text{Cl} + \text{KF} \xrightarrow[\text{CH}_3\text{CN}]{\text{18-crown-6}} \text{C}_6\text{H}_5\text{-CH}_2\text{F} + \text{KCl} \tag{4-66}$$

アセトニトリルは非プロトン性極性溶媒であり，このような溶媒中ではハロゲン化物イオンの求核性は $\text{F}^- > \text{Cl}^- > \text{Br}^- > \text{I}^-$ となることに注意しよう（4.8 参照）。

5 脱離反応

　1つの分子から2つの脱離基が脱離する反応を脱離反応とよぶ。例えばS_N1反応では1つの脱離基がまず基質から離れてカルボカチオンを生じるが、その後カルボカチオンへ求核剤が結合する。イオン解離の段階は脱離であるが、反応としては脱離反応とは分類しない。脱離反応は多岐にわたるが、ここではE2, E1およびE1cB反応のみを取り上げる。これらは1,2-脱離あるいはβ-脱離とよばれ、隣り合った位置の2つの基が脱離する反応である。

E2 反応

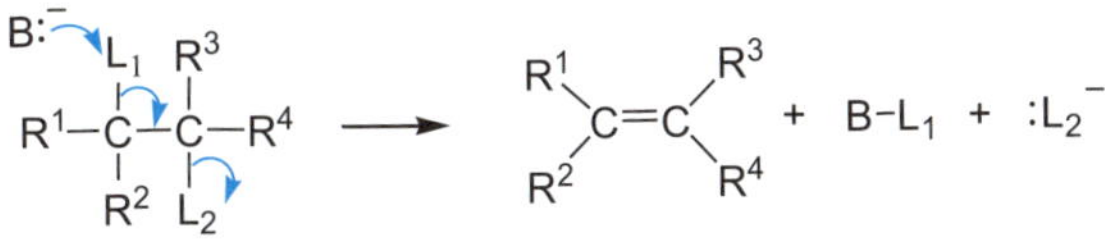

E1 反応

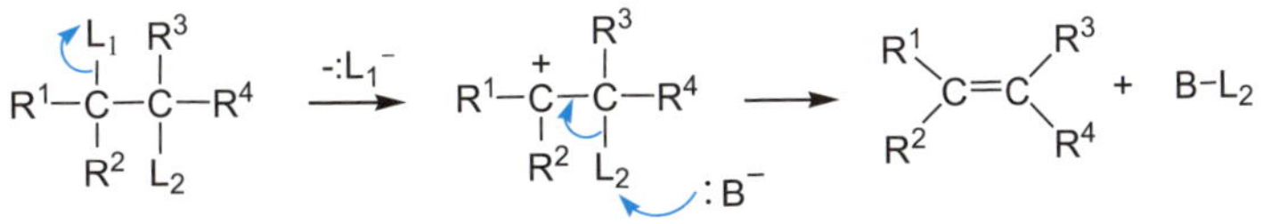

E1cB 反応

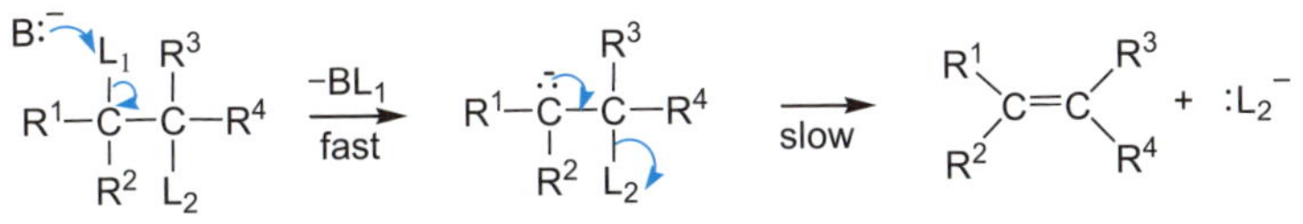

5.1　E2 反応

　式 (5-1) の反応式は、第4章の式 (4-8) と同じである。

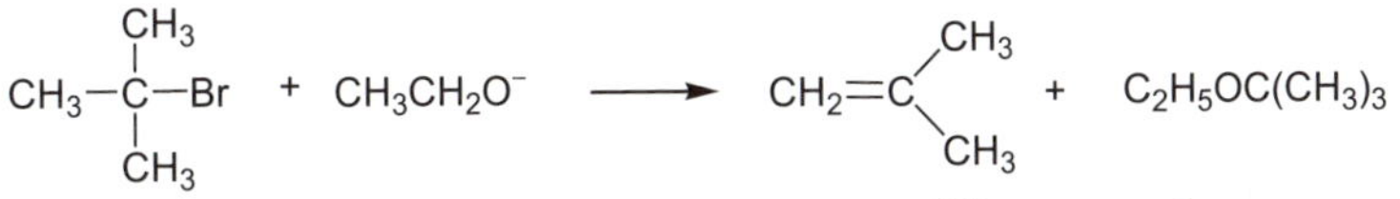

$$CH_3\text{-}\underset{\underset{CH_3}{|}}{\overset{\overset{CH_3}{|}}{C}}\text{-}Br + CH_3CH_2O^- \longrightarrow CH_2=C\underset{CH_3}{\overset{CH_3}{\diagdown}} + C_2H_5OC(CH_3)_3 \qquad (5\text{-}1)$$

$$\phantom{CH_3\text{-}C\text{-}Br + CH_3CH_2O^- \longrightarrow CH_2=} 93 \quad : \quad 1$$

第3級ハロアルカンである 2-ブロモ-2-メチルプロパンは S_N2 反応を起こさない。理由は，C-Br 結合の背面は 3 つのメチル基の立体障害があり，求核剤が求電子性のある基質の炭素に近づけないからであった。しかし，主生成物としてアルケンである 2-メチルプロペンが生じる。ほんのわずかに求核置換反応生成物のエーテルができるが，これは S_N1 反応がわずかに進行したことによる。式 (5-1) で 2-メチルプロペンの生成速度は基質濃度に対して 1 次，塩基（求核剤ではないことに注意せよ）であるエトキシドアニオン濃度に対して 1 次の計 2 次となる。

$$\frac{d[\text{alkene}]}{dt} = k[(CH_3)_3CBr][C_2H_5O^-] \tag{5-2}$$

このように，2 次の速度式に従う脱離反応を二分子的脱離反応 (bimolecular elimination reaction) といい，略して E2 反応とよぶ。ハロアルカンの S_N2 反応条件は E2 反応条件でもある。どちらの反応が優先するかは，基質であるハロアルカンの立体障害の有無に大きく影響される。その様子が表 5.1 から読み取れる。

表 5.1 S_N2 反応と E2 反応の競争

$$R\text{-Br} \xrightarrow{C_2H_5O^-/C_2H_5OH} ROC_2H_5 + \text{alkene}$$

基　質	温度（℃）	E2/(S_N2 + E2)（%）
CH_3CH_2Br	55	0.9
$CH_3CH_2CH_2Br$	55	8.9
$CH_3CH_2CH_2CH_2Br$	55	9.8
$CH_3CH_2CH_2CH_2CH_2Br$	55	8.9
$(CH_3)_2CHCH_2Br$	55	59.5
$C_6H_5CH_2CH_2Br$	55	94.6
$(CH_3)_2CHBr$	55	70.9
$(CH_3)_2CHBr$	25	80.3
$(CH_3)(CH_3CH_2)CHBr$	25	82.2
$(CH_3)(CH_3CH_2CH_2)CHBr$	25	80.7
$(CH_3CH_2)_2CHBr$	25	88.1
$(CH_3)_3CBr$	25	93.2

第 1 級ハロアルカンであっても 1-ブロモ-2-メチルプロパンや 1-ブロモ-2-フェニルエタンは強い求核剤が存在するにも関わらず，S_N2 反応よりも，E2 反応が優先して進行する。このことから，S_N2 反応は立体障害に敏感であるが，E2 反応は立体障害の影響を受け難いということができる。

第 3 級のハロアルカンである 2-ブロモ-2-メチルプロパンの塩基存在下におけるエタノール中の反応であれば，カルボカチオン中間体を考えたくなる。しかし，反応活性なカルボカチオン中間体を経る反応であれば，S_N1 反応と同様に 1 次の反応速度式に従うはずである。2 次の速度式に従う脱離反応としては，式 (5-3) に示すような協奏反応機構が妥当である。

$$CH_3CH_2\ddot{\underset{\cdot\cdot}{O}}{}^- + \underset{H}{\overset{H}{H-C}}\underset{Br}{\overset{CH_3}{-\underset{|}{C}-CH_3}} \longrightarrow CH_2=C\underset{CH_3}{\overset{CH_3}{\diagup}} + C_2H_5\ddot{\underset{\cdot\cdot}{O}}H + Br^- \qquad (5\text{-}3)$$

協奏反応のポテンシャルエネルギー図は S_N2 反応のそれと同じ形となり，中間体がないので単純である。

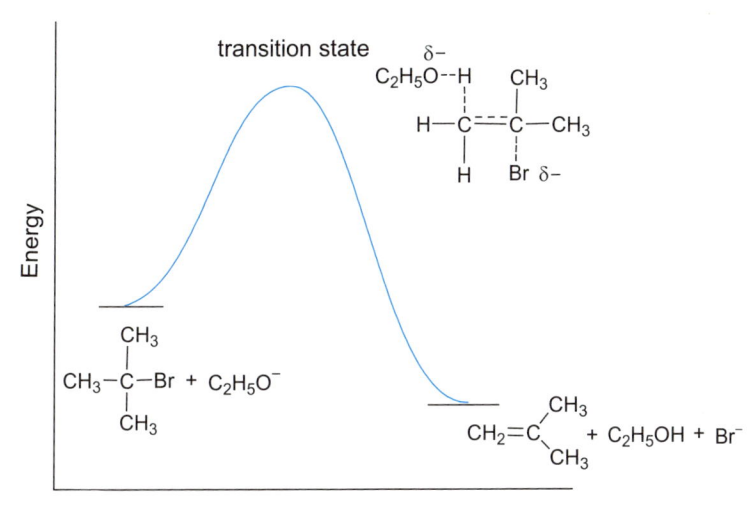

図 5.1 E2 反応のポテンシャルエネルギー図

E2 反応がハロアルカンの立体障害の影響を受けにくいのは当然である。塩基は基質の外側にある水素をプロトンとして引き抜けば良いからである。プロトン引き抜きと同時に脱離基が基質から離れる（協奏反応）。

反応の律速段階でプロトンが引き抜かれる反応においては，「1 次水素同位体効果（primary hydrogen isotope effect）」が観察される。プロトンが引き抜かれるためには，塩基の影響で基質の C-H 結合の振動が激しくなり，まさに C-H 結合が解裂するまで結合距離がのびる。同時に C-L 結合も振動が激しくなる。この状態が遷移状態である。この振動はその結合を形成している原子の質量が小さいほど激しくなる。質量数が 1 の水素（H）と 2 の重水素（D）とでは，C-D 結合よりも C-H 結合のほうが同じ条件では振動は激しい。つまり，C-H 結合は C-D 結合よりも切れやすい（結合エネルギーの差は約 5 kJ/mol）。「反応の律速段階が C-H 結合の解裂を含んでいるときには，軽水素（H）置換された基質の反応速度は重水素（D）置換された基質の反応速度よりも速く進行し，$k_H/k_D = 5 \sim 8$ となる」。このような現象を 1 次水素同位体効果という。

$$\begin{aligned}(CH_3)_2CHBr + C_2H_5O^- &\xrightarrow{k_H} CH_2=CH(CH_3) + C_2H_5OH \\ (CD_3)_2CHBr + C_2H_5O^- &\xrightarrow{k_D} CD_2=CH(CD_3) + C_2H_5OD \end{aligned} \qquad (5\text{-}4)$$

$$k_H/k_D = 7$$

式 (5-4) の反応では典型的な 1 次水素同位体効果が認められる。反応の律速段階でプロトン引き抜が起こることを支持している。

5.2　E2 反応と塩基

E2 反応では基質の立体的込み合いはあまり問題にならない。では，塩基側の立体障害はどうであろうか？ 1-ブロモブタンの $C_2H_5O^-/C_2H_5OH$ 系の S_N2 と E2 の反応の選択性が表 5.1 に示されている。第 1 級ハロアルカンである 1-ブロモブタンの場合，約 90 % は S_N2 反応が進行し，E2 反応は 10 % しか起こらない。しかし式 (5-5) をみると，立体障害の大きな 2-メチル-2-プロポキシドイオン（共役酸の pK_a = 18）を塩基とする反応では E2 反応が優先する。

$$CH_3CH_2CH_2CH_2Br \xrightarrow{CH_3-\underset{CH_3}{\underset{|}{C}}-O^-/CH_3-\underset{CH_3}{\underset{|}{C}}-OH} CH_3CH_2CH=CH_2 + CH_3CH_2CH_2O-\underset{CH_3}{\underset{|}{C}}-CH_3 \quad (5\text{-}5)$$

85%　　　　15%

S_N2 反応を抑えて E2 反応を優先させるには，立体障害の大きな塩基を用いればよいことがわかる。

立体障害の大きな塩基としてリチウムジイソプロピルアミド（lithium diisopropyl amide, LDA）がよく用いられる。LDA は次のような反応で合成して使う。

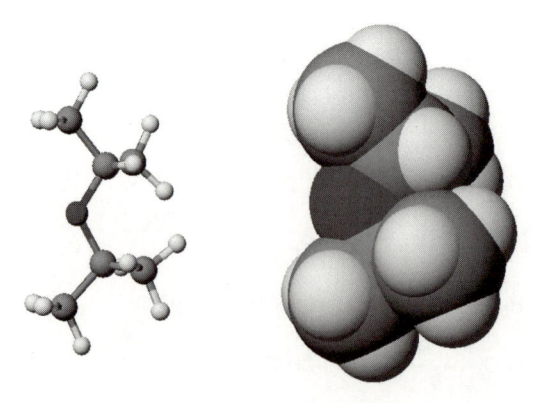

$$CH_3CH_2CH_2CH_2Li + H-N(iPr)_2 \longrightarrow Li^+ \; {}^-N(iPr)_2 + CH_3CH_2CH_2CH_3 \quad (5\text{-}6)$$

(pK_a 40)　　　LDA　　(pK_a 50)

図 5.2　ジイソプロピルアミドアニオンの分子模型

図5.2 を見て理解できるように，LDA の負電荷がある窒素部分は2つのイソプロピル基によっておおわれているため立体障害が大きく，S_N2 反応は起こさない。LDA の共役酸であるジイソプロピルアミンの pK_a は約 40 であり，LDA は強力な塩基である。LDA を用いるとハロアルカンはもっぱら E2 反応を起こす。

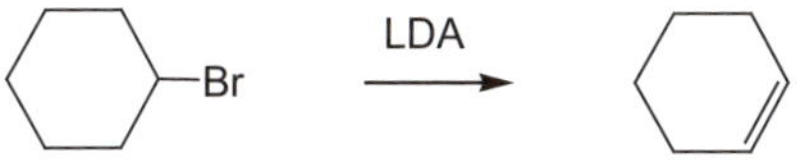

(5-7)

5.3　E2 反応の立体化学

E2 反応は隣り合った位置にある2つの脱離基（L_1 と L_2）がどのような相対位置にあっても起こるわけではない。鎖状化合物の場合には L_1 と L_2 とが *anti*- 同平面状（*anti*-coplanar）にあるときにのみ，E2 反応が起こる。

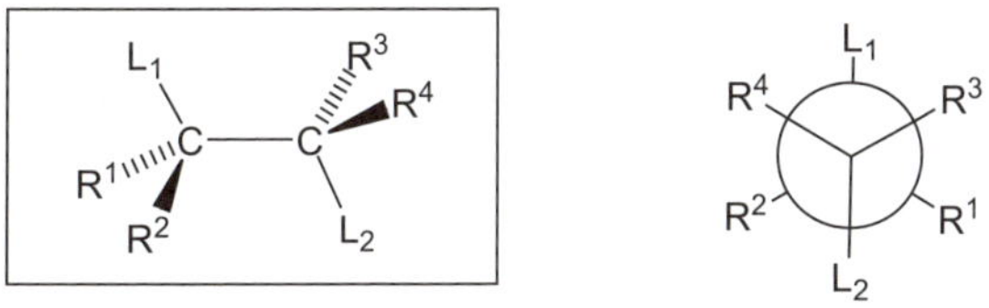

図 5.3　*anti*-同平面にある脱離基 L_1 と L_2

D. J. Cram は第4章のクラウンエーテルの項で述べた C. J. Pedersen および J.-M. Lehn とともに 1987 年のノーベル化学賞を受賞した有機化学者である。Cram が行った E2 脱離の実験を学ぶことにする。反応基質は 1-クロロ-1,2-ジフェニルプロパンである。まず，1-クロロ-1,2-ジフェニルプロパンの絶対配置を決めなければならない。図 5.4 に置換基の順位決定法が図示してある。

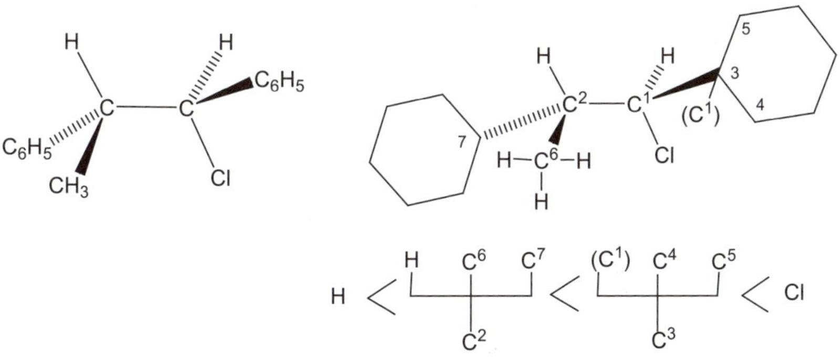

図 5.4　1-クロロ-1,2-ジフェニルプロパンの 1 位に対する絶対配置の決定

フェニル基の方が $-CH(CH_3)(C_6H_5)$ 基よりも順位が高いことが分かるだろう。順位の決定には注意が必要である。

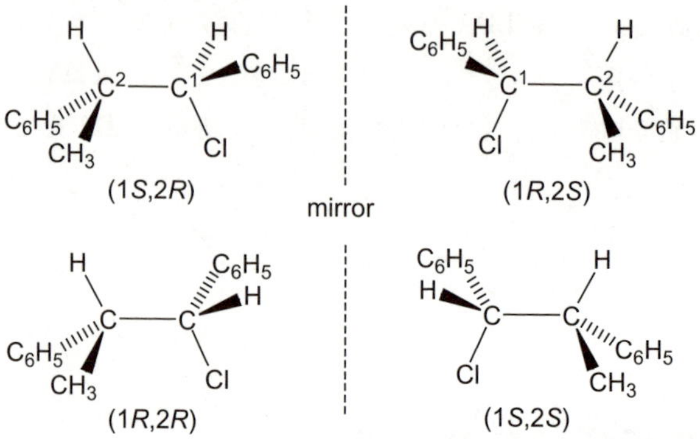

図 5.5　1-クロロ-1,2-ジフェニルプロパンの立体異性体

　1-クロロ-1,2-ジフェニルプロパンには2つの不斉炭素があり，そのため4つの立体異性体が存在する（立体異性体の数は不斉炭素の数を n とすると 2^n 個である）。(S,R) と (R,S) 体および (S,S) と (R,R) 体はお互いエナンチオマー (enantiomer) の関係にあるが，(S,R) あるいは (R,S) 体と (S,S) あるいは (R,R) 体とはジアステレオマー (diastereomer) の関係にある。エナンチオマー間には化学的性質に違いはないが，ジアステレオマー同士は異なった化合物であり，化学的性質も異なる。ジアステレオマーを表示するときに，エリトロ体 (erythro) およびトレオ (threo) 体と言うことがある。エリトロとトレオの簡単な見分け方は，その化合物を Newman の投影図で書いたとき，よく似た基が重なり合うのがエリトロ体であり，重ならないのがトレオ体である。1-クロロ-1,2-ジフェニルプロパンでは (S,S) と (R,R) 体がエリトロ体であり，(S,R) と (R,S) 体がトレオ体である。

　本題に戻ろう。threo-1-クロロ-1,2-ジフェニルプロパンの E2 反応からは (E)-1,2-ジフェニルプロペンが，erythro-1-クロロ-1,2-ジフェニルプロパンからは (Z)-1,2-ジフェニルプロペンが立体特異的に生成する。置換基の順位を第 4 章で述べた順位則にしたがって決め，二重結合を形成している 2 つの sp^2 炭素に結合している 4 つの置換基のうち，順位のより高い置換基同士が二重結合に対して同じ側に隣り合うときには Z-体 (zusanmen)，反対側に隣り合うときには E-体 (entgegen) とする。

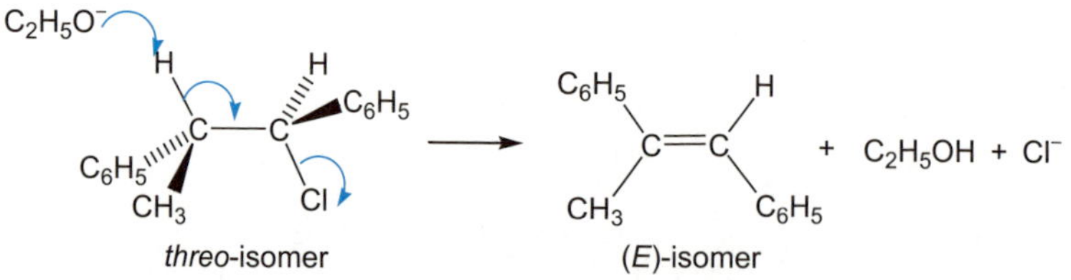

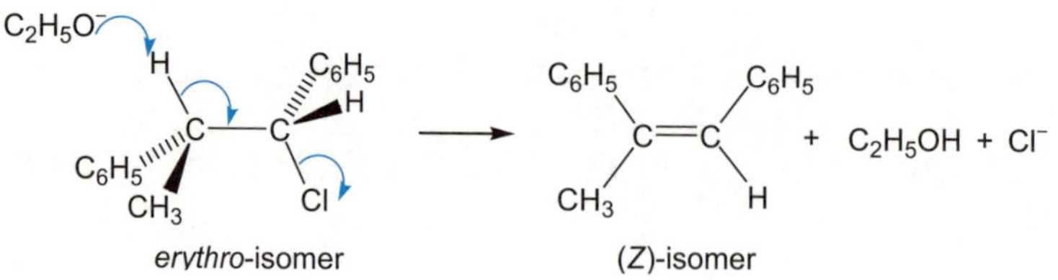

仮に syn-同平面にある 2 つの脱離基が脱離すると threo-体からは (Z)-体が生じることになるが，そのような反応は鎖状化合物では全く起こらない。これらの事実から，E2 脱離反応は anti-同平面にある 2 つの脱離基が脱離することによって起こると結論できる。このような脱離反応は anti 脱離といわれる。

ここで注意しなければいけないことは，トレオ-体からは (E)-体が，エリトロ-体からは (Z)-体が生じるとおぼえてしまってはいけない。次の反応例でよく納得して欲しい。

$$C_2H_5O^- + \text{erythro-3-phenyl-2-butyl tosylate} \longrightarrow \text{(E)-2-phenyl-2-butene} + C_2H_5OH + TsO^- \qquad (5\text{-}10)$$

> **問題 5-1** 1-フェニルエテン（スチレン）を，E2 反応を利用して作る反応式を書き，その機構を電子の流れ図で示せ（注：表 5.1 を参照）。

鎖状の化合物の E2 反応では anti 脱離が進行する。では，syn 脱離は本当に起こらないのだろうか。結論を先に述べると，syn 脱離も起こる場合がある。次の 3 種の基質を用いて，E2 反応の速度を測定する。

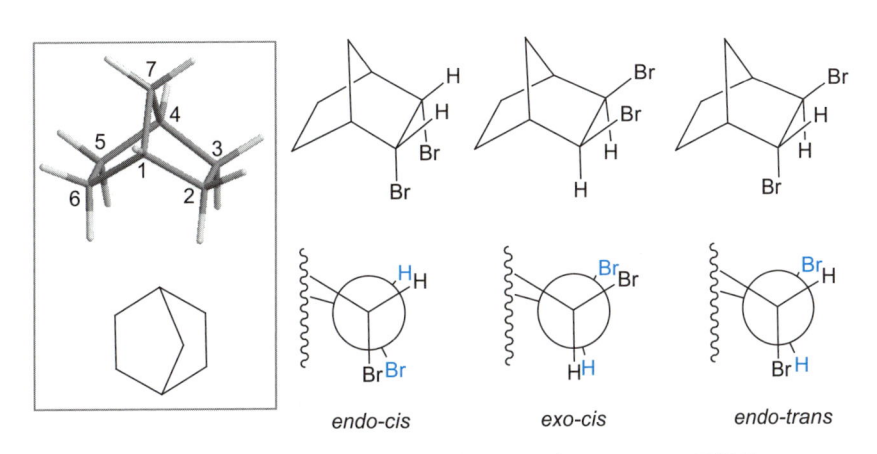

図 5.6 2,3-ジブロモビシクロ [2.2.1] ヘプタンの 3 つの異性体

図 5.6 の左端にはノルボルナン（norbornane）と慣用名で呼ばれる二環式化合物の分子模型が示してある。IUPAC 命名法ではビシクロ [2.2.1] ヘプタンという。カッコ内の数字は橋頭位の炭素（C^1 と C^4）を共有している構成原子の数であり，はじめの 2 は C^2 と C^3 との 2 個を意味し，次の 2 は C^5 と C^6 の 2 であり，最後の 1 は C^7 の 1 である。endo とは最も位置番号の小さな炭素についている置換基がシクロヘキサン環に対して C^7 と反対側に位置することを意味する。同じ側であれば exo とする。図 5.6 の 3 つの基質の 1-ペンタノール中におけるナトリウムペントキシド

を塩基とする E2 反応の結果が表 5.2 に示されている。

表 5.2　2,3-ジブロモビシクロ [2.2.1] ヘプタンの E2 反応相対速度
（$C_5H_{11}O^-/C_5H_{11}OH$, 110°C）

基質	10^4 ($M^{-1}s^{-1}$)	相対速度
endo-cis	3.0	1.0
exo-cis	1.1	0.37
endo-trans	94.5	31.5

endo-trans 体の E2 反応速度がずば抜けて速い。endo-trans 体では 2 つの脱離基は syn-同平面（syn-coplanar）にある。脱離反応は anti であろうが syn であろうが，2 つの脱離基が同平面にあることが必要であるといえる。ビシクロ [2.2.1] ヘプタンは，7 位の炭素が環構造の自由度を奪っているため，自由にその環構造を変えることはできない。よって，2 つの脱離基は syn-同平面に固定できる。しかし，鎖状化合物ではその立体配座を自由に変えられる。このような化合物が syn-同平面をとるためには 2 つの脱離基が結合している 2 つの炭素間の立体配座は重なり形（eclipsed conformation）にならなければならない。このような立体配座異性体はねじれ形（staggered conformation）に比べて不安定で，重なり形配座をとっている時間が短いため，このような立体配座からの反応は起こらない。

2 つの脱離基が同平面になる必要があるのは次の遷移状態を考えればわかる。

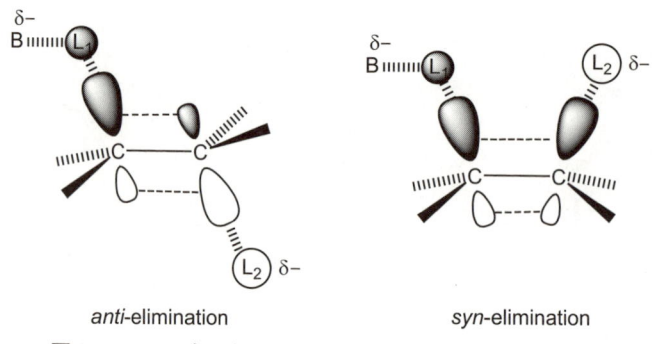

anti-elimination　　　　　syn-elimination

図 5.7　E2 反応における anti 脱離と syn 脱離の遷移状態

もともと 2 つの脱離基が結合している炭素は sp^3 炭素であるが，E2 反応の遷移状態では次第に sp^2 性が増えてくる。このときローブの広がりが変化し，ローブが重なって π 結合性がでてくる必要がある。そのためにはローブが同平面になければならない。

問題 5-2　exo-cis-3-デュウテリオビシクロ [2.2.1]-2-ヘプチルトシラートをジエチレングリコールジエチルエーテル（ジグリム）中，ナトリウムフェノキシドと反応させたときの脱離反応式を示せ。（注：デュウテリオは重水素置換を意味する。基質の構造式は図 5.6 を参照して書くこと）

問題 5-3　次の反応はどちらがより速やかに進行するか。その理由とともに答えよ。（注：4

位の 1,1-ジメチルエチル基（t-ブチル基）はその立体障害によりエカトリアル配座をとる）

5.4　E2 反応の配向性

（1）Saytzeff 則

2-ブロモブタンの E2 反応では 2-ブテンが 1-ブテンよりも多く生成する。

$$CH_3CH_2CHCH_3 \xrightarrow{C_2H_5O^-/C_2H_5OH} CH_3CH=CHCH_3 + CH_3CH_2CH=CH_2 \quad (5\text{-}11)$$
$$\qquad\qquad\quad |\qquad\qquad\qquad\qquad\qquad\quad 71\,\%\qquad\qquad\quad 29\,\%$$
$$\qquad\qquad\;\; Br$$

一般に「二重結合を形成する sp^2 炭素により多くの置換基がつくように脱離反応が進行する」。このような一般則は Saytzeff 則（Zaitsev や Saytzev とも書かれる）とよばれる。アルケンは二重結合の炭素に多くのアルキル基がつくほど安定となる。

$$CH_3CH_2C(CH_3)CH_3 \xrightarrow{C_2H_5O^-/C_2H_5OH} CH_3CH=C(CH_3)_2 + (CH_3CH_2)(CH_3)C=CH_2 \quad (5\text{-}12)$$
$$\qquad\qquad\qquad\qquad\qquad\qquad\qquad\qquad\qquad 70\,\%\qquad\qquad\qquad 30\,\%$$

なぜ生成物の安定性で，反応の速度の違いを議論できるのだろうか？第 4 章でも述べたように中間体や生成物の構造は遷移状態の構造に似ている。図 5.7 を見て理解して欲しい。そのため，生成物の安定性を遷移状態の安定性に置き換えて議論する場合がある。

アルケンの安定性は水素添加熱（heat of hydrogenation）を測定すればわかる。水素添加熱は水素化エンタルピー（ΔH^0）ともいわれる。白金（Pt）やニッケル（Ni）などの触媒の存在下に水素ガスを反応器に入れて反応させると，二重結合に水素が付加する。このときの発生する熱量をカロリメータで測定する。

$$CH_3CH_2CH=CH_2 + H_2 \xrightarrow{Pt} CH_3CH_2CH_2CH_3 \qquad \Delta H^0 = -126.9\;\text{kJ/mol} \quad (5\text{-}13)$$

$$(CH_3)HC=CH(CH_3) + H_2 \xrightarrow{Pt} CH_3CH_2CH_2CH_3 \qquad \Delta H^0 = -119.5\;\text{kJ/mol} \quad (5\text{-}14)$$

$$\underset{H}{\overset{CH_3}{>}}C=C\underset{CH_3}{\overset{H}{<}} + H_2 \xrightarrow{Pt} CH_3CH_2CH_2CH_3 \qquad \Delta H^0 = -115.6 \text{ kJ/mol} \qquad (5\text{-}15)$$

1-ブテンは 2-ブテンよりも水素添加熱が大きい。ΔH^0 が負に大きいということは反応したときに発熱量が大きいことを意味する。ΔH^0 が負に大きいアルケンほど不安定といえる。*cis*-2-ブテンと *trans*-2-ブテンを比較すると *trans*-2-ブテンのほうが安定である。*trans*-体のほうが置換基同士の立体障害が少ないためである。ではどうして 1-ブテンのほうが 2-ブテンよりも不安定なのだろうか？

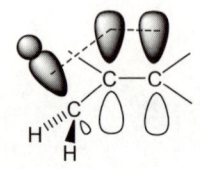

図 5.8　メチル基によるアルケンの安定化（超共役）

アルケンの π 結合を形成する $2p_z$ 軌道は sp^2 混成軌道の作る結合が存在する平面に垂直に立つ。この $2p_z$ 軌道は隣にあるメチル基の sp^3 混成軌道と弱く重なり合える。このため π 電子の非局在化が起こり，そのアルケンは安定になる。共鳴理論で書き表すと式（5-16）のようになる。

$$ \qquad (5\text{-}16)$$

（2）Hofmann 則

ハロアルカンやアルコールのトシラート以外に第 4 級アンモニウム塩やスルホニウム塩といったオニウム塩（onium salt）も脱離反応を起こす。スルホニウム塩は Menschutkin 反応と類似の反応で合成できる。

$$CH_3-\overset{..}{\underset{..}{S}}-CH_3 + CH_3-I \longrightarrow CH_3-\overset{+}{\underset{CH_3}{S}}-CH_3 \; I^- \qquad (5\text{-}17)$$

これらのオニウム塩の脱離に対する配向性は Saytzeff 則には従わない。二重結合を形成する炭素にできるだけ置換基が少なく結合するように脱離が進行する。このような脱離反応の規則性は Hofmann 則とよばれ，二重結合炭素に置換基が少なくなるような配向の脱離反応を Hofmann 脱離とよぶ。

$$CH_3CH_2CH_2\underset{\underset{\text{N,N,N-trimethyl-2-pentylammonium iodide}}{}}{\overset{\overset{+}{N(CH_3)_3}I^-}{C}H}CH_3 \xrightarrow{C_2H_5O^-} \underset{98\%}{CH_3CH_2CH_2CH=CH_2} + \underset{2\%}{CH_3CH_2CH=CHCH_3} \qquad (5\text{-}18)$$

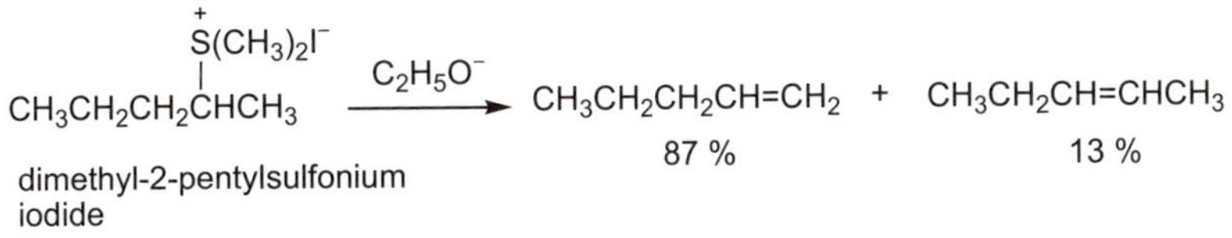
S(CH3)2I−
CH3CH2CH2CHCH3
C2H5O−
CH3CH2CH2CH=CH2
87 %
CH3CH2CH=CHCH3
13 %
dimethyl-2-pentylsulfonium iodide

(5-19)

Hofmann 脱離の機構はまだよくわかっていない。塩基はより酸性度の高い水素をプロトンとして引き抜くはずだ。式 (5-18) および (5-19) の反応基質は置換基がカチオンであり，この+I 効果でアルキル基の酸性度はやや大きくなっている。1 位のメチル基と 3 位のメチレンを比べると，1 位のメチル基のほうが酸性度は高いはずだ。なぜなら，3 位のメチレンには電子供与性のエチル基がまだ隣に結合しているからである。よって塩基はより選択的に 1 位の水素をプロトンとして引き抜くだろう。この考え方は C. Ingold によって提唱された。

別の考え方もある。式 (5-18) の反応において anti 脱離が起こる場合の基質の立体配座を図 5.9 に示す。

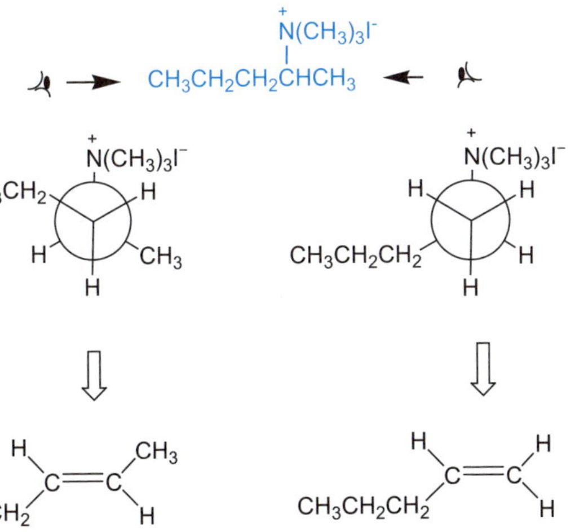
N(CH3)3I−
CH3CH2CH2CHCH3
CH3CH2
CH3
CH3CH2CH2
C=C

図 5.9　Saytzeff 則および Hofmann 則に従う *anti* 脱離が起こるための基質の立体配座

図 5.9 の左の立体配座は Saytzeff 則に従う脱離の配座であり，右側は Hofmann 脱離の配座である。一見してわかるように Hofmann 脱離の立体配座は立体的込み具合が少ない。よって，Hofmann 脱離が主に起こるというものである（ボランの化学で 1979 年のノーベル化学賞を受けた H. C. Brown の説）。2 つの説があるが，どちらの説がより正しいかはまだ明らかではない。

熱力学的に不安定なアルケンを与える脱離反応は，一般に Hofmann 脱離とよばれる。基質と塩基との立体障害が Hofmann 脱離を起こさせることがある。

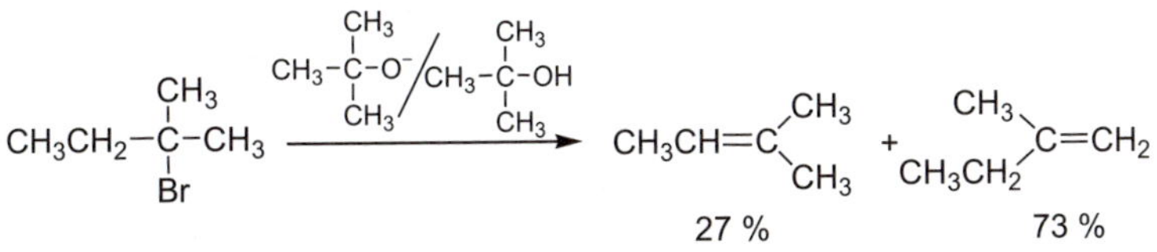
CH3CH2−C−CH3
Br
CH3−C−O−/CH3−C−OH
CH3CH=C
27 %
CH3CH2
C=CH2
73 %

(5-20)

$$\text{CH}_3\text{CH}_2-\underset{\underset{\text{Br}}{|}}{\overset{\overset{\text{CH}_3}{|}}{\text{C}}}-\text{CH}_3 \xrightarrow{\text{CH}_3\text{CH}_2\text{O}^-/\text{CH}_3\text{CH}_2\text{OH}} \text{CH}_3\text{CH}=\underset{\text{CH}_3}{\overset{\text{CH}_3}{\text{C}}} + \underset{\text{CH}_3\text{CH}_2}{\overset{\text{CH}_3}{\text{C}}}=\text{CH}_2 \qquad (5\text{-}21)$$

70 %　　　30 %

> **問題 5-4**　E2 反応が起こったときに予想される主生成物の構造式を示せ。また答えを出した根拠を説明せよ。
>
> (1) $\text{CH}_3\text{CH}_2\text{CH}_2\overset{\overset{+}{\text{N(CH}_3)_3\text{I}^-}}{\underset{|}{\text{CH}}}\text{CH(CH}_3)_2 \xrightarrow{\text{C}_2\text{H}_5\text{O}^-}$
>
> (2) $\text{CH}_3\text{CH}_2\text{CH}_2\overset{\overset{\text{Br}}{|}}{\underset{|}{\text{CH}}}\text{CH(CH}_3)_2 \xrightarrow{\text{CH}_3\text{O}^-}$
>
> (3) $\text{CH}_3\text{CH}_2\text{CH}_2\overset{\overset{\text{Br}}{|}}{\underset{|}{\text{CH}}}\text{CH(CH}_3)_2 \xrightarrow{\text{LDA}}$

5.5　E2 反応の分子軌道法的取り扱い

S_N2 反応と同じように，E2 反応に対しても分子軌道法を適応してみよう。2-ブロモ-2-メチルプロパンの反応を取り扱う。

$$\text{CH}_3-\underset{\underset{\text{CH}_3}{|}}{\overset{\overset{\text{CH}_3}{|}}{\text{C}}}-\text{Br} + \text{B}:^- \longrightarrow \text{CH}_2=\underset{\text{CH}_3}{\overset{\text{CH}_3}{\text{C}}} + \text{BH} + \text{Br}^- \qquad (5\text{-}22)$$

この反応は塩基の負電荷が基質に注入され脱離基に移動するとともに，脱離基が基質から離れる反応と考えると，脱離反応におけるフロンティア軌道は 2-ブロモ-2-メチルプロパンの LUMO ということになる。では 2-ブロモ-2-メチルプロパンの LUMO を MOPAC で計算してみよう。結果が図 5.10 に示されている。

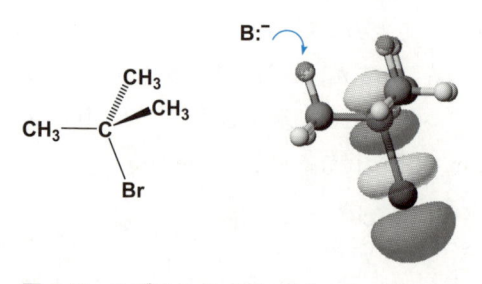

図 5.10　2-ブロモ-2-メチルプロパンの LUMO

塩基が Br に対して anti の位置にあるメチル基の水素をプロトンとして引き抜くと，第 4 級炭素上のローブが π 結合にかわり，反発形をした C-Br 結合から Br^- が脱離する。このように，2-ブロモ-2-メチルプロパンの LUMO は E2 反応に都合の良い分子軌道となっていることがわかる。

5.6　E1 反応

ハロアルカンやアルコールのトシラートなどの化合物が，強い塩基と反応すると E2 反応が起こる。しかし，強い塩基がなくても，S_N1 反応が進行する基質では S_N1 反応と同時に E1 反応も進行する。この場合，反応の中間体は S_N1 反応と共通のカルボカチオンである。

$$\text{CH}_3\text{-C(CH}_3)_2\text{-Br} \underset{}{\overset{\text{slow}}{\rightleftharpoons}} \text{CH}_3\text{-C}^+(\text{CH}_3)_2 + :\!\ddot{\text{Br}}\!:^- \quad (5\text{-}23)$$

S_N1
$$\text{CH}_3\text{-C}^+(\text{CH}_3)_2 + \text{CH}_3\text{CH}_2\text{-}\ddot{\text{O}}\text{H} \overset{\text{fast}}{\rightleftharpoons} \text{CH}_3\text{-C(CH}_3)_2\text{-}\overset{+}{\text{O}}(\text{H})\text{CH}_2\text{CH}_3 \rightleftharpoons \text{CH}_3\text{-C(CH}_3)_2\text{-OCH}_2\text{CH}_3 + \text{H}^+ \quad (5\text{-}24)$$
64 %

E1
$$\text{CH}_3\text{-C}^+(\text{CH}_3)(\text{CH}_2\text{-H}) + \text{CH}_3\text{CH}_2\text{-}\ddot{\text{O}}\text{H} \overset{\text{fast}}{\rightleftharpoons} (\text{CH}_3)\text{C=CH}_2 + \text{CH}_3\text{CH}_2\text{-}\overset{+}{\text{O}}\text{H}_2 \quad (5\text{-}25)$$
36 %

式 (5-23) から (5-25) の反応はエタノール中，75 °C における結果である。2-ブロモ-2-メチルプロパンのエタノール中の加溶媒分解反応ではやや S_N1 反応が優先する。同じ条件下，2-クロロ-2-メチルプロパンの反応では，アルケンが 42.2 %生成する。低温では S_N1 反応が優先的に進行するが，反応温度が高くなると E2 反応がかなり進みやすくなる傾向がある。

$$\text{CH}_3\text{-C(CH}_3)_2\text{-Cl} \xrightarrow[]{\text{C}_2\text{H}_5\text{OH:H}_2\text{O = 4:1}} \text{CH}_2\text{=C(CH}_3)_2 + (\text{CH}_3)_3\text{COH} + (\text{CH}_3)_3\text{COC}_2\text{H}_5 \quad (5\text{-}26)$$

25 °C　　17 %　　　　83 %
65.3 °C　36 %　　　　64 %

式 (5-25) を見て欲しい。カルボカチオンからプロトンを引き抜いている塩基はエタノールであり，Br^- ではない。なぜだろうか？ C_2H_5OH と Br^- との塩基性の違いを考えればよい。塩基の共役酸の pK_a が大きいほど，その塩基の塩基性は大となる。$C_2H_5OH_2^+$ の pK_a は -2 であるが，Br^- の共役酸である HBr では pK_a は -9 である（第 3 章の表 3.1, 3.2 を参照）。エタノールのほうが塩基性は高い。

S_N1 反応と反応の中間体は同じである。よって E1 反応で生じるアルケンの生成速度は基質濃度に対して 1 次となる。

$$\frac{d[\text{alkene}]}{dt} = k[(CH_3)_3CBr] \tag{5-27}$$

また，反応のエネルギー図も S_N1 反応のエネルギー図と形は同じである。

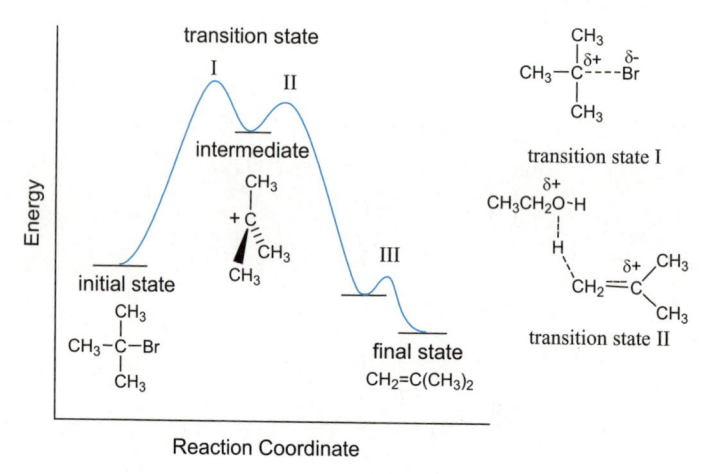

図 5.11　E1 反応のポテンシャルエネルギー図

5.7　E1 反応の立体化学

E1 反応の配向性は一般には Saytzeff 則に従う。

$$\begin{array}{c} \text{E1} \quad 82\% \quad\quad 18\% \\ CH_3CH_2CBr \longrightarrow CH_3CH=C(CH_3)_2 + CH_3CH_2C(CH_3)=CH_2 \\ \text{E2} \quad 71\% \quad\quad 29\% \end{array} \tag{5-28}$$

カルボカチオンを経る S_N1 反応では，カルボカチオン中間体において水素やアルキル基の転位が起こることがある（4.15 参照）。E1 反応は同じカルボカチオン中間体を通って進行するので，やはり転位生成物が生じることがある。

$$CH_3\text{-}C(OH)H\text{-}CH_2\text{-}CH(CH_3)_2 \xrightarrow{H_2SO_4,\ 80\ ^\circ C} (CH_3CH_2)(H)C=C(CH_3)_2 + H_2O \tag{5-29}$$

(Mechanism)

$$CH_3-\underset{H}{\underset{|}{C}}(OH)-CH_2-\underset{CH_3}{\underset{|}{C}}H-CH_3 + H^+ \rightleftharpoons CH_3-\underset{H}{\underset{|}{C}}(\overset{+}{O}H_2)-CH_2-\underset{CH_3}{\underset{|}{C}}H-CH_3 \tag{5-30}$$

$$CH_3-\underset{H}{\underset{|}{C}}(\overset{+}{O}H_2)-CH_2-\underset{CH_3}{\underset{|}{C}}H-CH_3 \rightleftharpoons CH_3-\overset{+}{\underset{H}{\underset{|}{C}}}-CH_2-\underset{CH_3}{\underset{|}{C}}H-CH_3 + H_2O \tag{5-31}$$

$$CH_3-\overset{+}{\underset{H}{\underset{|}{C}}}-CH_2-\underset{CH_3}{\underset{|}{C}}H-CH_3 \rightleftharpoons CH_3-\underset{H}{\underset{|}{C}}H-\overset{+}{\underset{CH_3}{\underset{|}{C}}}-CH_3 \tag{5-32}$$

$$CH_3-\underset{H}{\underset{|}{C}}H-\overset{+}{\underset{CH_3}{\underset{|}{C}}}-CH_3 \longrightarrow CH_3-CH_2-\overset{+}{\underset{CH_3}{\underset{|}{C}}}-CH_3 \tag{5-33}$$

$$CH_3-CH_2-\underset{H}{\underset{|}{C}}H-\overset{+}{\underset{CH_3}{\underset{|}{C}}}-CH_3 + H_2O \rightleftharpoons \underset{H}{\overset{CH_3CH_2}{>}}C=C\underset{CH_3}{\overset{CH_3}{<}} + H_3O^+ \tag{5-34}$$

> **問題 5-5** 次の反応の機構を，電子の流れ図で示せ。
>
> (1) [cyclohexanol with two methyl groups] $\xrightarrow{H^+}$ [dimethylcyclohexene]
>
> (2) [trimethylcyclohexanol] $\xrightarrow{H_3PO_4/H_2O}$ [alkene] + [alkene] + [alkene]

5.8　E1 反応の分子軌道法的取り扱い

　カルボカチオン中間体へ，エタノールや水といった溶媒が塩基として働いてプロトンを引き抜く。このときには，塩基の非共有電子対がカルボカチオンの水素原子に相互作用するので，カルボカチオンの LUMO の軌道がフロンティア軌道となる。2-メチル-2-プロピルカチオン（t-ブチルカチオン）の LUMO を図 5.12 に示す。

　正電荷が存在する sp^2 炭素には上下に広がるローブがある。この炭素に隣接する sp^3 炭素の水素がプロトンとして引き抜かれると，この炭素は sp^2 混成となり，その p_z 軌道が正電荷のある炭素のローブと上手く重なり合うことができ，二重結合が形成される。

では，カルボカチオンの転位はどうであろうか？式(5-31)および(5-32)で生じる第2級カルボカチオンの軌道を考える。転位はカルボカチオンの正電荷の軌道に転位する水素の電子が入り込んできて進行する。よって，カルボカチオンの LUMO がフロンティア軌道となる。図5.13 にこれら2つのカルボカチオンの LUMO を示す。

図 5.12　カルボカチオンの LUMO（参考図9参照）

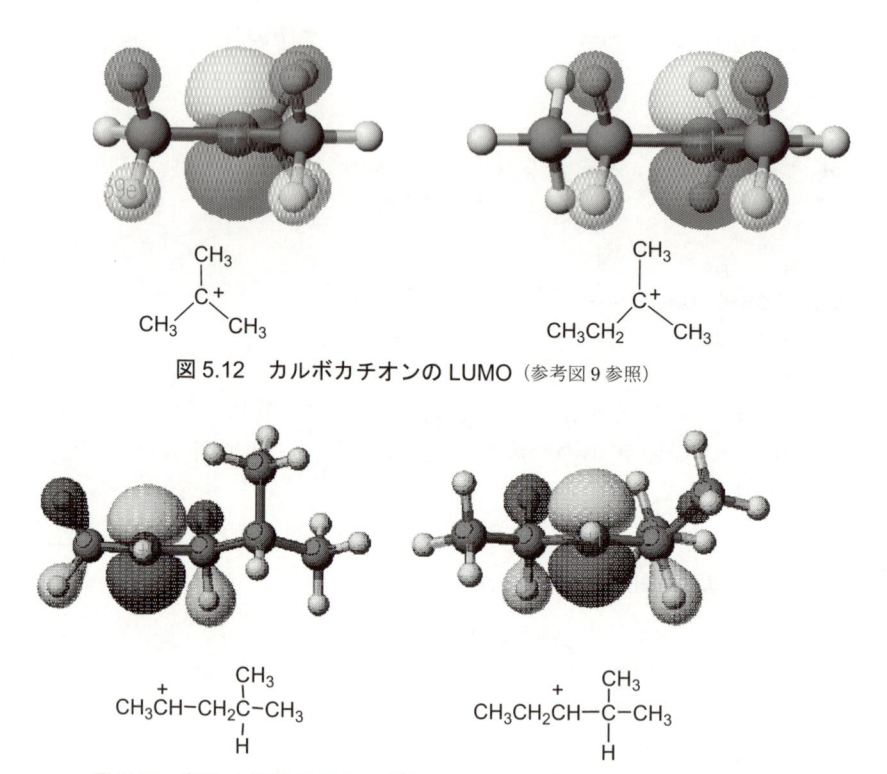

図 5.13　転位する第2級カルボカチオンの LUMO（参考図10参照）

正電荷のある sp^2 炭素には，やはり上下に張り出したローブがある。その隣の sp^3 炭素の水素にもローブの広がりがあり，これが単結合の回転で sp^2 炭素の同符号のローブと重なることができる。このローブの重なりで転位が起こる。

5.9　脱離反応の溶媒効果

E1反応はカルボカチオンを中間体に経る反応である。S_N1 反応の溶媒効果でも述べたように，カチオンという強く分極した中間体は，極性の強い溶媒で安定化され，中間体に似た状態の遷移状態も極性溶媒で安定化される。よって，溶媒の極性が強いほど，反応は早く進行する。

では E1 反応と S_N1 反応の選択性を溶媒の極性で変えられるだろうか？カルボカチオンからプ

ロトンが離れていく反応の遷移状態を E1 反応と S_N1 反応とで比較すればよい。

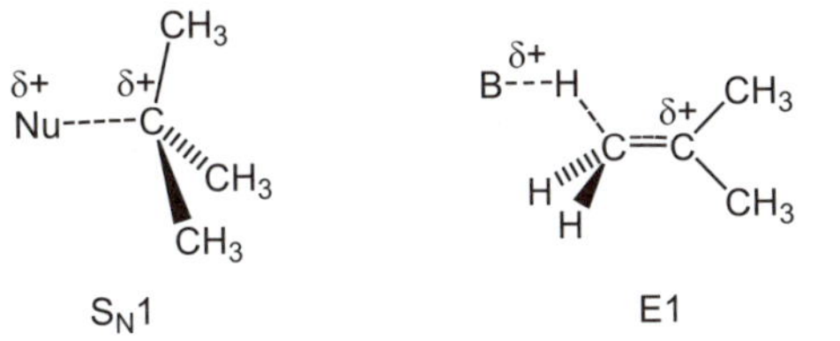

図 5.14　S_N1 反応と E1 反応の遷移状態

図 5.14 からもわかるように，E1 反応の第 2 の遷移状態は S_N1 反応の第 2 の遷移状態よりも，その分極の割合は小さい。よって，S_N1 反応の遷移状態は極性溶媒によってより安定化され，極性溶媒中では E1 よりも，S_N1 反応が優先して進行すると考えられる。2-ブロモ-2-メチルプロパンの加溶媒分解反応における溶媒効果の結果を表 5.3 に示す。

表 5.3　2-ブロモ-2-メチルプロパンの加溶媒分解反応における 2-メチルプロペンの生成割合（75 ℃）

溶　媒	ε	アルケンの生成割合（%）
H_2O	80.1（25 ℃）	6.6
C_2H_5OH	24.6（20 ℃）	36.0
CH_3COOH	6.2（25 ℃）	69.5

表 5.3 から，極性の強い水中では S_N1 反応が，極性の相対的に低い酢酸中では E1 反応が優先することがわかる。

> **問題 5-6**　表 5.3 の結果を，反応のポテンシャルエネルギー図を用いて説明せよ。

では，E2 反応と S_N2 反応の選択性は溶媒によってどのように変化するだろうか？やはり遷移状態を比較するとよい。第 2 級ハロアルカンである 2-ブロモプロパンの S_N2 および E2 反応の遷移状態が図 5.15 に書かれている。

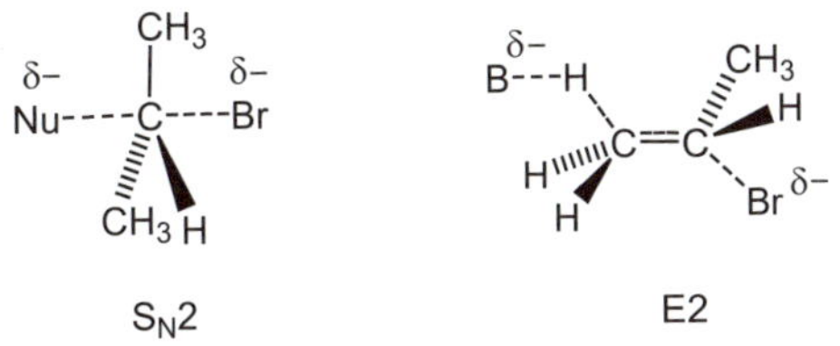

図 5.15　2-ブロモプロパンの S_N2 および E2 反応の遷移状態

S_N2 反応の遷移状態は E2 反応の遷移状態よりもより分極している。S_N2 反応は極性の強い溶媒中でより多く進行すると予想される。実験事実が表 5.4 に示されている。

表 5.4　S_N2 および E2 反応の溶媒効果

$$CH_3-\underset{H}{\underset{|}{\overset{CH_3}{\overset{|}{C}}}}-Br \xrightarrow[55\,^\circ C]{NaOH/C_2H_5OH-H_2O} CH_2=CHCH_3 + (CH_3)_2CH-OR$$

溶　媒	$E2/S_N2$
60% C_2H_5OH-40%H_2O	1.17
80% C_2H_5OH-20%H_2O	1.44
100% C_2H_5OH	2.45

表 5.4 から，溶媒の極性が高いと S_N2 反応が比較的起こりやすく，溶媒の極性が下がると E2 反応が優先することがわかる．

> **問題 5-7**　表 5.4 の結果を，反応のポテンシャルエネルギー図を用いて説明せよ．

5.10　E1cB 反応

式 (5-35)，(5-36) のような反応が起こると仮定しよう．

$$B:^{-} \quad R^1-\underset{R^2}{\underset{|}{\overset{L_1}{\overset{|}{C}}}}-\underset{L_2}{\underset{|}{\overset{R^3}{\overset{|}{C}}}}-R^4 \xrightleftharpoons{fast} R^1-\underset{R^2}{\underset{|}{\overset{..}{\overset{|}{C}}}}-\underset{L_2}{\underset{|}{\overset{R^3}{\overset{|}{C}}}}-R^4 + BL_1 \quad (5\text{-}35)$$

$$R^1-\underset{R^2}{\underset{|}{\overset{..}{\overset{|}{C}}}}-\underset{L_2}{\underset{|}{\overset{R^3}{\overset{|}{C}}}}-R^4 \xrightleftharpoons{slow} \underset{R^2}{\overset{R^1}{>}}C=C\underset{R^4}{\overset{R^3}{<}} + :L_2^{-} \quad (5\text{-}36)$$

脱離基 L_1 が非常に脱離しやすく，かつ生じるカルボアニオンが非常に安定であれば，式 (5-35)，(5-36) の反応が起こる可能性がある．このタイプの反応は生じるカルボアニオン濃度に対して 1 次の反応であるので，E1cB 反応と分類する．cB は conjugate base（共役塩基）であり，基質の共役塩基がカルボアニオンである．このような反応が実際にあるのだろうか？この機構で進むと思われる反応を以下に示す．溶媒はメタノールである．

$$CH_3O^{-} \quad Cl-\underset{Cl}{\underset{|}{\overset{H}{\overset{|}{C}}}}-\underset{F}{\underset{|}{\overset{F}{\overset{|}{C}}}}-F \xrightleftharpoons{fast} Cl-\underset{Cl}{\underset{|}{\overset{..}{\overset{|}{C}}}}-\underset{F}{\underset{|}{\overset{F}{\overset{|}{C}}}}-F + CH_3OH \quad (5\text{-}37)$$

$$Cl-\underset{Cl}{\underset{|}{\overset{..}{\overset{|}{C}}}}-\underset{F}{\underset{|}{\overset{F}{\overset{|}{C}}}}-F \xrightleftharpoons{slow} \underset{Cl}{\overset{Cl}{>}}C=C\underset{F}{\overset{F}{<}} + F^{-} \quad (5\text{-}38)$$

基質である 1,1-ジクロロ-2,2,2-トリフルオロエタンの水素は非常に酸性度が高い。なぜなら，電気陰性度の大きな 2 つの塩素および 3 つのフッ素原子の I 効果を受けるからである。生じるカルボアニオンは安定である。なぜなら，電気陰性度の高いハロゲン原子の I 効果で，負電荷が非局在化するからである。さらに第 2 の脱離基は脱離しにくい。なぜなら，フッ素はあまり良好な脱離基ではないからである。反応を重メタノール中で行うと，回収された原料には 1-ジュウテリオ-1,1-ジクロロ-2,2,2-トリフルオロエタンが含まれることから，反応途中でカルボアニオンが生じていることは確かなようである。反応は式（5-38）ではとまらず，アルケンにメタノールが付加した複雑な生成物となる。

5.11　脱離反応の例

式（5-39）の反応では F^- が塩基として働く。プロトン性極性溶媒中ではハロゲン化物イオンの塩基性は，溶媒和の関係で $I^- > Br^- > Cl^- > F^-$ であるが，アセトニトリルのような非プロトン性極性溶媒中では，$F^- > Cl^- > Br^- > I^-$ となる。

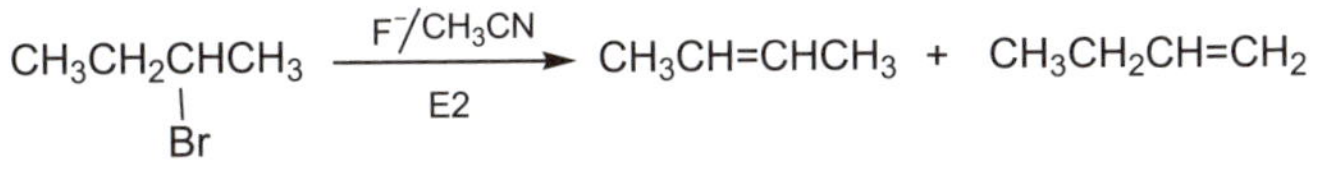

$$CH_3CH_2CHCH_3 \xrightarrow[E2]{F^-/CH_3CN} CH_3CH=CHCH_3 + CH_3CH_2CH=CH_2 \quad (5\text{-}39)$$
$$|$$
$$Br$$

式（5-40）の反応では，塩基として Cl^- を使うが，Cl^- を有機溶媒に溶けるテトラブチルアンモニウムクロリドとして溶媒であるアセトンに溶かす。脱離の配向は Zaytzeff 則に従うが，塩基としてアルコキシドを用いたときよりも，脱離の配向性に優れている。

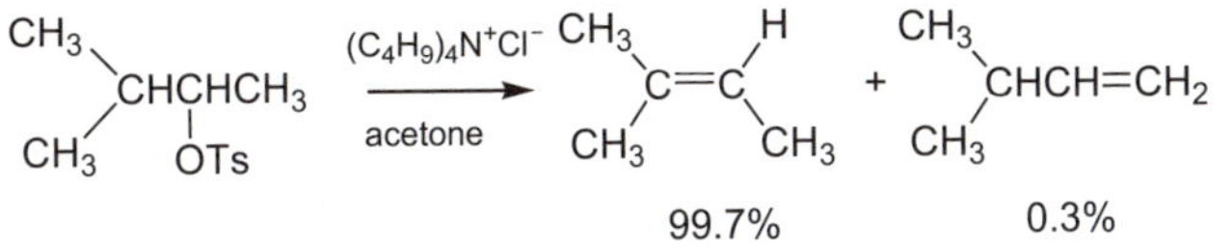

$$(5\text{-}40)$$
99.7%　　0.3%

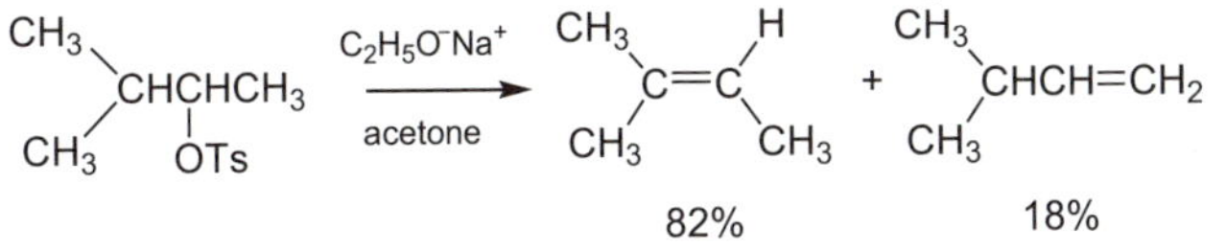

$$(5\text{-}41)$$
82%　　18%

エタノールを濃硫酸の存在下に 180 ℃に加熱するとエチレン（エテン）を生じる（140 ℃では S_N2 反応でジエチルエーテルが生成する）。

$$CH_3CH_2OH \xrightarrow[180\ ^\circ C]{conc.\ H_2SO_4} CH_2=CH_2 + H_2O \quad (5\text{-}42)$$

式（5-42）の反応で副生するジエチルエーテル（エトキシエタン）も，酸触媒下にエチレンとなる。

$$CH_3CH_2OCH_2CH_3 \xrightarrow{H^+} CH_2=CH_2 + CH_3CH_2OH \quad (5\text{-}43)$$

金属亜鉛や金属マグネシウムは E2 反応を起こすための塩基となる。

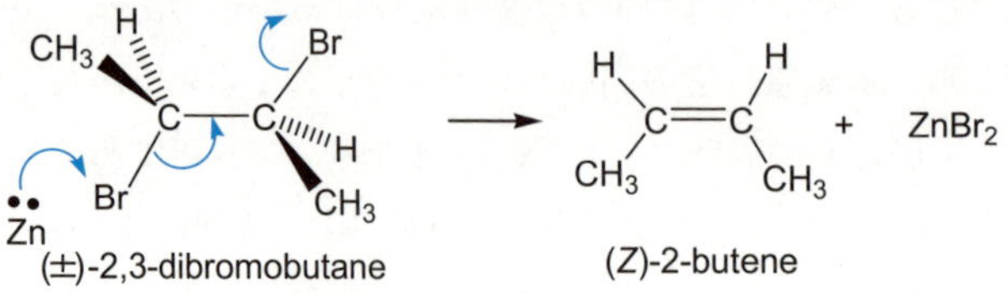

$$\text{(±)-2,3-dibromobutane} \longrightarrow \text{(Z)-2-butene} + ZnBr_2 \tag{5-44}$$

問題 5-8 式（5-43）の反応の機構を電子の流れ図で示せ。

問題 5-9 亜鉛原子の電子配置を書き，式（5-44）の反応における亜鉛の還元剤としての能力について考察せよ。（注：ある分子から酸素やハロゲンを取り去る反応は還元反応である）

問題 5-10 次の反応の機構を電子の流れ図で示せ。

(1) シクロプロピル-$N(CH_3)_3OH^-$ $\xrightarrow{\Delta}$ シクロプロペン + シクロプロピル-$N(CH_3)_2$

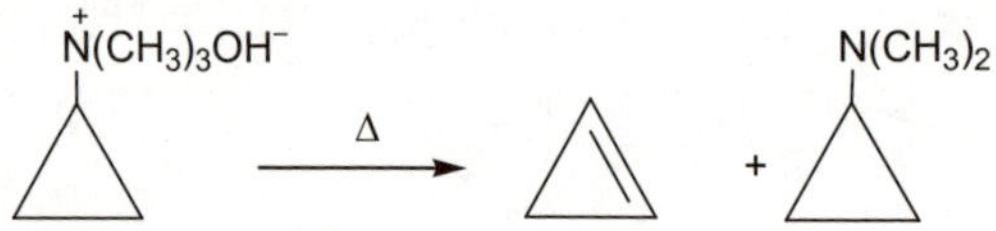

(2) $(CH_3)_2CHCH(OTs)CH_3$ $\xrightarrow[\text{acetic acid}]{\Delta}$ $(CH_3)_2C{=}CHCH_3$ (E/Z) + $CH_3CH_2C(CH_3){=}CH_2$

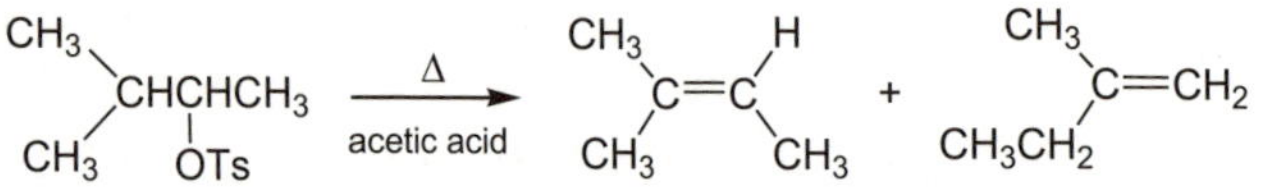

6 求核付加反応

カルボニル基を有する化合物のうちアルデヒドやケトンは，それらの電子欠乏形（求電子性）のカルボニル炭素に求核剤の攻撃を受け，付加反応を起こす。

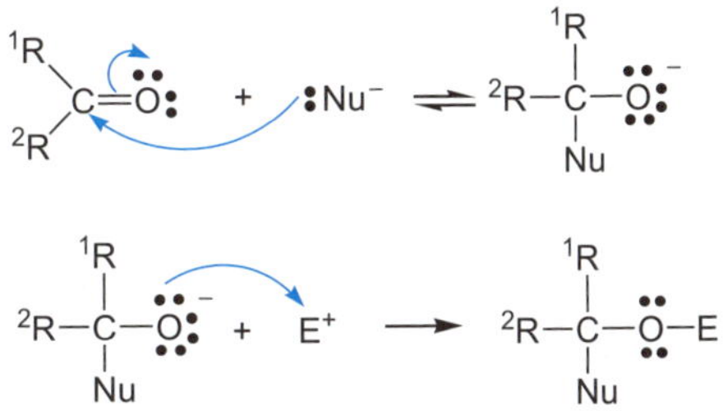

一般に，立体障害が少なく，アルキル基がより少ないアルデヒドの方が，立体障害が大きく，電子供与性のアルキル基の結合によりカルボニル炭素の求電子性が弱められているケトンよりも求核付加反応に対する反応性は高い。

6.1 カルボニル基の特徴

カルボニル炭素および酸素は sp^2 混成軌道であり，お互いの p_z 軌道の重なりで π 結合を形成する。π 軌道の電子は原子核に束縛されている度合いが σ 軌道の電子よりも弱い。それだけに種々の条件で動くことのできる電子だと言える。炭素の電気陰性度は 2.6 であり，酸素は 3.4 である。酸素は炭素よりも電子を引き付ける力が強い。カルボニル基を有する化合物には次のような共鳴構造式が書ける。

$$\tag{6-1}$$

π 結合を形成する π 電子や非共有電子対は原子核による束縛は小さい。このような π 電子や n 電子の移動によって分極する効果は「共鳴効果」（resonance effect, R 効果）あるいは「メゾメリー効果」（mesomeric effect, M 効果）とよばれる。式（6-1）の右側の共鳴構造式の寄与は小さいだろう。なぜなら右の構造の炭素原子は Lewis の 8 電子則を満足していないからである。しかし，

カルボニル基にはカルボカチオン的な親電子性があることがこの共鳴構造式から推論できる。事実，表 6.1 に示すようにカルボニル化合物の双極子モーメントはかなり大きく，カルボニル化合物は分極した分子である。

表 6.1　カルボニル化合物の双極子モーメント

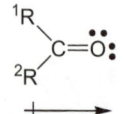

化合物	化学式	μ (D)
ホルムアルデヒド（メタナール）	HCHO	2.31
アセトアルデヒド（エタナール）	CH_3CHO	2.69
ベンズアルデヒド	C_6H_5CHO	2.76
アセトン（ジメチルケトン）	CH_3COCH_3	2.90
シクロペンタノン	C_5H_8O	3.30
アセトフェノン	$C_6H_5COCH_3$	3.00

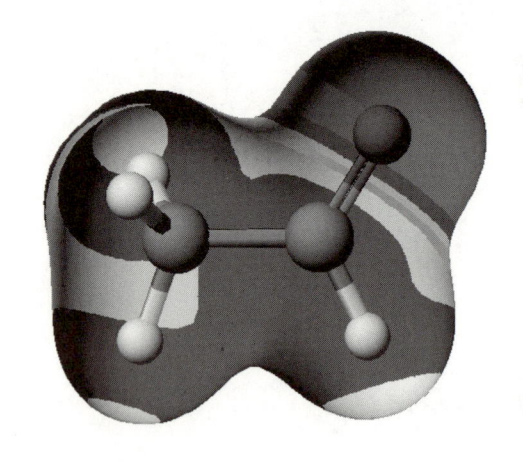

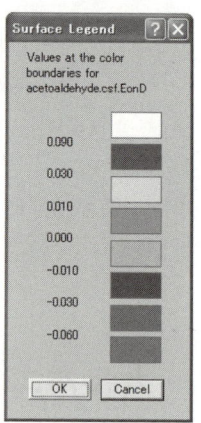

図 6.1　アセトアルデヒドの静電ポテンシャル分布（AM1 計算）(参考図 11 参照)
カルボニル炭素が正に酸素が負に分極していることが分かる。

図 6.1 には CAChe で計算したアセトアルデヒド（エタナール）の静電ポテンシャルが示してある。分子軌道計算からも，カルボニル基の強い分極がよく分かる。

脂肪族アルデヒドやケトンにはケト—エノールの互変異性 (tautomerism) がある。カルボニル基の隣の炭素は α-炭素とよばれる。α-炭素に結合している水素がカルボニル酸素に移動し，二重結合の組み換えが起こる。「互変異性とは水素と二重結合の移動のみで起こる異性化」のことである。

(6-2)

表 6.2　カルボニル化合物のケト‐エノール互変異性

化合物	化学式	pK_a	エノール（%）
アセトン	CH_3COCH_3	19.3	1.5×10^{-4}(neat)
アセトフェノン	$C_6H_5COCH_3$	19	3.5×10^{-4}(neat)
2-ブタノン	$CH_3COCH_2CH_3$		0.12 (neat)
シクロヘキサノン	$C_6H_{12}O$	16.7	1.2 (neat)
アセチルアセトン	$CH_3COCH_2COCH_3$	9.0	76.4 (neat)
(2,4-ペンタンジオン)			96 (10 mol% in CCl_4)
ジベンゾイルメタン	$C_6H_5COCH_2COC_6H_5$		100 (CCl_4, 33 ℃)
(1,3-ジフェニル-1,3-プロパンジオン)			

ケト互変異性体（keto tautomer）とエノール互変異性体（enol tautomer）との存在割合は，化合物によって随分と異なることが，表 6.2 から分かる。

2,4-ペンタンジオン（アセチルアセトン）やジベンゾイルメタン（1,3-ジフェニル-1,3-プロパンジオン）は β-ジケトンと呼ばれ，2 つのカルボニル基ではさまれたメチレンは活性メチレンである。このような β-ジケトンは溶液中でそのほとんどがエノール体として存在している。エノール体が安定な理由は，次の共鳴構造式をみれば分かるだろう。

$$(6\text{-}3)$$

β-ジケトンのエノール体は共鳴によって安定化されている。エノール体の存在割合は，溶媒によって大きく変化する。水のようなプロトン性極性溶媒中では 2,4-ペンタンジオンのエノール割合は 15.5 % にまで低下する（表 6.3）。これは 2,4-ペンタンジオンの 2 つのカルボニル基が水分子と水素結合し，ケト体が安定化されるためである。

表 6.3　2,4-ペンタンジオンの互変異性におよぼす溶媒効果

溶　媒	エノール（%）
純液体	76.4
ヘキサン（0.1 M）	92
エタノール（0.1 M）	83
水（0.1 M）	15.5

プロパンの pK_a は約 50 であるのに対して，アセトンの pK_a は 19.3 である。カルボニル基が酸解離で生じるカルボアニオンを非常に強く安定化していることが分かる。別の言い方をすると，アセトンのメチル基の酸性度はプロパンに比べて非常に高い。この様子は図 6.2 をみても分かるだろう。アセトンでは電子密度の非常に低い白い箇所がメチル基の水素にある。

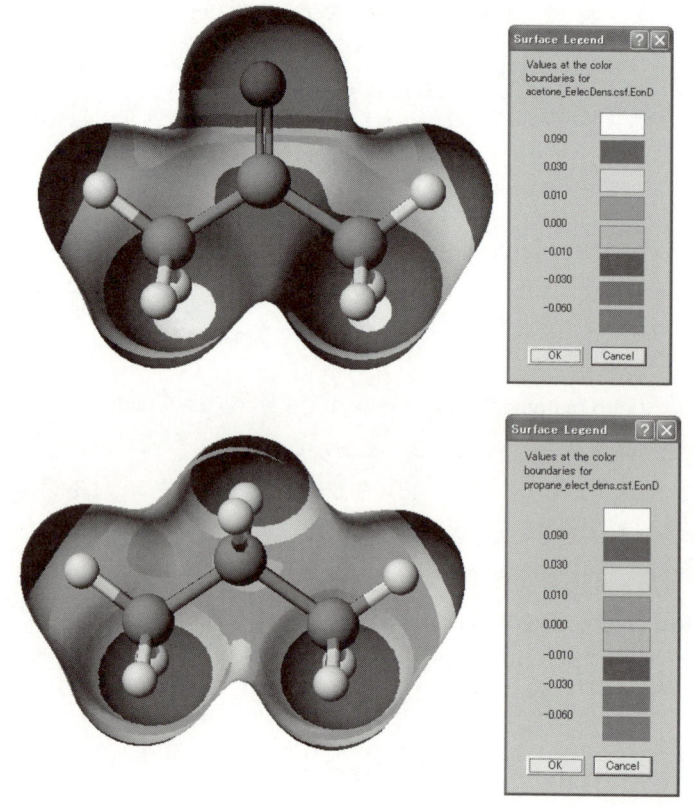

図 6.2 アセトン（上）とプロパン（下）の静電ポテンシャル分布（AM1 計算）
(参考図 12 参照)

カルボニル化合物が酸解離するとエノラートイオン（enolate ion）が生じる。

$$\text{(6-4)}$$

enolate ion

エノラートイオンは共鳴によって安定化されたカルボアニオンである。式（6-4）のエノラートイオンの共鳴構造式のうち，通常は左側の構造を書く。どちらの構造もLewisの8電子則を満足しているが，右側では電気陰性度が酸素よりも小さな炭素上に負電荷が存在する。このような構造は，左側の酸素上に負電荷がある構造よりも不安定である。

エノラートイオンが水からプロトンを引き抜けばエノール互変異性体となる。

$$\text{(6-5)}$$

6 求核付加反応

式 (6-4) と (6-5) から分かるように，ケト-エノールの互変異性は塩基によって触媒される。

ケト-エノールの互変異性は酸によっても触媒される。カルボニル基の特徴は，求電子性の強いカルボニル炭素のみならず，求核性の強いカルボニル酸素によっても発現される。

$$\text{CH}_3-\overset{\overset{\ddot{O}:}{\|}}{\text{C}}-\text{CH}_3 + \text{H}_3\text{O}^+ \rightleftharpoons \left[\text{CH}_3-\overset{\overset{+}{\overset{\ddot{O}-\text{H}}{\|}}}{\text{C}}-\text{CH}_3 \longleftrightarrow \text{CH}_3-\overset{\overset{:\ddot{O}-\text{H}}{|}}{\underset{+}{\text{C}}}-\text{CH}_3 \right] + \text{H}_2\text{O} \tag{6-6}$$

$$\text{CH}_3-\overset{\overset{+}{\overset{\ddot{O}-\text{H}}{\|}}}{\text{C}}-\overset{\text{H}}{\underset{\text{H}}{\text{CH}_2}} + \text{H}_2\ddot{\text{O}}: \rightleftharpoons \text{CH}_3-\overset{:\ddot{O}\text{H}}{\underset{|}{\text{C}}}=\text{CH}_2 + \text{H}_3\text{O}^+ \tag{6-7}$$

式 (6-6) の右辺からプロトン化されたカルボニル基の特徴が予測できる。右辺の共鳴構造式の右側は炭素上に正電荷があるカルボカチオンである。この共鳴構造式と左の共鳴構造式ではどちらが安定だろうか？右側は酸素よりも電気陰性度の小さな炭素上に正電荷があるから，左側よりも安定だと考えたくなるが，このカルボカチオン形の構造は Lewis の 8 電子則を満足していない。よって，左側の共鳴構造式が安定だと考える。しかし，R 効果（M 効果）による右のカルボカチオン形構造の寄与により，プロトン化されたカルボニル基のカルボニル炭素は求電子性が一層大きくなる。この特徴は酸触媒によるカルボニル化合物への求核付加反応に利用される。

> **問題 6-1** 3-ペンタノン（ジエチルケトン）を重水酸化ナトリウム（NaOD）を含む重水（D_2O）に溶解させたときに得られる生成物の構造式を書け。
>
> **問題 6-2** (R)-3-フェニル-2-ブタノンを，水酸化ナトリウムを含む水-エタノール混合溶媒に溶かすとラセミ化が進行する。このラセミ化の機構を電子の流れ図を用いて説明せよ。

6.2　水の付加

防腐消毒薬としてよく使われるホルマリン（formalin）はホルムアルデヒド（formaldehyde）の約 37% 水溶液である。水中でホルムアルデヒドは水和（hydration）されている。

$$\text{HCHO} + \text{H}_2\text{O} \underset{}{\overset{K}{\rightleftharpoons}} \text{H}-\overset{\overset{\text{OH}}{|}}{\underset{\underset{\text{H}}{|}}{\text{C}}}-\text{OH} \tag{6-8}$$

(Mechanism)

$$\text{H}-\overset{\overset{:\ddot{O}:}{\|}}{\underset{\text{H}}{\text{C}}} + \text{H}_2\ddot{\text{O}}: \rightleftharpoons \text{H}-\overset{\overset{:\ddot{O}:^-}{|}}{\underset{\overset{+}{\text{O}}\text{H}_2}{\text{C}}}-\text{H} \rightleftharpoons \text{H}-\overset{\overset{:\ddot{O}\text{H}}{|}}{\underset{\overset{\ddot{O}}{\text{O}}\text{H}}{\text{C}}}-\text{H} \tag{6-9}$$

ホルムアルデヒドの水和物は同じ炭素に 2 つのヒドロキシ基が結合している。このように同じ位置に（geminal）に 2 つのヒドロキシ基を有するアルコールをジェミナールジオール（*gem*-diol）という。*gem*-ジオールは一般に不安定で単離することは困難である。

この水和反応は平衡反応であり，その平衡定数は以下のように定義される。

$$K = \frac{[\text{CH}_2(\text{OH})_2]}{[\text{HCHO}]} = 2 \times 10^3 \tag{6-10}$$

式 (6-10) の分母から [H_2O] の項が消えているのは，水は溶媒として大過剰に使っているからである。平衡定数はそんなに小さくはないが，ジヒドロキシメタンを単離しようとして，溶媒の水を留去していくと，式 (6-8) の平衡はどんどんと左辺に偏っていき，最終的には全てのジヒドロキシメタンはもとのホルムアルデヒドに帰ってしまう。3 種のアルデヒドの水和平衡定数を表 6.4 に示す。

表 6.4　アルデヒドの水和平衡定数（K）

化合物		K	ΔG^0 (kJ/M)
ホルムアルデヒド	HCHO	2×10^3	-18.8
アセトアルデヒド	CH_3CHO	1.3	-0.65
トリクロロアセトアルデヒド	CCl_3CHO	3×10^4	-25.5

この水和平衡定数の違いは，アルデヒドの安定性から説明できる。

$$\text{H-CHO} \leftrightarrow \text{H-C}^+\text{HO}^- \tag{6-11}$$

$$\text{H}_3\text{C-CHO} \leftrightarrow \text{H}_3\text{C-C}^+\text{HO}^- \leftrightarrow \text{H}^+\text{H}_2\text{C=CHO}^- \tag{6-12}$$

$$\text{Cl}_3\text{C-CHO} \leftrightarrow \text{Cl}_3\text{C-C}^+\text{HO}^- \tag{6-13}$$

アセトアルデヒドはカルボニル基本来の共鳴効果以外に，超共役（hyperconjugation）の効果により，炭素上の正電荷が一部中和されて安定化される。ホルムアルデヒドには超共役の効果はないので，アセトアルデヒドよりも不安定となる。一方，トリクロロアセトアルデヒド（クロラール）は 3 つの塩素原子の強い誘起効果（I 効果）により，式 (6-13) のような R 効果は弱いと思われる。その分不安定である。このように水和の平衡反応における始原系を比較すると，トリクロロアセトアルデヒド＞ホルムアルデヒド＞アセトアルデヒドの順にその Gibbs 自由エネルギーは低くなるだろう。表 6.4 の 3 種のアルデヒドに対する水和平衡定数の違いは，主に始原系の自由エネルギーの違いによっている。

アセトン（プロパノン）の水和平衡定数は非常に小さい（K = ca. 2×10^{-3}）。水和反応は酸お

6 求核付加反応

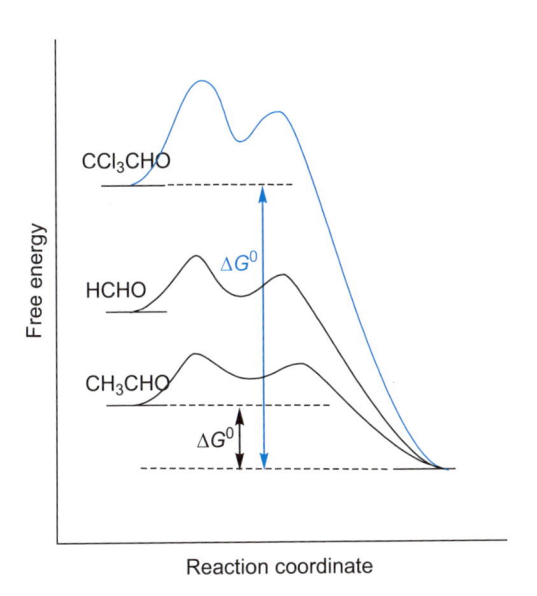

図 6.3 カルボニル化合物への水の付加反応に対するエネルギー図
生成系の自由エネルギーは同じと仮定している。

よび塩基で触媒される。

Acid-catalyzed hydration

$$(CH_3)_2C=O + H_3O^+ \rightleftharpoons \left[(CH_3)_2C\overset{+}{-}OH \leftrightarrow (CH_3)_2\overset{+}{C}-OH \right] + H_2O \tag{6-14}$$

$$(CH_3)_2\overset{+}{C}-OH + H-OH \rightleftharpoons (CH_3)_2C(OH)(\overset{+}{O}H_2) \tag{6-15}$$

$$(CH_3)_2C(OH)(\overset{+}{O}H_2) + H_2O \rightleftharpoons (CH_3)_2C(OH)_2 + H_3O^+ \tag{6-16}$$

Base-catalyzed hydration

$$(CH_3)_2C=O + OH^- \rightleftharpoons (CH_3)_2C(O^-)(OH) \tag{6-17}$$

$$(CH_3)_2C(O^-)(OH) + H-OH \rightleftharpoons (CH_3)_2C(OH)_2 + OH^- \tag{6-18}$$

> **問題 6-3** アセトンも酸あるいは塩基触媒下に反応させると，水和が起こることを，^{18}O 同位体を含んだ $H_2^{18}O$ 中での反応で証明できることを，素反応式を書いて説明せよ。

6.3 アルコールの付加

(1) ヘミアセタール

水と同じように，アルコールもカルボニル化合物に付加をする。カルボニル化合物：アルコール $=1:1$ の付加体をヘミアセタール（hemiacetal），$1:2$ 付加体をアセタール（acetal）とよぶ。ヘミアセタール化の反応は 6.2 で述べた水和反応と全く同じ機構で進む。

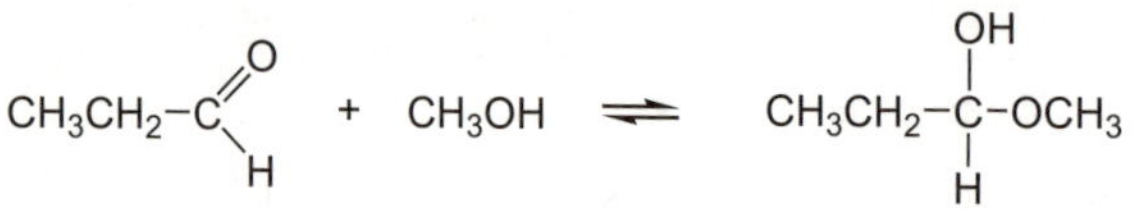

$$CH_3CH_2-CHO + CH_3OH \rightleftharpoons CH_3CH_2-CH(OH)-OCH_3 \tag{6-19}$$

$$(CH_3)_2C=O + CH_3OH \rightleftharpoons (CH_3)_2C(OH)-OCH_3 \tag{6-20}$$

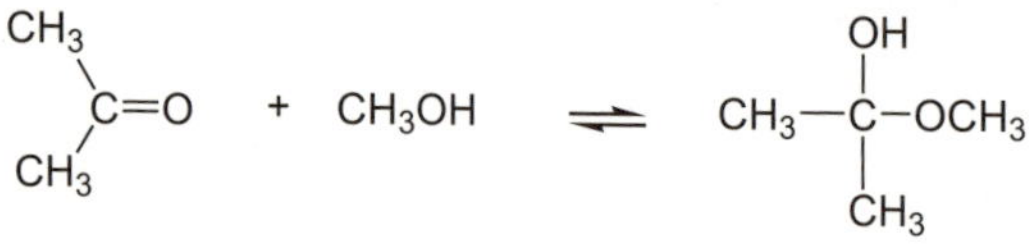

ヘミアセタール化反応は水和反応と同じように，酸あるいは塩基によって触媒される。反応の機構は水和反応の場合と同じである。ただし，塩基触媒の水和では OH^- がカルボニル基へ攻撃する求核剤であったが，ヘミアセタール化反応ではアルコキシド（RO^-）が求核剤となる。

カルボニル基への付加反応はエントロピー的には不利な反応である。次の熱力学の式をみれば分かるだろう。

$$\Delta G^0 = -RT\ln K \tag{6-21}$$

$$\Delta G^0 = \Delta H^0 - T\Delta S^0 \tag{6-22}$$

2 分子から 1 分子が生じる反応は，系の自由度が減る反応であり，エントロピー的には不利である。しかし，分子内ヘミアセタール化反応であれば，1 分子から 1 分子が生じるため，エントロピー的に不利とはいえなくなる。D-(+)-グルコース（D-(+)-glucose）は，大部分が環状のヘミアセタールである D-グルコピラノースとして存在する。

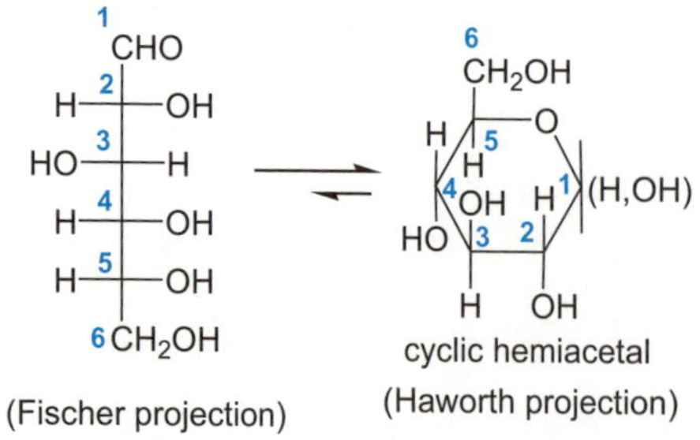

$$\text{D-glucose (Fischer projection)} \rightleftharpoons \text{cyclic hemiacetal (Haworth projection)} \tag{6-23}$$

糖の構造を表示する方法に Fischer の投影式がある。式 (6-23) に D-グルコースの Fischer

投影式が示されている。この投影式のきまりは，全ての炭素鎖を重なり形配座（eclipsed conformation）にしたときの置換基の配列を平面上に投影するということである。一方，環状の糖の構造式は Haworth 投影式がよく用いられる。

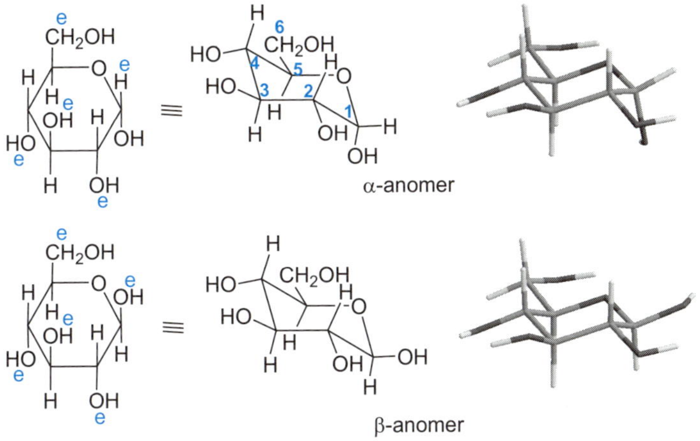

図 6.4 D-グルコピラノースの Haworth 投影式と対応する 3 次元構造式
式中の e はエカトリアル位であることを示している。

5 位のヒドロキシメチル基はかさ高い基であり，立体障害の少ないエカトリアル（equatorial）配座をとる。Haworth 投影式と，通常の立体構造を表す構造式との比較を図 6.4 に示す。

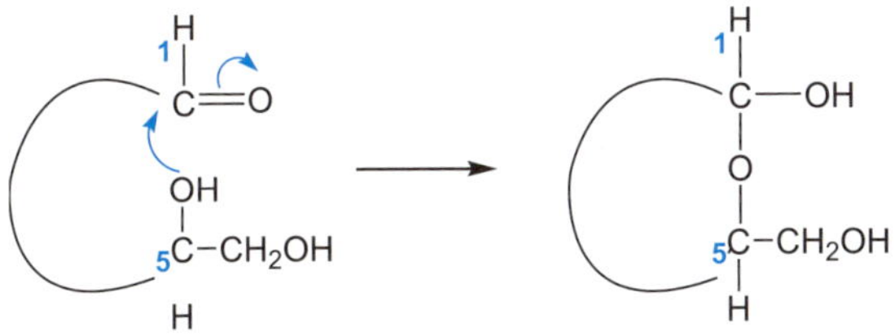

(6-24)

式（6-24）のように鎖状の D-グルコースが分子内ヘミアセタール化反応を起こせば，環状の D-グルコピラノースとなる。このとき，ホルミル基（アルデヒド基）の炭素は sp^2 混成軌道の炭素であり，3 つの σ-結合が存在する平面の上からも下からも 5 位のヒドロキシ基が攻撃する。そのために，D-グルコピラノースの 1 位のヒドロキシ基はエカトリアルとアキシャルの両位置に入ることとなる。このようにして，D-グルコピラノースの異性体である α-アノマー（α-anomer）と β-アノマーとが生成する。しかし図 6.4 を見ても明らかなように，α-アノマーはかさ高いヒドロキシ基がアキシャル位にあり，これが 3 および 5 位のアキシャル水素との立体障害で β-アノマーよりもやや不安定となる。よって，平衡状態では α-アノマー : β-アノマー = 36.4 : 63.6 となる。α-アノマー（$[α]_D = +112°$）も β-アノマー（$[α]_D = +18.7°$）も単離することができるが，単離したそれぞれのアノマーを水に溶かすと，やがては平衡状態の異性体分布（($[α]_D = +52.7°$）となる。この現象を変旋光（mutarotation）という。

(2) アセタール

カルボニル化合物は酸触媒下に 2 分子のアルコールと反応し，アセタールを与える。まず，ヘミアセタールが生成し，このものがもう 1 分子のアルコールと反応しアセタールとなる。

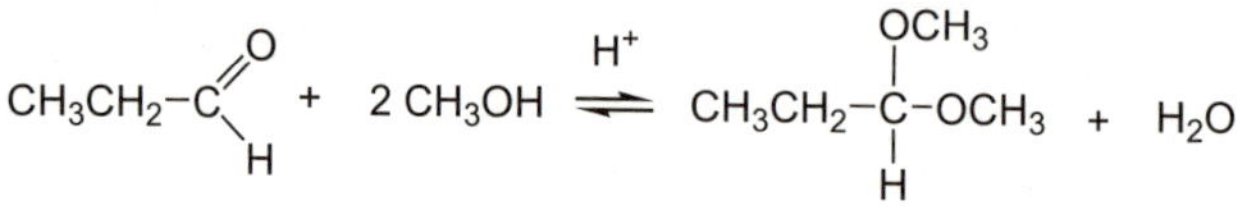

$$CH_3CH_2-CHO + 2\,CH_3OH \xrightleftharpoons{H^+} CH_3CH_2-CH(OCH_3)_2 + H_2O \tag{6-25}$$

(Mechanism)

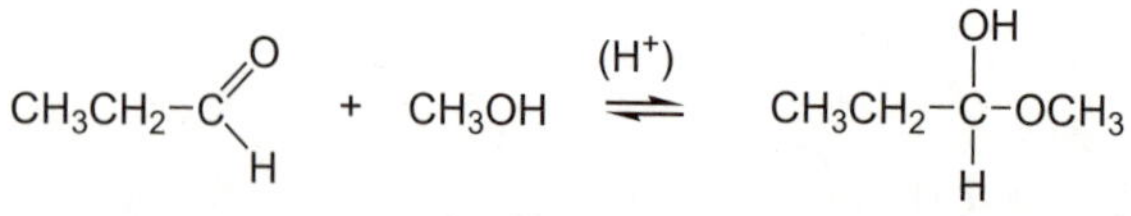

$$CH_3CH_2-CHO + CH_3OH \xrightleftharpoons{(H^+)} CH_3CH_2-CH(OH)(OCH_3) \tag{6-26}$$

$$CH_3CH_2-CH(OH)(OCH_3) + H^+ \rightleftharpoons CH_3CH_2-CH(\overset{+}{O}H_2)(OCH_3) \tag{6-27}$$

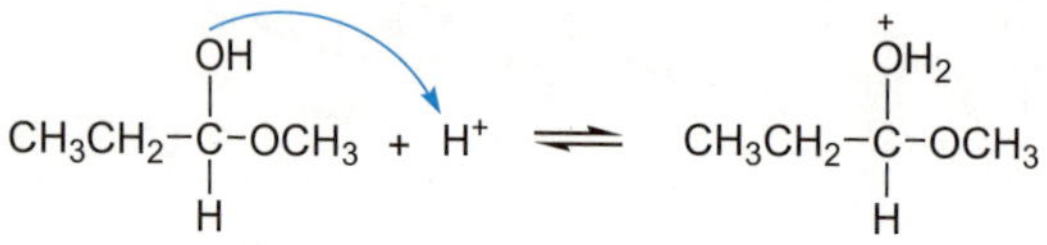

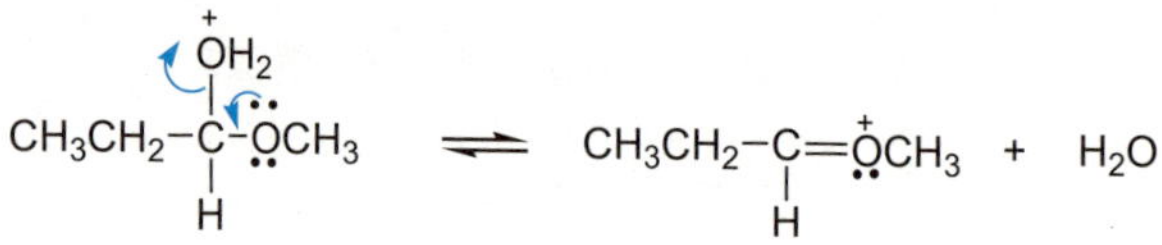

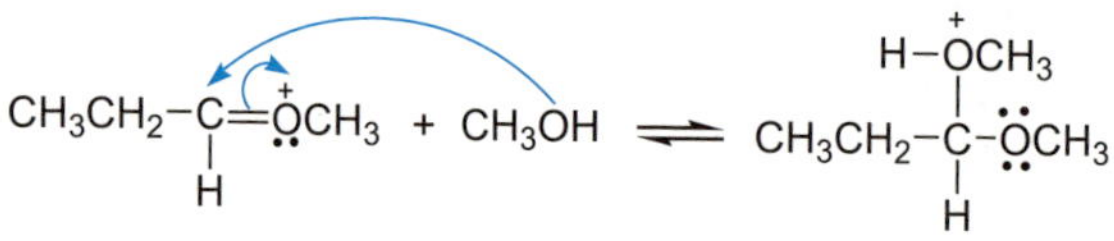

$$CH_3CH_2-CH(\overset{+}{O}H_2)(OCH_3) \rightleftharpoons CH_3CH_2-CH=\overset{+}{O}CH_3 + H_2O \tag{6-28}$$

$$CH_3CH_2-CH=\overset{+}{O}CH_3 + CH_3OH \rightleftharpoons CH_3CH_2-CH(\overset{+}{O}HCH_3)(OCH_3) \tag{6-29}$$

$$CH_3CH_2-CH(\overset{+}{O}HCH_3)(OCH_3) \rightleftharpoons CH_3CH_2-CH(OCH_3)_2 + H^+ \tag{6-30}$$

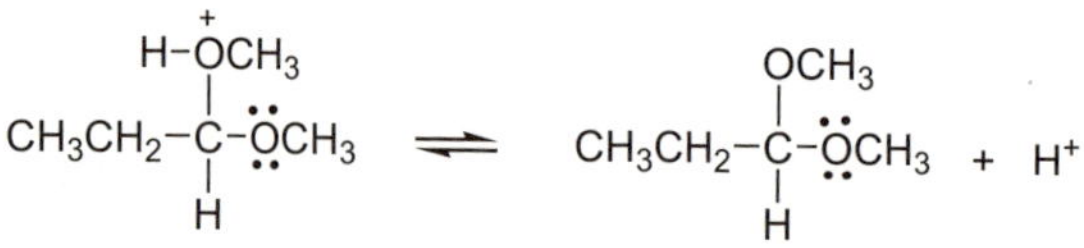

式 (6-28) からの反応は S_N1 反応であり，式 (6-28) で生じるカチオンは α-位の酸素によって安定化されたカルボカチオンである (4 章の式 (4-59) 参照)。

$$CH_3CH_2-CH=\overset{+}{O}CH_3 \longleftrightarrow CH_3CH_2-\overset{+}{C}H-OCH_3 \tag{6-31}$$

アセタール化の反応の特徴は，式 (6-25) を見ればわかるように，水が生成することである。水は実験的に系外に除くことができるので，ヘミアセタール化とは異なり，アセタールを単離することができる。

アセタール化反応は，カルボニル基の保護に用いられる。

$$\text{cyclohexanone} + \text{HOCH}_2\text{CH}_2\text{OH} \xrightleftharpoons{\text{H}^+} \text{1,4-dioxaspiro[4.5]decane} + \text{H}_2\text{O} \qquad (6\text{-}32)$$

1,2-ethanediol
(ethylene glycol)   1,4-dioxaspiro[4.5]decane

カルボニル化合物を 1,2-エタンジオール（エチレングリコール）と反応させてスピロ環とし，カルボニル基を保護して，何らかの処理を基質に行った後，スピロ環を加水分解してカルボニル化合物にもどすことができる。このような保護基の化学は，有機合成化学では重要である。式 (6-32) の反応は，シクロヘキサノンをベンゼンに溶かし，酸触媒として p-トルエンスルホン酸を加え，Dean-Stark トラップ付きの反応フラスコ中で，ベンゼンが沸騰する条件で行う。

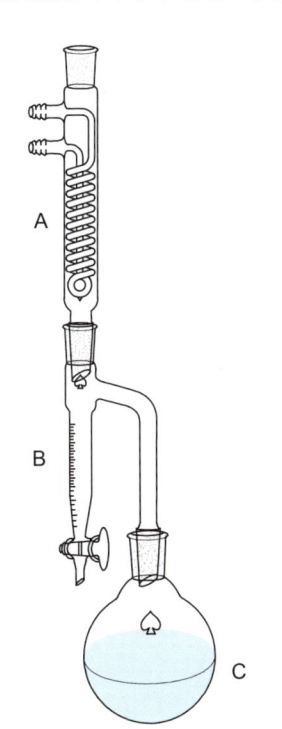

図 6.5　シクロヘキサノンから 1,4-ジオキサスピロ [4.5] デカンを合成するための実験装置

A：ジムロート冷却管（Dimroth condenser），
B：Dean-Stark トラップ，C：丸底フラスコ

式 (6-32) の反応が進むにつれて水が生成してくるが，水はベンゼンが沸騰すると共沸する。沸騰したベンゼン─水の混合物はAで冷却され，Bにたまる。このとき，水とベンゼンとが分離し，水は下層にくる。生成した水の量はBで測定できる。式(6-32)の反応では分子間のヘミアセタール化反応の後，分子内アセタール化反応が起こる。

$$\text{cyclohexanone} + \text{H}^+ \rightleftharpoons \text{protonated form} \leftrightarrow \text{carbocation form} \qquad (6\text{-}33)$$

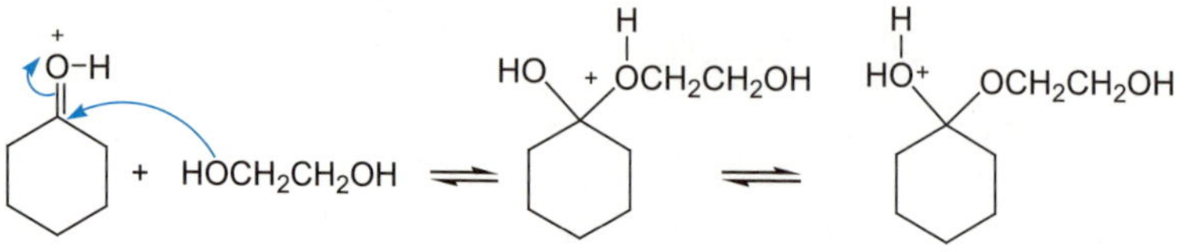

(6-34) に示すように、シクロヘキサノンのプロトン化体にエチレングリコールが求核付加し、続いてプロトン移動が起こる。

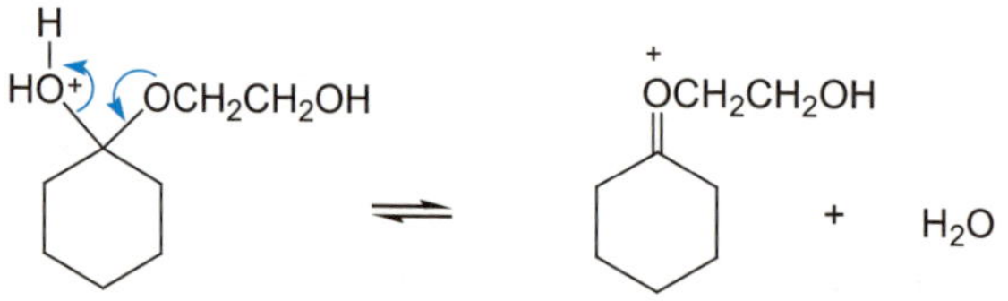

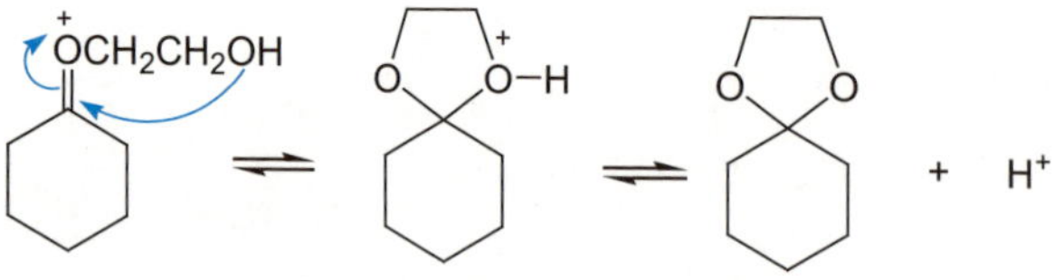

(6-35) に示すように、水が脱離してオキソカルベニウムイオンが生成する。

(6-36) に示すように、分子内の水酸基が求核攻撃し、プロトンが脱離して環状アセタール（1,3-ジオキソラン）が生成する。

カルボニル基の保護の例を式 (6-37) に示す。

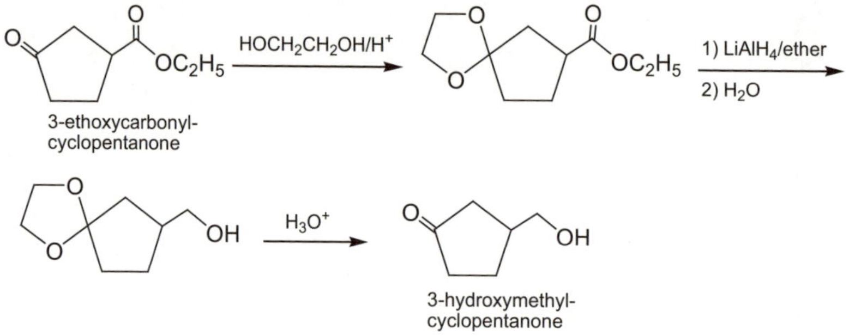

> **問題 6-4** 次の反応の機構を電子の流れ図で示せ。 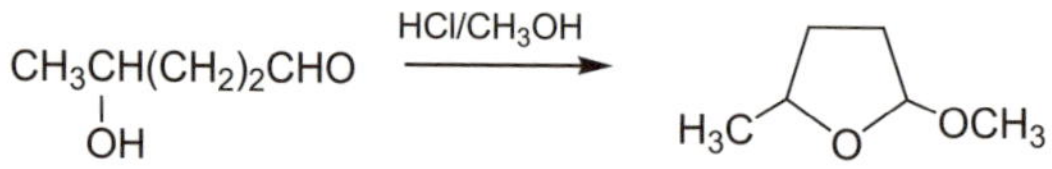
>
> CH₃CH(CH₂)₂CHO （OH付） + HCl/CH₃OH → H₃C—O—OCH₃ (テトラヒドロフラン環)
>
> **問題 6-5** 次のスキーム（scheme）のカッコ内に適する化合物の構造式を書け。
>
> CH₃COCH₂CH₂C≡CH + HOCH₂CH₂OH/C₆H₆/TsOH → [A] $\xrightarrow[2)\ CH_3I]{1)\ NaNH_2}$
>
> [B] $\xrightarrow{H_3O^+}$ [C]

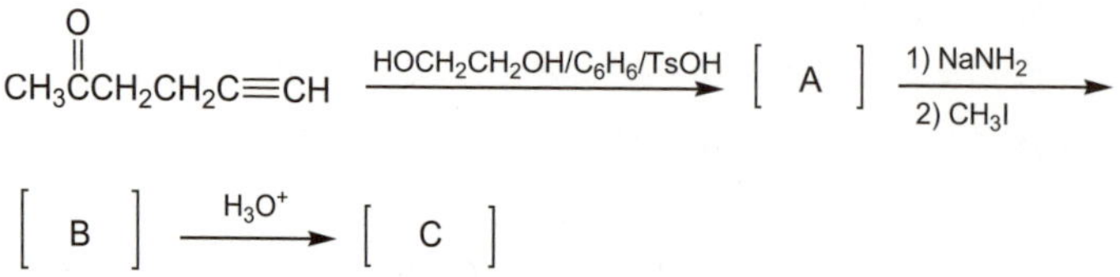

6.4 シアン化水素の付加

アルデヒドや立体障害の少ないケトンは，弱酸である HCN（pK_a 9.2）による付加でシアノヒドリン（cyanohydrin）を生成する。

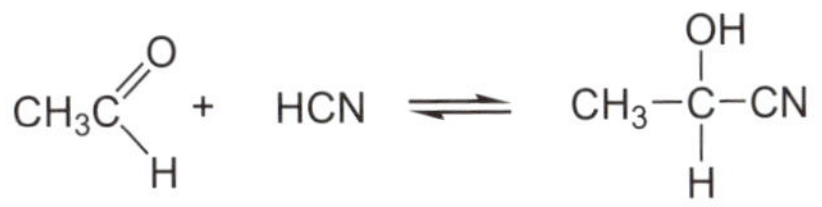

$$CH_3CHO + HCN \rightleftharpoons CH_3CH(OH)CN \qquad (6\text{-}38)$$

(Mechanism)

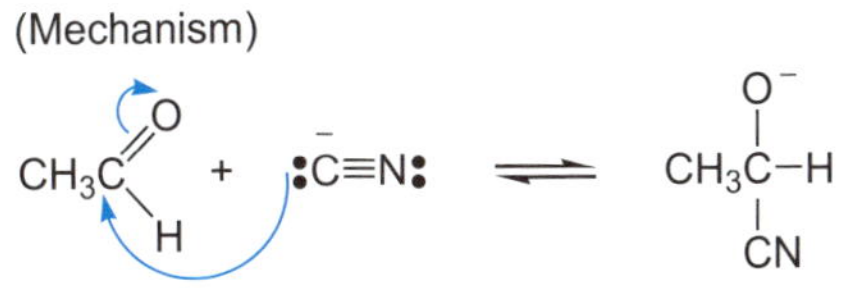

$$CH_3CHO + :C\equiv N:^- \rightleftharpoons CH_3CH(O^-)CN \qquad (6\text{-}39)$$

$$CH_3CH(O^-)CN + H-CN \rightleftharpoons CH_3CH(OH)CN + CN^- \qquad (6\text{-}40)$$

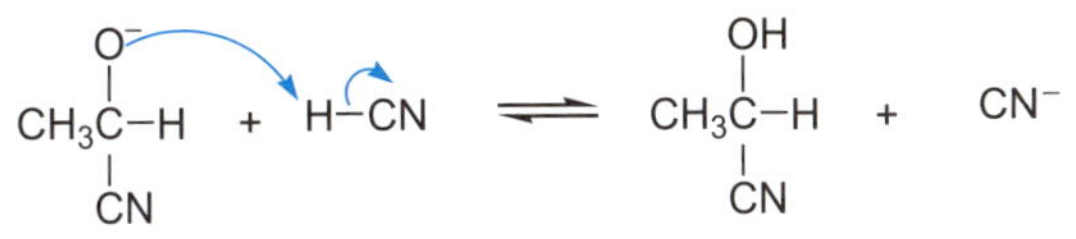

液体 HCN 中で反応すれば，平衡はシアノヒドリンのほうにずれる。しかし，揮発性が高く，極めて毒性の高い HCN を使うのは危険である。そのため，NaCN などの塩の溶液中に塩酸をゆっくり添加して，HCN を徐々に発生させながら反応させる方法がよく用いられる。

シアノ基は加水分解するとカルボキシ基に変わる。シアノヒドリンからはヒドロキシカルボン酸が生じるので，シアノヒドリン反応は合成化学上重要である。糖の炭素鎖を伸ばす Kiliani-Fischer 法は良く知られた反応である。

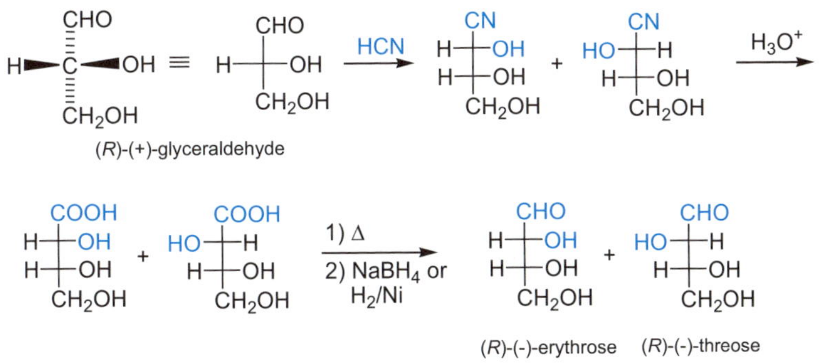

$$(R)\text{-}(+)\text{-glyceraldehyde} \xrightarrow{\text{HCN}} \text{cyanohydrins} \xrightarrow{H_3O^+}$$

$$\text{COOH derivatives} \xrightarrow[\text{2) NaBH}_4 \text{ or H}_2/\text{Ni}]{\text{1) }\Delta} (R)\text{-}(-)\text{-erythrose} + (R)\text{-}(-)\text{-threose} \qquad (6\text{-}41)$$

(R)-グリセルアルデヒドは最も簡単な糖であり，アルドトリオース（aldotriose）に分類される。ホルムアルデヒド以外のアルデヒドはプロキラル（prochiral）な化合物である。そのものは不斉炭素を持たないアキラル（achiral）な化合物であるが，その反応生成物が不斉炭素を持つ場合に，もとの化合物はプロキラルな化合物であるという。(R)-グリセルアルデヒドはキラルな化合物であるが，その中のホルミル基（アルデヒド基）はプロキラルな基である。このホルミル基に HCN が付加すると，sp^2 炭素の上からも下からも同じ確率で CN$^-$ が攻撃するので，生成する

シアノヒドリンは図 6.6 のような立体配置をもつジアステレオマーの混合物となる。ジアステレオマーは本来光学異性体ではない異なった化合物なので，お互いを分離できる場合が多い。

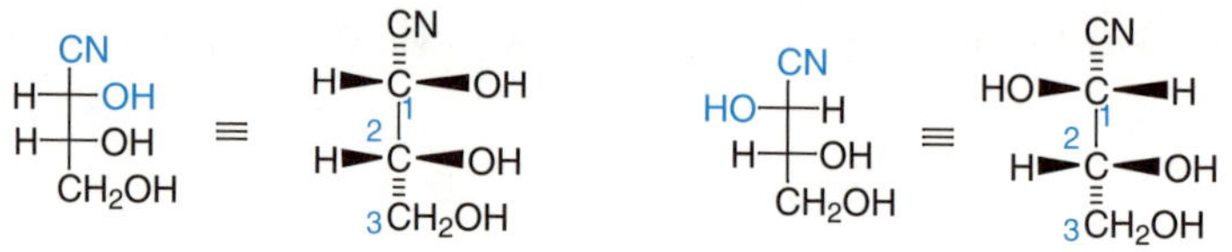

(1R,2R)-1-cyanopropane-1,2,3-triol　　　(1S,2R)-1-cyanopropane-1,2,3-triol

図 6.6　(R)-グリセルアルデヒドのシアノヒドリン

CN 基が結合した化合物はニトリルとよばれる。ニトリルの酸加水分解機構は以下のようである。

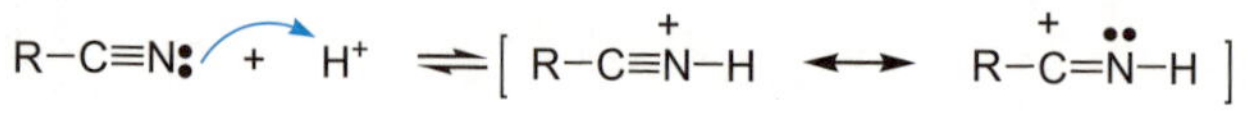

$$R-C\equiv N: + H^+ \rightleftharpoons [R-C\overset{+}{=}N-H \leftrightarrow R-\overset{+}{C}=\overset{..}{N}-H] \tag{6-42}$$

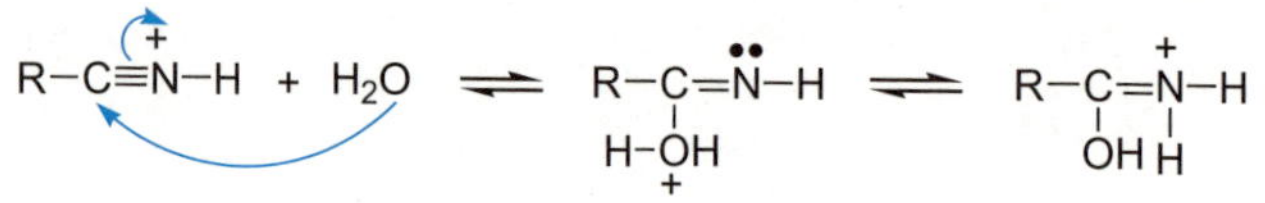

$$(6\text{-}43)$$

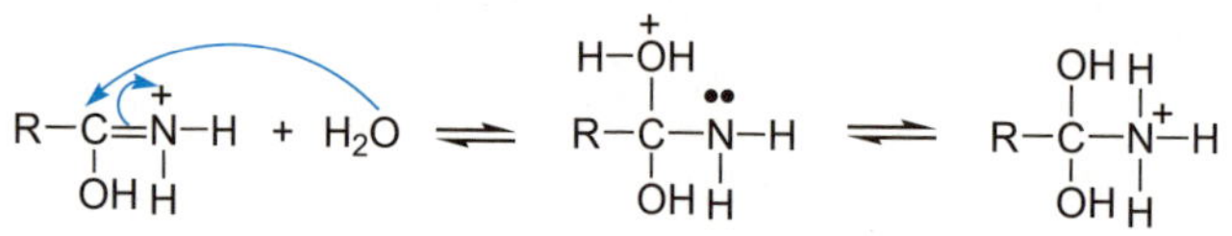

$$(6\text{-}44)$$

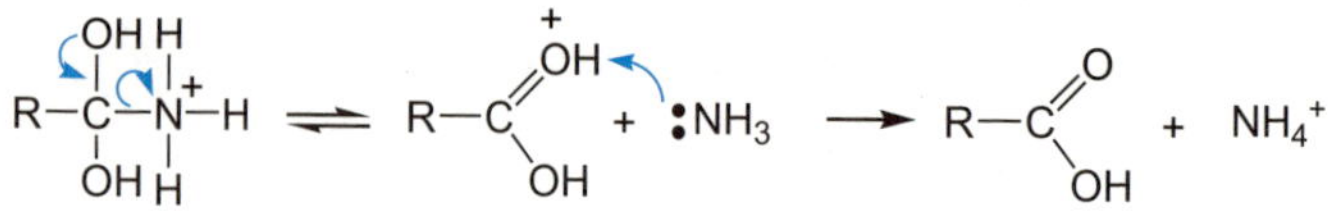

$$(6\text{-}45)$$

残る問題は，アルドン酸と一般によばれるポリヒドロキシカルボン酸の還元によるアルデヒドの生成機構である。アルドン酸を加熱すると分子内で脱水反応し，環状エステルであるラクトンを与える。アルドン酸からラクトンの生成は次のような反応で進行する。

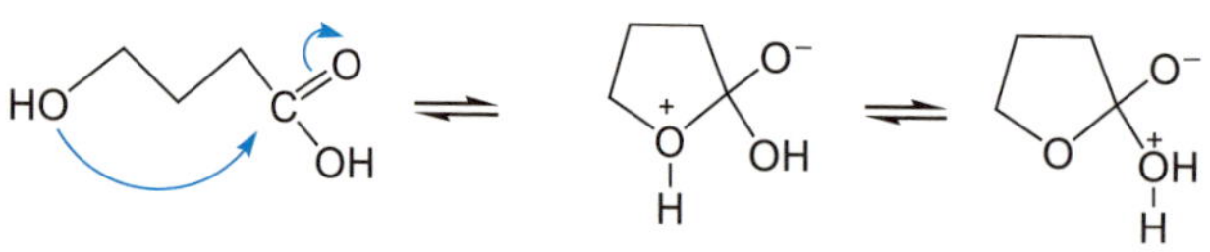

$$(6\text{-}46)$$

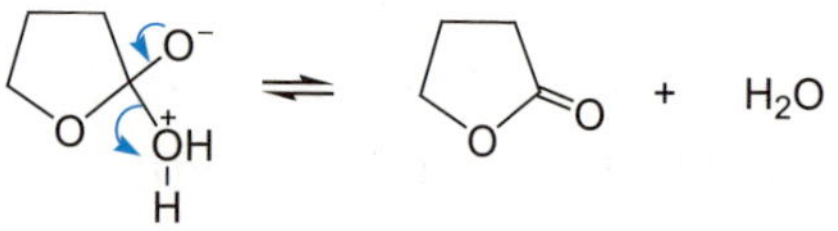

$$(6\text{-}47)$$

式 (6-46)，(6-47) ではヒドロキシ基は省略している。このようにして生成するラクトンを還元するとアルデヒドになるものと考えられる。

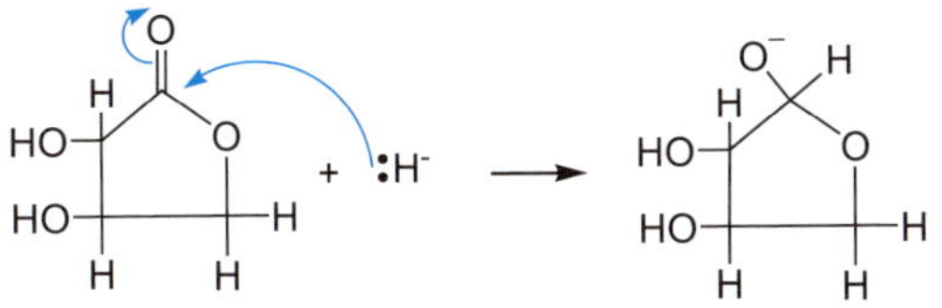

(6-48)

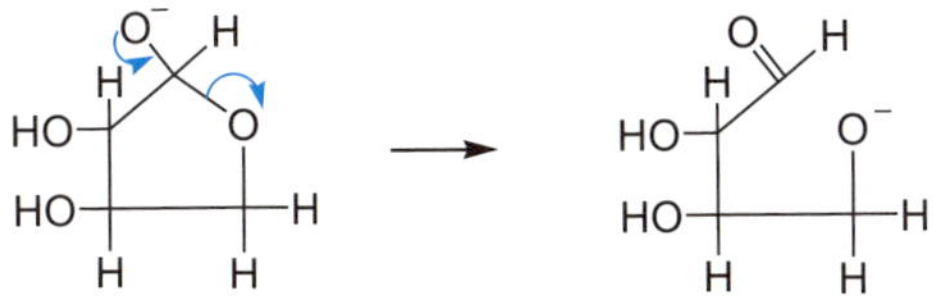

(6-49)

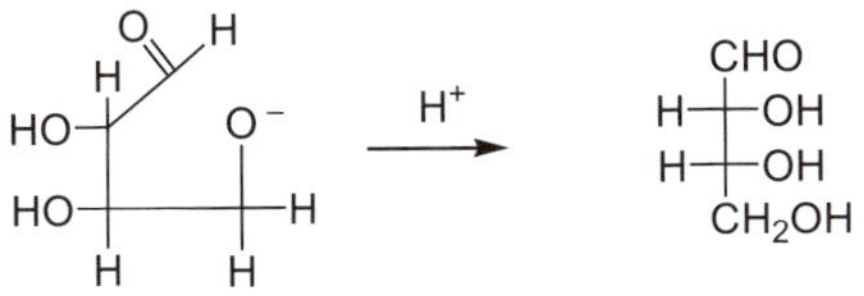

(6-50)

最後に (R)-エリトロースと (R)-トレオースの話をしよう。(R)-体は D-体である。D,L 表示はアミノ酸と炭水化物以外では現在は使われない立体配置の表示法である。エリトロースもトレオースも 2 つの不斉炭素を持っている。しかし単に (R)-体（あるいは D-体）と表示している。糖の化学では，糖のカルボニル基から最も遠い位置の不斉炭素の立体配置のみを表記する決まりになっている。

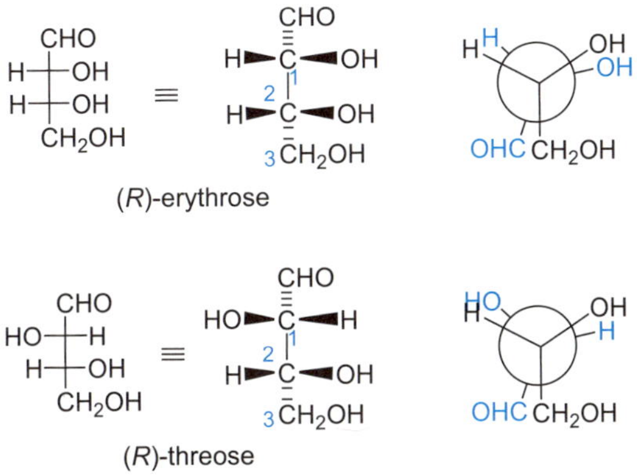

(R)-erythrose

(R)-threose

図 6.7 (R)-エリトロースと (R)-トレオース

アルドテトラオースのエリトロースやトレオースの場合には 2 位の不斉炭素の立体配置を表記する。図 6.7 の Newman の投影図をみると，(R)-エリトロースの重なり形はよく似た基が全て重なっている。よって 2 つの不斉炭素を持つ化合物のエリトロ体という分類はここからきている。一方，(R)-トレオースでは重ならない。このようなタイプの化合物はトレオ体と分類する。

> **問題 6-6** 次の反応生成物の構造式を書き，基質中の Cl の役割を考察せよ。
>
> $$ClCH_2CHO + HCN \xrightleftharpoons{\text{liq. HCN}}$$

問題 6-7 ベンズアルデヒドからマンデル酸（2-ヒドロキシ-2-フェニル酢酸）を合成するスキームを書け。

問題 6-8 4-(*N*,*N*-ジメチルアミノ)ベンズアルデヒド－HCN系に対するシアノヒドリン反応の平衡定数はベンズアルデヒド-HCN系のそれの約100分の1である。その理由を4-(*N*,*N*-ジメチルアミノ)ベンズアルデヒドの共鳴構造式を考慮して，反応の自由エネルギー図を示して説明せよ。

6.5 アミンの付加

アンモニアや第1級アミンはカルボニル化合物と反応してイミンを与える。イミンとはC=N結合を持つ化合物で，第1級アミンとカルボニル化合物との反応生成物をSchiff塩基（Schiff base）という。

$$HCHO + NH_3 \rightleftharpoons H-\underset{H}{\overset{OH}{\underset{|}{C}}}-NH_2 \rightleftharpoons \underset{H}{\overset{H}{C}}=NH + H_2O \tag{6-51}$$

アンモニアの場合，イミンは不安定である。しかし，イミンを還元すれば安定な第1級アミンへと変換できる（還元的アミノ化反応－ reductive amination）。

$$\text{PhCH}_2\text{COCH}_3 \xrightarrow{NH_3} \text{PhCH}_2\text{C(=NH)CH}_3 \xrightarrow{H_2/Ni} \text{PhCH}_2\text{CH(NH}_2\text{)CH}_3 \tag{6-52}$$

アルキルアミンから誘導されるイミンは安定で，単離できる。

$$CH_3CHO + CH_3NH_2 \rightleftharpoons CH_3CH=NCH_3 + H_2O \tag{6-53}$$

(Mechanism)

$$\underset{H}{\overset{CH_3}{C}}=O: + CH_3-NH_2 \rightleftharpoons CH_3-\underset{H}{\overset{:O^-}{\underset{|}{C}}}-\overset{+}{N}H_2CH_3 \rightleftharpoons CH_3-\underset{H}{\overset{:OH}{\underset{|}{C}}}-NHCH_3 \tag{6-54}$$

hemiaminal

$$CH_3-\underset{H}{\overset{HO}{\underset{|}{C}}}-\overset{H}{\underset{}{N}}-CH_3 \rightleftharpoons \underset{H}{\overset{CH_3}{C}}=NCH_3 + H_2O \tag{6-55}$$

Schiff塩基の生成は弱酸性の条件で最も有効に進行する。式（6-56）の反応が弱酸性でうまく進むためである。

$$CH_3-\underset{H}{\overset{HO}{\underset{|}{C}}}-NHCH_3 + H^+ \rightleftharpoons \underset{H}{\overset{CH_3}{C}}=\overset{+}{N}HCH_3 + H_2O \tag{6-56}$$

$$\underset{H}{\overset{CH_3}{\text{C}}}=\overset{+}{\text{NHCH}_3} \rightleftharpoons \underset{H}{\overset{CH_3}{\text{C}}}=\overset{..}{\text{NCH}_3} + H^+ \tag{6-57}$$

酸性が強すぎてはこの反応をうまく進行させることはできない。酸性が強いと第1級アミンへのプロトン化が起こり，アミンの求核性を無くしてしまうからである。水中の反応であれば，pH 3～5 の範囲が良い。式（6-53）を見れば分かるように，この反応は平衡反応で，水が多量にあれば逆反応がおこり，Schiff 塩基を収率良く，純粋に取り出すことが困難な場合がある。脱水したエタノールを溶媒に使うことが多い。

ヒドロキシルアミンとカルボニル化合物の反応ではオキシム（oxime）が生成する。

$$\underset{CH_3}{\overset{CH_3}{\text{C}}}=O + NH_2OH \rightleftharpoons \underset{CH_3}{\overset{CH_3}{\text{C}}}=NOH + H_2O \tag{6-58}$$

(Mechanism)

$$\underset{CH_3}{\overset{CH_3}{\text{C}}}=O + \overset{..}{\text{N}}H_2OH \rightleftharpoons CH_3-\underset{CH_3}{\overset{O^-}{\underset{|}{\text{C}}}}-\overset{+}{\text{N}}H_2OH \rightleftharpoons CH_3-\underset{CH_3}{\overset{OH}{\underset{|}{\text{C}}}}-NHOH \tag{6-59}$$

$$CH_3-\underset{CH_3}{\overset{OH}{\underset{|}{\text{C}}}}-NHOH + H^+ \rightleftharpoons CH_3-\underset{CH_3}{\overset{OH_2^+}{\underset{|}{\text{C}}}}-NHOH \tag{6-60}$$

$$CH_3-\underset{CH_3}{\overset{OH_2^+}{\underset{|}{\text{C}}}}-NHOH \rightleftharpoons \underset{CH_3}{\overset{CH_3}{\text{C}}}=\overset{+}{\text{N}}HOH + H_2O \rightleftharpoons \underset{CH_3}{\overset{CH_3}{\text{C}}}=NOH + H_3O^+ \tag{6-61}$$

この反応も pH 4～5 で行うとよい。式（6-60），（6-61）は式（6-56），（6-57）と同じことを表現している。

ヒドラジンとカルボニル化合物の反応ではヒドラゾンが生じる。

$$\text{cyclohexanone} + NH_2NH_2 \xrightarrow{H^+} \text{cyclohexylidene}=NNH_2 + H_2O \tag{6-62}$$

$$CH_3CHO + O_2N-\underset{NO_2}{\text{C}_6H_3}-NHNH_2 \xrightarrow{H^+} O_2N-\underset{NO_2}{\text{C}_6H_3}-NHN=CHCH_3 + H_2O \tag{6-63}$$

反応機構はオキシムの場合と同様である。2,4-ジニトロフェニルヒドラジンとカルボニル化合物との縮合生成物であるヒドラゾンは非常に結晶性がよいので，揮発性のカルボニル化合物の検出試薬として用いられる。

> 問題 6-9　式（6-62）の反応の機構を電子の流れ図で示せ。

第2級アミンとカルボニル化合物との反応ではエナミン（enamine）が生成する。第1級アミンの反応でSchiff塩基ができる反応との違いは，式（6-68）で生じる中間体から脱離するプロトンが窒素上にないことである。そのために，窒素に対してβ-位にある水素が脱離し，エナミンが生じる。

$$C_3H_7CHO + (C_2H_5)_2NH \underset{}{\overset{H^+}{\rightleftharpoons}} CH_3CH_2CH=CHN(C_2H_5)_2 + H_2O \tag{6-64}$$

(Mechanism)

$$CH_3CH_2CH_2\overset{O}{\underset{H}{C}} + H^+ \rightleftharpoons \left[CH_3CH_2CH_2\overset{\overset{+}{O}-H}{\underset{H}{C}} \leftrightarrow CH_3CH_2CH_2\overset{O-H}{\underset{H}{\overset{+}{C}}} \right] \tag{6-65}$$

$$CH_3CH_2C\overset{\overset{+}{O}-H}{\underset{H}{}} + HN(C_2H_5)_2 \rightleftharpoons CH_3CH_2CH_2\overset{OH}{\underset{H}{C}}-\overset{\overset{+}{H}}{\underset{C_2H_5}{N}}-C_2H_5 \tag{6-66}$$

$$CH_3CH_2CH_2\overset{OH\ H}{\underset{H}{C}}-\overset{+}{\underset{C_2H_5}{N}}-C_2H_5 \rightleftharpoons CH_3CH_2CH_2\overset{\overset{+}{O}H}{\underset{H}{C}}-\overset{}{\underset{C_2H_5}{N}}-C_2H_5 \tag{6-67}$$

$$CH_3CH_2CH_2\overset{\overset{+}{O}H}{\underset{H}{C}}-\overset{}{\underset{C_2H_5}{N}}-C_2H_5 \rightleftharpoons \left[CH_3CH_2CH_2\overset{}{\underset{H}{C}}=\overset{\overset{+}{N}}{\underset{C_2H_5}{}}(C_2H_5) \leftrightarrow CH_3CH_2\overset{+}{\underset{H}{C}}-N(C_2H_5)_2 \right] + H_2O \tag{6-68}$$

$$CH_3CH_2-\overset{H}{\underset{H}{C}}-CH=\overset{+}{N}(C_2H_5)_2 + H_2O \rightleftharpoons CH_3CH_2-\overset{H}{\underset{}{C}}=CH-N(C_2H_5)_2 + H_3O^+ \tag{6-69}$$

エナミンを合成する反応も，アセタール化反応と同様に，ベンゼンの還流下，Dean-Starkトラップで生成する水を除去しながら行う。

$$\text{2-methylcyclohexanone} + \text{pyrrolidine} \xrightarrow[\text{Dean-Stark trap}]{\text{TsOH/C}_6\text{H}_6} [\text{enamine 85\%} + \text{enamine 15\%}] + H_2O \tag{6-70}$$

yield 53%

> **問題 6-10** 式（6-70）の反応の機構を，電子の流れ図で示し，さらにエナミンの異性体生成比が異なる理由を説明せよ。

6.6　カルボアニオンの付加

(1) アルドール反応（アルドール縮合反応）

カルボニル基の α-位の水素はカルボニル基の電子求引性のために，酸性度が高くなっている（6.1 参照）。酸解離して生じるエノラートイオンは求核性の高いカルボカチオンであり，このエノラートイオンがもとのカルボニル化合物に求核付加すると，アルドールが得られる。

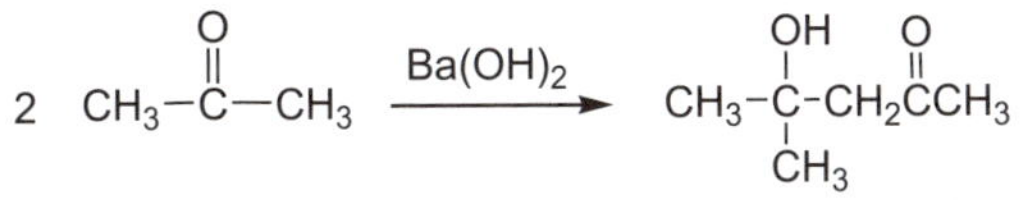

$$2\ CH_3-CO-CH_3 \xrightarrow{Ba(OH)_2} CH_3-C(OH)(CH_3)-CH_2-CO-CH_3 \tag{6-71}$$

4-hydroxy-4-methyl-2-pentanone

(Mechanism)

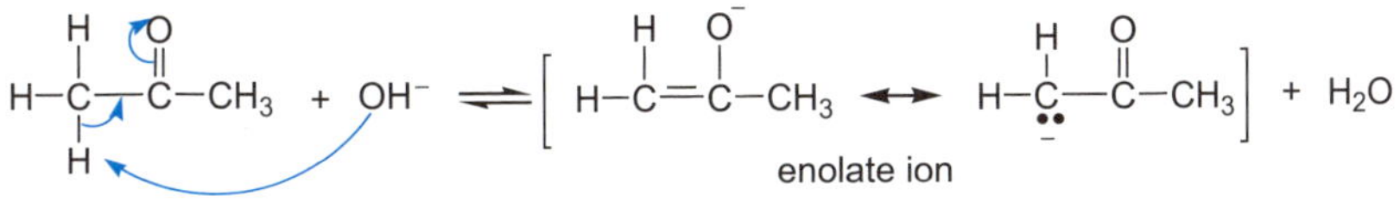

$$H-CH_2-CO-CH_3 + OH^- \rightleftharpoons [\text{enolate ion}] + H_2O \tag{6-72}$$

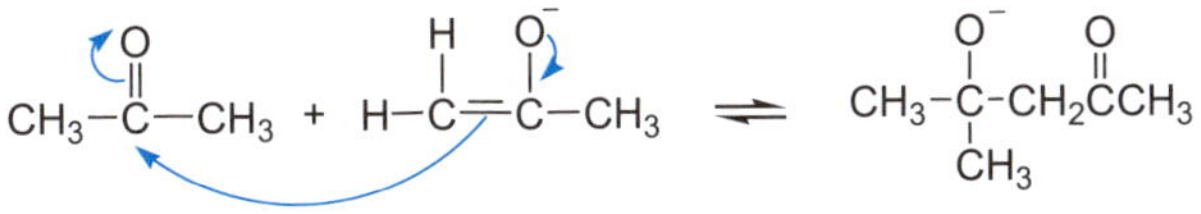

$$CH_3-CO-CH_3 + H-CH=C(O^-)-CH_3 \rightleftharpoons CH_3-C(O^-)(CH_3)-CH_2-CO-CH_3 \tag{6-73}$$

$$CH_3-C(O^-)(CH_3)-CH_2-CO-CH_3 + H_2O \rightleftharpoons CH_3-C(OH)(CH_3)-CH_2-CO-CH_3 + OH^- \tag{6-74}$$

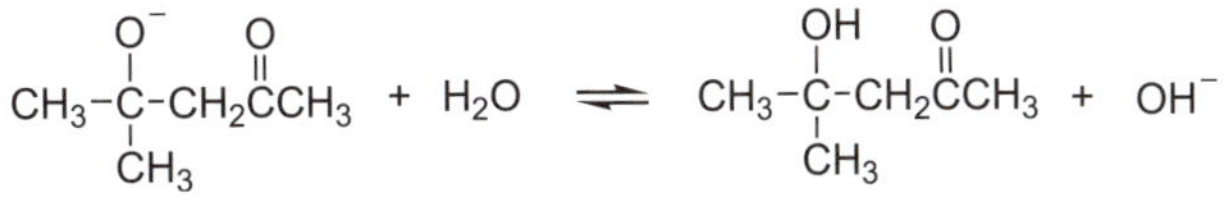

式（6-72）の 2 つのエノラートイオンの共鳴構造式で，どちらの構造の寄与が大きいのだろうか？どちらのアニオン構造も Lewis の 8 電子則を満足しているので，どちらでも同じくらいの寄与だろうと考えてはいけない。左側の構造式では炭素よりも電気陰性度の大きな酸素上に負電荷がある。一方，右側では電気陰性度のより小さな炭素上に負電荷が存在する。この構造は左の構造よりも寄与は小さいといえる。しかし，共鳴構造式は，エノラートイオンには右側で書かれるカルボアニオンの性質があることを示唆している。

一般的な事実として，ケトンよりも立体障害が少なくかつ求電子性の大きなアルデヒドの方が反応性は高い。

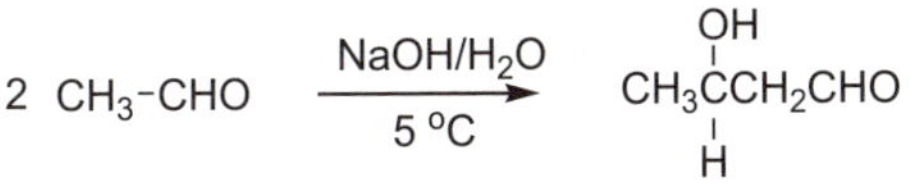

$$2\ CH_3-CHO \xrightarrow[5\ ^\circ C]{NaOH/H_2O} CH_3-CH(OH)-CH_2-CHO \tag{6-75}$$

3-hydroxybutanal

> **問題 6-11** アルドール反応は酸によっても触媒作用を受ける．アセトンから 4-ヒドロキシ-4-メチル-2-ペンタノンを生じる酸触媒反応の機構を，電子の流れ図で示せ．

2種類の異なるカルボニル化合物を用いると，混合アルドール反応を起こすことができる．一方のカルボニル化合物が α-位の水素を持たない場合には，合成的に有用な混合アルドール反応となる．

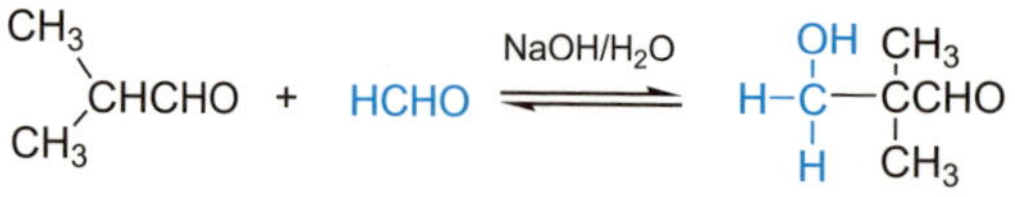

$$(CH_3)_2CHCHO + HCHO \xrightleftharpoons{NaOH/H_2O} HOCH_2-C(CH_3)_2-CHO \tag{6-76}$$

> **問題 6-12** 式 (6-76) の反応の機構を，電子の流れ図で示せ．
> **問題 6-13** アセトンとアセトフェノン (1-フェニルエタノン) の混合アルドール反応生成物として可能なもの全ての構造式を書け．

アルドールは酸あるいは塩基触媒下に脱離反応を起こし，α,β-不飽和カルボニル化合物となる．カルボニル化合物から α,β-不飽和カルボニル化合物への一連の反応はアルドール縮合反応 (aldol condensation reaction) とよばれる．

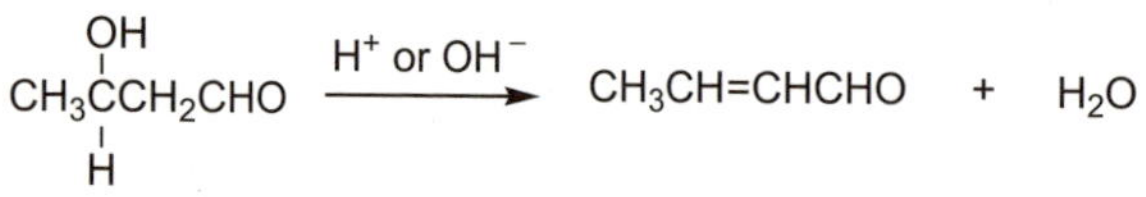

$$CH_3CH(OH)CH_2CHO \xrightarrow{H^+ \text{ or } OH^-} CH_3CH=CHCHO + H_2O \tag{6-77}$$

(Mechanism for acid-catalyzed reaction)

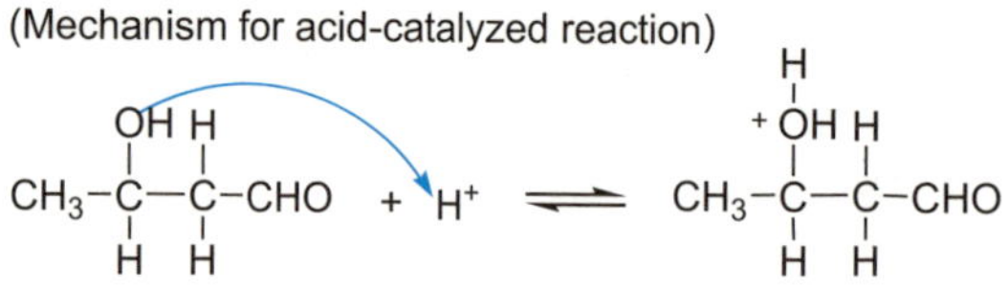

$$CH_3-CH(OH)-CH_2-CHO + H^+ \rightleftharpoons CH_3-CH(\overset{+}{O}H_2)-CH_2-CHO \tag{6-78}$$

$$CH_3-CH(\overset{+}{O}H_2)-CH_2-CHO \rightleftharpoons CH_3-\overset{+}{C}H-CH_2-CHO + H_2O \tag{6-79}$$

$$CH_3-\overset{+}{C}H-CH_2-CHO + H_2O \rightleftharpoons CH_3CH=CHCHO + H_3O^+ \tag{6-80}$$

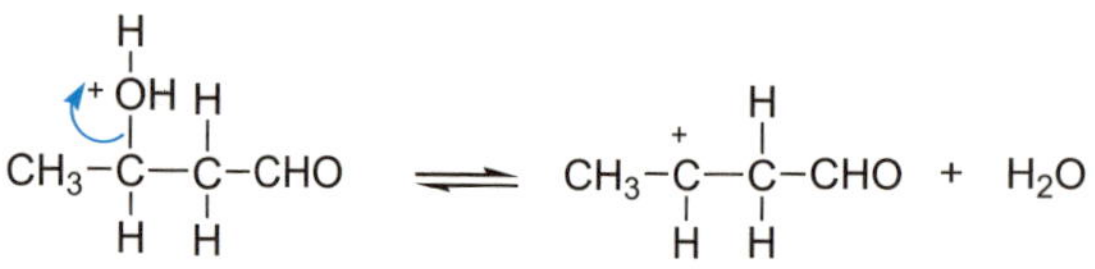

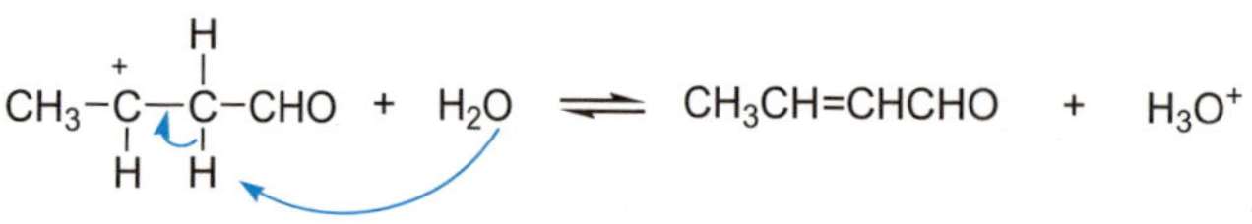

> **問題 6-14** 式 (6-77) の反応で 3-ペンテナールが生成しない理由を考えよ．

(Mechanism for base-catalyzed reaction)

$$CH_3-\underset{H}{\underset{|}{C}}-\underset{H}{\underset{|}{\overset{OH}{\overset{|}{C}}}}-\overset{O}{\overset{\|}{C}}H + OH^- \rightleftharpoons CH_3-\underset{|}{\underset{|}{C}}-\underset{|}{\overset{OH}{\overset{|}{C}}}-\overset{O^-}{\overset{|}{C}}H \xrightarrow{-OH^-} CH_3CH=CHCHO \quad (6\text{-}81)$$

次の混合アルドール反応を行うと，一挙に α,β-不飽和カルボニル化合物の生成まで反応が進む．これは生じる α,β-不飽和カルボニル化合物の共役系が長く，安定なためである．

$$\text{C}_6\text{H}_5\text{-CHO} + CH_3\overset{O}{\overset{\|}{C}}C(CH_3)_3 \xrightarrow[25\ ^\circ C]{NaOH/H_2O\text{-}C_2H_5OH} \text{C}_6\text{H}_5\text{-CH=CH-}\overset{O}{\overset{\|}{C}}\text{-C}(CH_3)_3 + H_2O \quad (6\text{-}82)$$

3,3-dimethyl-2-butanone   ca. 90%

(2) Wittig 反応

Wittig 反応はアルデヒドやケトンのカルボニル基の酸素をアルキル基に変換してアルケンを生じる反応である．

$$\underset{R^2}{\overset{R^1}{\text{>}}}C=O + \underset{R^4}{\overset{R^3}{\text{>}}}C=P(C_6H_5)_3 \longrightarrow \underset{R^2}{\overset{R^1}{\text{>}}}C=\underset{R^4}{\overset{R^3}{\text{<}}} + O=P(C_6H_5)_3 \quad (6\text{-}83)$$
                              ylid

Wittig 反応はカルボニル化合物とイリド (ylid) との反応である．まず，イリドの生成法を述べる．第一に，ハロアルカンとトリフェニルホスフィン（triphenylphosphine）との反応でアルキルトリフェニルホスホニウム塩を作る．

$$(C_6H_5)_3P: + CH_3-Br \longrightarrow (C_6H_5)_3\overset{+}{P}-CH_3\ Br^- \quad (6\text{-}84)$$
triphenylphosphine   methyltriphenyl-
                          phosphonium bromide

リンは元素周期表で第 15 族第 3 周期にある窒素同族元素である．最外殻の電子配置は窒素と同じである．式 (6-84) の反応はアミンによる Menschutkin 反応と同じタイプの反応である．生成する第 4 級ホスホニウム塩から強力な塩基でアルキル基の水素をプロトンとして引き抜くと，リンイリドが生じる．

$$(C_6H_5)_3\overset{+}{P}-\underset{H}{\overset{H}{\underset{|}{\overset{|}{C}}}}-H\ Br^- + Na^+H:^- \longrightarrow \left[(C_6H_5)_3P=\underset{H}{\overset{H}{C}} \leftrightarrow (C_6H_5)_3\overset{+}{P}-\underset{H}{\overset{H}{\overset{..}{C}}}\right] + NaBr + H_2 \quad (6\text{-}85)$$
                                                              ylid

アルキル基からプロトンを引き抜くのは容易ではない．第 4 級ホスホニウム塩はリン原子上に正電荷があるので，その I 効果でメチル基の酸性はかなり高くなっている．しかしかなり強力な塩基を使わないとプロトン引き抜きは実現できない．ナトリウムヒドリド（水素化ナトリウム）は強力な塩基である．ヒドリドは水素アニオン（$H:^-$）である．ヒドリドの共役酸は水素（H_2）

である。H_2 の pK_a は約 38 であり，ヒドリドは強力な塩基であることがわかる。ナトリウムヒドリド以外に 1-ブチルリチウム（C_4H_7Li）も強力な塩基として，イリドの生成に使われる。

$$H-H \xrightleftharpoons{pK_a\ 38} H^+ + H{:}^- \tag{6-86}$$

$$CH_3CH_2CH_2CH_3 \xrightleftharpoons{pK_a\ 50} H^+ + CH_3CH_2CH_2CH_2{:}^- \tag{6-87}$$

式（6-85）を見れば理解できるように，イリドはカルボアニオンとしての性質があり，求核性が高い。それゆえ，求電子性のカルボニル炭素を攻撃する。

$$\text{(シクロヘキサノン)} + (C_6H_5)_3P=CH_2 \rightleftharpoons \underset{\text{betaine}}{\text{(ベタイン中間体)}} \rightleftharpoons \underset{\text{oxaphosphetane}}{\text{(オキサホスフェタン)}} \tag{6-88}$$

$$\underset{\text{oxaphosphetane}}{\text{(オキサホスフェタン)}} \longrightarrow \underset{\substack{\text{methylene-}\\ \text{cyclohexane}}}{\text{(メチレンシクロヘキサン)}} + \underset{\substack{\text{triphenylphosphine}\\ \text{oxide}}}{(C_6H_5)_3P=O} \tag{6-89}$$

イリドのカルボニル化合物への攻撃でベタインという中間体が生成すると考えられている。ベタインとは分子内に正電荷と負電荷をあわせ持つ双性イオンの総称である。このものはすぐにオキサホスフェタンとよばれる 4 員環化合物になり，最終的にアルケンとトリフェニルホスフィンオキシドができる。

リンは窒素同族体ではあるが，その化合物は窒素とは異なり複雑である。イリドやトリフェニルホスフィンオキシドなどでは，リンは 5 価として働く。この点については第 3 章に戻って，もう一度学習しておこう。

> **問題 6-15** ベンズアルデヒドから 1-フェニル-1-ブテンを合成する経路を，各段階の反応式を書いて示せ。

6.7　有機金属の付加

有機金属は炭素—金属結合をもつ化合物である。その代表例が Grignard 試薬とアルキルリチウムである。

Grignard 試薬はハロアルカンと金属マグネシウムとをエーテル系の溶媒中で反応させて作る。

$$\text{C}_6\text{H}_5\text{-CH}_2\text{Br} + \text{Mg} \xrightarrow{\text{C}_2\text{H}_5\text{OC}_2\text{H}_5} \text{C}_6\text{H}_5\text{-CH}_2\text{MgBr} \tag{6-90}$$

benzyl bromide
((bromomethyl)benzene)

benzyl magnesium bromide
(phenylmethyl magnesium bromide)

$$\text{C}_6\text{H}_5\text{-Br} + \text{Mg} \xrightarrow{\text{C}_2\text{H}_5\text{OC}_2\text{H}_5} \text{C}_6\text{H}_5\text{-MgBr} \tag{6-91}$$

金属マグネシウムの電子配置は，$(1s)^2(2s)^2(2p)^6(3s)^2$ であり，最外殻は M 殻（$n = 3$）で，3s 軌道に 2 個の電子を有している。Mg は電気的に陽性でその電気陰性度は 1.3 である。よって，2 個の電子をどこかに供与して，自身は 2+ の電荷を帯びようとする傾向が強い。そこで式（6-92）のような反応が起こり，Grignard 試薬が合成できる。

$$\text{CH}_3\text{-Br} + \text{Mg} \longrightarrow \text{CH}_3\text{-Mg-Br} \tag{6-92}$$

1-ブチルリチウムは 1-ブロモブタンに金属リチウムを反応させて作る。

$$\text{RCH}_2\text{-Br} + 2\,\text{Li} \longrightarrow \text{RCH}_2\text{-Li} + \text{LiBr} \tag{6-93}$$

(Mechanism)

$$\text{Li} + \text{RCH}_2\text{-Br} + \text{Li} \longrightarrow \text{RCH}_2\text{Li} + \text{LiBr} \tag{6-94}$$

金属リチウムの電子配置は，$(1s)^2(2s)^1$ であり，2s 軌道にある電子 1 個を放出して，自身は +1 のイオンになる傾向が強い。形式上式（6-94）のような反応が起こり，有機リチウムが生成される。

これらの有機金属の特徴は，電気陰性度が 2.6 の炭素に電気陰性度が 1.3（Mg）や 1.0（Li）の金属が結合していることである。このため，C−M 結合は強く分極している。ただし M は Mg や Li を意味している。

$$\text{CH}_3\text{-MgBr} \longleftrightarrow \text{CH}_3{:}^-\text{MgBr}^+ \tag{6-95}$$

$$\text{CH}_3\text{CH}_2\text{CH}_2\text{CH}_2\text{-Li} \longleftrightarrow \text{CH}_3\text{CH}_2\text{CH}_2\text{CH}_2{:}^-\text{Li}^+ \tag{6-96}$$

これらの有機金属はカルボアニオン的な性質を有しており，そのイオン性は約 35~40% ほどである。

Grignard 試薬とホルムアルデヒドとを反応させた後，酸性の水で処理すると，第 1 級アルコールが得られる。

$$\text{HCHO} \xrightarrow[\text{2) H}_3\text{O}^+]{\text{1) CH}_3\text{CH}_2\text{MgBr/ether}} \text{CH}_3\text{CH}_2\text{CH}_2\text{OH} \tag{6-97}$$

(Mechanism)

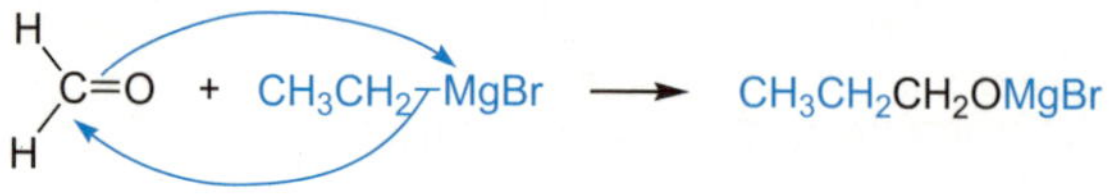

H
C=O
H
+ CH3CH2-MgBr
CH3CH2CH2OMgBr

(6-98)

CH3CH2CH2O-MgBr + H-OH
CH3CH2CH2OH + HOMgBr

(6-99)

ホルムアルデヒド以外のアルデヒドからは第2級アルコールが，ケトンからは第3級アルコールが生じる。

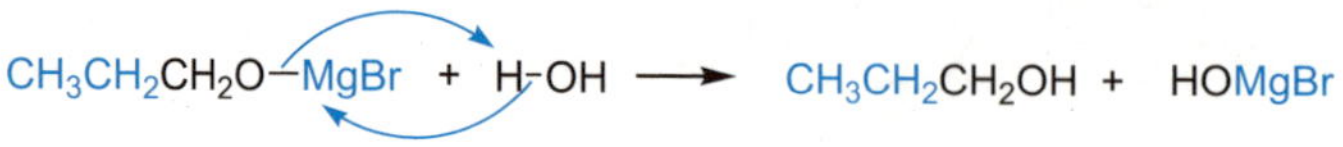

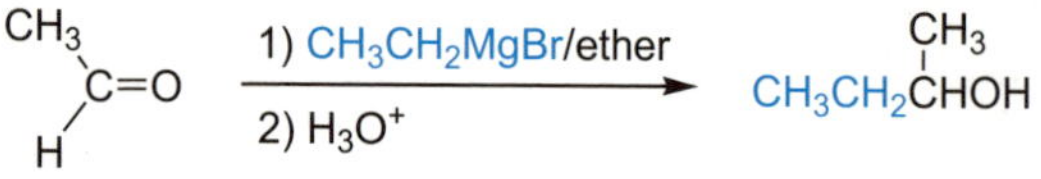

CH3
C=O
H
1) CH3CH2MgBr/ether
2) H3O+
CH3
CH3CH2CHOH

(6-100)

CH3
C=O
CH3
1) CH3CH2MgBr/ether
2) H3O+
CH3
CH3CH2COH
CH3

(6-101)

α, β-不飽和カルボニル化合物と Grignard 試薬との反応では，1,4-付加が起こる。

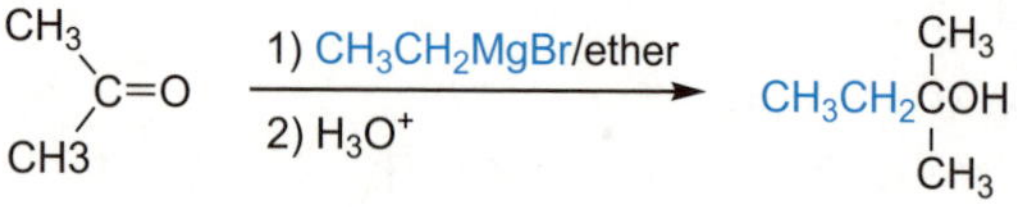

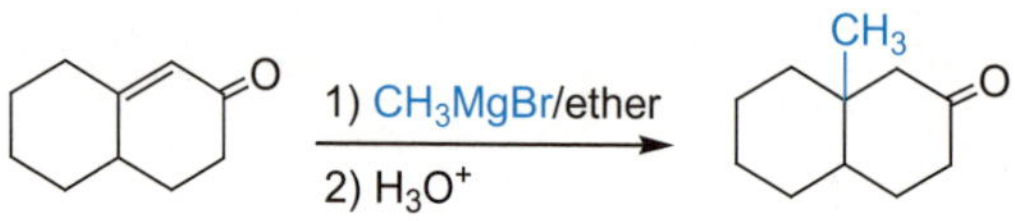

O
1) CH3MgBr/ether
2) H3O+
CH3
O

(6-102)

(Mechanism)

O
+ CH3-MgBr
CH3
OMgBr
1,4-addition

(6-103)

CH3
O-MgBr
+
H
O+
H H
CH3
O
+ H2O-MgBr

(6-104)

$$H_2\overset{+}{O}-MgBr \rightleftharpoons HOMgBr + H^+ \tag{6-105}$$

α, β-不飽和カルボニル化合物に1,4-付加が起こるのは，次のような共鳴構造式を考えれば理解できる。

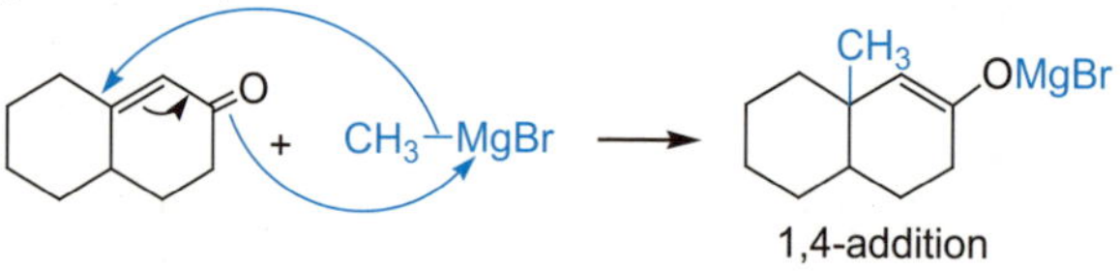

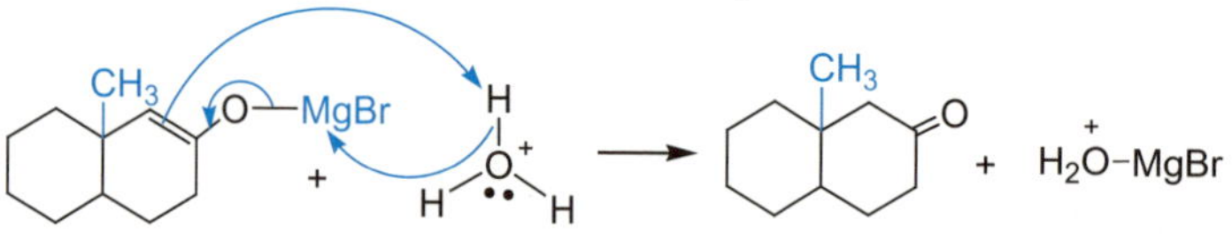

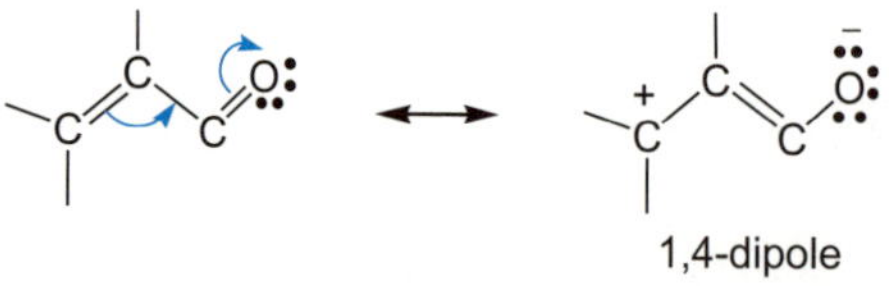

C
C
C
O
+
C
C
C
O
1,4-dipole

(6-106)

有機リチウムも Grignard 試薬とよく似た付加反応を起こす。

$$\text{CH}_3\text{CHO} \xrightarrow[\text{2) H}_3\text{O}^+]{\text{1) (CH}_3)_3\text{C-Li / ether}} (\text{CH}_3)_3\text{C-CH(OH)CH}_3 \tag{6-107}$$

(Mechanism)

$$(\text{CH}_3)_3\text{C-Li} + \text{CH}_3\text{CHO} \longrightarrow (\text{CH}_3)_3\text{C-CH(OLi)CH}_3 \tag{6-108}$$

$$(\text{CH}_3)_3\text{C-CH(OLi)CH}_3 + \text{H}_2\text{O} \longrightarrow (\text{CH}_3)_3\text{C-CH(OH)CH}_3 + \text{LiOH} \tag{6-109}$$

α,β-不飽和カルボニル化合物への有機リチウムの付加は，Grignard 試薬の場合とは異なり，1,2-付加が優先する。

$$\text{C}_6\text{H}_5\text{CH=CH-CO-C}_6\text{H}_5 \xrightarrow[\text{PhMgBr}]{\text{PhLi}} \underset{\text{1,2-addition}}{\text{C}_6\text{H}_5\text{-CH=CH-C(OH)(C}_6\text{H}_5)\text{-C}_6\text{H}_5}\ (69\%) + \underset{\text{1,4-addition } 94\%}{\text{C}_6\text{H}_5\text{-CH(C}_6\text{H}_5)\text{-CH}_2\text{-CO-C}_6\text{H}_5}\ (13\%) \tag{6-110}$$

これは，有機リチウムの極性基に対する特徴的な性質による。

$$\underset{\text{RCH}_2\text{-Li}}{\text{C=O}} \longrightarrow \underset{\text{RCH}_2}{\text{-C-OLi}} \tag{6-111}$$

アルキルリチウムの Li は負に分極したカルボニル酸素と双極子—双極子相互作用で結合する。そのために，式 (6-111) に示したような 1,2-付加が優先して進行する。

問題 6-16 式 (6-110) の基質である 1,3-ジフェニルプロペノン（ベンジリデンアセトフェノン）はアセトフェノンとベンズアルデヒドとの混合アルドール反応で合成できる。この混合アルドール反応の機構を電子の流れ図で示せ。

問題 6-17 プロパナールから 3-ヘプタノールを合成するスキームを示せ。

6.8 ヒドリド移動を含む付加

(1) $NaBH_4$ および $LiAlH_4$ 還元

ヒドリドイオン（hydride ion）は水素アニオン（$H:^-$）である。ヒドリドイオンの供与体としては，水素化ホウ素ナトリウム（$NaBH_4$, sodium borohydride）が良く知られている。第1章で，ホウ素の結合について学習した。ホウ素は sp^2 混成軌道を使って原子価が3となる。

$$\cdot \ddot{B} \cdot + 3 \cdot H \longrightarrow H : \ddot{B} : H \text{（H上）} \tag{6-112}$$

式（6-112）はボラン（BH_3）の Lewis 構造式を示している。この式を見てわかるように，中性のホウ素化合物は Lewis の8電子則を満足していない。そのため，1組の電子対を受容する性質（Lewis 酸性）が強い。次の反応式をみれば水素化ホウ素ナトリウムの性質が理解できよう。

$$Na^+ \; H:^- + H:\ddot{B}:H \longrightarrow Na^+ \; H:\ddot{B}:H \tag{6-113}$$

アルデヒドや立体障害の少ないケトンは $NaBH_4$ で還元されて，対応するアルコールとなる。

$$CH_3CHO \xrightarrow[\text{2) } H_3O^+]{\text{1) } NaBH_4/H_2O\text{-}C_2H_5OH/OH^-} CH_3CH_2OH \tag{6-114}$$

$$CH_3CH_2\overset{O}{\underset{\|}{C}}CH_3 \xrightarrow[\text{2) } H_3O^+]{\text{1) } NaBH_4/H_2O\text{-}C_2H_5OH/OH^-} CH_3CH_2\overset{OH}{\underset{|}{C}H}CH_3 \tag{6-115}$$

(Mechanism)

$$H\text{-}BH_2\text{-}H + \underset{R^2}{\overset{R^1}{\diagdown}}C=O + H\text{-}OH \longrightarrow R^1\text{-}\underset{R^2}{\overset{H}{C}}\text{-}OH + OH^- + B\text{-}H \tag{6-116}$$

$$OH^- + B\text{-}H \rightleftharpoons HO\text{-}B\text{-}H \tag{6-117}$$

$$HO\text{-}B\text{-}H + \underset{R^2}{\overset{R^1}{\diagdown}}C=O + H\text{-}OH \longrightarrow R^1\text{-}\underset{R^2}{\overset{H}{C}}\text{-}OH + OH^- + B\text{-}OH \tag{6-118}$$

$$OH^- + B\text{-}OH \rightleftharpoons HO\text{-}B\text{-}H \text{ (OH)} \tag{6-119}$$

$$HO\text{-}B\text{-}H\text{(OH)} + \underset{R^2}{\overset{R^1}{\diagdown}}C=O + H\text{-}OH \longrightarrow R^1\text{-}\underset{R^2}{\overset{H}{C}}\text{-}OH + OH^- + B\text{-}OH \tag{6-120}$$

$$\text{OH}^- + \underset{\underset{\text{OH}}{|}}{\overset{\overset{\text{H}}{|}}{\text{B}}}-\text{OH} \rightleftharpoons \text{HO}-\underset{\underset{\text{OH}}{|}}{\overset{\overset{\text{OH}}{|}}{\text{B}}}-\text{H} \tag{6-121}$$

$$\text{HO}-\underset{\underset{\text{OH}}{|}}{\overset{\overset{\text{OH}}{|}}{\text{B}}}-\text{H} + \underset{R^2}{\overset{R^1}{>}}\text{C}=\text{O} + \text{H}-\text{OH} \longrightarrow R^1-\underset{\underset{R^2}{|}}{\overset{\overset{\text{H}}{|}}{\text{C}}}-\text{OH} + \text{OH}^- + \underset{\underset{\text{OH}}{|}}{\overset{\overset{\text{OH}}{|}}{\text{B}}}-\text{OH} \tag{6-122}$$

$$\text{OH}^- + \underset{\underset{\text{OH}}{|}}{\overset{\overset{\text{OH}}{|}}{\text{B}}}-\text{OH} \rightleftharpoons \text{HO}-\underset{\underset{\text{OH}}{|}}{\overset{\overset{\text{OH}}{|}}{\text{B}}}-\text{OH} \tag{6-123}$$

式 (6-116), (6-118), (6-120), (6-122) に書かれているプロトン供与体としての H_2O はエタノールのみを溶媒に用いた反応では，エタノールに置き換わる．水やアルコールはプロトン性極性溶媒であることを思い出そう．$NaBH_4$ は酸性水溶液中では水素ガスを発生して分解するが，アルカリ水中では安定であり，水中の還元剤として使える．また，還元は穏やかに進行し，C=C, COOH, COOR, NO_2, C≡C, $CONH_2$ などの官能基は，普通の条件では還元されない．また，立体障害の大きなケトンも還元されにくいか，全く還元されない．

強い還元力を必要とする場合には，水素化アルミニウムリチウム（$LiAlH_4$, lithium aluminum hydride）を用いる．Al は B の同族元素である．よって，最外殻の電子配置は両者で等しい．しかし，$LiAlH_4$ の還元力は $NaBH_4$ に比べて著しく高い．いかなる条件でも，水に触れると直ちに水素ガスを発生して分解する．還元の選択性も悪い．この還元力の大きな違いは M-H 結合のイオン性の違いによる．B の電気陰性度は 2.0 であるのに対し，Al の電気陰性度は 1.6 である．Al-H の結合はよりイオン性（ヒドリド的な正確）が強い．

式 (6-124) の反応は立体障害の大きなケトンの還元である．$NaBH_4$ 還元では進まなくても，$LiAlH_4$ では定量的な還元が行える．

$$\text{(メシチル)}\overset{\text{O}}{\underset{}{\text{C}}}-\text{CH}_3 \xrightarrow[\text{2) } H_3O^+]{\text{1) } LiAlH_4} \text{(メシチル)}\overset{\text{OH}}{\underset{\text{CH}_3}{\text{C}}}-\text{CH}_3 \tag{6-124}$$

100%

(Mechanism)

$$\underset{R^2}{\overset{R^1}{>}}\text{C}=\text{O} + \text{H}-\overset{\overset{\text{H}}{|}}{\underset{\underset{\text{H}}{|}}{\text{Al}}}-\text{H} \longrightarrow R^1-\underset{\underset{R^2}{|}}{\overset{\overset{\text{H}}{|}}{\text{C}}}-\text{O}^- + \overset{\overset{\text{H}}{|}}{\underset{\underset{\text{H}}{|}}{\text{Al}}}-\text{H} \rightleftharpoons R^1-\underset{\underset{R^2}{|}}{\overset{\overset{\text{H}}{|}}{\text{C}}}-\text{O}-\overset{\overset{\text{H}}{|}}{\underset{\underset{\text{H}}{|}}{\text{Al}^-}}-\text{H} \tag{6-125}$$

$$R^1-\underset{\underset{R^2}{|}}{\overset{\overset{\text{H}}{|}}{\text{C}}}-\text{O}-\overset{\overset{\text{H}}{|}}{\underset{\underset{\text{H}}{|}}{\text{Al}}}-\text{H} + \underset{R^2}{\overset{R^1}{>}}\text{C}=\text{O} \longrightarrow R^1-\underset{\underset{R^2}{|}}{\overset{\overset{\text{H}}{|}}{\text{C}}}-\text{O}-\overset{\overset{\text{H}}{|}}{\underset{}{\text{Al}}} + R^1-\underset{\underset{R^2}{|}}{\overset{\overset{\text{H}}{|}}{\text{C}}}-\text{O}^- \rightleftharpoons \left(R^1-\underset{\underset{R^2}{|}}{\overset{\overset{\text{H}}{|}}{\text{C}}}-\text{O} \right)_2 \overset{\overset{\text{H}}{|}}{\underset{\underset{\text{H}}{|}}{\text{Al}^-}} \tag{6-126}$$

$$\left(R^1\underset{R^2}{\overset{H}{-}}\!\!\overset{|}{\underset{|}{C}}\!\!-\!O\right)_2\!\!Al^-_H^H + \overset{R^1}{\underset{R^2}{C}}\!\!=\!O \longrightarrow \left(R^1\underset{R^2}{\overset{H}{-}}\!\!\overset{|}{\underset{|}{C}}\!\!-\!O\right)_2\!\!Al\!-\!H + R^1\!\!\underset{R^2}{\overset{H}{-}}\!\!\overset{|}{\underset{|}{C}}\!\!-\!O^- \rightleftharpoons \left(R^1\underset{R^2}{\overset{H}{-}}\!\!\overset{|}{\underset{|}{C}}\!\!-\!O\right)_3\!\!Al\!-\!H \quad (6\text{-}127)$$

$$\left(R^1\underset{R^2}{\overset{H}{-}}\!\!\overset{|}{\underset{|}{C}}\!\!-\!O\right)_3\!\!Al\!-\!H + \overset{R^1}{\underset{R^2}{C}}\!\!=\!O \longrightarrow \left(R^1\underset{R^2}{\overset{H}{-}}\!\!\overset{|}{\underset{|}{C}}\!\!-\!O\right)_3\!\!Al + R^1\!\!\underset{R^2}{\overset{H}{-}}\!\!\overset{|}{\underset{|}{C}}\!\!-\!O^- \rightleftharpoons \left(R^1\underset{R^2}{\overset{H}{-}}\!\!\overset{|}{\underset{|}{C}}\!\!-\!O\right)_4\!\!Al^- \quad (6\text{-}128)$$

$$\left(R^1\underset{R^2}{\overset{H}{-}}\!\!\overset{|}{\underset{|}{C}}\!\!-\!O\right)_4\!\!Al^- \xrightarrow{H_2O} R^1\!\!\underset{R^2}{\overset{H}{-}}\!\!\overset{|}{\underset{|}{C}}\!\!-\!OH + Al(OH)_4^- \quad (6\text{-}129)$$

LiAlH$_4$ 還元ではプロトン性極性溶媒は用いることができない。ジエチルエーテルやTHFといった非プロトン性溶媒を用いる。そのため，LiAlH$_4$ 還元の機構はプロトン性極性溶媒中の NaBH$_4$ 還元の機構とは異なる。非プロトン性極性溶媒中で LiBH$_4$ 還元する場合の機構は，LiAlH$_4$ 還元の機構と同じである。NaBH$_4$ に比べて LiBH$_4$ は Li がエーテル酸素と相互作用できるため，エーテル系の溶媒に溶解しやすい。

LiAlH$_4$ は還元力が強いので，カルボン酸エステルやカルボン酸そのものも還元して，アルコールを与える。

$$R\text{-}COOC_2H_5 \xrightarrow[\text{2) } H_3O^+]{\text{1) LiAlH}_4} RCH_2OH \quad (6\text{-}130)$$

また強い条件では C=C 二重結合も還元する。

$$\text{Ph-CH=CHCHO} \xrightarrow[\text{2) } H_3O^+]{\text{1) LiAlH}_4} \text{Ph-CH}_2\text{CH}_2\text{CH}_2\text{OH} \quad (6\text{-}131)$$

穏やかな条件では式（6-131）の反応で C=C 二重結合が還元されることはない。

問題 6-18 アセトアルデヒドから 2-ブテン-1-オールを合成する反応を反応式で示せ。

問題 6-19 一般に C=C 二重結合は LiAlH$_4$ によっても還元されない。その理由を考えよ。

---

(2) Cannizzaro 反応

アルデヒドは酸化されるとカルボン酸になり，還元されるとアルコールになる。2 分子のアルデヒドが反応し，一方は酸化されてカルボン酸になり，他方は還元されてアルコールになることがある。同じ分子が反応してお互いがそれぞれに異なる生成物になるような反応は不均化反応（disproportionation reaction）とよばれる。

6 求核付加反応

$$2\ \text{R-CHO} \longrightarrow \text{R-CH}_2\text{OH} + \text{R-COOH} \tag{6-132}$$

α-位に水素のないアルデヒドを濃厚なアルカリ水中で加熱すると，対応するカルボン酸とアルコールを与える反応（式（6-133））を Cannizzaro 反応とよぶ。

$$\text{PhCHO} \xrightarrow[2)\ \text{H}_3\text{O}^+]{1)\ 60\%\ \text{KOH}/100\ ^\circ\text{C}} \text{PhCH}_2\text{OH}\ (80\%) + \text{PhCOOH}\ (85\%) \tag{6-133}$$

(Mechanism)

$$\text{PhCHO} + \text{OH}^- \rightleftharpoons \text{Ph-CH(O}^-)\text{(OH)} \tag{6-134}$$

$$\text{Ph-CH(O}^-)\text{(OH)} + \text{PhCHO} \rightleftharpoons \text{PhCOOH} + \text{Ph-CH(O}^-)\text{H} \longrightarrow \text{PhCOO}^- + \text{PhCH}_2\text{OH} \tag{6-135}$$

$$\text{PhCOO}^- + \text{H}_3\text{O}^+ \rightleftharpoons \text{PhCOOH} + \text{H}_2\text{O} \tag{6-136}$$

式（6-135）で gem-ジオールのモノアルコキシドからヒドリドが移動している。

問題 6-20 Cannizzaro 反応は不可逆反応である。その理由を述べよ。

問題 6-21 次の反応の機構を電子の流れ図で示せ。

o-C$_6$H$_4$(CHO)$_2$ $\xrightarrow{\text{OH}^-}$ o-C$_6$H$_4$(COOH)(CH$_2$OH)

---

(3) Meerwein–Ponndorf–Varley 還元

NaBH$_4$ や LiAlH$_4$ による還元は，還元剤を消費しながらの反応である。Meerwein-Ponndorf-Varley 還元はアルミニウムトリイソプロポキシド（aluminum triisopropoxide）を触媒とし，比較的安価な 2-プロパノールを還元剤とする還元法であり，アルコールの水素のヒドリド移動をともなう。この反応の特徴は選択性にすぐれていることであり，塩基を用いないので，カルボニル化合物の副反応が抑えられる。

$$CH_3CH=CHCHO + \underset{H_3C}{\overset{H_3C}{>}}CH-OH \xrightarrow{Al[OCH(CH_3)_2]_3} CH_3CH=CHCH_2OH + \underset{H_3C}{\overset{H_3C}{>}}C=O \quad (6\text{-}137)$$

(Mechanism)

$$\underset{R^2}{\overset{R^1}{>}}C=O + Al[OCH(CH_3)_2]_3 \rightleftarrows \underset{R^2}{\overset{R^1}{>}}C\overset{+}{=}O-\overset{-}{Al}[OCH(CH_3)_2]_3 \quad (6\text{-}138)$$

$$\underset{R^2}{\overset{R^1}{>}}\overset{+}{C}-O-\overset{-}{Al}[OCH(CH_3)_2]_2 \rightleftarrows R^2-\underset{H}{\overset{R^1}{C}}-O-Al[OCH(CH_3)_2]_2 + \underset{H_3C}{\overset{H_3C}{>}}C=O \quad (6\text{-}139)$$

$$R^2-\underset{H}{\overset{R^1}{C}}-O-Al[OCH(CH_3)_2]_2 + \underset{H_3C}{\overset{H_3C}{>}}CH-OH \rightleftarrows R^2-\underset{H}{\overset{R^1}{C}}-O-\overset{-}{Al}[OCH(CH_3)_2]_2 \quad (6\text{-}140)$$

$$R^2-\underset{H}{\overset{R^1}{C}}-O-\overset{-}{Al}[OCH(CH_3)_2]_2 \rightleftarrows R^2-\underset{H}{\overset{R^1}{C}}-OH + Al[OCH(CH_3)_2]_3 \quad (6\text{-}141)$$

式（6-138）と（6-140）は，3価のアルミニウム化合物は Lewis 塩基であることを使った過程である。式（6-139）の反応では，Al-O の電気陰性度の差に注意すべきである。この結合は非常に強く分極しており，ヒドリドの移動を容易にしている。式（6-140）と（6-141）で触媒が回復しており，結局還元剤は第2級アルコールの2-プロパノールとなる。

6.9　求核付加反応の分子軌道法的取り扱い

アセトアルデヒドへのメタノールの付加（ヘミアセタール化反応）を例としてとりあげよう。求核剤がカルボニル化合物へ非共有電子対を供与することにより，求核付加反応は始まるので，基質のフロンティア軌道は LUMO，求核剤のフロンティア軌道は HOMO である。

アルデヒドの LUMO はカルボニル炭素の上下にローブが広がっている。このローブに位相の符号が合った求核剤であるメタノールの酸素上のローブが上手く重なり合うことができ，この反応が進行する。

6 求核付加反応

CH$_3$CHO + CH$_3$OH ⇌ CH$_3$$\overset{\text{OH}}{\underset{\text{H}}{\text{C}}}CH_3$

HOMO of CH$_3$OH

⇩

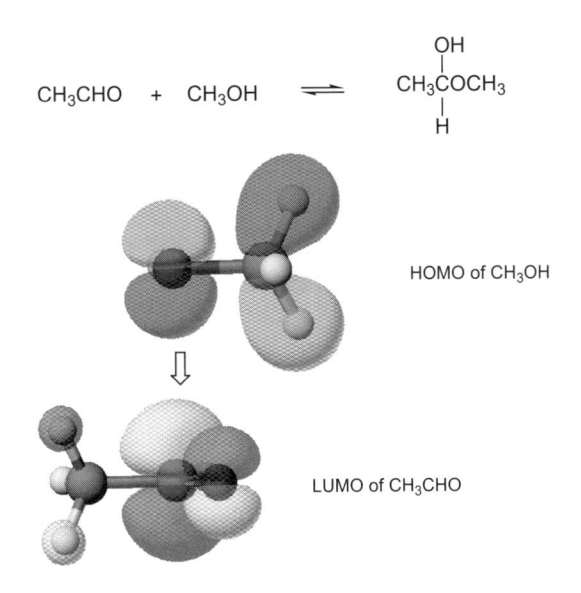

LUMO of CH$_3$CHO

図 6.8 ヘミアセタール化反応におけるアセトアルデヒドの LUMO と
メタノールの HOMO との相互作用（参考図 13 参照）

7 求核付加−脱離反応

アルデヒドやケトンと同様にカルボニル基を有する化合物に，カルボン酸，カルボン酸エステル，カルボン酸無水物，ハロゲン化アルカノイル（ハロゲン化アシル）およびアミドがある。これらのカルボン酸誘導体は，アルデヒドやケトンとは異なった反応性を示す。

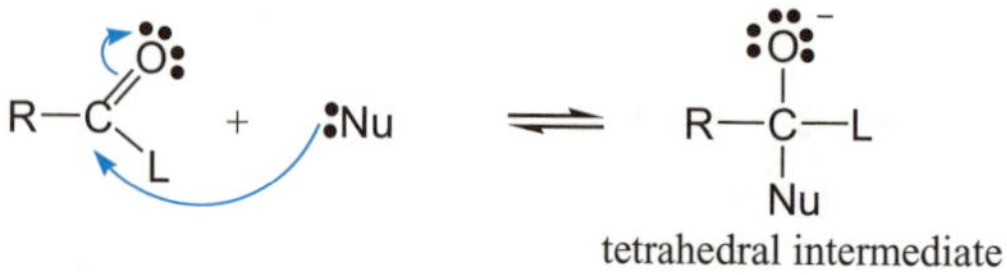

$$R-C(=O)-L + :Nu \rightleftharpoons R-C(O^-)(L)(Nu) \quad \text{tetrahedral intermediate} \tag{7-1}$$

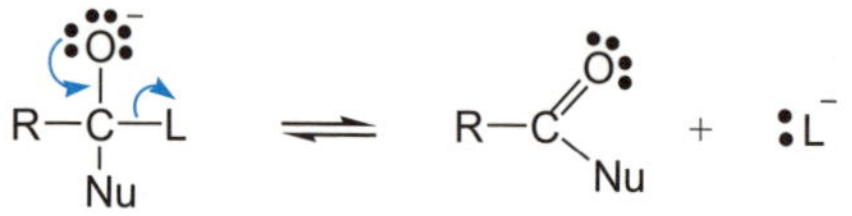

$$R-C(O^-)(L)(Nu) \rightleftharpoons R-C(=O)-Nu + :L^- \tag{7-2}$$

カルボン酸誘導体の反応の特徴は，カルボニル炭素に求核剤が付加して生じる四面体中間体（tetrahedral intermediate）から，脱離が起こることにある。このような一連の反応は，求核付加 - 脱離機構（nucleophilic addition-elimination mechanism）で進行する。

7.1　カルボン酸誘導体の特徴

第6章で学んだように，アルデヒドやケトンでは求核付加反応が進行するのに，どうしてカルボン酸誘導体では付加−脱離反応が起こるのだろうか？それはカルボン酸誘導体には良好な脱離基が分子中に含まれていることによる。

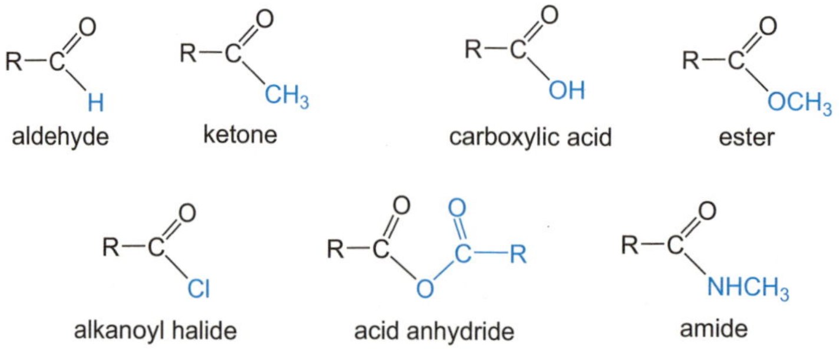

aldehyde　　ketone　　carboxylic acid　　ester

alkanoyl halide　　acid anhydride　　amide

もし，式（7-1）と（7-2）の反応が進行し，四面体中間体から脱離基が離れていくとすれば，アルデヒドからは水素アニオン（ヒドリド），ケトンからはアルキルアニオン（カルボアニオン）という非常に不安定な基が脱離することになる。しかし，カルボン酸誘導体からは，相対的に安定なアニオンが脱離する。第4章で学んだように，良好な脱離基はその共役酸の pK_a が小さい（酸として強い）基である。表7.1に関係する脱離基の共役酸の pK_a を示す。

表 7.1 脱離基の共役酸の pK_a

脱離基	共役酸	pK_a
H^-	H_2	38
CH_3^-	CH_4	~60
$C_2H_5O^-$	C_2H_5OH	16
CH_3O^-	CH_3OH	15
CH_3NH^-	CH_3NH_2	~35
CH_3NH_2	$CH_3NH_3^+$	10.64
OH^-	H_2O	15.7
CH_3COO^-	CH_3COOH	4.756
H_2O	H_3O^+	−1.74
CH_3OH	$CH_3OH_2^+$	−2
C_2H_5OH	$C_2H_5OH_2^+$	−2
Cl^-	HCl	−7
Br^-	HBr	−9
I^-	HI	−10

カルボン酸誘導体のうちでも，OH^- や CH_3O^- あるいは CH_3NH^- などは相当に脱離しにくい基であるが，これらの基にプロトンがつけば，一転して良好な脱離基となることも，表7.1から読み取れる。そのため，カルボン酸誘導体の反応には酸触媒の反応が多い。

7.2　水との反応－加水分解反応

ハロゲン化アルカノイルや酸無水物は，無触媒下に加水分解される。特にハロゲン化アルカノイルの反応性は高い。

$$CH_3-COCl + H_2O \longrightarrow CH_3-COOH + HCl \tag{7-3}$$

(Mechanism)

$$CH_3-COCl + H-\overset{..}{\underset{..}{O}}H \rightleftharpoons CH_3-\underset{\overset{+}{O}H_2}{\overset{O^-}{\underset{|}{C}}}-Cl \longrightarrow CH_3-\underset{OH}{\overset{OH}{\underset{|}{C}}}-Cl \tag{7-4}$$

$$\text{CH}_3-\overset{\overset{\overset{\cdot\cdot}{O}-H}{|}}{\underset{\underset{OH}{|}}{C}}-Cl \rightleftharpoons CH_3-\overset{\overset{\overset{+}{\cdot\cdot}{O}-H}{||}}{\underset{\underset{OH}{|}}{C}} + Cl^- \rightleftharpoons CH_3-\overset{\overset{O}{||}}{\underset{\underset{OH}{|}}{C}} + HCl \quad (7\text{-}5)$$

　塩化アセチル（acetyl chloride）の構造を見てみよう。カルボニル基に結合している塩素は電気陰性度の大きな基で，誘起効果（I効果）でカルボニル基の電子を求引する。またカルボニル基は共鳴効果（メゾメリー効果）により分極し，カルボニル基の炭素は著しく求電子性が高い（図7.1 参照）。

$$\underset{\text{inductive effect}}{CH_3-\overset{\overset{O}{||}}{\underset{\underset{Cl}{|}}{C}}} \qquad \underset{\text{resonance effect}}{CH_3-\overset{\overset{\cdot\cdot}{O}\cdot\cdot}{\underset{\underset{Cl}{|}}{C}} \leftrightarrow CH_3-\overset{\overset{\cdot\cdot}{O}^-}{\underset{\underset{Cl}{|}}{\overset{+}{C}}}} \quad (7\text{-}6)$$

　式（7-4）の四面体中間体は*gem*-ジオールであり，不安定である。よって，良好な脱離基である Cl^- を脱離してカルボン酸となる。式（7-4）を見れば分かるように，この反応は実質的に不可逆反応である。

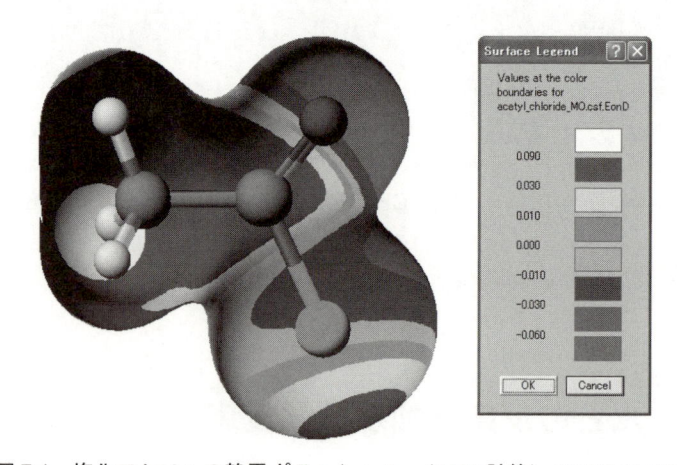

図7.1　塩化アセチルの静電ポテンシャル　（AM1 計算）（参考図14 参照）

　カルボン酸無水物の加水分解は，ハロゲン化アルカノイルほど容易に進まない。脱離する基が酢酸アニオンであり，酢酸の pK_a が 4.76 であることから十分に予想できることである。

$$\underset{}{CH_3\overset{\overset{O}{||}}{C}-O-\overset{\overset{O}{||}}{C}CH_3} + H_2O \longrightarrow 2\ CH_3COOH \quad (7\text{-}7)$$

(Mechanism)

$$CH_3-\overset{\overset{\cdot\cdot}{O}\cdot\cdot}{\underset{}{C}}-O-\overset{\overset{O}{||}}{C}-CH_3 + H-\overset{\cdot\cdot}{\underset{}{O}}H \rightleftharpoons CH_3-\overset{\overset{\cdot\cdot\overset{-}{O}\cdot\cdot}{|}}{\underset{\underset{H-\overset{+}{O}H}{|}}{C}}-O-\overset{\overset{O}{||}}{C}-CH_3 \rightarrow CH_3-\overset{\overset{\cdot\cdot OH}{|}}{\underset{\underset{\cdot\cdot OH}{|}}{C}}-O-\overset{\overset{O}{||}}{C}-CH_3 \quad (7\text{-}8)$$

7 求核付加−脱離反応

$$\text{CH}_3-\underset{\text{OH}}{\underset{|}{\overset{\overset{\cdot\cdot}{\text{OH}}}{\overset{|}{C}}}}-O-\overset{O}{\overset{||}{C}}-\text{CH}_3 \longrightarrow \text{CH}_3-\underset{\text{OH}}{\underset{|}{\overset{\overset{+}{\text{OH}}}{\overset{|}{C}}}} + \text{CH}_3\text{COO}^- \longrightarrow 2\,\text{CH}_3\text{COOH} \tag{7-9}$$

脱離基の共役酸の pK_a が大きなカルボン酸エステルやアミドの加水分解速度は，無触媒下では非常に遅い。特にアミドはほとんど加水分解されない。このような場合には，酸あるいは塩基触媒加水分解反応を行う。まず，酸触媒カルボン酸エステルの加水分解をとりあげよう。

$$\text{CH}_3-\overset{O}{\overset{||}{C}}-\text{OC}_2\text{H}_5 + \text{H}_2\text{O} \xrightarrow{\text{H}^+} \text{CH}_3-\overset{O}{\overset{||}{C}}-\text{OH} + \text{C}_2\text{H}_5\text{OH} \tag{7-10}$$

(Mechanism)

$$\text{CH}_3-\overset{O:}{\overset{||}{C}}-\text{OC}_2\text{H}_5 + \text{H}_3\text{O}^+ \rightleftharpoons \left[\text{CH}_3-\overset{\overset{+}{O}-\text{H}}{\overset{||}{C}}-\text{OC}_2\text{H}_5 \leftrightarrow \text{CH}_3-\overset{\overset{\cdot\cdot}{O}-\text{H}}{\overset{|}{\overset{+}{C}}}-\text{OC}_2\text{H}_5\right] + \text{H}_2\text{O} \tag{7-11}$$

$$\text{CH}_3-\overset{\overset{+}{O}-\text{H}}{\overset{||}{C}}-\text{OC}_2\text{H}_5 + \text{H}-\overset{\cdot\cdot}{\text{O}}\text{H} \rightleftharpoons \text{CH}_3-\underset{\underset{\underset{H}{+}}{\overset{|}{O}H}}{\overset{\overset{\cdot\cdot}{O}-\text{H}}{\overset{|}{C}}}-\text{OC}_2\text{H}_5 \rightleftharpoons \text{CH}_3-\underset{\underset{H}{\overset{|}{O}H}}{\overset{\overset{\cdot\cdot}{O}-\text{H}}{\overset{|}{C}}}-\overset{+}{\text{O}}\text{C}_2\text{H}_5 \tag{7-12}$$

$$\text{CH}_3-\underset{\underset{H}{\overset{|}{\overset{\cdot\cdot}{O}}\text{H}}}{\overset{\overset{\cdot\cdot}{O}-\text{H}}{\overset{|}{C}}}-\overset{+}{\text{O}}\text{C}_2\text{H}_5 \rightleftharpoons \text{CH}_3-\overset{\overset{+}{O}-\text{H}}{\overset{||}{C}}-\text{OH} + \text{C}_2\text{H}_5\overset{\cdot\cdot}{\text{O}}\text{H} \tag{7-13}$$

$$\text{CH}_3-\overset{\overset{+}{O}-\text{H}}{\overset{||}{C}}-\text{OH} + \text{H}_2\text{O} \rightleftharpoons \text{CH}_3-\overset{O}{\overset{||}{C}}-\text{OH} + \text{H}_3\text{O}^+ \tag{7-14}$$

式 (7-11) のプロトン化されたエステルの共鳴構造式に注目しよう。カルボニル炭素上に正電荷がくる構造が書かれている。このカルボカチオン構造は，Lewis の 8 電子則を満足していないので，不安定だと思われるが，共鳴構造式を書く意味は，このような構造の寄与により，プロトン化されたカルボニル炭素は求電子性が高まることを納得できることにある。水の求核性はあまり大きくはないが，プロトン化されたエステルのカルボニル炭素には攻撃できる。プロトンのもう 1 つの大切な役割は，式 (7-12) の右端に書かれた構造を取ることにある。この構造が取れることにより，$\text{C}_2\text{H}_5\text{OH}$ という良好な脱離基が用意できる。

アミドの酸触媒加水分解反応は，カルボン酸エステルの場合よりも起こりにくい。アルコールの共役酸の pK_a が約 -2 であるのに対し，アミンの共役酸の pK_a は約 10 である。プロトン化された四面体中間体からの脱離がアミドの場合には起こりにくい。反応の機構を以下に示す。

$$\text{CH}_3-\overset{\overset{\cdot\cdot}{O:}}{\overset{||}{C}}-\overset{\cdot\cdot}{\text{N}}\text{HCH}_3 + \text{H}^+ \rightleftharpoons \text{CH}_3-\overset{\overset{+}{O}-\text{H}}{\overset{||}{C}}-\overset{\cdot\cdot}{\text{N}}\text{HCH}_3 \tag{7-15}$$

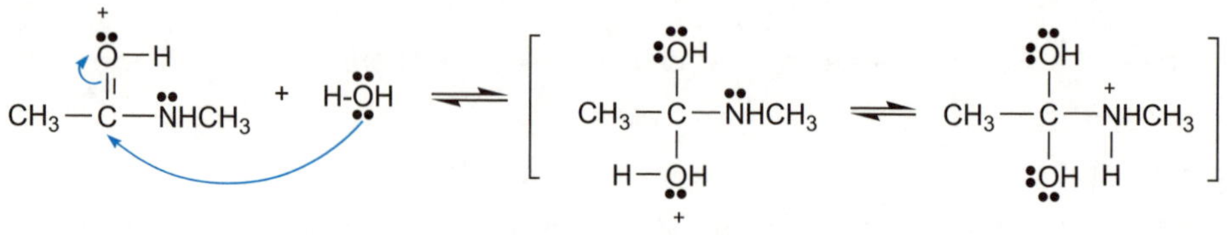

$$\text{(reaction scheme)} \tag{7-16}$$

$$\text{(reaction scheme)} \tag{7-17}$$

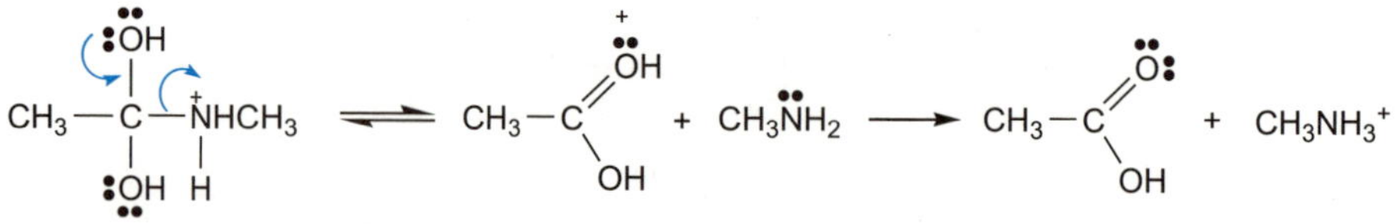

カルボン酸エステルやアミドの加水分解反応は塩基によっても触媒作用を受ける。

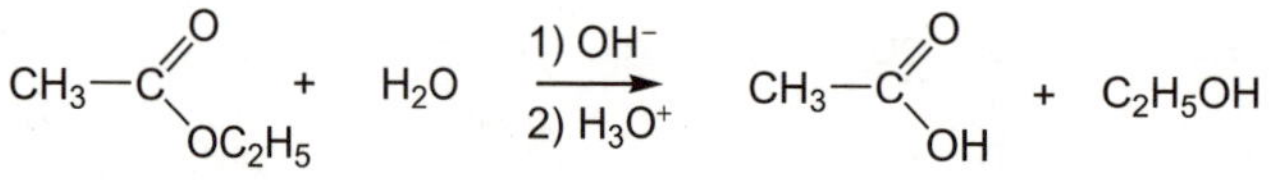

$$CH_3COOC_2H_5 + H_2O \xrightarrow[2)\ H_3O^+]{1)\ OH^-} CH_3COOH + C_2H_5OH \tag{7-18}$$

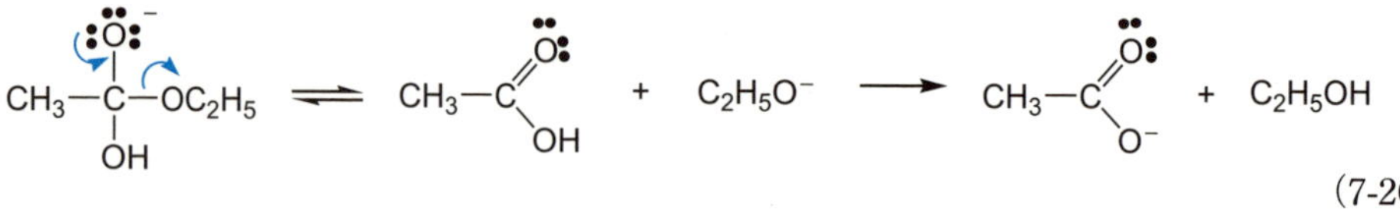

(Mechanism)

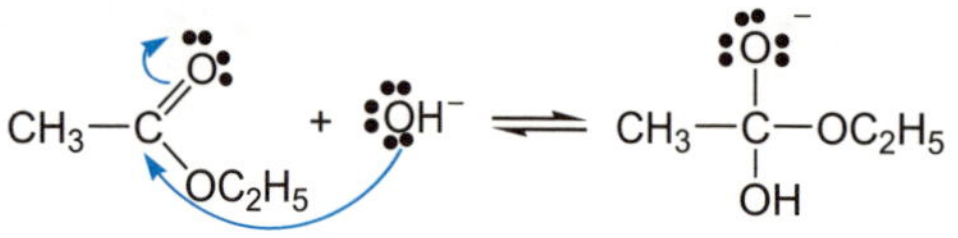

$$\text{(reaction scheme)} \tag{7-19}$$

$$\text{(reaction scheme)} \tag{7-20}$$

$$CH_3COO^- + H_3O^+ \longrightarrow CH_3COOH + H_2O \tag{7-21}$$

酸触媒カルボン酸エステルの加水分解反応は可逆的であるが，アルカリ加水分解反応は実質的に不可逆である。式 (7-20) を見れば明らかであろう。酢酸アニオンがアルコールからプロトンを引き抜くことはないからである。カルボン酸エステルを完全に加水分解するためには，アルカリ加水分解を行う。

アミドの加水分解も塩基触媒で進行する。

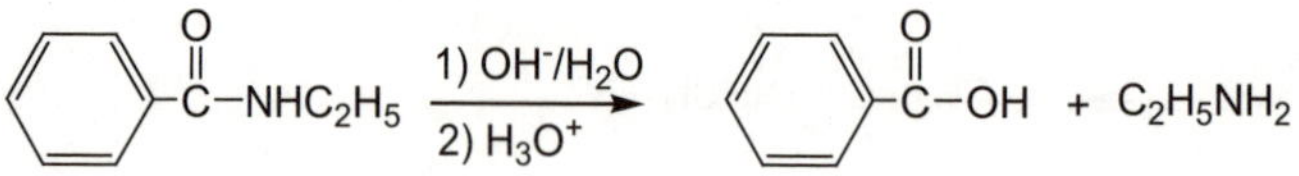

$$C_6H_5CONHC_2H_5 \xrightarrow[2)\ H_3O^+]{1)\ OH^-/H_2O} C_6H_5COOH + C_2H_5NH_2 \tag{7-22}$$

> **問題 7-1** 式 (7-22) の反応機構を，電子の流れ図で示せ。

7.3　アルコールとの反応

ハロゲン化アルカノイル（ハロゲン化アシル）は非常に反応性に富んだ化合物で，アルコールと反応してカルボン酸エステルを与える。ハロゲン化アルカノイルは，カルボン酸を塩化チオニルで処理して合成する。

$$CH_3COOH + SOCl_2 \longrightarrow CH_3COCl + SO_2 + HCl \tag{7-23}$$

(Mechanism)

(7-24)

(7-25)

(7-26)

ここで，硫黄の化合物の結合を復習しておこう（第1章参照）。塩化チオニルと二酸化硫黄の混成軌道を図 7.2 に示してあるので，各自で硫黄の結合を理解してほしい。

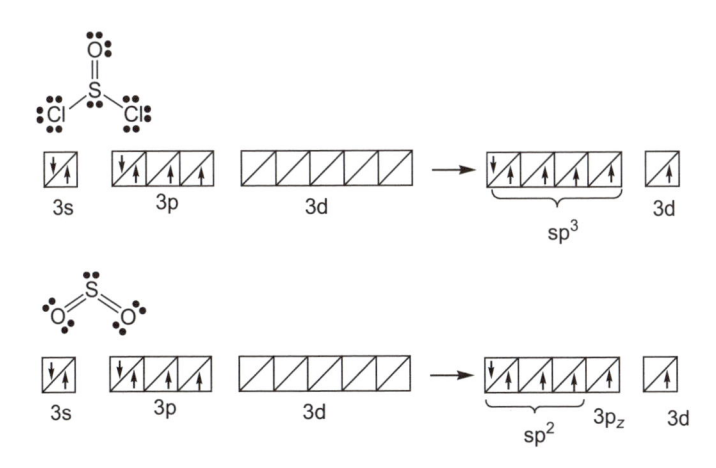

図 7.2　塩化チオニルと二酸化硫黄における硫黄の混成軌道

塩化アセチルのカルボニル炭素は電子欠乏形であり，弱い求核剤であるアルコールと無触媒下に反応して，カルボン酸エステルを生成する。

$$CH_3COCl + C_2H_5OH \longrightarrow CH_3COOC_2H_5 + HCl \tag{7-27}$$

(Mechanism)

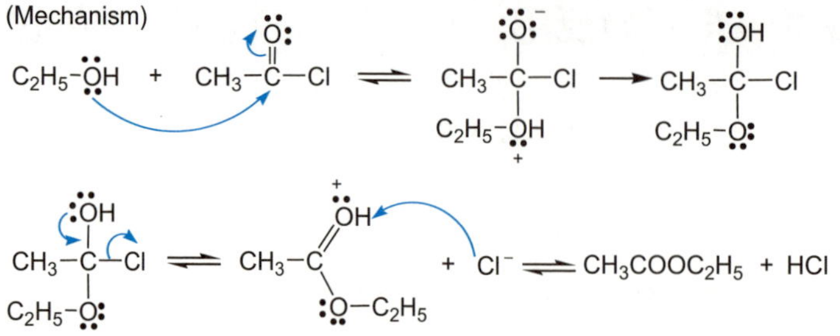

$$(7\text{-}28)$$

$$(7\text{-}29)$$

副生する塩化水素はピリジンやトリエチルアミンのような塩基で塩を作らせて中和し，副反応を抑えることが多い。

$$R_3N: + HCl \rightleftharpoons R_3NH^+Cl^- \tag{7-30}$$

カルボン酸のカルボキシ基の炭素はハロゲン化アルカノイルほど求電子性が高くない。求電子性を高めるために，酸触媒反応を行う。

$$CH_3COOH + C_2H_5OH \xrightleftharpoons{H^+} CH_3COOC_2H_5 + H_2O \tag{7-31}$$

(Mechanism)

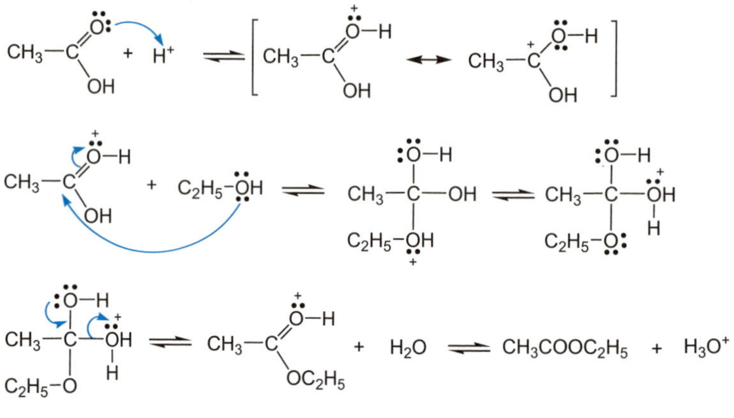

$$(7\text{-}32)$$

$$(7\text{-}33)$$

$$(7\text{-}34)$$

触媒として添加する酸には2つの重要な役割がある。1つは，式 (7-32) から理解できるように，カルボキシ基の炭素の求電子性を高めることにある。他の役割は，式 (7-33) に示されているように，H_2O という良好な脱離基を用意することである。この反応は可逆反応であり，この平衡反応の平衡定数 K は約 3.4 である。

分子内にヒドロキシ基とカルボキシ基を有する化合物は，分子内エステル化反応により，ラクトンを与える。

$$\text{HOCH}_2\text{CH}_2\text{CH}_2\text{COOH} \underset{}{\overset{H^+}{\rightleftharpoons}} \text{[γ-butyrolactone]} + \text{H}_2\text{O} \tag{7-35}$$

4-hydroxybutanoic acid　　　γ-butyrolactone
　　　　　　　　　　　　　(dihydro-2(3H)-furanone)

　式（7-31）のエステル化反応では，カルボン酸とアルコールの 2 分子から，カルボン酸エステルと水の 2 分子が生成する．しかし，式（7-35）の分子内エステル化反応では，1 分子のヒドロキシカルボン酸から 1 分子のラクトンと 1 分子の水を生じる．分子内エステル化反応は，エントロピー的に有利な反応である（6.3 参照）．

> **問題 7-2**　式（7-35）の反応機構を電子の流れ図で示せ．

　ここで話が本筋からずれてしまうが，γ-ブチロラクトンの命名について学習しておこう．γ-ブチロラクトンは慣用名である．γ-の意味は環を構成している COO に結合している環構成原子の数（γ-ブチロラクトンの場合には 3 つのメチレン）に対応する．式（7-35）のカッコ内の命名は，ヘテロ環（第 13 章）に対する CAS（Chemical Abstract Service）の命名法によっている．式（7-36）に命名の流れを示す．

$$\text{furane} \longrightarrow \text{2(3}H\text{)-furanone} \longrightarrow \text{dihydro-2(3}H\text{)furanone} \tag{7-36}$$

　命名の基本になる化合物はフラン（furane）である．フランの環外の二重結合（カルボニル）がついたために，環外二重結合の隣の炭素には水素原子がつくことになる（命名法上であることに注意せよ）．その位置がフランの 3 位であることを（3H）で表現している．この記号は付加水素とよばれる．またフランの 2 位にカルボニル基が導入されたことを（3H）の前の 2 で示す．ジヒドロというのは，フラノンが水素の付加を受け，飽和されていることを示す．
　式（7-32）〜（7-34）の機構以外の酸触媒作用も考えられる．

$$\text{C}_2\text{H}_5-\ddot{\text{O}}\text{H} + \text{H}^+ \rightleftharpoons \text{C}_2\text{H}_5-\overset{H}{\underset{\cdot\cdot}{\overset{|+}{\text{O}}}}\text{H} \tag{7-37}$$

$$\text{CH}_3-\underset{\text{OH}}{\overset{\text{O}}{\text{C}}} + \text{CH}_3\text{CH}_2-\ddot{\text{O}}\text{H} \rightleftharpoons \text{CH}_3-\underset{\underset{\text{H}}{\text{O}-\text{CH}_2\text{CH}_3}}{\overset{\text{O}}{\underset{+}{\text{C}}}} + \text{H}_2\text{O} \rightleftharpoons \text{CH}_3\text{COOC}_2\text{H}_5 + \text{H}_3\text{O}^+ \tag{7-38}$$

　しかし，この機構は以下の酸素同位体を用いた実験事実から否定される．

$$\text{C}_6\text{H}_5\text{-COH} + \text{CH}_3{}^{18}\text{OH} \overset{H^+}{\rightleftharpoons} \text{C}_6\text{H}_5\text{-C}{}^{18}\text{OCH}_3 + \text{H}_2\text{O} \tag{7-39}$$

> **問題 7-3** 式 (7-39) の結果が，式 (7-32) 〜 (7-34) の機構を支持する理由を，式 (7-39) の機構を電子の流れ図で示しながら説明せよ。

カルボン酸エステルは，酸あるいは塩基触媒下にアルコールと反応し，エステル交換反応 (transesterification) を起こす。

$$C_{11}H_{23}COOC_2H_5 + CH_3OH \xrightarrow{H^+} C_{11}H_{23}COOCH_3 + C_2H_5OH \qquad (7\text{-}40)$$

(Mechanism)

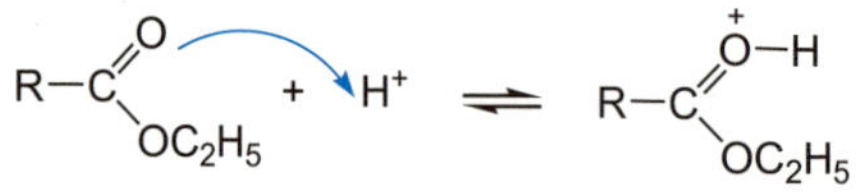

(7-41)

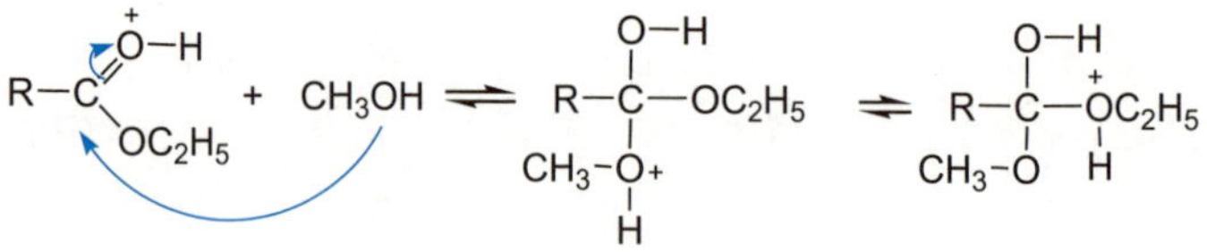

(7-42)

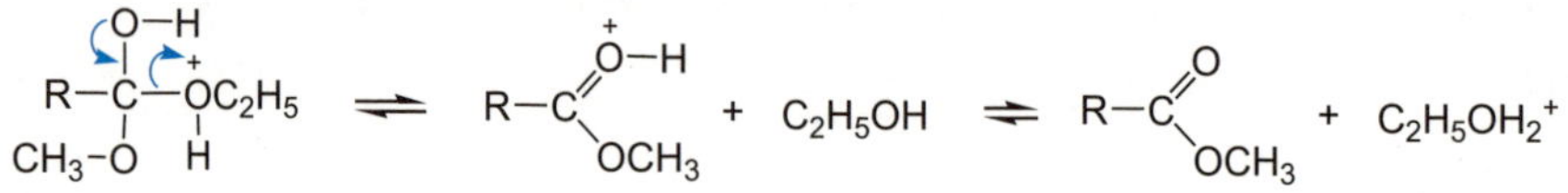

(7-43)

> **問題 7-4** 式 (7-40) の反応を塩基触媒 (CH_3ONa) 下に行ったときの反応の機構を，電子の流れ図で示せ。

カルボン酸無水物もアルコールと反応し，エステルを与える。ハロゲン化アルカノイルよりも反応性は低いが，無触媒下でも反応する。

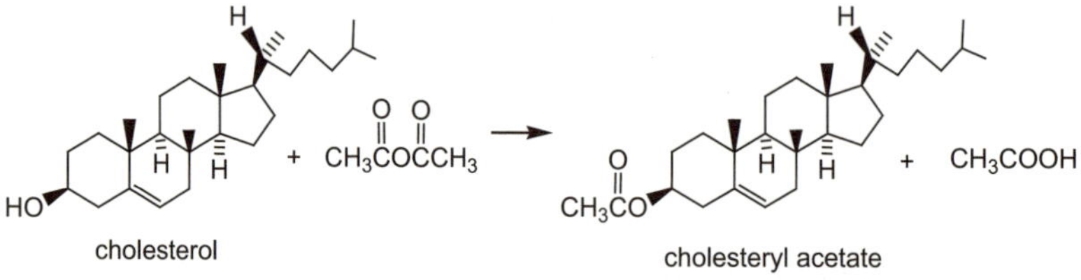

(7-44)

(Mechanism)

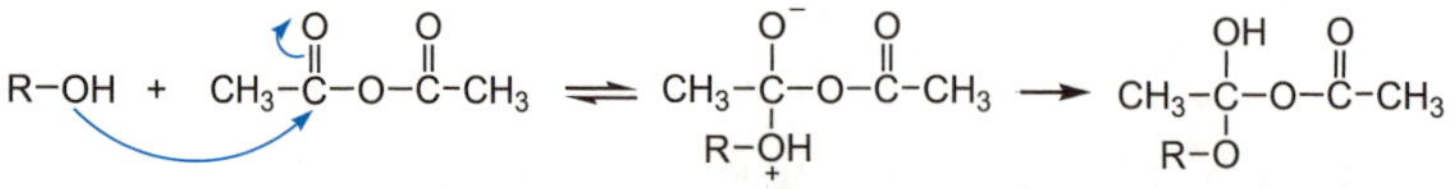

(7-45)

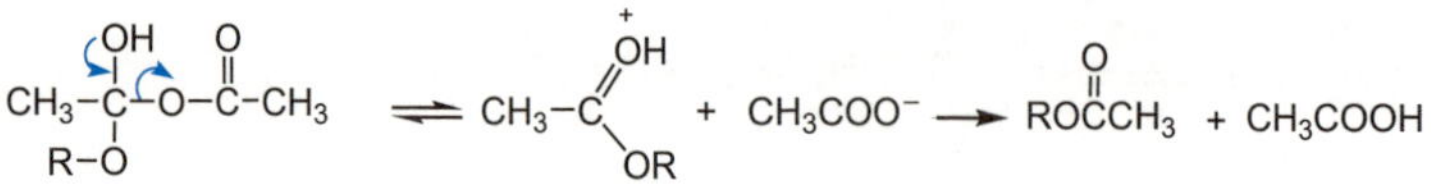

(7-46)

問題 7-5　次の反応式を完結し，反応機構を電子の流れ図で示せ。

$$\text{(無水コハク酸)} + CH_3OH \xrightarrow{110\ ^\circ C}$$

アミドは，酸触媒下にアルコールと反応し，エステルを生じる。

$$Ph\text{-}CONH_2 \xrightarrow{C_2H_5OH/HCl} Ph\text{-}COOC_2H_5 \tag{7-47}$$

(Mechanism)

$$Ph\text{-}CONH_2 + H^+ \rightleftharpoons [Ph\text{-}C(OH)\text{-}NH_2 \leftrightarrow Ph\text{-}C^+(OH)\text{-}NH_2] \tag{7-48}$$

$$Ph\text{-}C^+(OH)\text{-}NH_2 + C_2H_5OH \rightleftharpoons Ph\text{-}C(OH)(NH_2)\text{-}O^+H\text{-}C_2H_5 \rightleftharpoons Ph\text{-}C(OH)(N^+H_3)\text{-}OC_2H_5 \tag{7-49}$$

$$Ph\text{-}C(OH)(N^+H_3)\text{-}OC_2H_5 \rightleftharpoons Ph\text{-}C^+(OH)\text{-}OC_2H_5 + NH_3 \rightarrow Ph\text{-}COOC_2H_5 + NH_4^+ \tag{7-50}$$

7.4　カルボン酸との反応

カルボキシラートイオン（カルボン酸アニオン）にある程度の求核性があることは，第4章の表4.1を見れば分かる。しかし，あまり強い求核剤ではない。イオン化していないカルボン酸の求核性はもっと低い。しかし，反応性の高いハロゲン化アルカノイルとカルボン酸とは反応し，カルボン酸無水物を与える。

$$CH_3COOH + CH_3COCl \xrightarrow{pyridine} CH_3COOCCH_3 + HCl \tag{7-51}$$

(Mechanism)

$$CH_3\text{-}C(=O)\text{-}OH + CH_3\text{-}C(=O)\text{-}Cl \rightleftharpoons CH_3\text{-}C(O^-)(Cl)\text{-}O^+H\text{-}COCH_3 \rightarrow CH_3\text{-}C(OH)(Cl)\text{-}OCOCH_3 \tag{7-52}$$

$$CH_3\text{-}C(OH)(Cl)\text{-}OCOCH_3 \rightleftharpoons CH_3\text{-}C^+(OH)\text{-}OCOCH_3 + Cl^- \rightleftharpoons CH_3COOCCH_3 + HCl \tag{7-53}$$

生じるHClは系中のピリジンにより中和される。

7.5 アミンとの反応

アミンには第 1, 2, 3 および 4 級アミンがある。第 4 級アンモニウム塩（第 4 級アミン）を除いて，他のアミンは非共有電子対を 1 組持っており，Lewis 塩基性がある。つまり，相手分子に電子対を供与する性質がある。第 4 章の表 4.1 に示した Pearson の求核性定数を見ても，アミンの求核性はかなり強いことが理解される。第 3 章の表 3.3 には，プロトン化されたアミンの pK_a がまとめてある。脂肪族アミンの共役酸の pK_a は約 $10 \sim 11$ にある。一方，アニリンの共役酸の pK_a は 4.6 であり，脂肪族アミンに比べてずいぶんと低い。これは，共鳴効果（メゾメリー効果）によって窒素上の非共有電子対が，ベンゼン環上に非局在化するためである。

(7-54)

ハロゲン化アルカノイルはアミンと反応し，アミドを与える。

$$CH_3COCl + C_6H_5-NH_2 \xrightarrow{pyridine} C_6H_5-NH-\overset{O}{\underset{\|}{C}}-CH_3 + HCl \quad (7\text{-}55)$$

(Mechanism)

(7-56)

(7-57)

(7-58)

反応系にピリジンを共存させておかないとアニリンの半分の量はアニリニウム塩となって，反応に関与できなくなる。

ハロゲン化アルカノイルはアンモニアや第 2 級アミンとも反応してアミドを生成する。

$$CH_3COCl + 2\,NH_3 \longrightarrow CH_3CONH_2 + NH_4Cl \quad (7\text{-}59)$$

$$C_6H_5\text{-}COCl + [(CH_3)_2CH]_2NH \xrightarrow{NaOH/H_2O/CH_2Cl_2} C_6H_5\text{-}\overset{O}{\underset{\|}{C}}\text{-}N[CH(CH_3)_2]_2 + HCl \quad (7\text{-}60)$$

カルボン酸無水物もアミンと反応してアミドを生じる。

$$CH_3\overset{O}{\underset{\|}{C}}O\overset{O}{\underset{\|}{C}}CH_3 + 2\,CH_3CH_2NH_2 \longrightarrow CH_3\overset{O}{\underset{\|}{C}}\text{-}NHCH_2CH_3 + CH_3CH_2NH_3^+CH_3CO_2^- \quad (7\text{-}61)$$

カルボン酸エステルはアンモニアにより分解（ammonolysis）してアミドとなる。

$$\text{O}_2\text{N-C}_6\text{H}_4\text{-COOCH}_3 + \text{NH}_3 \longrightarrow \text{O}_2\text{N-C}_6\text{H}_4\text{-CONH}_2 + \text{CH}_3\text{OH} \tag{7-62}$$

(Mechanism)

$$\underset{\text{OCH}_3}{\overset{\text{O}}{R-C}} + :\text{NH}_3 \rightleftharpoons \underset{\text{NH}_3^+}{\overset{\text{O}^-}{R-C-\text{OCH}_3}} \tag{7-63}$$

$$\underset{\text{NH}_3^+}{\overset{\text{O}^-}{R-C-\text{OCH}_3}} + :\text{NH}_3 \rightleftharpoons \underset{\text{NH}_2}{\overset{\text{O}^-}{R-C-\text{OCH}_3}} + \text{NH}_4^+ \tag{7-64}$$

$$\underset{\text{NH}_2}{\overset{\text{O}^-}{R-C-\text{OCH}_3}} + \text{H-NH}_3^+ \longrightarrow \underset{\text{NH}_2}{\overset{\text{O}}{R-C}} + \text{CH}_3\text{OH} + \text{NH}_3 \tag{7-65}$$

7.6　カルボアニオンとの反応

カルボニル基は電子求引性基であるので，隣接した C-H 結合の酸性度を高める性質がある。カルボニル基を有する分子の pK_a を表 7.2 に示す。

表 7.2　カルボニル基を有する化合物の pK_a

化合物	pK_a	化合物	pK_a
CH_3COCH_3	25	$\text{CH}_3\text{CN(CH}_3)_2$	30
CH_3CCl	16	CH_3CCH_3	20

メタンの pK_a が約 60 であることを考えると，如何にカルボニル基が C-H 結合のイオン解離に大きな役割を果たすかが分かる。

カルボン酸エステルを強い塩基存在下に反応させると，共鳴によって安定化されたエノラートイオン (enolate ion) を中間に経て，β-ケトエステルを与える。この反応は，Claisen 縮合反応 (Claisen condensation reaction) という。

$$2\,\text{CH}_3\text{COCH}_2\text{CH}_3 \xrightarrow[\text{2) H}_3\text{O}^+]{\text{1) C}_2\text{H}_5\text{ONa/C}_2\text{H}_5\text{OH}} \underset{\text{ethyl acetoacetate}}{\text{CH}_3\text{COCH}_2\text{COOC}_2\text{H}_5} + \text{C}_2\text{H}_5\text{OH} \tag{7-66}$$

(Mechanism)

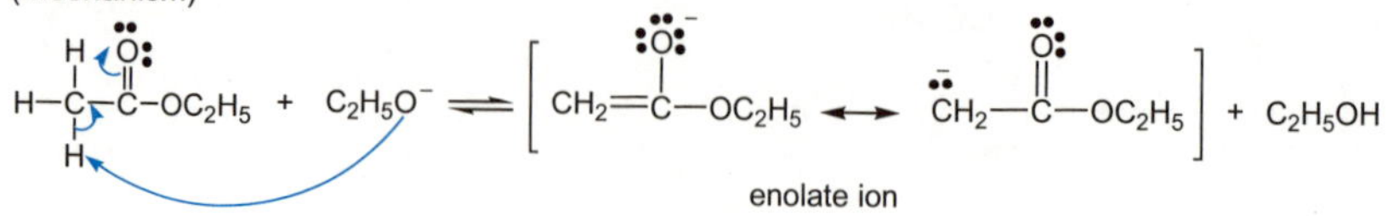

$$H-\underset{H}{\underset{|}{C}}-\underset{}{\overset{O}{\underset{||}{C}}}-OC_2H_5 + C_2H_5O^- \rightleftharpoons \left[CH_2=\underset{}{\overset{O^-}{\underset{|}{C}}}-OC_2H_5 \leftrightarrow \overset{-}{C}H_2-\underset{}{\overset{O}{\underset{||}{C}}}-OC_2H_5 \right] + C_2H_5OH \quad (7\text{-}67)$$

enolate ion

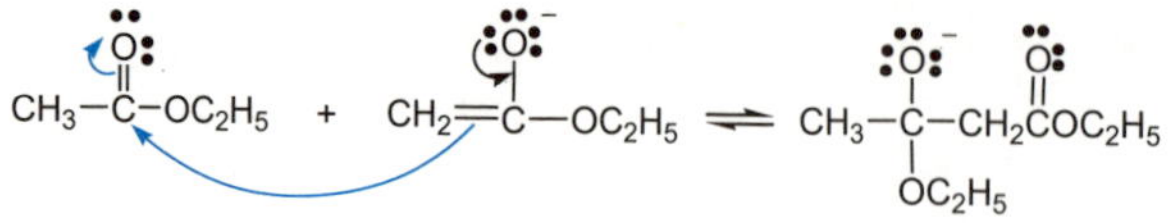

$$(7\text{-}68)$$

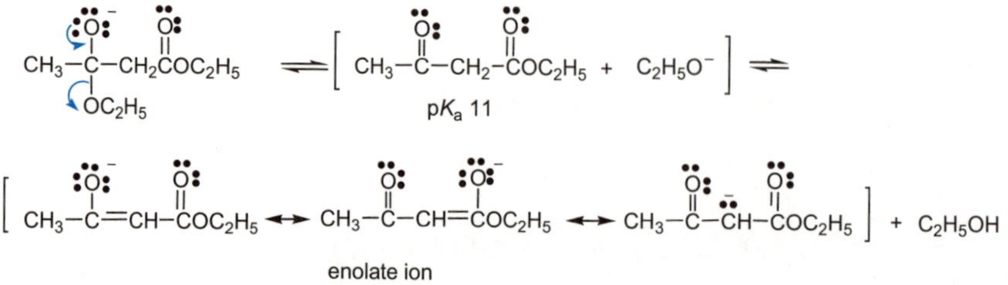

$$(7\text{-}69)$$

pK_a 11

enolate ion

第 6 章では，アルデヒドやケトンのエノラートイオンの付加反応であるアルドール反応につき学習した。Claisen 反応とアルドール反応は似た部分もあるが，アルドール反応は付加反応であるが，Claisen 反応は付加の後に脱離を伴っている。塩基存在下では式 (7-69) に書かれたエノラートイオン（エチルアセトアセテートの pK_a は 11 である）が最終生成物であり，酸で workup して β-ケトエステルを得る。最終生成物がエノラートイオンであることには大きな意味がある。最終生成物がエノラートイオンにならない場合，アルコラートを塩基に用いる Claisen 縮合反応では，β-ケトエステルを単離することができない。次の反応を見てみよう。

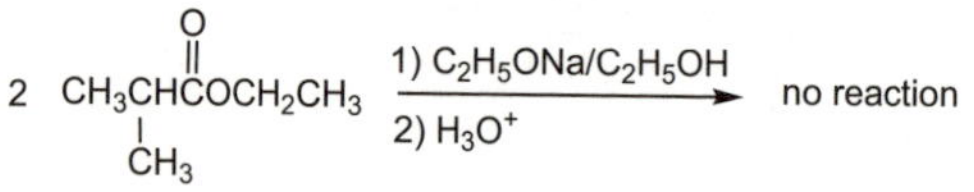

$$2 \; CH_3CHCOCH_2CH_3 \xrightarrow[\text{2) } H_3O^+]{\text{1) } C_2H_5ONa/C_2H_5OH} \text{no reaction} \quad (7\text{-}70)$$

(Mechanism)

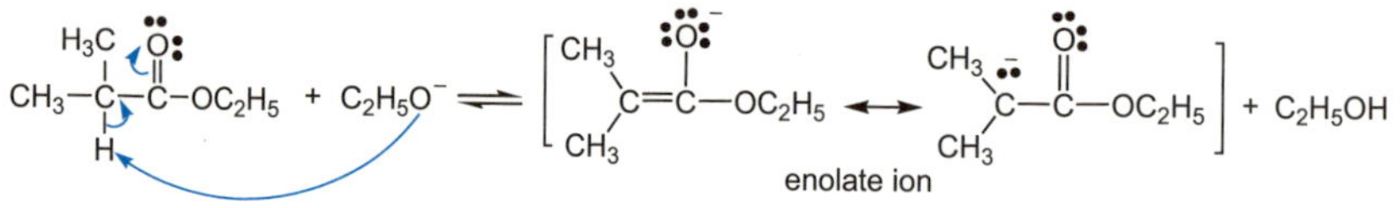

$$(7\text{-}71)$$

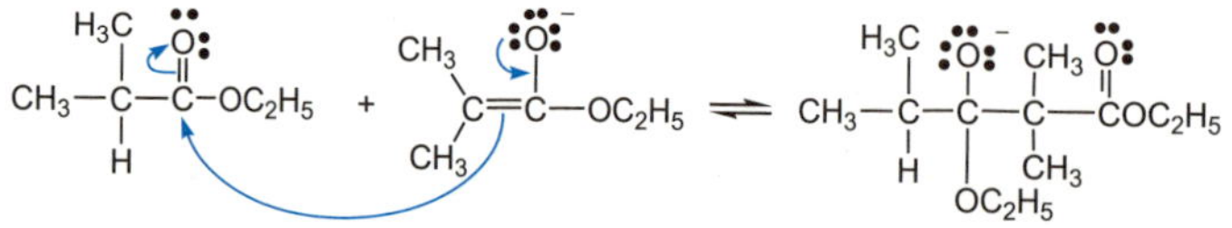

enolate ion

$$(7\text{-}72)$$

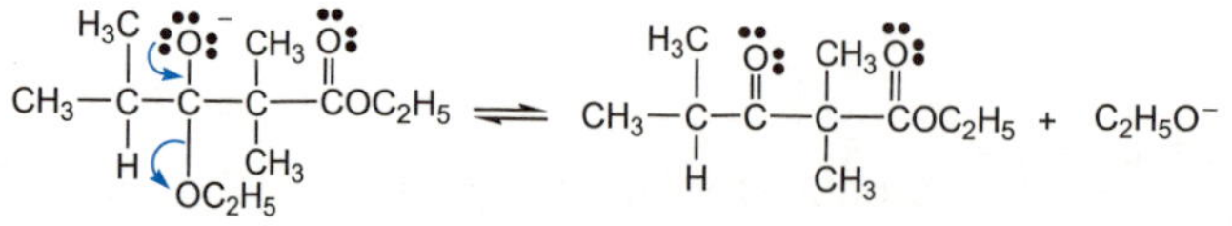

$$(7\text{-}73)$$

2-メチルプロパン酸エチルの Claisen 反応である。式 (7-71) でエノラートイオンが生じるので，最終生成物まで反応が進んでもよさそうである。しかし，この反応は進行しない。Claisen 反応

は可逆的であり，式（7-73）でβ-ケトエステルが生成しても逆反応が起こる．式（7-71）で生じるエノラートイオンは共鳴によって安定化されたカルボアニオンで，非常に塩基性が強い．そのため，式（7-71）の平衡は左辺へずれている．もしも，生成物が安定で，生成物からの逆反応が起こりにくい場合には，β-ケトエステルを得ることができるが，式（7-73）の生成物は十分に安定ではない．このことから，酢酸エチルの Claisen 縮合反応でβ-ケトエステルが得られるのは，最終生成物のエノラートイオンがβ-ケトエステルのイオンであり，共鳴で著しく安定化されているためだと結論できる．2 つのカルボニル基ではさまれた化合物の pK_a については，第 3 章の表 3.2 に示してある．酢酸エチルの Claisen 縮合反応に対するエネルギー図を図 7.3 に示す．

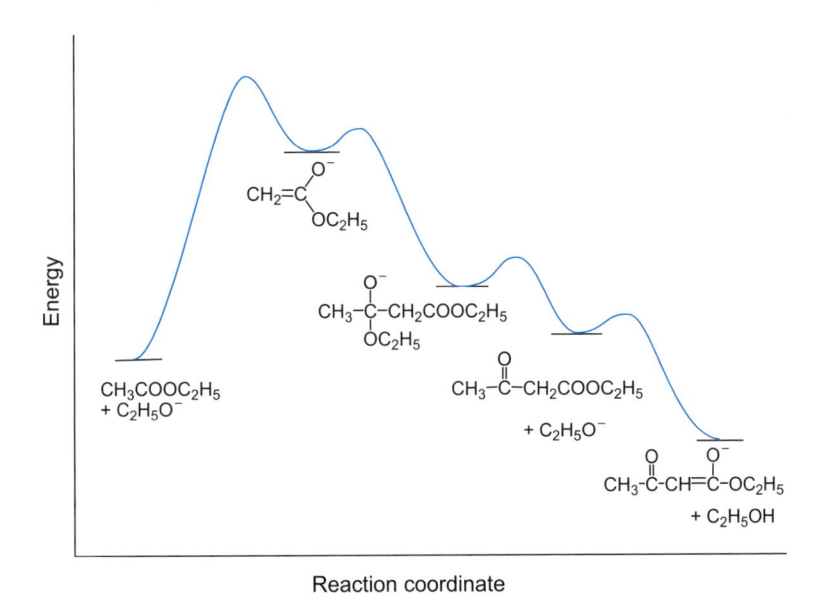

図 7.3 酢酸エチルの Claisen 反応に対するエネルギー図

> **問題 7-6** 式（7-70）の Claisen 縮合反応は，塩基として NaH（水素化ナトリウム）を用いれば進行し，β-ケトエステルを得ることができる．この反応の機構を電子の流れ図で示し，C_2H_5ONa を塩基として用いた反応との違いを説明せよ．（NaH の塩基としての作用は 6.6 を参照せよ）

2 種類の異なるカルボン酸エステルの混合 Claisen 縮合反応は，片方のエステルにα-水素（カルボニル基の隣の炭素に結合している水素）がない場合に有意となる．

$$CH_3COCH_2CH_3 + HCOOC_2H_5 \xrightarrow[2)\ H_3O^+]{1)\ C_2H_5ONa/C_2H_5OH} HCCH_2COC_2H_5 + C_2H_5OH \quad (7\text{-}74)$$
ethyl formylacetate (79 %)

ケトンとカルボン酸エステルとの混合 Claisen 反応も可能である．

$$CH_3COCH_3 \xrightarrow[\text{2) } H_3O^+]{\text{1) } CH_3CCH_3/NaH,\ \text{ether}} \underset{85\%}{CH_3COCH_2COCH_3} \tag{7-75}$$

(Mechanism)

$$CH_3-\underset{\overset{\|}{O}}{C}-\underset{\overset{|}{H}}{\overset{|}{C}}-H + :H^- \longrightarrow CH_3-\underset{\overset{|}{O^-}}{C}=\underset{\overset{|}{H}}{C}-H + H_2 \tag{7-76}$$

$$CH_3-\underset{O^-}{C}=\underset{H}{C}-H + CH_3COCH_3 \rightleftharpoons CH_3COCH_2-\underset{\overset{|}{OCH_3}}{\overset{|}{C}}-CH_3 \tag{7-77}$$

$$CH_3COCH_2-\underset{\overset{|}{OCH_3}}{\overset{|}{C}}-CH_3 \rightleftharpoons CH_3COCH_2COCH_3 + CH_3O^- \rightleftharpoons CH_3COCHCOCH_3 + CH_3OH \tag{7-78}$$

$$CH_3COCHCOCH_3 + H_3O^+ \longrightarrow CH_3COCH_2COCH_3 + H_2O \tag{7-79}$$

表 7.2 を見てほしい。アセトンの pK_a は約 20 であるのに対し，酢酸メチルの pK_a は約 25 である。よって，アセトンの方が優先的に塩基によってプロトンを引き抜かれる。

> **問題 7-7** 安息香酸メチルと酢酸エチルとを Claisen 反応させたときに予想されるすべての生成物の構造式を書け。

分子内 Claisen 縮合反応は Dieckmann 縮合という。Dieckmann 縮合は 5 あるいは 6 員環ができる反応で進行しやすい。

$$\text{diethyl adipate (diethyl hexanedioate)} \xrightarrow[\text{2) } H_3O^+]{\text{1) } C_2H_5ONa/C_6H_6} \underset{\underset{\text{2-carboethoxycyclopentanone}}{60\%}}{} \tag{7-80}$$

> **問題 7-8** 式 (7-80) の反応の機構を電子の流れ図で示せ。

カルボアニオンとカルボン酸誘導体との反応ではないが，類似反応にアシロイン縮合反応 (acyloin condensation) がある。この反応は，金属ナトリウムからカルボン酸エステルへの 1 電子移動から始まる。

$$2\ CH_3CH_2CH_2COOC_2H_5 \xrightarrow[2)\ H_3O^+]{1)\ Na/ether} CH_3CH_2CH_2\underset{\underset{\text{butyloin, 70 \%}}{}}{\overset{O\quad OH}{C-CHCH_2CH_2CH_3}}} \quad (7\text{-}81)$$

(Mechanism)

$$R-\overset{\ddot{\ddot{O}}:}{C}-OC_2H_5 + Na \xrightarrow{\text{electron transfer}} R-\underset{\underset{\text{radical anion}}{}}{\overset{:\ddot{O}:^-}{C}-OC_2H_5} + Na^+ \quad (7\text{-}82)$$

$$2\ R-\overset{:\ddot{O}:^-}{\underset{\cdot}{C}}-OC_2H_5 \xrightarrow{\text{coupling}} R-\underset{\underset{H_5C_2O}{|}}{\overset{O^-}{C}}-\underset{\underset{OC_2H_5}{|}}{\overset{O^-}{C}}-R \quad (7\text{-}83)$$

$$R-\underset{\underset{H_5C_2O}{|}}{\overset{O^-}{C}}-\underset{\underset{OC_2H_5}{|}}{\overset{O^-}{C}}-R \xrightarrow{-C_2H_5O^-} R-\overset{O}{C}-\underset{\underset{OC_2H_5}{|}}{\overset{O^-}{C}}-R \xrightarrow{-C_2H_5O^-} R-\overset{O}{C}-\overset{O}{C}-R \quad (7\text{-}84)$$

$$R-\overset{O}{C}-\overset{O}{C}-R \xrightarrow{Na} R-\overset{O^-}{\underset{\cdot}{C}}-\overset{O}{C}-R \xrightarrow{Na} R-\overset{O^-}{\underset{\cdot}{C}}-\overset{O^-}{\underset{\cdot}{C}}-R \longrightarrow R-\overset{O^-}{C}=\overset{O^-}{C}-R \quad (7\text{-}85)$$

$$R-\overset{O^-}{C}=\overset{O^-}{C}-R + 2H_3O^+ \longrightarrow R-\overset{OH}{C}=\overset{OH}{C}-R + 2H_2O \quad (7\text{-}86)$$

$$R-\overset{OH}{C}=\overset{OH}{C}-R \longrightarrow R-\overset{O}{C}-\underset{\underset{H}{|}}{\overset{OH}{C}}-R \quad (7\text{-}87)$$

アシロイン縮合反応では α-ヒドロキシケトンが比較的良い収率で合成できる。

Michael 付加反応は付加−脱離機構で進む反応ではないが，大切な反応であるので，ここで解説しておこう。Michael 付加はエノラートイオンの α,β-不飽和カルボニル化合物（Michael 受容体）への 1,4- 付加反応である。

$$\underset{}{\overset{\beta\ \ \alpha}{C_6H_5CH=CH-\overset{O}{C}-OC_2H_5}} + H_5C_2O-\overset{O}{C}-\underset{\underset{H}{|}}{\overset{H}{C}}-\overset{O}{C}-OC_2H_5 \xrightarrow[2)\ H_3O^+]{1)\ C_2H_5ONa}$$

$$C_6H_5CH-CH_2COOC_2H_5 + C_2H_5OH \quad (7\text{-}88)$$
$$\underset{COOC_2H_5}{CH-COOC_2H_5}$$

(Mechanism)

$$H_5C_2O-\overset{O}{C}-\underset{\underset{H}{|}}{\overset{H}{C}}-\overset{O}{C}-OC_2H_5 + C_2H_5O^- \rightleftharpoons H_5C_2O-\overset{O^-}{C}=\underset{}{\overset{H}{C}}-\overset{O}{C}-OC_2H_5 + C_2H_5OH \quad (7\text{-}89)$$

$$\text{H}_5\text{C}_2\text{O-C}=\text{C-C-OC}_2\text{H}_5 + \text{Ph-CH=CH-C-OC}_2\text{H}_5 \rightleftharpoons \text{Ph-CH-CH=C}^{O^-}_{OC_2H_5} \quad (7\text{-}90)$$
$$\begin{array}{c} \text{CH-COOC}_2\text{H}_5 \\ \text{COOC}_2\text{H}_5 \end{array}$$

$$\text{Ph-CH-CH=C}^{O^-}_{OC_2H_5} + \text{C}_2\text{H}_5\text{OH} \rightleftharpoons \text{Ph-CH-CH}_2\text{COOC}_2\text{H}_5 + \text{C}_2\text{H}_5\text{O}^- \quad (7\text{-}91)$$

　式（7-91）の右辺をみれば分かるように，Michael 付加生成物も 2 つのカルボニル基にかこまれた活性なメチンがあるので，エノラートイオンとして存在し，反応後の workup で，酸により中和されて中性の付加体となる。

　Michael 付加反応は α,β- 不飽和ケトン，アルデヒド，ニトリルなどの Michael 受容体に対して進行する。

$$\text{(cyclohexenone)} + \text{C}_2\text{H}_5\text{OCCH}_2\text{COC}_2\text{H}_5 \xrightarrow{\text{C}_2\text{H}_5\text{ONa}} \text{(cyclohexenol-CH(COOC}_2\text{H}_5)_2) \rightleftharpoons \text{(cyclohexanone-CH(COOC}_2\text{H}_5)_2) \quad (7\text{-}92)$$

> **問題 7-9** 式（7-92）の反応の機構を電子の流れ図で示せ。

　α,β- 不飽和カルボニル化合物は 1,4- 双極子を持ち，1,4- 付加に対して活性である。

$$\text{α,β-unsaturated carbonyl} \leftrightarrow \text{1,4-dipole} \quad (7\text{-}93)$$

7.7　有機金属との反応

　代表的な有機金属である Grignard 試薬および有機リチウムとカルボン酸誘導体の反応を見てみよう。

　ハロゲン化アルカノイルは Grignard 試薬と反応しケトンを生成する。ケトンはさらに過剰にある Grignard 試薬と反応し，最終的にはアルコールを与える。

$$\text{CH}_3\text{MgCl} + \text{RCOCl} \longrightarrow \text{CH}_3\text{COR} + \text{MgCl}_2 \quad (7\text{-}94)$$

7 求核付加-脱離反応

(Mechanism)

$$CH_3-MgCl + R-\overset{O}{\underset{\|}{C}}-Cl \rightleftharpoons R-\overset{O-MgCl}{\underset{CH_3}{\overset{|}{C}}}-Cl \tag{7-95}$$

$$R-\overset{O-MgCl}{\underset{CH_3}{\overset{|}{C}}}-Cl \rightleftharpoons R-\overset{O-MgCl}{\underset{CH_3}{\overset{\|}{C}}} + Cl^- \tag{7-96}$$

$$R-\overset{O-MgCl}{\underset{CH_3}{\overset{\|}{C}}} + Cl^- \longrightarrow \overset{R}{\underset{CH_3}{\overset{|}{C}}}=O + MgCl_2 \tag{7-97}$$

ケトンと Grignard 試薬との反応は，第 6 章ですでに学習した。

$$\overset{R}{\underset{CH_3}{\overset{|}{C}}}=O \xrightarrow[2)\ H_3O^+]{1)\ CH_3MgCl} CH_3-\overset{R}{\underset{CH_3}{\overset{|}{C}}}-OH \tag{7-98}$$

Grignard 試薬は反応性が高く，ケトンで反応をとめることが難しい。ハロゲン化アルカノイルからケトンを合成するためには，有機カドミウムを用いる。有機カドミウムを作るには，Grignard 試薬を $CdCl_2$ と反応させる。

$$2\ CH_3MgCl + CdCl_2 \longrightarrow CH_3\text{-}Cd\text{-}CH_3 + 2\ MgCl_2 \tag{7-99}$$

(Mechanism)

$$CH_3-MgCl + Cl-Cd-Cl \longrightarrow CH_3-Cd-Cl + MgCl_2 \tag{7-100}$$

$$CH_3-Cd-Cl + CH_3-MgCl \longrightarrow CH_3-Cd-CH_3 + MgCl_2 \tag{7-101}$$

$$2\ \underset{}{\bigcirc}-\overset{O}{\underset{\|}{C}}-Cl + CH_3-Cd-CH_3 \longrightarrow 2\ \underset{}{\bigcirc}-\overset{O}{\underset{\|}{C}}-CH_3 + CdCl_2 \tag{7-102}$$

(Mechanism)

$$R-\overset{O}{\underset{\|}{C}}-Cl + CH_3-Cd-CH_3 \longrightarrow R-\overset{O-Cd-CH_3}{\underset{CH_3}{\overset{|}{C}}}-Cl \tag{7-103}$$

$$R-\overset{O-Cd-CH_3}{\underset{CH_3}{\overset{|}{C}}}-Cl \rightleftharpoons R-\overset{\overset{+}{O}-Cd-CH_3}{\underset{CH_3}{\overset{\|}{C}}} + Cl^- \longrightarrow R-\overset{O}{\underset{CH_3}{\overset{\|}{C}}} + CH_3-Cd-Cl \tag{7-104}$$

$$R-\overset{O}{\underset{\|}{C}}-Cl + CH_3-Cd-Cl \longrightarrow R-\overset{O-Cd-Cl}{\underset{CH_3}{\overset{|}{C}}}-Cl \tag{7-105}$$

133

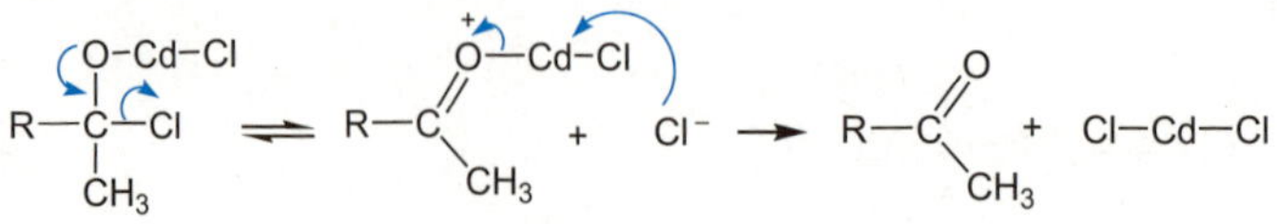

$$\text{(7-106)}$$

Cdの電気陰性度（1.7）はMgの電気陰性度（1.2）よりも大きい。電気的陽性がMgよりも劣るため、Cd-Cの分極はMg-Cよりも少ない。そのため、カルボニル炭素への求核付加が起こりにくく、ケトンへの付加がおさえられる。

カルボン酸エステルもGrignard試薬と反応し、アルコールを与える。

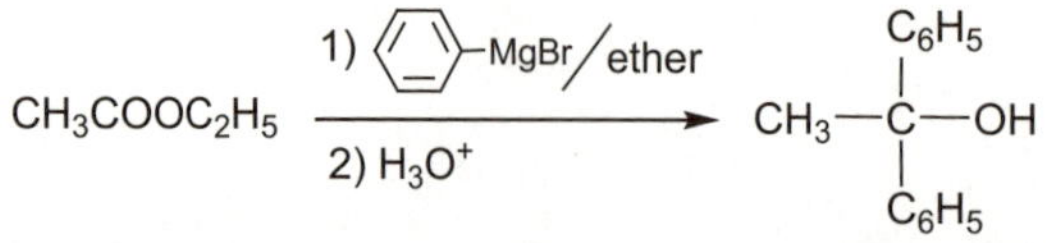

$$\text{(7-107)}$$

(Mechanism)

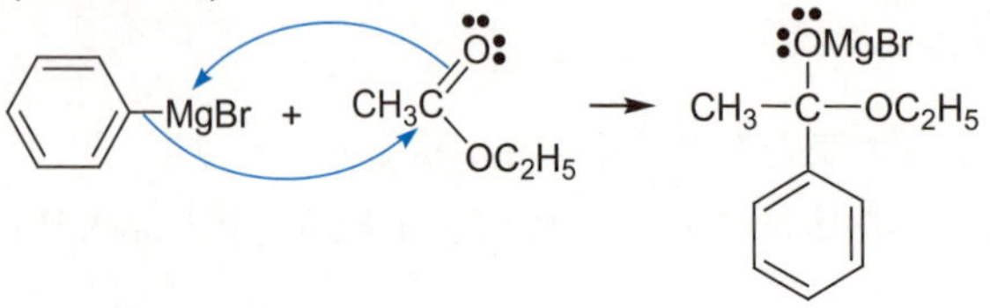

$$\text{(7-108)}$$

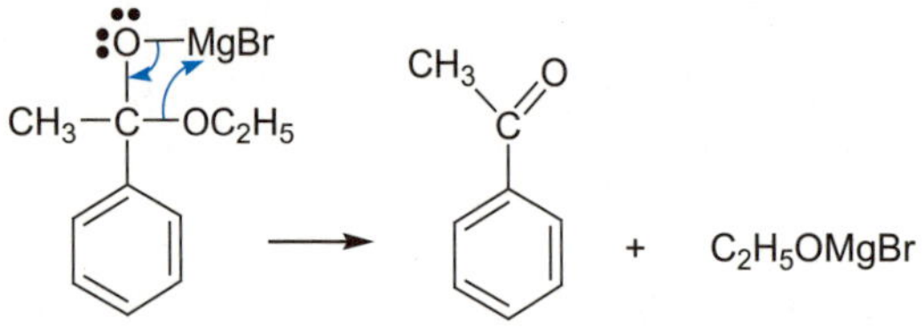

$$\text{(7-109)}$$

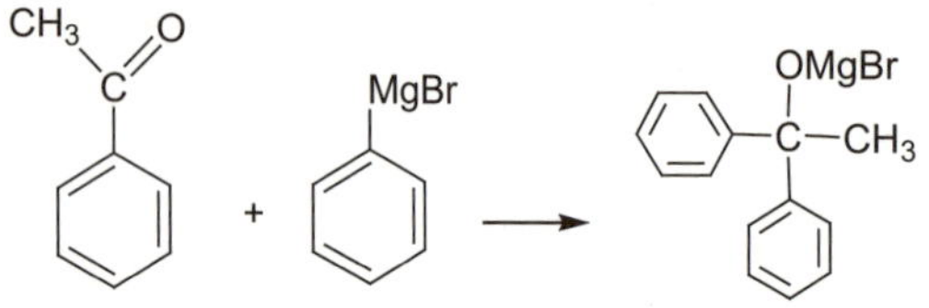

$$\text{(7-110)}$$

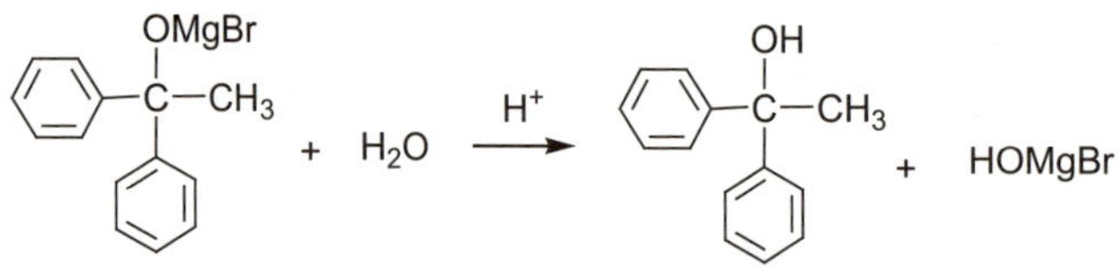

$$\text{(7-111)}$$

有機リチウムもカルボン酸エステルと反応してアルコールを与える。

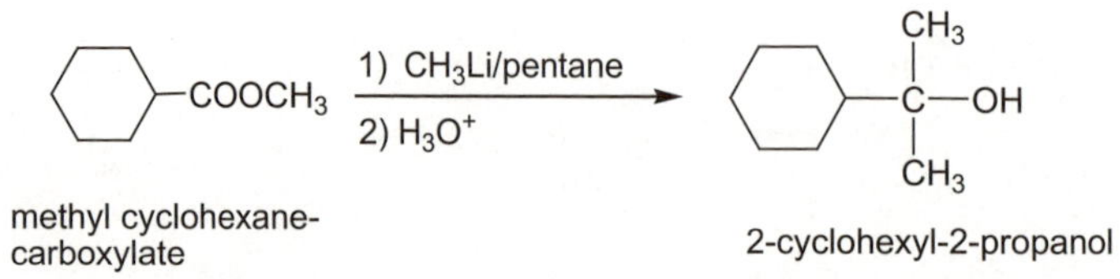

$$\text{(7-112)}$$

methyl cyclohexane-carboxylate

2-cyclohexyl-2-propanol

問題 7-10 式（7-112）の反応の機構を，電子の流れ図で示せ。

Grignard 試薬はカルボン酸とは有意な反応を起こさない。

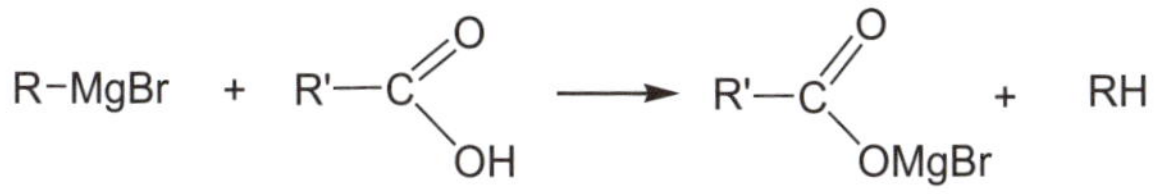

$$R\text{-MgBr} + R'\text{-C(=O)OH} \longrightarrow R'\text{-C(=O)OMgBr} + RH \tag{7-113}$$

カルボン酸は有機リチウムと反応し，ケトンを生成する。

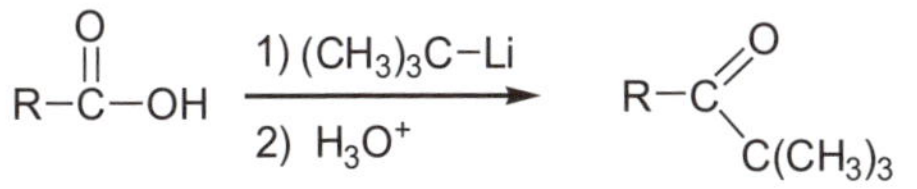

$$R\text{-C(=O)OH} \xrightarrow[\text{2) }H_3O^+]{\text{1) }(CH_3)_3C\text{-Li}} R\text{-C(=O)C(CH_3)_3} \tag{7-114}$$

(Mechanism)

$$R\text{-C(=O)OH} + (CH_3)_3C\text{-Li} \longrightarrow R\text{-C(=O)OLi} + (CH_3)_3CH \tag{7-115}$$

$$R\text{-C(=O)OLi} + (CH_3)_3C\text{-Li} \longrightarrow R\text{-C(OLi)(OLi)C(CH_3)_3} \tag{7-116}$$

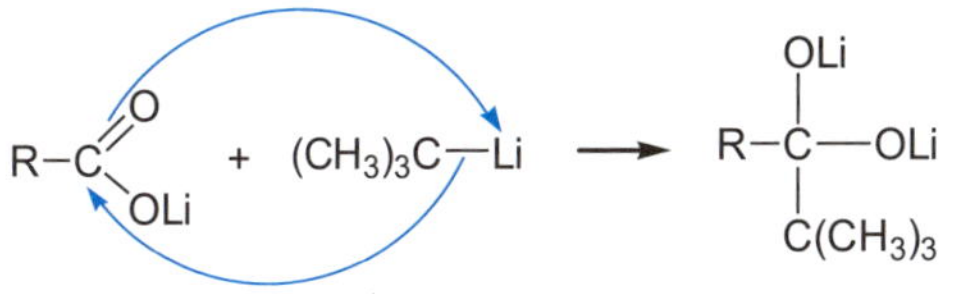

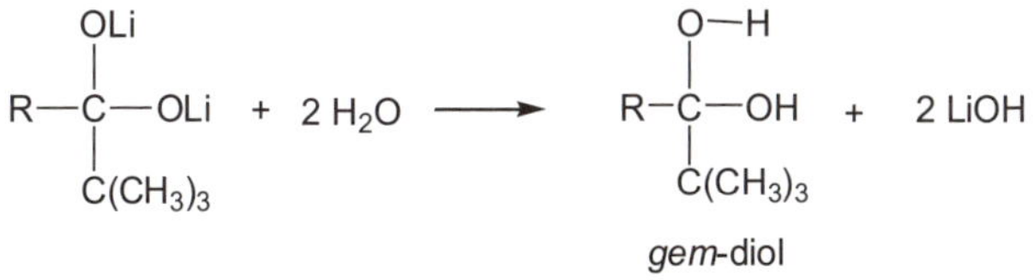

$$R\text{-C(OLi)(OLi)C(CH_3)_3} + 2 H_2O \longrightarrow R\text{-C(OH)(OH)C(CH_3)_3} + 2\,LiOH \tag{7-117}$$

gem-diol

$$R\text{-C(OH)(OH)C(CH_3)_3} + H^+ \longrightarrow R\text{-C(=O^+H)C(CH_3)_3} + H_2O \rightleftharpoons R\text{-C(=O)C(CH_3)_3} + H_3O^+ \tag{7-118}$$

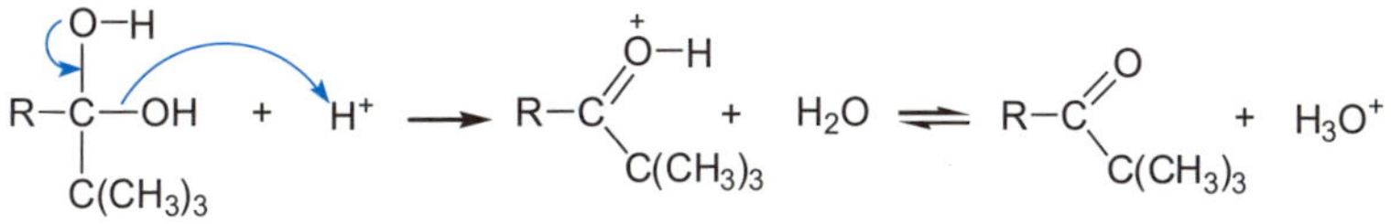

Li$^+$ は有機化合物との親和性が高く，アルカリ金属イオンとして特徴的な挙動をすることが多い。

7.8　ヒドリド還元

NaBH$_4$ 還元では，ハロゲン化アルカノイルのみが還元され，第 1 級アルコールを与える。

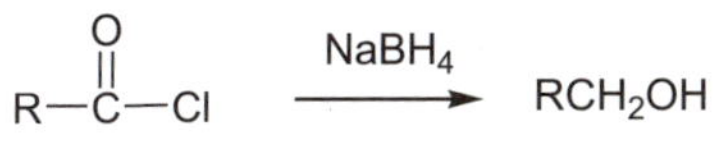

$$R\text{-C(=O)Cl} \xrightarrow{NaBH_4} RCH_2OH \tag{7-119}$$

還元力の強い LiAlH$_4$ では，アミドを除くカルボン酸誘導体が還元され，第 1 級アルコールを生じる。

$$\text{R-C(=O)-L} \xrightarrow[\text{2) H}_3\text{O}^+]{\text{1) LiAlH}_4/\text{ether}} \text{RCH}_2\text{OH} \tag{7-120}$$

カルボン酸はエステルにしてから LiAlH$_4$ 還元することが多いが，カルボン酸そのものも還元されて，第 1 級アルコールとなる。

$$\text{CH}_3\text{O-C}_6\text{H}_4\text{-CH}_2\text{COOC}_2\text{H}_5 \xrightarrow[\text{2) H}_3\text{O}^+]{\text{1) LiAlD}_4} \text{CH}_3\text{O-C}_6\text{H}_4\text{-CH}_2\text{CD}_2\text{OH} \tag{7-121}$$

$$(\text{CH}_3)_3\text{C-COOH} \xrightarrow[\text{2) H}_3\text{O}^+]{\text{1) LiAlH}_4/\text{ether}} (\text{CH}_3)_3\text{C-CH}_2\text{OH} \tag{7-122}$$

$$\text{(phthalic anhydride)} \xrightarrow[\text{2) H}_3\text{O}^+]{\text{1) LiAlH}_4/\text{ether}} \text{o-C}_6\text{H}_4(\text{CH}_2\text{OH})_2 \tag{7-123}$$

7.9 付加−脱離反応の分子軌道法的取り扱い

カルボン酸誘導体の付加−脱離機構で進む反応で最も大事な素過程は，求核剤がカルボニル炭素に付加するところである。カルボニル基に求核剤から電子が流れ込む反応であるから，カルボン酸誘導体の LUMO，求核剤の HOMO がフロンティア軌道である。ここでは，塩化アセチルの加水分解を取り上げてみよう。

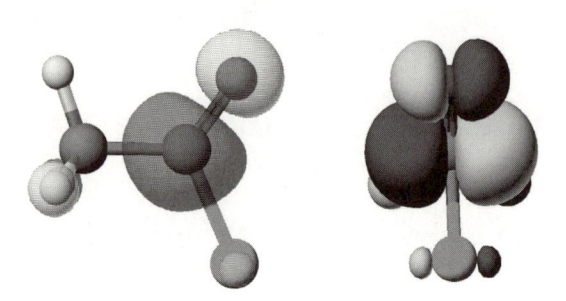

図 7.4 塩化アセチルの LUMO（AM1 計算）（参考図 15 参照）

図 7.4 に示すように，塩化アセチルの LUMO はカルボニル炭素のところで大きなローブの広がりがある。求核剤はこのか所を攻撃しやすい。

図 7.5 には酢酸の HOMO と LUMO を示している。カルボン酸誘導体は大体図 7.5 のような分子軌道を持っている。カルボニル炭素のローブの広がりは，LUMO では大きいが，HOMO にはほとんどローブがない。計算結果は，アルデヒドやケトンと同様に，カルボン酸誘導体は求核剤からの電子を受容する反応，すなわち求核付加反応は起こすが，求電子剤の攻撃をカルボニル炭素上に受けることはないことを示唆している。しかし，カルボニル酸素には HOMO の軌道にロー

acetic acid HOMO　　　　acetic acid LUMO

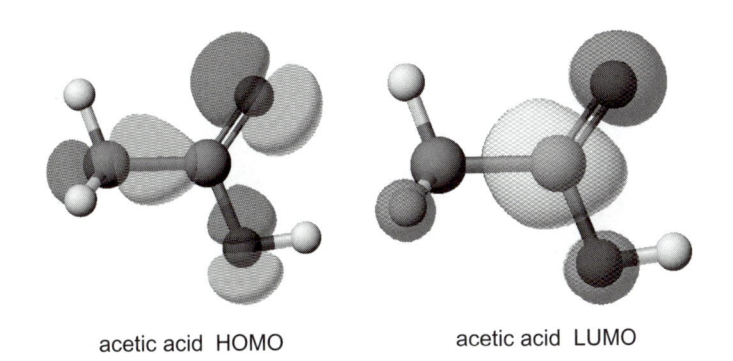

図 7.5　酢酸の HOMO と LUMO（AM1 計算）(参考図 16 参照)

ブの広がりがみられ，求電子剤はカルボニル酸素には付加する。たとえば，カルボニル酸素へのプロトン化は起こる。

$$\text{R}-\overset{\text{O}}{\underset{}{\text{C}}}-\text{L} + \text{E}^+ \nrightarrow \text{R}-\overset{\text{O}^+}{\underset{\text{E}}{\text{C}}}-\text{L} \tag{7-124}$$

$$\text{R}-\overset{\text{O}}{\underset{}{\text{C}}}-\text{L} + \text{E}^+ \rightleftharpoons \text{R}-\overset{\overset{+}{\text{O}-\text{E}}}{\text{C}}-\text{L} \tag{7-125}$$

8 求電子付加反応

これまでは求核剤が基質を攻撃する反応につき学んできた。この章で初めて求電子剤と基質との反応につき学習する。求電子付加反応（electrophilic addition reaction）をする基質はC＝C二重結合を有するアルケンやジエンあるいはポリエンである。この章ではC＝C二重結合を1つ有するアルケンの求電子付加反応を取り扱う。σ結合を形成する1対の電子は，原子核にはさまれてかなり束縛された状態にある。しかし，π結合を形成する1対の電子は原子核による束縛が比較的少なく，それだけに動きやすい。このπ電子が求電子剤に電子対を供与して新たな結合を作る。求電子付加反応の第1段目の反応はこのようにして起こり，カルボカチオンあるいは3員環のカルボカチオン（ハロゲンの場合にはハロニウムイオン）を中間に生じる。

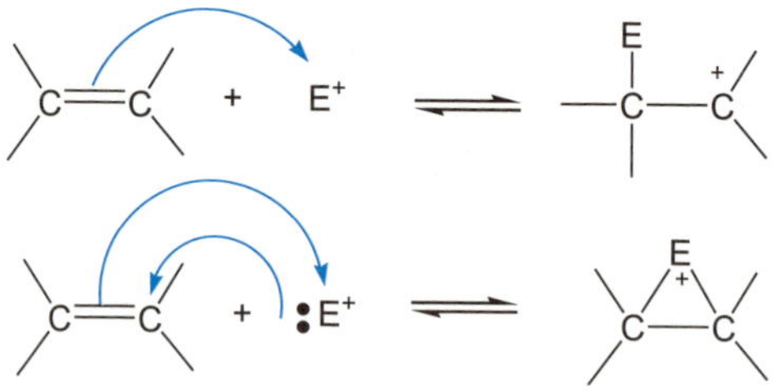

8.1　ハロゲンの付加

アルケンへのハロゲンの付加反応は良く知られた反応である。ほとんどのハロゲンの付加は定量的に進行するので，C＝C二重結合の定量に使えるほどである。

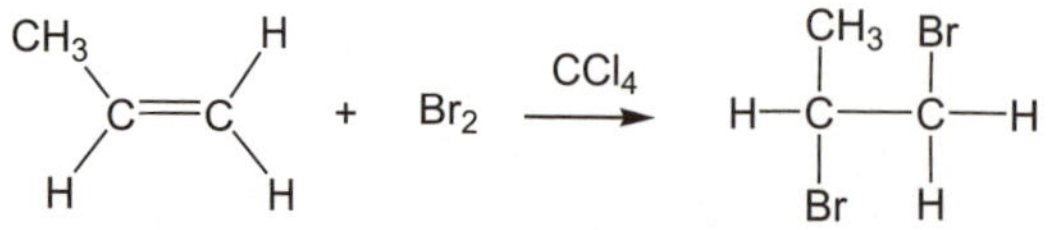

(8-1)

臭素化の反応溶媒としては，四塩化炭素が良く用いられる。式（8-1）の反応はアルケンの濃度に対して1次，ハロゲンの濃度に対して1次の，計2次の速度式に従う。このような反応は2分子的求電子付加反応（bimolecular electrophilic addition reaction, Ad_E2）として分類する。

$$-\frac{d[\text{alkene}]}{dt} = k[\text{alkene}][\text{Br}_2] \tag{8-2}$$

このような速度式に従う反応に対しては，次のような協奏機構（concerted mechanism）とカルボカチオン機構とが考えられる．

（協奏機構）

$$\tag{8-3}$$

（カルボカチオン機構）

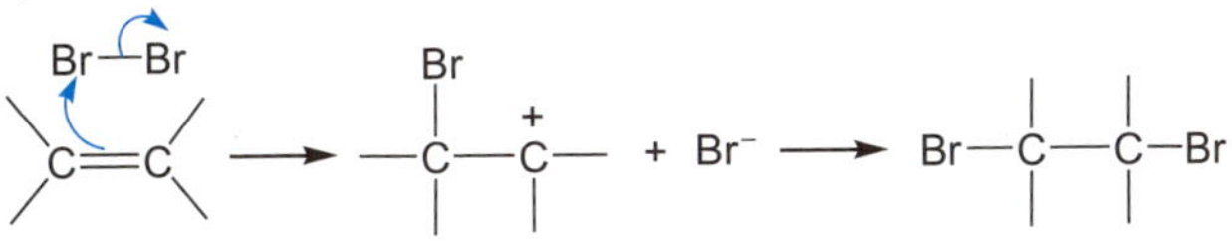

$$\tag{8-4}$$

まず，協奏機構は次のような反応から否定される．

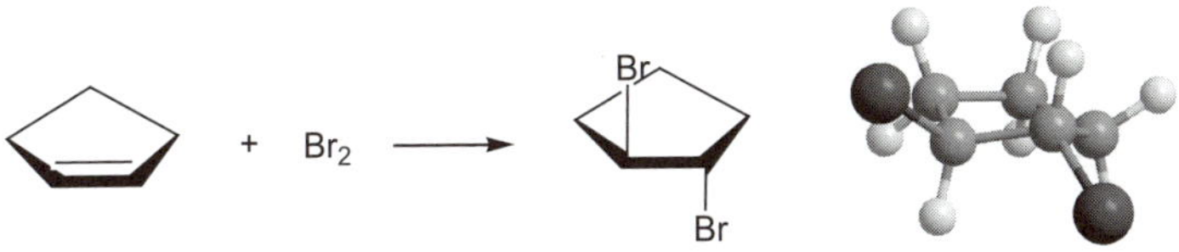

$$\tag{8-5}$$

cyclopentene　　　　　*trans*-1,2-dibromocyclopentane

シクロペンテンへの Br_2 の付加は，立体特異的（stereospecific）に *trans*-1,2-ジブロモシクロペンタンを与える．100% *anti* 付加が進行する．もし，協奏機構で進行するのであれば，立体特異的に *cis*- 体が生成するはずである．協奏機構はアルケンへのハロゲンの付加の機構としてはふさわしくない．

ではカルボカチオン機構はどうだろうか？シクロペンテンへの Br_2 の付加が式（8-4）のように進むのであれば，*cis*- および *trans*-1,2-ジブロモシクロペンタンの2つの立体異性体が生成しなければならない．式（8-6）をみて自分で考えてほしい．カルボカチオンの炭素は sp^2 混成軌道で，正電荷は p_z 軌道にある．

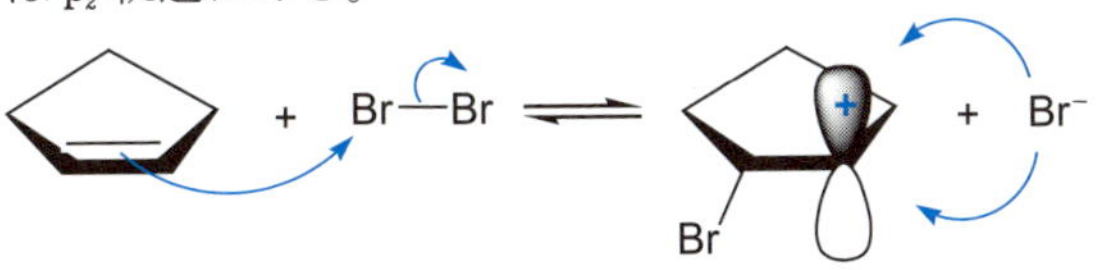

$$\tag{8-6}$$

シクロペンテン以外のアルケンへのハロゲンの付加も *anti* 付加で進行するのだろうか？多くの反応で *anti* 付加が立体特異的に起こる．

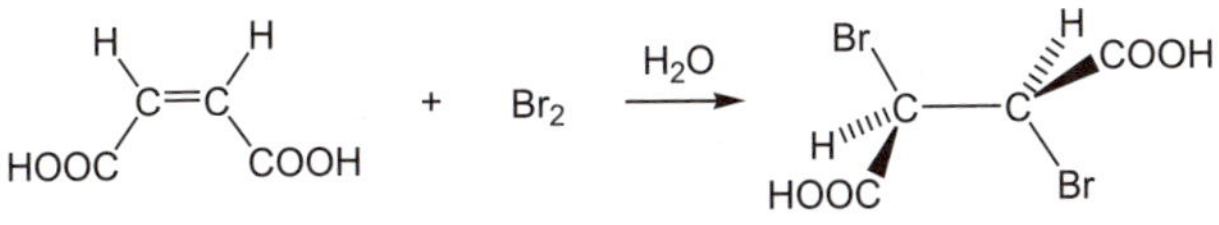

$$\tag{8-7}$$

maleic acid
(*cis*-butenedioic acid)

(±)-2,3-dibromosuccinic acid
(2,3-dibromobutanedioic acid)

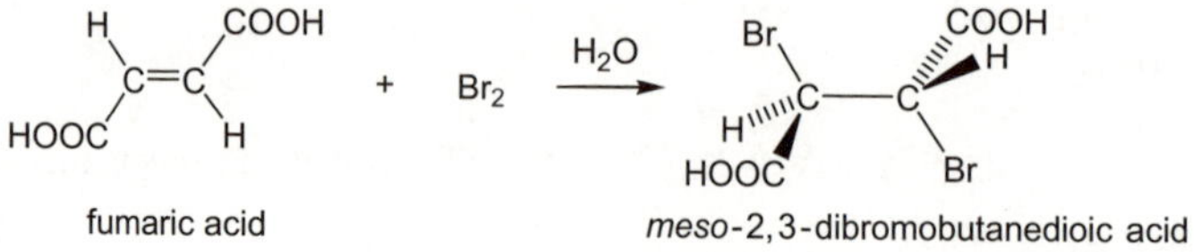

$$\text{fumaric acid} + Br_2 \xrightarrow{H_2O} \textit{meso}\text{-2,3-dibromobutanedioic acid} \tag{8-8}$$

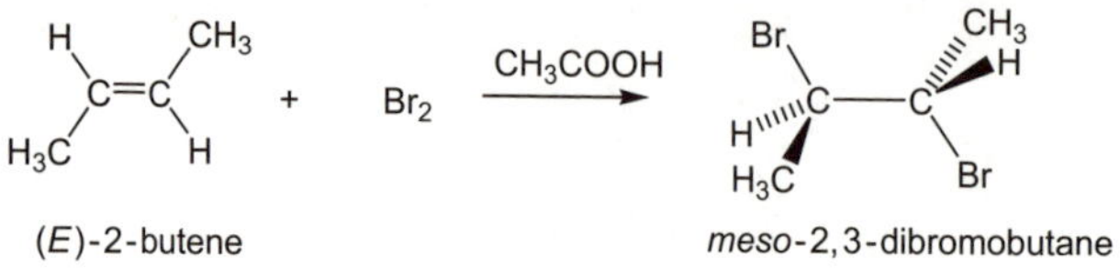

$$(E)\text{-2-butene} + Br_2 \xrightarrow{CH_3COOH} \textit{meso}\text{-2,3-dibromobutane} \tag{8-9}$$

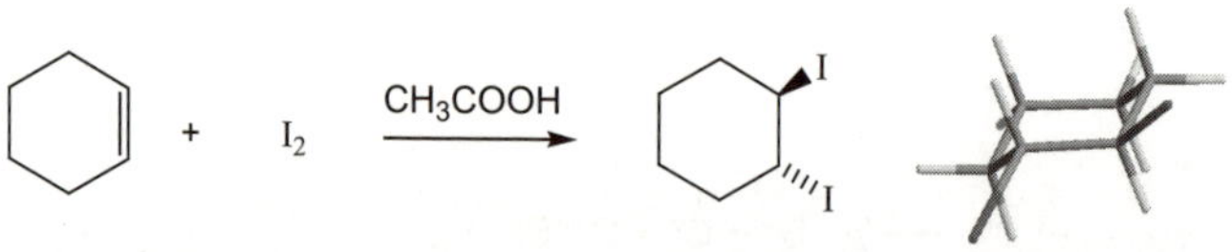

$$\text{cyclohexene} + I_2 \xrightarrow{CH_3COOH} \text{trans-1,2-diiodocyclohexane} \tag{8-10}$$

ここに示した反応では，すべて *anti* 付加が進行している．

これらの結果を矛盾なく説明する機構は，1937 年に Kinball と Roberts によって提案されたハロニウムイオン（halonium ion）を経るものである．エテン（エチレン）の臭素化で説明しよう．

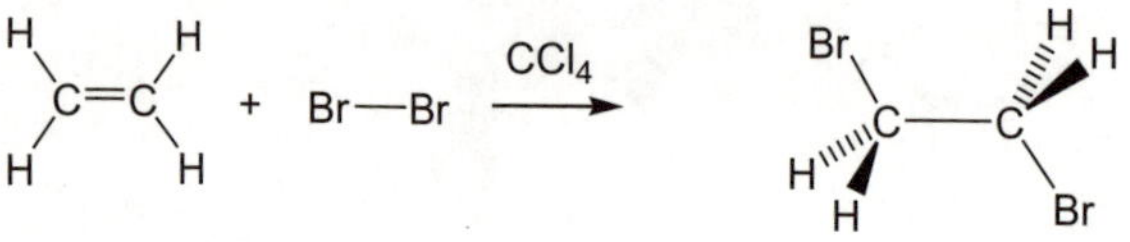

$$CH_2=CH_2 + Br-Br \xrightarrow{CCl_4} BrCH_2-CH_2Br \tag{8-11}$$

(Mechanism)

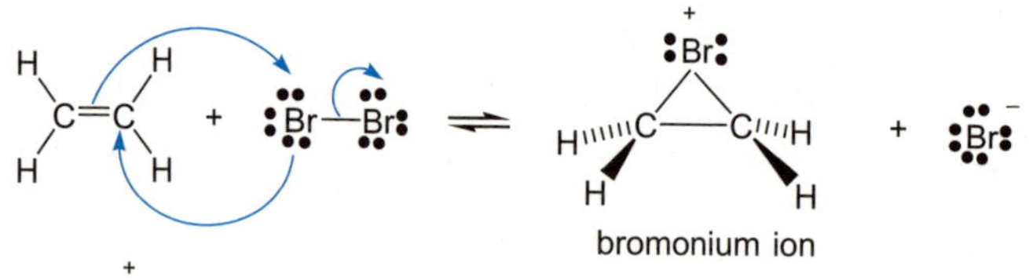

$$CH_2=CH_2 + Br-Br \rightleftharpoons \text{bromonium ion} + Br^- \tag{8-12}$$

$$\text{bromonium ion} + Br^- \rightarrow BrCH_2-CH_2Br \tag{8-13}$$

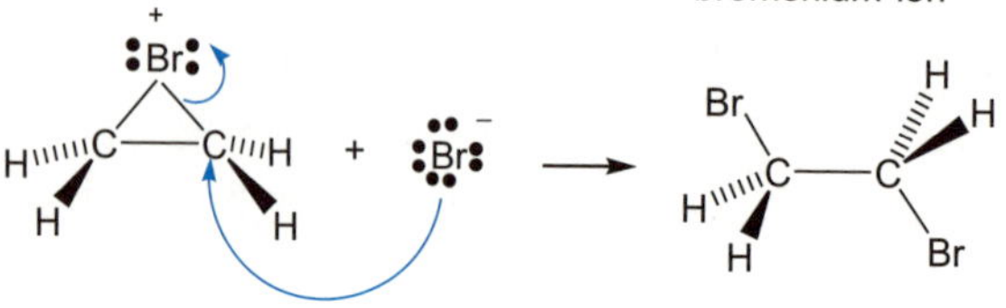

臭素の場合にはブロモニウムイオン（bromonium ion）であるが，一般には三員環カチオン中間体をハロニウムイオンとよぶ．ハロニウムイオンの生成が理解しにくい場合には次のように考えればよい．

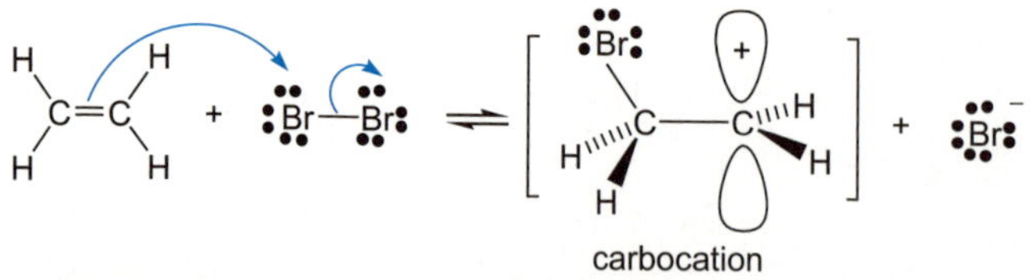

$$CH_2=CH_2 + Br-Br \rightleftharpoons [\text{carbocation}] + Br^- \tag{8-14}$$

$$[\text{carbocation}] \rightleftharpoons \text{bromonium ion} \tag{8-15}$$

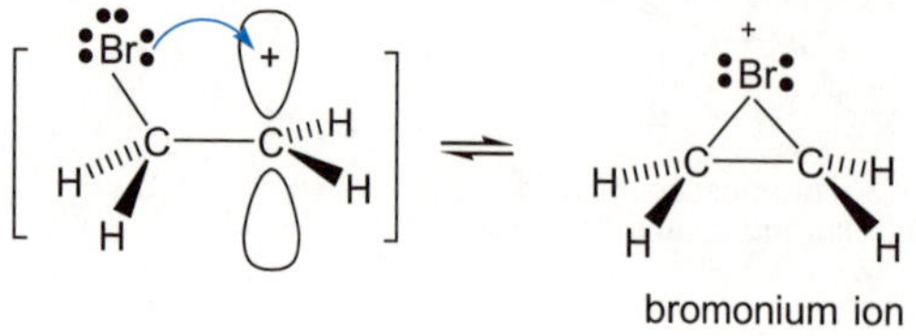

カルボカチオンをいったん経てハロニウムイオンになるとは考えないが，ハロニウムイオンの生成の経路を理解するには式（8-14）と（8-15）は有用である。式（8-14）のカルボカチオンが仮に生成するとする。このカルボカチオンの sp^2 炭素は Lewis の 8 電子則を満足しない不安定な中間体である。しかし，ハロニウムイオンの場合には，すべての構成原子が Lewis の 8 電子則を満足する。エネルギー的にはハロニウムイオンの方が, カルボカチオン中間体よりも安定である。ハロニウムイオン中間体へのハロゲンアニオンの攻撃は，ハロニウムイオン中のハロゲンとは逆方向から起こる。立体反発が大きいからである。ハロニウムイオンを中間体とすると，*anti* 付加が矛盾なく説明できる。

Br_2 は同じ原子からなる 2 原子分子であり，求電子剤としての必要条件である正に分極した求電子的構造をしていないように思われる。事実，Br_2 単独では分極していないが，アルケンが近づくにつれて $Br^{\delta+}$-$Br^{\delta-}$ と分極するようになる。このように，もともと分極していない分子が相手分子によって分極が誘起される現象を誘起双極子（induced dipole）とよぶ。この誘起双極子により，Br_2 は求電子剤となる。

アルケンへのハロゲンの求電子付加反応が，すべてハロニウムイオンで説明できるのかというと，そうではない。カルボカチオンが共鳴や溶媒によって安定化される場合には，ハロニウムイオンとカルボカチオンの両方を中間体とする付加反応が起こる。

(8-16)

(Mechanism)

(8-17)

(8-18)

(8-19)

(8-20)

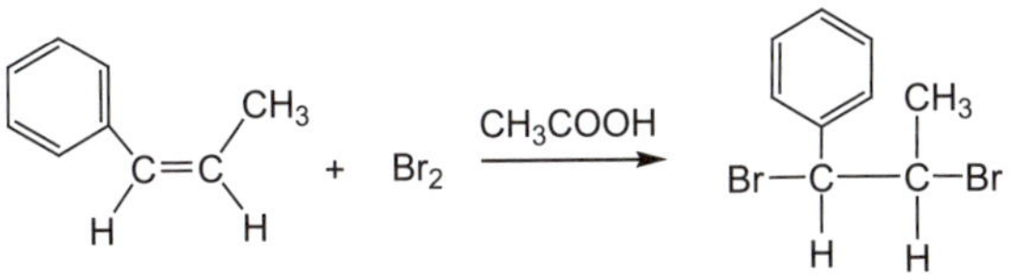

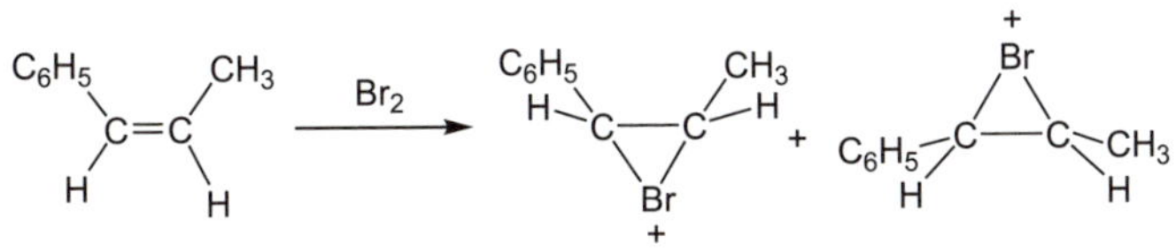

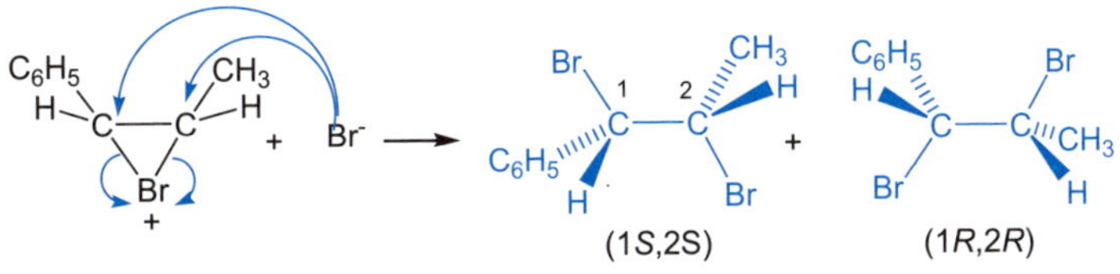

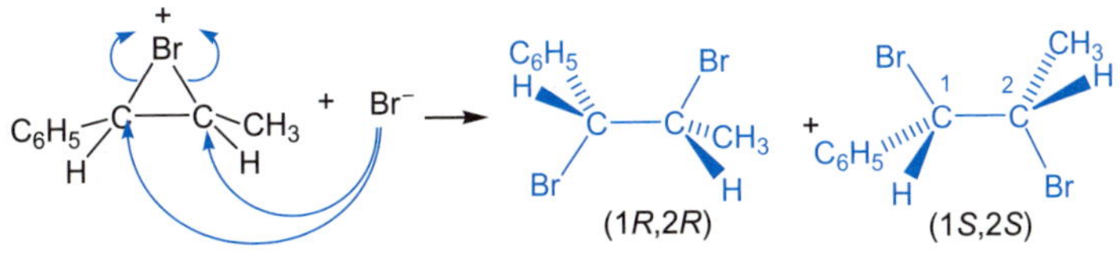

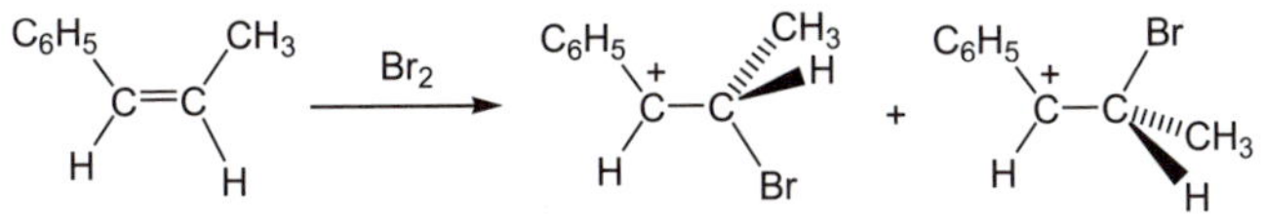

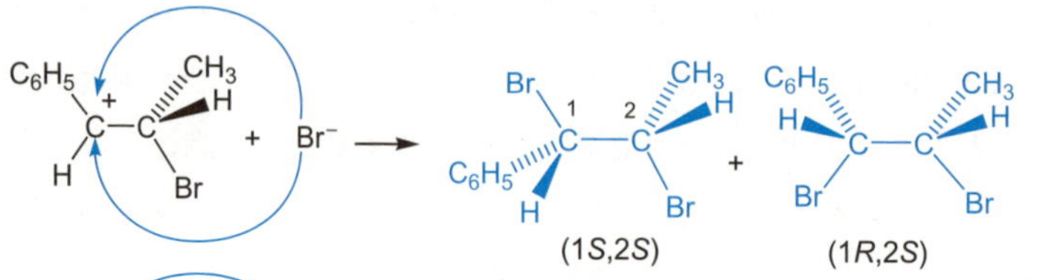

$$\text{(8-21)}$$

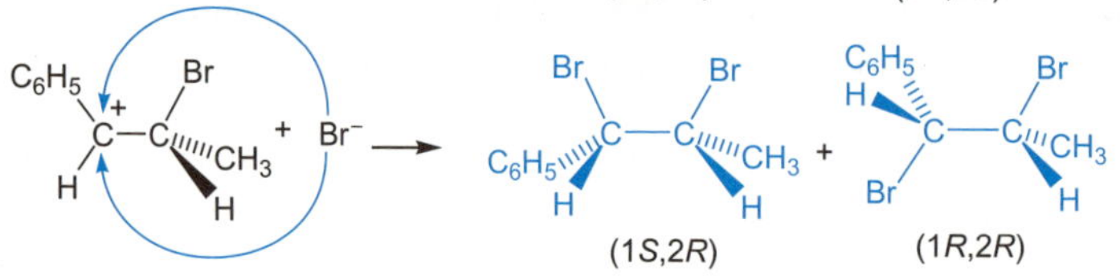

$$\text{(8-22)}$$

(Z)-1-フェニルプロペンが基質である。このアルケンに臭素が付加するとき，ブロモニウムイオンのみを中間体に経るのであれば，生成する1,2-ジブロモ-1-フェニルプロパンの立体配置は (1R,2R) および (1S,2S) のエナンチオマーのみである。しかし，実験事実はこれらの立体異性体以外に，(1S,2R) および (1R,2S) の立体配置を有する生成物も得られることを示している。この事実は，式 (8-20) に示すようなカルボカチオンが中間体となる反応も競争して進行することを意味している。式 (8-16) の反応では syn 付加（(R^*,S^*)-体を与える）が27％起こる。表8.1に，式 (8-16) の反応の溶媒効果を示してある。溶媒の極性が増加するほど，syn 付加の割合，つまり，カルボカチオンを経る反応の割合が増えていることがわかる。極性の非常に強いカルボカチオンは極性溶媒により安定化されることを思いだしてほしい。

表 8.1 (Z)-1-フェニルプロペンの Br_2 付加に対する溶媒効果

溶 媒	誘電率, ε	syn (%)	anti (%)
四塩化炭素	2.238	12	88
酢 酸	6.15	27	73
ジクロロメタン	7.77	30	70
ニトロベンゼン	35.704	55	45

> **問題 8-1** 式 (8-16) の反応で，カルボカチオンが安定に生成する理由を，共鳴の理論を用いて説明せよ。
>
> **問題 8-2** 1-フェニルプロペンには不斉炭素はないが，ハロニウムイオン中間体を経たハロゲン化反応生成物は不斉炭素を持つ。このような基質はプロキラルな基質という。第6章で学んだ求核付加反応において，基質がプロキラルである例を見つけ出せ。

8.2 アルケンへのハロゲンの付加反応に対する分子軌道法的取り扱い

アルケンへのハロゲンの付加は，アルケンの π 電子が求電子剤に流れ込むことにより始まる。よって，Ad_E2 反応のフロンティア軌道は，アルケンの HOMO と求電子剤の LUMO である。エ

テンへの Br_2 の付加を考えてみよう。

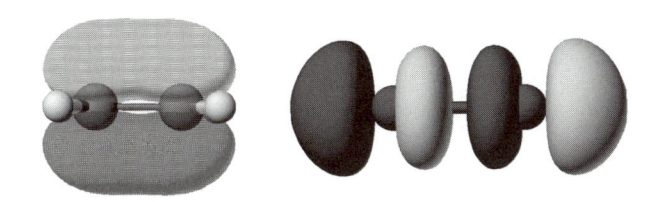

図 8.1　エテン（エチレン）の HOMO と Br_2 の LUMO　（AM1 計算）（参考図 17 参照）

エテンの HOMO のローブが Br_2 の LUMO のローブと重なり合うと，Br-Br のローブが反発形になっているので，Br^- が離れていく形になっている。

ブロモニウムイオンは Br^- の求核攻撃を受けるので，ブロモニウムイオンの LUMO がフロンティア軌道となる。図 8.2 に PM3 計算から得られるエテンのブロモニウムイオンの LUMO を示している。Br^- は立体障害をさけるようにブロモニウムイオン中の Br に対して *anti* の方向から求核攻撃をする。このとき，結合が切れる C-Br は反発形になっており，結合の切断には好都合である。

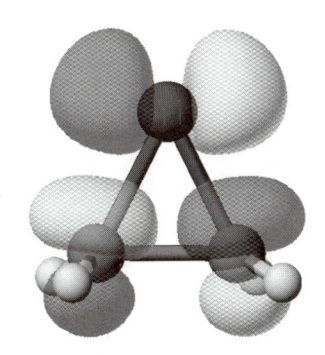

図 8.2　エテン（エチレン）のブロモニウムイオンの LUMO（PM3 計算）（参考図 18 参照）

8.3　プロトン酸の付加

(1) ハロゲン化水素の付加

2-メチルプロペンをジエチルエーテル（エトキシエタン）に溶かし，塩化水素と反応させると，2-クロロ-2-メチルプロパンが生成する。1-クロロ-2-メチルプロパンは生成しない。

$$\begin{array}{c}CH_3\\ \\ CH_3\end{array}\!\!C=C\!\!\begin{array}{c}H\\ \\ H\end{array} + HCl \xrightarrow{ether} CH_3-\underset{Cl}{\overset{CH_3}{C}}-\underset{H}{\overset{H}{C}}-H \tag{8-23}$$

$$\text{(CH}_3)_2\text{C=CH}_2 + \text{HCl} \xrightarrow{/\!/} \text{CH}_3\text{-CH(CH}_3\text{)-CH}_2\text{Cl} \quad (8\text{-}24)$$

このように，アルケンへのハロゲン化水素の付加においては，水素は置換基の最も少ない炭素に結合する．この規則は Markovnikov 則（Markownikoff 則とも書く）とよばれる．この規則は次の反応機構を考えれば自ずと理解できる．仮にプロトンが式（8-25）と反対の sp^2 炭素に結合すれば，第 1 級カルボカチオンが生じることになり，このような不安定な中間体が生じるような反応は起こらない．

(Mechanism)

$$(\text{CH}_3)_2\text{C=CH}_2 + \text{H}^+ \rightleftharpoons (\text{CH}_3)_2\text{C}^+\text{-CH}_3 \quad (8\text{-}25)$$

$$(\text{CH}_3)_2\text{C}^+\text{-CH}_3 + \text{Cl}^- \longrightarrow (\text{CH}_3)_2\text{CCl-CH}_3 \quad (8\text{-}26)$$

式（8-27）や（8-28）の反応は，アルケンへのハロゲン化水素 HX の付加は，協奏的に進行しないことを意味している．協奏機構で進行すれば，*syn* 付加しか起こらないはずである．

$$\text{1,2-dimethylcyclohexene} \xrightarrow{\text{HCl}} anti + syn \quad (8\text{-}27)$$

$$\text{acenaphthylene} \xrightarrow{\text{DBr}} \text{(products)} \quad syn : anti = 3 : 1 \quad (8\text{-}28)$$

エテンへの HX の付加も多くの教科書では，第 1 級カルボカチオンを経る反応として解説されているが，第 1 級カルボカチオンが真の中間体かどうかは疑問な点もある．次のような 3 分子反応も考えられている．

$$\text{CH}_2\text{=CH}_2 + \text{Br}^- + \text{H}^+ \xrightarrow{\text{Ad}_E 3} \text{CH}_3\text{-CH}_2\text{Br} \quad (8\text{-}29)$$

> 問題 8-3　式（8-29）のような $\text{Ad}_E 3$ 機構におけるエテンの減少に対する速度式を書け．

8 求電子付加反応

反応系に過酸化物や酸素が存在すると，HX の付加の配向が逆転する．このタイプの付加は，*anti*-Markovnikov 付加とよばれる．HX の中でも特に HBr は酸素や過酸化物の存在，あるいは光の吸収により，容易に臭素ラジカル（臭素原子）を生じる．このハロゲンラジカルが開始剤となる付加反応が起こると，*anti*-Markovnikov 付加が進行することになる．

$$(CH_3)_2C=CH_2 + HBr \xrightarrow{peroxide} (CH_3)_2CH-CH_2Br \quad (8\text{-}30)$$

(Mechanism)

$$RO-OR \longrightarrow 2\,RO\cdot \quad (8\text{-}31)$$

$$RO\cdot + H-Br \longrightarrow ROH + \cdot Br \quad (8\text{-}32)$$

$$(CH_3)_2C=CH_2 + \cdot Br \longrightarrow (CH_3)_2\dot{C}-CH_2Br \quad (8\text{-}33)$$

$$(CH_3)_2\dot{C}-CH_2Br + H-Br \longrightarrow CH_3-CH(CH_3)-CH_2Br + \cdot Br \quad (8\text{-}34)$$

アルキルラジカルの安定性は，カルボカチオンの安定性と類似して，第 3 級ラジカルが最も安定で，第 2 級，第 1 級，メチルラジカルになるにつれて不安定となる．ラジカルの安定性を共鳴理論では，超共役で説明する．

$$\cdot C(CH_3)_3 \leftrightarrow H\cdot CH_2\text{-}C(CH_3)_2 \leftrightarrow (CH_3)_2C=CH_2\cdot H \leftrightarrow \cdots \quad (8\text{-}35)$$

> **問題 8-4** 酸素や過酸化物を含まないジエチルエーテル中における 1-メチルシクロヘキセンおよび 2-ペンテンの HBr 付加生成物の構造式を示せ．

(2) 水の付加

アルケンは酸触媒下に水の付加を受けてアルコールを与える．このような反応は水和 (hydration) という．この反応はすべての過程が可逆である．

$$(CH_3)_2C=CH_2 + H_2O \xrightleftharpoons{H_2SO_4} (CH_3)_3C-OH \quad (8\text{-}36)$$

(Mechanism)

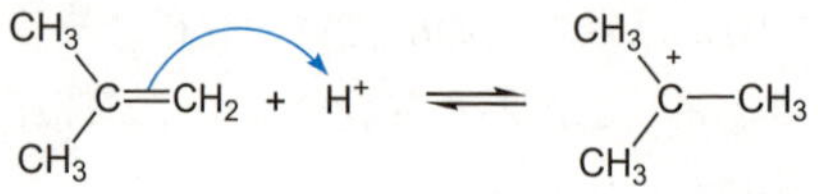

$$\text{(CH}_3)_2\text{C=CH}_2 + \text{H}^+ \rightleftharpoons (\text{CH}_3)_3\text{C}^+ \tag{8-37}$$

$$(\text{CH}_3)_3\text{C}^+ + \text{H–OH} \rightleftharpoons (\text{CH}_3)_3\text{C–OH}_2^+ \rightleftharpoons (\text{CH}_3)_3\text{C–OH} + \text{H}^+ \tag{8-38}$$

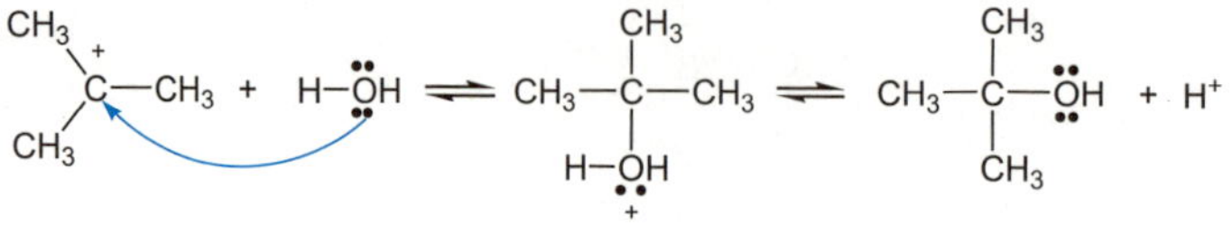

硫酸を使う水和反応は，一部タール化を伴う。オキシ水銀化―脱水銀化反応は，アルケンへのMarkovnikov形水和反応として，優れた反応である。しかし，水銀化合物を使うので使用に際しては細心の注意が必要である。

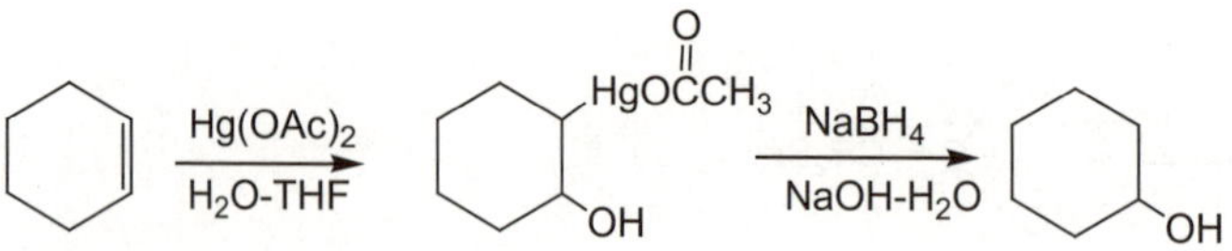

$$\text{cyclohexene} \xrightarrow{\text{Hg(OAc)}_2 / \text{H}_2\text{O-THF}} \text{(2-hydroxycyclohexyl)HgOCOCH}_3 \xrightarrow{\text{NaBH}_4 / \text{NaOH-H}_2\text{O}} \text{cyclohexanol} \tag{8-39}$$

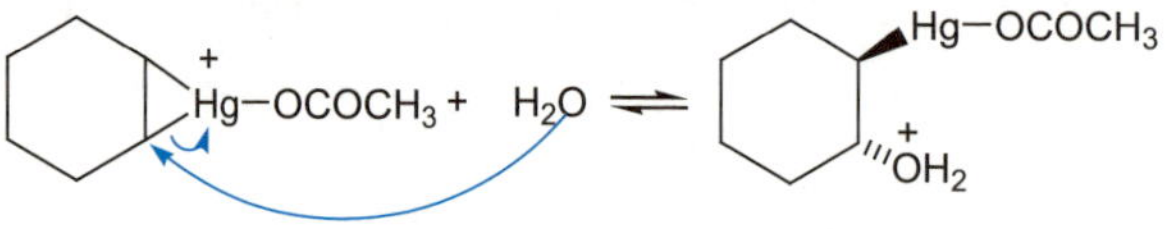

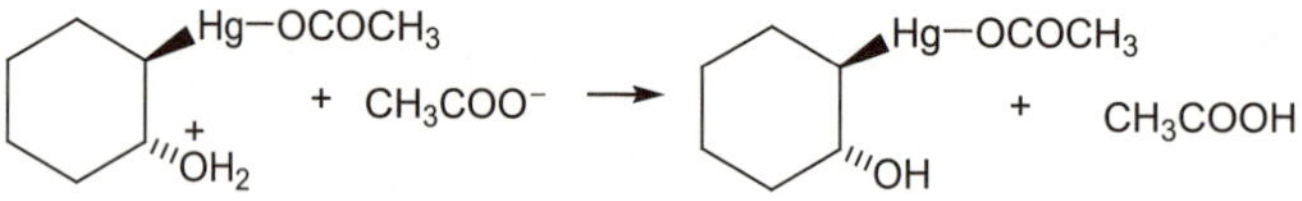

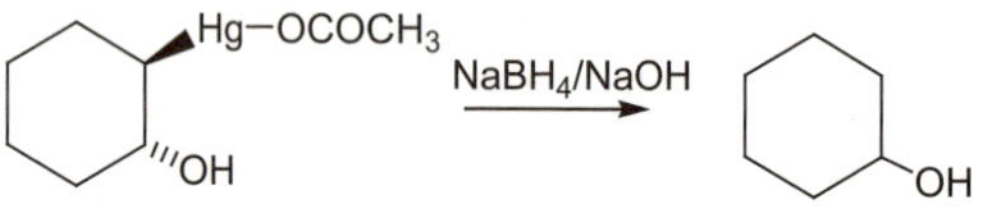

(Mechanism)

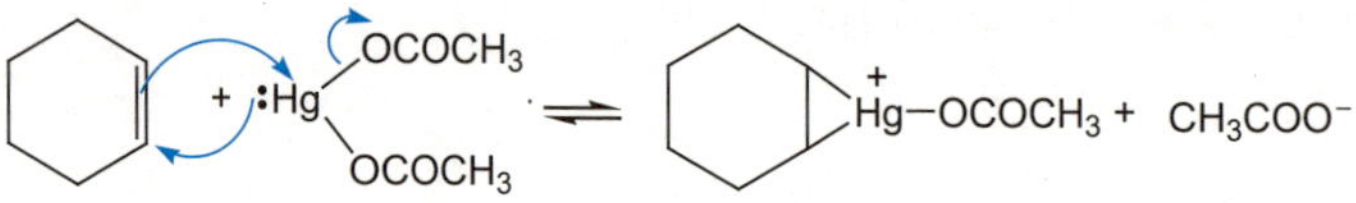

式（8-40）で生成する3員環中間体はマーキュリニウムイオン（mercurinium ion）とよばれている。この中間体への水の付加は立体障害をさけるように *anti* 付加となる。式（8-42）までがオキシ水銀化であり，ここまでの過程は *anti* 付加である。式（8-43）は脱水銀化（demurcuration）である。次の反応は，オキシ水銀化 - 脱水銀化反応は，形式上 Markovnikov 形のアルケンへの水の付加であることを示している。

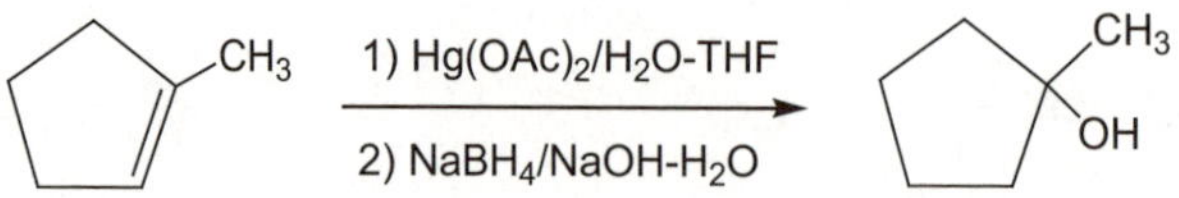

$$\text{1-methylcyclopentene} \xrightarrow[\text{2) NaBH}_4 / \text{NaOH-H}_2\text{O}]{\text{1) Hg(OAc)}_2 / \text{H}_2\text{O-THF}} \text{1-methylcyclopentanol} \tag{8-44}$$

8.4 ヒドロホウ素化 – 酸化反応

アルケンをボラン（borane, BH_3）と反応させた後，アルカリ性条件下，過酸化水素で処理をすると，形式上，アルケンへの *anti*-Markovnikov 形水和反応が進行する。この反応はヒドロホウ素化 - 酸化反応（hydroboration-oxidation reaction）とよばれ，H. C. Brown によって見出された。

ボランは通常は二量体のジボランとして存在する常温では気体の化合物（mp －165.5 ℃，bp －92.5 ℃）であり，有毒で空気に触れると発火する。しかし，THF（tetrahydrofurane）やジグリム（diglyme, $CH_3OCH_2CH_2OCH_2CH_2OCH_3$）などのエーテル系の溶媒には，Lewis 酸 － Lewis 塩基の塩を作って溶解する。

$$\text{diborane} \quad + \quad BH_3 \rightleftharpoons \text{（錯体）} \tag{8-45}$$

$$CH_3CH=CH_2 \xrightarrow[\text{2) } H_2O_2/OH^-]{\text{1) } BH_3/\text{diglyme}} CH_3CH_2CH_2OH \tag{8-46}$$

(Mechanism)

(1) hydroboration

$$CH_3CH=CH_2 + H-BH_2 \longrightarrow CH_3CH_2CH_2-BH_2 \tag{8-47}$$

$$CH_3CH=CH_2 + CH_3CH_2CH_2-BH_2 \longrightarrow (CH_3CH_2CH_2)_2BH \tag{8-48}$$

$$CH_3CH=CH_2 + (CH_3CH_2CH_2)_2BH \longrightarrow (CH_3CH_2CH_2)_3B \tag{8-49}$$

trialkyl borane

(2) oxidation

$$H_2O_2 + OH^- \rightleftharpoons HO_2^- + H_2O \tag{8-50}$$

$$(CH_3CH_2CH_2)_3B + {}^-OOH \rightleftharpoons (CH_3CH_2CH_2)_3\bar{B}-OOH \tag{8-51}$$

$$(CH_3CH_2CH_2)_2\bar{B}-O-OH \longrightarrow (CH_3CH_2CH_2)_2B-OCH_2CH_2CH_3 + OH^- \tag{8-52}$$
$$\quad H_3CH_2CH_2C$$

$$(CH_3CH_2CH_2)_2B-OCH_2CH_2CH_3 + OOH^- \longrightarrow CH_3CH_2CH_2B(OCH_2CH_2CH_3)_2 + OH^- \tag{8-53}$$

$$CH_3CH_2CH_2B(OCH_2CH_2CH_3)_2 + OOH^- \longrightarrow B(OCH_2CH_2CH_3)_3 + OH^- \tag{8-54}$$

trialkyl borate ester

(3) hydrolysis

$$(CH_3CH_2CH_2O)_3B + H\text{-}OH \rightleftharpoons (CH_3CH_2CH_2O)_3\overset{-}{B}\text{-}\overset{+}{O}H_2 \quad (8\text{-}55)$$

$$(CH_3CH_2CH_2O)_2\overset{-}{B}\text{-}\overset{+}{O}H_2 \longrightarrow CH_3CH_2CH_2OH + (CH_3CH_2CH_2O)_2BOH \quad (8\text{-}56)$$

$$(CH_3CH_2CH_2O)_2BOH + H_2O \longrightarrow CH_3CH_2CH_2OH + CH_3CH_2CH_2OB(OH)_2 \quad (8\text{-}57)$$

$$CH_3CH_2CH_2OB(OH)_2 + H_2O \longrightarrow CH_3CH_2CH_2OH + B(OH)_3 \quad (8\text{-}58)$$

BH_3 は Lewis の 8 電子則を満足しない Lewis 酸である。一方，アルケンは π 電子供与体であり，Lewis 酸である BH_3 に電子を供与する（（式）8-59）。このような酸ー塩基の相互作用による錯体から 4 員環状の遷移状態を経て，モノアルキルボランが生成する。このような付加反応で進行するため，ボランはアルケンへ *syn* 付加する。では，付加の配向はどのような因子で決まるのだろうか？式（8-59）で書かれた遷移状態を見てほしい。遷移状態では，アルケンはカルボカチオン的な性格を持つ。第 2 級カルボカチオンの方が，第 1 級カルボカチオンよりも圧倒的に安定であるので，遷移状態の正電荷は内部の CH 上にかたよる。そのために，付加の配向は *anti-Markovnikov* 則に従う。

$$(8\text{-}59)$$

complex　　　transition state　　　monoalkylborane

モノアルキルボランはさらに 2 分子のアルケンと反応し，トリアルキルボランを生成する。ここまでの反応がヒドロホウ素化反応である。その後，酸化，加水分解を経て，アルコールが得られる。

2-メチルプロペンへの BH_3 の付加はアルケンから BH_3 へ π 電子が流れ込むことにより進行する。よって，2-メチルプロペンの HOMO と BH_3 の LUMO がフロンティア軌道である。図 8.3 にこれらのフロンティア分子軌道を示す。図 8.3 から，これらのフロンティア軌道間の相互作用により，式（8-59）の左端に書かれた Lewis 酸ー Lewis 塩基錯体が生成することが，分子軌道計算からも支持される。

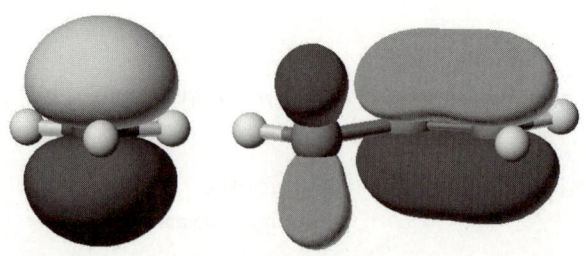

図 8.3　ボランの LUMO（左）と 2-メチルプロペンの HOMO（右）（AM1 計算）（参考図 19 参照）

次の反応から，アルケンへの BH_3 の syn 付加の配向が保たれたまま，アルコールになることが分かる。

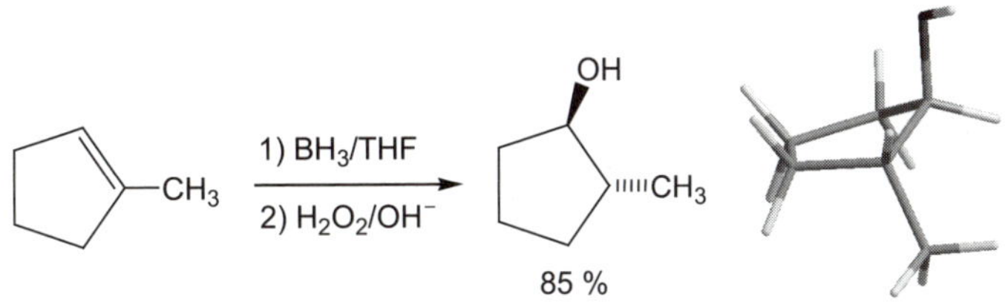

$$\text{1-methylcyclopentene} \xrightarrow[\text{2) } H_2O_2/OH^-]{\text{1) } BH_3/THF} \text{(E)-2-methylcyclopentanol} \quad 85\% \tag{8-60}$$

> **問題 8-5** スチレン（エチニルベンゼン）のヒドロホウ素化-酸化反応とアセトフェノン（1-フェニルエタノン）の $NaBH_4$ 還元反応では，同じ分子式を持つ異性体が生成する。それぞれの生成物の構造式を示し，2つの合成法の特徴を考察せよ。

8.5 カルベンの付加

カルベン（carbene）は，炭素上の2つの脱離基が1,1-脱離（α-脱離）して生じる不安定中間体であり，炭素上に2個の非結合電子を持っている。

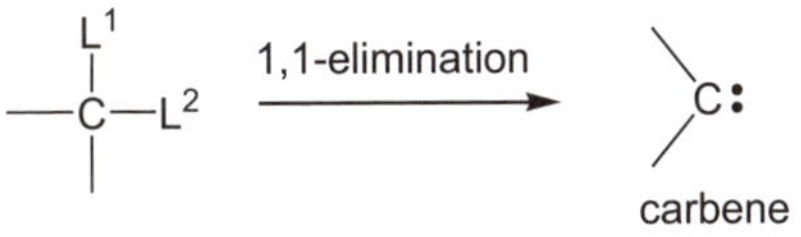

$$\begin{array}{c} L^1 \\ -C-L^2 \\ | \end{array} \xrightarrow{\text{1,1-elimination}} \quad \text{>C:} \quad \text{carbene} \tag{8-61}$$

カルベンには非結合電子の電子スピンの向きにより，1重項カルベン（singlet carbene）と3重項カルベン（triplet carbene）とがある。

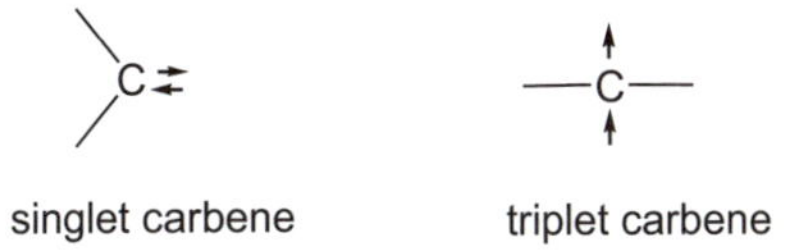

$$\text{singlet carbene} \qquad \text{triplet carbene} \tag{8-62}$$

1重項カルベンの炭素は sp^2 混成軌道であり，3重項カルベンは sp 混成軌道である。

カルベンの発生法は種々考案されているが，歴史的にはハロアルカンの塩基による1,1-脱離反応による方法である。

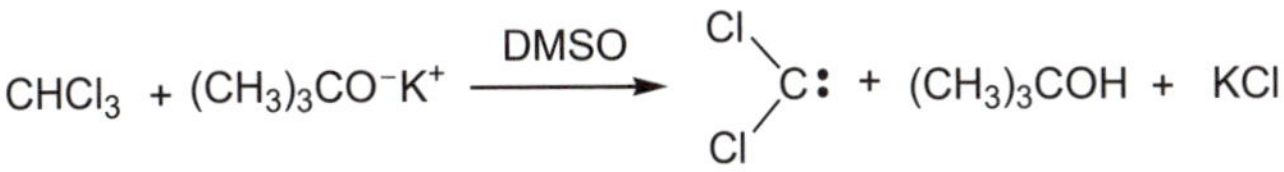

$$CHCl_3 + (CH_3)_3CO^-K^+ \xrightarrow{DMSO} Cl_2C: + (CH_3)_3COH + KCl \tag{8-63}$$

(Mechanism)

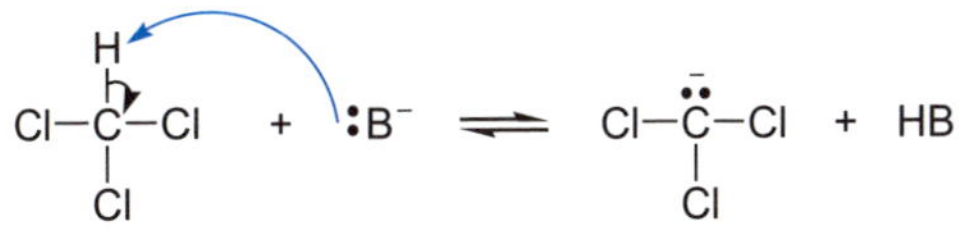

$$Cl-CHCl_2 + :B^- \rightleftharpoons Cl-\ddot{C}Cl_2^- + HB \tag{8-64}$$

$$Cl-\overset{-}{\underset{Cl}{C}}-Cl \rightleftharpoons \underset{Cl}{\overset{Cl}{C:}} + Cl^- \qquad (8\text{-}65)$$
dichlorocarbene

$$CH_2Cl_2 + C_4H_9Li \xrightarrow{hexane} \underset{H}{\overset{Cl}{C:}} + C_4H_{10} + LiCl \qquad (8\text{-}66)$$
chlorocarbene

ジアゾメタンを熱あるいは光分解しても，カルベン（メチレン）が得られる。

$$[CH_2\overset{+}{=}\overset{..}{N}\overset{-}{=}\overset{..}{N}: \leftrightarrow \overset{-}{C}H_2-\overset{+}{N}\equiv N:] \xrightarrow{h\nu} \underset{H}{\overset{H}{C:}} + :N\equiv N: \qquad (8\text{-}67)$$
diazomethane　　　　　　　　　　　　methylene carbene

カルベンはLewisの8電子則を満足していない不安定な化学種である。電子対を受容して，8電子則を満足する安定な化合物に変化しようとする性質が強い。つまりLewis酸性の強い求電子剤である。

1重項カルベンはアルケンへ立体特異的に *syn* 付加し，シクロプロパンを与える。

$$\underset{H}{\overset{CH_3}{C}}=\underset{H}{\overset{CH_3}{C}} \xrightarrow{CHBr_3/(CH_3)_3CO^-K^+} \text{(cyclopropane with CH}_3\text{, H, Br)} \qquad (8\text{-}68)$$

(Mechanism)

$$CHBr_3 + (CH_3)_3COK \longrightarrow \underset{Br}{\overset{Br}{C:}} + (CH_3)_3COH + KBr \qquad (8\text{-}69)$$

$$\begin{array}{c} \underset{H}{\overset{CH_3}{C}}=\underset{H}{\overset{CH_3}{C}} \\ \overset{..}{\underset{Br\ Br}{C}} \end{array} \longrightarrow \text{(cyclopropane product)} \qquad (8\text{-}70)$$

シクロヘキセンと反応すると2環式化合物であるノルカラン（norcarane）を生成する。

$$\text{cyclohexene} \xrightarrow{CHCl_3/C_4H_9Li} \text{7,7-dichloronorcarane} \qquad (8\text{-}71)$$
7,7-dichlorobicyclo[4.1.0]heptane
(7,7-dichloronorcarane)

カルベンの非共有電子が共鳴によって非局在化されるような場合には，3重項カルベンが生じる。

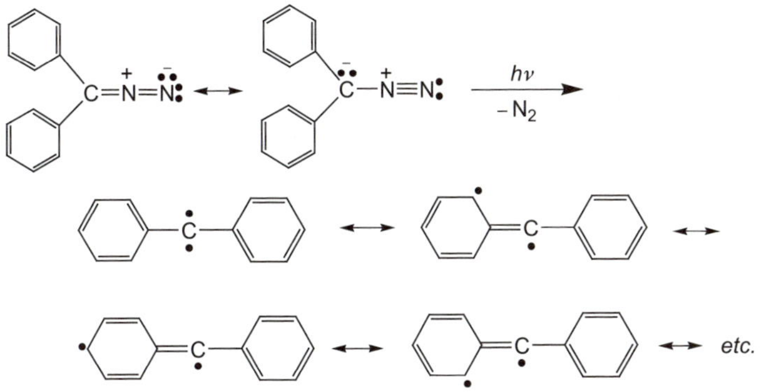

$$[\text{structures}] \quad \xrightarrow{h\nu}_{-N_2} \tag{8-72}$$

3重項カルベンのアルケンへの付加は *syn* 付加と *anti* 付加とが競争して起こる。1重項カルベンは求電子剤としての性質が強いのに対し，3重項カルベンはジラジカル（diradical）的な性質を持つ。

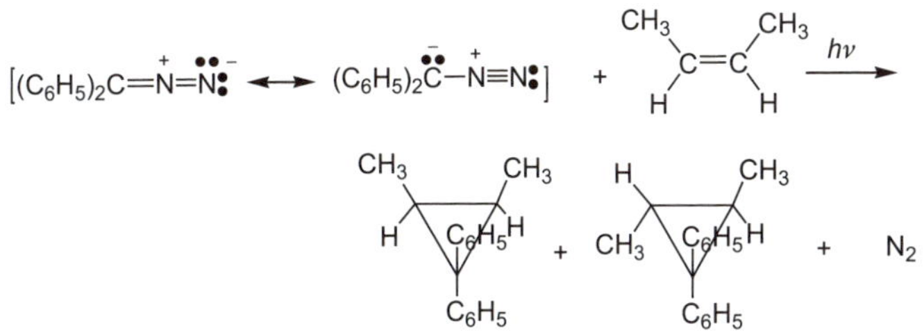

$$[(C_6H_5)_2\overset{+}{C}=N=\overset{\bullet\bullet}{\underset{\bullet}{N}}{}^{-} \longleftrightarrow (C_6H_5)_2\overset{-}{C}-\overset{+}{N}\equiv N] + \text{(2-butene)} \xrightarrow{h\nu} \text{cyclopropanes} + N_2 \tag{8-73}$$

(Mechanism)

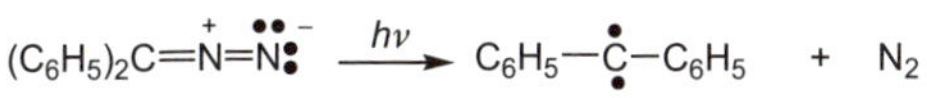

$$(C_6H_5)_2\overset{+}{C}=N=\overset{\bullet\bullet}{\underset{\bullet}{N}}{}^{-} \xrightarrow{h\nu} C_6H_5-\overset{\bullet}{\underset{\bullet}{C}}-C_6H_5 + N_2 \tag{8-74}$$

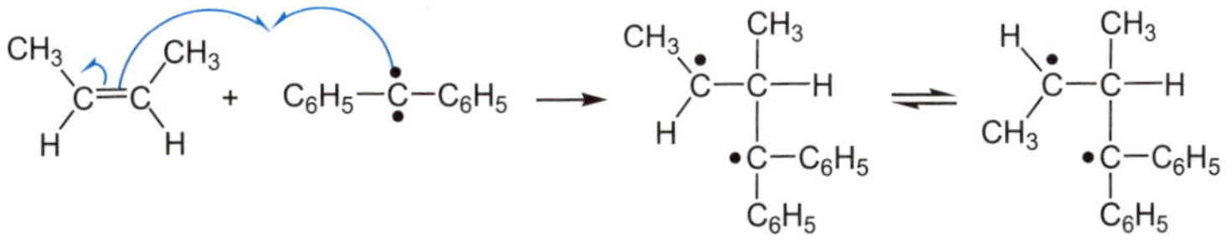

$$\text{alkene} + C_6H_5-\overset{\bullet}{\underset{\bullet}{C}}-C_6H_5 \longrightarrow \text{diradical} \rightleftharpoons \text{diradical} \tag{8-75}$$

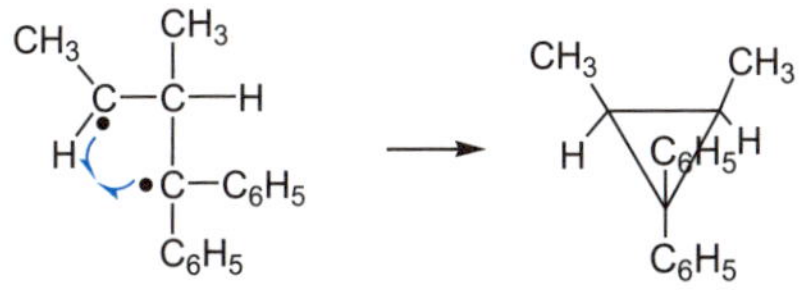

$$\text{diradical} \longrightarrow \text{cyclopropane} \tag{8-76}$$

$$\text{diradical} \longrightarrow \text{cyclopropane} \tag{8-77}$$

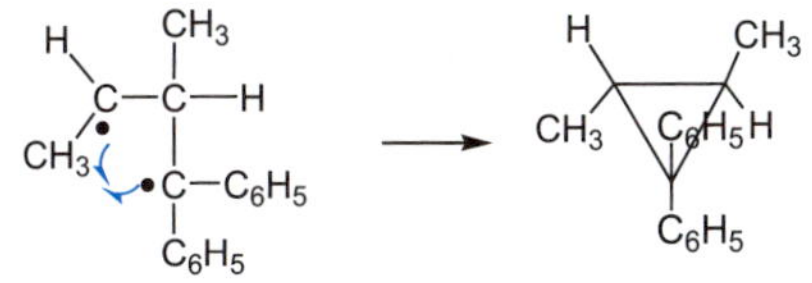

カルベンを中間に経なくとも，カルベンと類似の反応を起こすことができる。このような試薬はカルベノイド（carbenoid）とよばれる。たとえば，ジヨードメタンを Ag あるいは Cu で活性化した金属亜鉛と反応させると，CH_2ZnI_2 というカルベノイドができる。

$$CH_2I_2 \; + \; Zn \; \longrightarrow \; CH_2ZnI_2 \tag{8-78}$$

(Mechanism)

$$H-\underset{I}{\underset{|}{C}}-I \; + \; \ddot{Z}n \; \longrightarrow \; H-\underset{I}{\underset{|}{C}}-Zn-I \tag{8-79}$$

このカルベノイドは次のように分極しており，カルベンに類似の反応性を示す．

$$H-\underset{I}{\underset{\downarrow}{C}}{\leftarrow}Zn-I \; \longleftrightarrow \; H-\underset{I^-}{C:} \; Zn^+-I \tag{8-80}$$

$$\text{cyclohexene} \xrightarrow{CH_2I_2/Zn\text{-}Cu} \text{bicyclo[4.1.0]heptane} \tag{8-81}$$

> **問題 8-6** *trans*-2-ブテンとメチレンカルベンとの反応生成物の構造式を，その立体化学が分かるように書け．また反応機構を電子の流れ図で示せ．

8.6　相間移動触媒

　一般に無機塩やアルカリは有機溶媒に溶けない．水酸化カリウムをベンゼンに溶解させるためには 18-クラウン-6 を用いることについては，第 4 章にて学習した（4.19 参照）．有機溶媒に溶けない無機化合物を用いて，有機溶媒中の反応を効率よく進ませる他の方法に，相間移動触媒（phase-transfer catalyst）がある．クラウンエーテルと同様に，工業的にも用いられる適応範囲の広い方法であるが，この方法が開発されたきっかけは，カルベンを経るノルカラン合成においてであった．

$$\text{cyclohexene} \xrightarrow[\text{quaternary ammonium salt}]{CHCl_3/50\% \; aq. \; NaOH} \text{7,7-dichloronorcarane} \tag{8-82}$$

(Mechanism)

$$R-\underset{R}{\underset{|}{\overset{R}{\overset{|}{N^+}}}}-R \; Cl^-(aq) \; + \; NaOH \; (aq) \; \rightleftharpoons \; R-\underset{R}{\underset{|}{\overset{R}{\overset{|}{N^+}}}}-R \; OH^- \; (aq) \; + \; NaCl \; (aq) \tag{8-83}$$

$$R-\underset{R}{\underset{|}{\overset{R}{\overset{|}{N^+}}}}-R \; OH^- \; (aq) \; \rightleftharpoons \; R-\underset{R}{\underset{|}{\overset{R}{\overset{|}{N^+}}}}-R \; OH^- \; (org) \tag{8-84}$$

$$CHCl_3 \text{ (org)} + R-\overset{R}{\underset{R}{\overset{|}{N^+}}}-R \ OH^- \text{ (org)} \longrightarrow \ :CCl_2 \text{ (org)} + H_2O \text{ (org)} + R-\overset{R}{\underset{R}{\overset{|}{N^+}}}-R \ Cl^- \text{ (org)} \tag{8-85}$$

$$\text{cyclohexene (org)} + :CCl_2 \text{ (org)} \longrightarrow \text{bicyclic-CCl}_2 \text{ (org)} \tag{8-86}$$

$$R-\overset{R}{\underset{R}{\overset{|}{N^+}}}-R \ Cl^- \text{ (org)} \rightleftharpoons R-\overset{R}{\underset{R}{\overset{|}{N^+}}}-R \ Cl^- \text{ (aq)} \tag{8-87}$$

　反応は水－有機溶媒混合系で行う。この場合の有機溶媒は，水に溶けないものでなければならない。相間移動触媒として両親媒性（amphiphilic）第4級アンモニウム塩を用いる。両親媒性とは，水にも有機溶媒にも溶けるという意味であり，テトラブチルアンモニウムブロミド（TBAB）やメチルトリオクチルアンモニウムクロリド（TOMAC）のような疎水的なアルキル基を持つ第4級アンモニウム塩を良く使う。水相において，この第4級アンモニウム塩は，その対アニオンとして水酸化物イオンを捕捉する。これを有機溶媒に持ち込み，有機層で，水酸化物イオンを反応に用い，その後，また新たな対アニオンを伴って水相に戻る。有機溶媒中の無機アニオンは溶媒和されていない裸のアニオン（naked anion）の状態にあり，反応性が水中よりも高くなるという特徴を併せ持つのが，相間移動触媒である。

　原理が分かれば，いろいろな反応にこの相間移動触媒が利用できることに気づくだろう。

$$C_4H_9OH + C_6H_{13}Cl \xrightarrow[S_N2]{NaOH/Bu_4N^+HSO_4^-} C_4H_9OC_6H_{13} + HCl \tag{8-88}$$

$$Ph-CHBrCH_2Br \xrightarrow[E2]{NaOH/Bu_4N^+HSO_4^-} Ph-C\equiv CH + 2HBr \tag{8-89}$$

　アンモニウム塩の対アニオンに HSO_4^- が使われるのは，このアニオンの低い求核性による。求核性が低いため，副反応を引き起こす心配がない。

> **問題 8-7** 相間移動触媒とクラウンエーテルの類似点と相違点を考察せよ。

8.7 過酸との反応

アルケンは*m*-クロロ過安息香酸（*m*-クロロペルオキシ安息香酸，MCPBA）のような過酸と反応し，オキサシクロプロパン誘導体（エポキシド，オキシラン）を生成する。

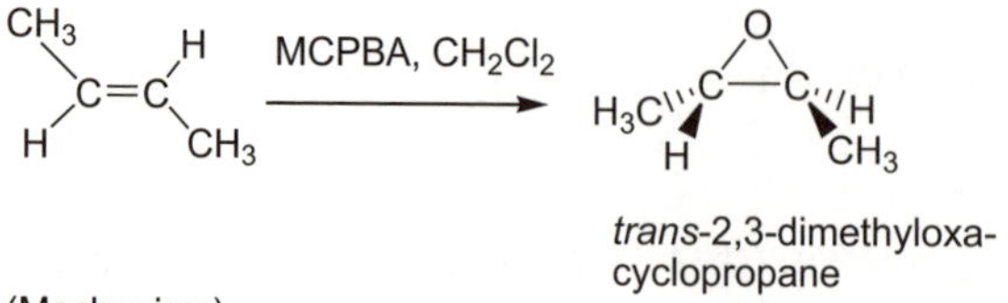
MCPBA, CH_2Cl_2
trans-2,3-dimethyloxa-
cyclopropane
(8-90)

(Mechanism)

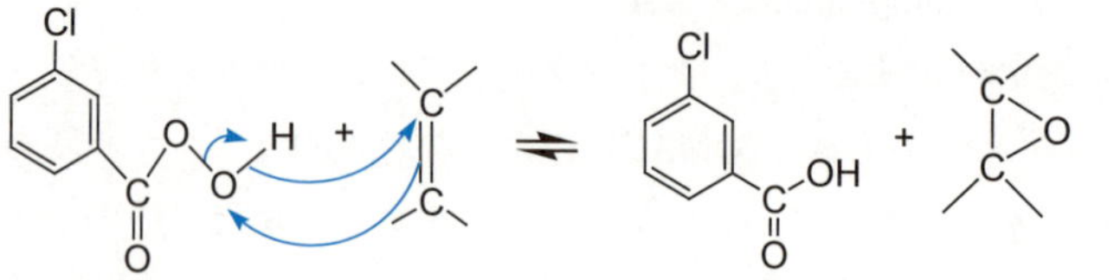
(8-91)

この反応は立体特異的に*syn*付加で進行する。そのため，形式上，式（8-91）のような協奏機構を書いているが，いったんカルボカチオン中間体を経て，非常に速い速度で環化する機構も考えられる。

(Mechanism)

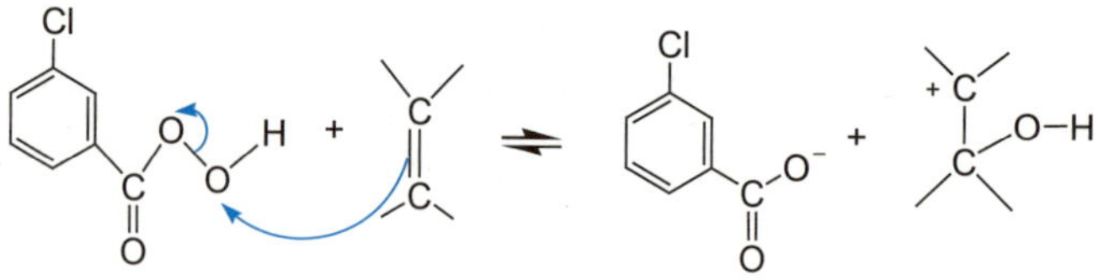
(8-92)

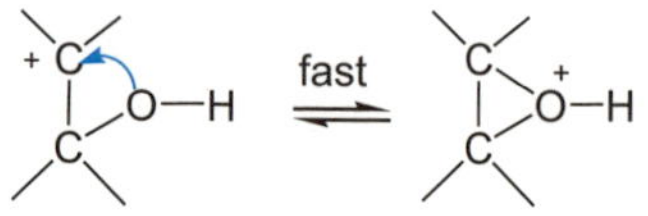
fast
(8-93)

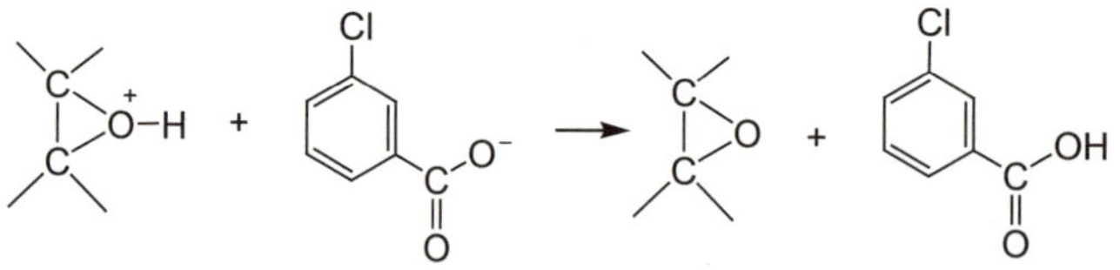
(8-94)

過酸の末端にあるOHの酸素は$ArCOO^-$によって電子を求引されているため，かなり求電子性が高い。

9 共役化合物の化学

これまではカルボニル化合物の C=O 二重結合やアルケンの C=C 二重結合の化学について学んだ。本章では二重結合と単結合とが交互に並んだ共役二重結合系について学習する。π 電子の非局在化による分子の安定化，その分子軌道法（単純 Hückel 法），Diels-Alder 反応と Woodward-Hofmann 則などが本章の主題である。

9.1 共役ジエンの水素添加熱

水素添加熱はアルケンの安定性を見積もるためのパラメータとなることについては第 5 章において述べた。もう一度復習しておこう。

$$CH_3CH_2CH=CH_2 + H_2 \xrightarrow{Pt} CH_3CH_2CH_2CH_3 \qquad \Delta H^0 = -126.9 \text{ kJ/mol} \qquad (9\text{-}1)$$

C=C 二重結合に水素添加（水添）するには触媒が必要である。Adams 触媒（PtO_2 を H_2 で還元し金属 Pt のコロイドにしたもの）や Raney Ni が触媒として用いられる。一般にオートクレーブとよばれる加圧反応器の中で水添する。H_2 分子は触媒表面に原子状に吸着する。この固体表面で *syn* 付加が起こる（図 9.1）。

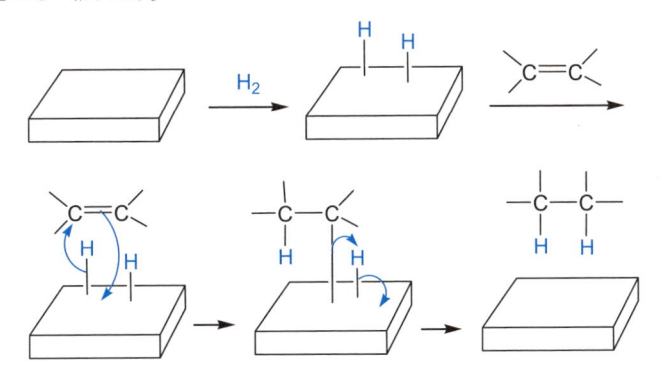

図 9.1 金属触媒表面上でのアルケンの水添

水素添加熱は水素化エンタルピー（ΔH^0）ともいう。水素化エンタルピーの意味は式（9-2）

から理解できよう。

$$\Delta H^0 = [(アルケンのπ結合を切断するのに要するエネルギー) + (H\text{-}H結合を切断するのに要するエネルギー)] - [(C\text{-}H_A結合ができたときに発生するエネルギー)$$
$$+ (C\text{-}H_B結合ができたときに発生するエネルギー)] \tag{9-2}$$

表 9.1 に種々の不飽和炭化水素の水素添加熱を示す。

表 9.1　不飽和炭化水素の水素添加熱（ΔH^0）

不飽和炭化水素		$-\Delta H^0$ (kJ/mol)
エチレン（エテン）	$CH_2=CH_2$	137.1
プロピレン（プロペン）	$CH_3CH=CH_2$	125.9
1-ブテン	$CH_3CH_2CH=CH_2$	126.9
cis-2-ブテン	$CH_3CH=CHCH_3$	119.5
trans-2-ブテン	$CH_3CH=CHCH_3$	115.6
1,3-ブタジエン	$CH_2=CH\text{-}CH=CH_2$	238.7
1,3-ペンタジエン	$CH_2=CH\text{-}CH=CH\text{-}CH_3$	226.4
1,4-ペンタジエン	$CH_2=CH\text{-}CH_2\text{-}CH=CH_2$	254.4

全ての不飽和炭化水素の ΔH^0 は負の値（発熱）である。水素添加は発熱反応で，不飽和炭化水素は対応するアルカンよりも不安定であることが良く分かる。エテンとプロペンを比較するとプロペンのほうが水素添加での発熱が少なく，プロペンのほうがエテンより安定である。理由は第 5 章にて説明した（5.4 参照）。1,3-ブタジエンは 2 個の C＝C 二重結合があり，二重結合 1 個あたりの水素添加熱は－119.3 kJ/mol である。メチル基による安定化の寄与がないエテンに比べてかなり発熱量が少ない。共役二重結合系の 1,3-ペンタジエンと非共役系の 1,4-ペンタジエンを比べても，共役二重結合系は非共役系に比べてかなり安定であることが ΔH^0 の値から分かる。共鳴理論からこの事実は式 (9-3) で示されるような π 電子の非局在化で説明される。

$$CH_2=CH\text{-}CH=CH_2 \longleftrightarrow \overset{+}{C}H_2-CH=CH-\overset{..}{\underset{..}{C}}H_2 \longleftrightarrow \overset{..}{\underset{..}{C}}H_2-CH=CH-\overset{+}{C}H_2 \tag{9-3}$$

共役二重結合系の安定化は分子軌道法からも計算で導かれる。

問題 9-1　ベンゼンの水素化エンタルピーは－208.4 kJ/mol である。この値から，ベンゼンの共鳴エネルギーを求めよ。

問題 9-2　エチン（アセチレン）の水素化エンタルピーは－314.1 kJ/mol である。この事実から，エテンとエチンの安定性を比較せよ。

9.2　Hückel 分子軌道法

第 2 章で水素分子の LCAO MO 法について学んだ。全く同等の取り扱いをエテンに対して行う

と，エテンに対する単純 Hückel 分子軌道を解くことになる。Hückel 分子軌道法（HMO 法）の基本的な考え方は以下のとおりである。

(a) C＝C 二重結合を有する化合物の特徴の大部分はその π 電子の挙動で説明できる。
(b) よって，HMO 法では π 電子が作る分子軌道（φ）とそのエネルギー（ε）のみを考える。
(c) 分子軌道法としては，LCAO MO 法を適応し，エネルギー計算には変分法を用いる。

(1) エテン（エチレン）

ではエテンの単純 HMO を解いてみよう。エテンには 1 個の π 結合がある。この結合は 2 個の p_z 軌道（p_π 軌道ともいう）の相互作用で形成される。それぞれの p_π 原子軌道（AO）を χ_1 および χ_2 とする。

$$\chi_1 + \chi_2 \longrightarrow \text{molecular orbital } (\varphi) \tag{9-4}$$

χ_1 と χ_2 とが相互作用して生じる 1 電子 π 分子軌道（MO，1 電子波動関数）を φ とすると，φ は式（9-5）のように近似される（LCAO MO 法）。

$$\varphi = C_1\chi_1 + C_2\chi_2 \tag{9-5}$$

C_1 と C_2 は AO にかかる係数である。エテン分子中の 1 個の π 電子が有するエネルギー ε は式（9-6）となる。

$$\varepsilon = <\varphi|H|\varphi^*>/<\varphi|\varphi^*> \tag{9-6}$$

H はハミルトン演算子である。φ が複素数を含む場合には，式（9-6）にはその複素共役関数 φ^* が用いられる。式（9-6）に（9-5）を代入すると，式（9-7）が得られる。

$$\varepsilon = (C_1^2\alpha_1 + 2C_1C_2\beta + C_2^2\alpha_2)/(C_1^2 + 2C_1C_2S_{12} + C_2^2) \tag{9-7}$$

ここで，

$$\alpha_1 = <\chi_1|H|\chi_1>, \alpha_2 = <\chi_2|H|\chi_2> \quad \text{クーロン積分} \quad (\alpha_1 < 0, \alpha_2 < 0) \tag{9-8}$$

$$\beta = <\chi_1|H|\chi_2> = <\chi_2|H|\chi_1> \quad \text{共鳴積分} \quad (\beta < 0) \tag{9-9}$$

$$S_{11} = <\chi_1|\chi_1> = S_{22} = <\chi_2|\chi_2> = 1 \tag{9-10}$$

$$S_{12} = <\chi_1|\chi_2> = 0 \quad \text{重なり積分} \tag{9-11}$$

ここで，第 2 章の水素分子の LCAO MO 法と少し違う近似を用いる。単純 HMO 法では S_{12} は全体に与える影響は少ないとしてゼロとおく。またエテンでは $\alpha_1 = \alpha_2 = \alpha$ とおける（見分けがつかない）。よって式（9-7）は式（9-12）となる。

$$\varepsilon = [(C_1^2 + C_2^2)\alpha + 2C_1C_2\beta]/(C_1^2 + C_2^2) \tag{9-12}$$

変分法により，式（9-12）の最もありそうな近似の ε を求めるための条件は，エネルギー ε が極小値をとる条件であり，よって

$$\partial\varepsilon/\partial C_1 = \partial\varepsilon/\partial C_2 = 0 \tag{9-13}$$

となる。式（9-12）を変形すると，

$$\varepsilon(C_1^2 + C_2^2) = (C_1^2 + C_2^2)\alpha + 2C_1C_2\beta \tag{9-14}$$

となり，両辺を C_1 および C_2 で偏微分すると，

$$\frac{\partial \varepsilon}{\partial C_1}(C_1^2 + C_2^2) + 2C_1\varepsilon = 2C_1\alpha + 2C_2\beta$$

$$\frac{\partial \varepsilon}{\partial C_2}(C_1^2 + C_2^2) + 2C_2\varepsilon = 2C_2\alpha + 2C_1\beta \tag{9-15}$$

$\partial\varepsilon/\partial C_1 = \partial\varepsilon/\partial C_2 = 0$ を式 (9-15) に入れ，C_1 と C_2 とで整理すると，

$$(\varepsilon - \alpha)C_1 - C_2\beta = 0$$
$$(\varepsilon - \alpha)C_2 - C_1\beta = 0 \tag{9-16}$$

となる。

$$(\varepsilon - \alpha)/\beta = \lambda \tag{9-17}$$

と置くと，

$$-C_1\lambda + C_2 = 0$$
$$C_1 - C_2\lambda = 0 \tag{9-18}$$

となる。式 (9-18) は永年方程式であり，これより永年行列式は

$$\begin{vmatrix} -\lambda & 1 \\ 1 & -\lambda \end{vmatrix} = 0 \tag{9-19}$$

となる。式 (9-19) を解くと，

$$\lambda = \pm 1 \tag{9-20}$$

が得られる。式 (9-17) から，

$$\varepsilon = \alpha + \lambda\beta \tag{9-21}$$

であるので，エテンの π 電子エネルギー ε（π 電子 1 個に対するエネルギー）は

$$\varepsilon_1 = \alpha + \beta, \ \varepsilon_2 = \alpha - \beta \tag{9-22}$$

と 2 つ求まることになる。

分子軌道 φ の規格化の条件は

$$\varphi^2 = C_1^2 + 2C_1C_2S_{12} + C_2^2 = C_1^2 + C_2^2 = 1 \tag{9-23}$$

である。式 (9-18) から

$$C_2 = C_1\lambda \tag{9-24}$$

式 (9-23) と (9-24) から

$$C_1^2 + C_1^2\lambda^2 = (1 + \lambda^2)C_1^2 = 1 \tag{9-25}$$

よって，C_1 として正の値をとることになっているので，

$$C_1 = \sqrt{\frac{1}{1 + \lambda^2}} \tag{9-26}$$

$\lambda = 1$ のとき，

$$C_1 = C_2 = \frac{1}{\sqrt{2}} \tag{9-27}$$

よって，式 (9-5) より

$$\varphi_1 = \frac{1}{\sqrt{2}}(\chi_1 + \chi_2) \tag{9-28}$$

$\lambda = -1$ のとき，

$$C_1 = -C_2 = \frac{1}{\sqrt{2}} \tag{9-29}$$

よって，式 (9-5) より

$$\varphi_2 = \frac{1}{\sqrt{2}}(\chi_1 - \chi_2) \tag{9-30}$$

と求まる。

これで，エテンの HMO は計算できたことになる。この分子軌道計算から分かる事は何であろうか？

2つの水素原子から1つの水素分子ができるときのことを思い出そう（第2章）。φ_1 は2つの p_π 原子軌道のローブの位相が同じときにできる結合性 π 分子軌道であり，φ_2 はローブの符号が逆符号のときにできる反結合性 π^* 分子軌道である。

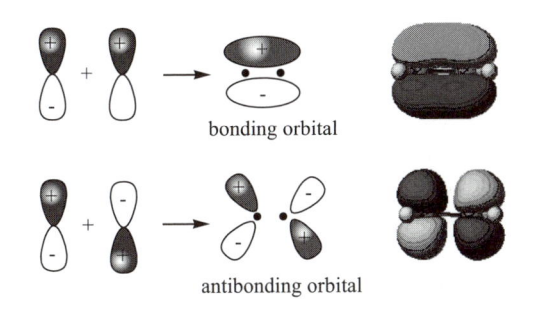

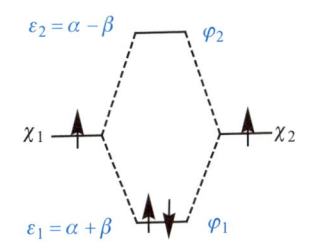

図 9.2　エテン（エチレン）の結合性 π 分子軌道と反結合性 π^* 分子軌道

単純 Hückel 法の計算は π 軌道しか取り扱わない。これまで各章において用いている AM1 という計算法は，σ 軌道まで含めた全ての分子軌道をコンピュータを用いて計算する。このような時代に単純 Hückel 法にどれだけの意味があるのかと問われるかもしれない。しかし，手計算で解ける単純 Hückel 法では分子軌道計算に直接触れることができ，それを有機化学の理解に使えるという快感がある。是非その快感を味わって欲しい。

(2) 1,3-ブタジエン

エテンのHMO法を実際に計算してみると，HMOを解くのは永年方程式を立て，永年行列式を解くことにあるということに気づく。そこで，共役二重結合系の永年方程式の技術的な立て方を学ぶことにしよう。勿論手順を追って永年行列式にたどり着くことは大切であるが，それは各自で試みて欲しい。

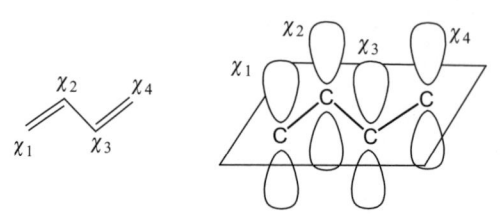

図9.3　1,3-ブタジエンのp_π原子軌道

まず，1,3-ブタジエンのLCAO MOは

$$\varphi = C_1\chi_1 + C_2\chi_2 + C_3\chi_3 + C_4\chi_4 \tag{9-31}$$

「共役二重結合系においては，式（9-17）で定義されるλにLCAO MOにかかる係数C_nをかけた結果は，その両隣の原子軌道にかかる係数の和である」，という一般則を用いるといとも簡単に永年方程式が立てられる。1,3-ブタジエンの場合には次のようになる。

$$C_1\lambda = C_2 \tag{9-32-1}$$
$$C_2\lambda = C_1 + C_3 \tag{9-32-2}$$
$$C_3\lambda = C_2 + C_4 \tag{9-32-3}$$
$$C_4\lambda = C_3 \tag{9-32-4}$$

式（9-32）から，永年行列式は式（9-33）となる。

$$\begin{vmatrix} -\lambda & 1 & 0 & 0 \\ 1 & -\lambda & 1 & 0 \\ 0 & 1 & -\lambda & 1 \\ 0 & 0 & 1 & -\lambda \end{vmatrix} = 0 \tag{9-33}$$

この4行4列の行列式は，小行列を用いて展開すると良い。2列にλをかけて1列に加えた後，小行列を用いて展開する。行列式の定理を忘れた場合には，数学の教科書を読み返して欲しい。

$$\begin{vmatrix} -\lambda+\lambda & 1 & 0 & 0 \\ 1-\lambda^2 & -\lambda & 1 & 0 \\ 0+\lambda & 1 & -\lambda & 1 \\ 0+0 & 0 & 1 & -\lambda \end{vmatrix} = \begin{vmatrix} 0 & 1 & 0 & 0 \\ 1-\lambda^2 & -\lambda & 1 & 0 \\ \lambda & 1 & -\lambda & 1 \\ 0 & 0 & 1 & -\lambda \end{vmatrix} = 0 \times \begin{vmatrix} -\lambda & 1 & 0 \\ 1 & -\lambda & 1 \\ 0 & 1 & -\lambda \end{vmatrix} -1 \times \begin{vmatrix} 1-\lambda^2 & 1 & 0 \\ \lambda & -\lambda & 1 \\ 0 & 1 & -\lambda \end{vmatrix} +$$

$$0 \times \begin{vmatrix} 1-\lambda^2 & -\lambda & 0 \\ \lambda & 1 & 1 \\ 0 & 0 & -\lambda \end{vmatrix} -0 \times \begin{vmatrix} 1-\lambda^2 & -\lambda & 1 \\ \lambda & 1 & -\lambda \\ 0 & 0 & 1 \end{vmatrix} = \lambda^4 - 3\lambda^2 + 1 = 0 \tag{9-34}$$

式（9-34）から

$$\lambda^2 = \frac{3 \pm \sqrt{5}}{2} \tag{9-35}$$

であるから，

$$\lambda = \pm\sqrt{\frac{3\pm\sqrt{5}}{2}} = 1.6180, 0.6180, -0.6180, -1.6180 \tag{9-36}$$

と求まる。式（9-21）から，1,3-ブタジエンの分子軌道は4つあり，それぞれの1電子π電子エネルギー ε はエネルギーの低い順に，

$$\varepsilon_1 = \alpha + 1.6180\beta$$
$$\varepsilon_2 = \alpha + 0.6180\beta$$
$$\varepsilon_3 = \alpha - 0.6180\beta$$
$$\varepsilon_4 = \alpha - 1.6180\beta \tag{9-37}$$

となる。クーロン積分 α も共鳴積分 β もともに負の値をとることを再認識しよう（式（9-8），（9-9）参照）。負に大きなエネルギーほど安定な準位である。

次に，4つのエネルギー準位に対応する分子軌道 φ を求める。まず，分子軌道 φ は規格化（$<\varphi|\varphi> = 1$）されていなければならないので，式（9-31）から

$$<\varphi|\varphi> = <(C_1\chi_1 + C_2\chi_2 + C_3\chi_3 + C_4\chi_4)|(C_1\chi_1 + C_2\chi_2 + C_3\chi_3 + C_4\chi_4)>$$
$$= C_1^2 + C_2^2 + C_3^2 + C_4^2 = 1 \tag{9-38}$$

式（9-38）で

$$<\chi_m|\chi_n> = 0 \quad n \neq m \tag{9-39}$$

という仮定が使われていることに注意しよう。C_n の決定には式（9-38）と永年方程式（式（9-32））を用いる。1つだけ計算してみよう。式（9-32-1）と式（9-32-4）を式（9-32-2）と式（9-32-3）へ代入すると，

$$C_4\lambda = C_1(\lambda^2 - 1)$$
$$C_1\lambda = C_4(\lambda^2 - 1) \tag{9-40}$$

式（9-40）の比をとると，

$$C_4/C_1 = C_1/C_4, \quad C_1^2 = C_4^2 \tag{9-41}$$

よって，

$$C_1 = \pm C_4 \tag{9-42}$$

式（9-42）および式（9-32）から，

$$C_2 = \pm C_3$$

となる。したがって式（9-38）から

$$2(C_1^2 + C_2^2) = 1 \tag{9-43}$$

が得られ，式（9-43）と式（9-32-1）から

$$C_1 = \sqrt{\frac{1}{2(1+\lambda^2)}} \tag{9-44}$$

となる。

$\lambda = 1.6180$ のとき，式（9-44）から

$$C_1 = 0.3714 = C_4 \tag{9-45}$$

$C_1 = C_4$ のとき，式（9-32）から $C_2 = C_3$ となるので，式（9-32-1）から

$$C_2 = C_1\lambda = 0.3714 \times 1.6180 = 0.6015 = C_3 \tag{9-46}$$

これで，$\lambda = 1.6180$ の場合の分子軌道が求まったことになる。ただし，解の確認を必ず行う必要がある。求まった $C_1 \sim C_4$ の値を式 (9-32) に代入して，式 (9-32) が成り立つことを確認する。他の3つの λ についても式(9-44)から計算し，解の確認を行う。結果をまとめると次のようになる。

$$\varphi_1 = 0.3717\,(\chi_1 + \chi_4) + 0.6015\,(\chi_2 + \chi_3)$$
$$\varphi_2 = 0.6015\,(\chi_1 - \chi_4) + 0.3717\,(\chi_2 - \chi_3)$$
$$\varphi_3 = 0.6015\,(\chi_1 + \chi_4) - 0.3717\,(\chi_2 + \chi_3)$$
$$\varphi_4 = 0.3717\,(\chi_1 - \chi_4) - 0.6015\,(\chi_2 - \chi_3) \tag{9-47}$$

4個の π 電子からできている共役二重結合系の 1,3-ブタジエンの HMO を解くと，この化合物は4個の π 分子軌道を持っていることが分かる。図示すると図 9.4 のようになる。

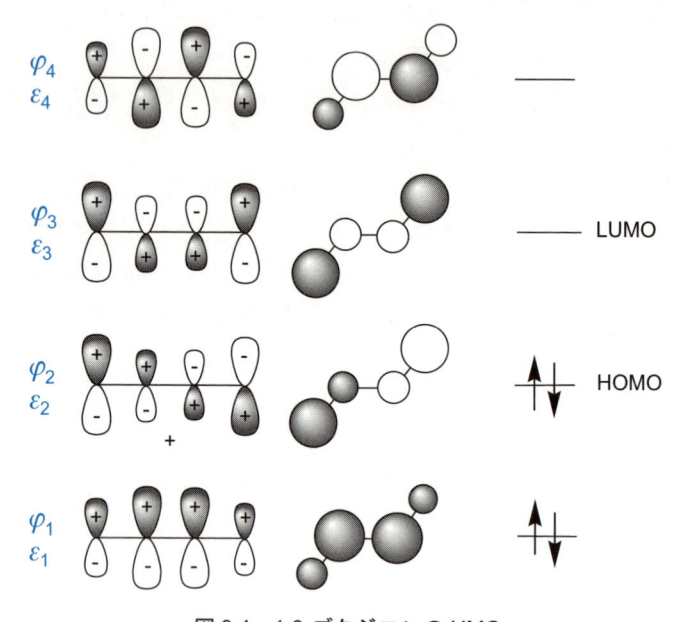

図 9.4　1,3-ブタジエンの HMO

1,3-ブタジエンの4つの π 分子軌道のうち，φ_1 と φ_2 は結合性 π 分子軌道で，それぞれの軌道に2個ずつ π 電子がスピンの向きを反対にして入る。φ_3 と φ_4 は反結合性 π^* 分子軌道であり，普通は電子がない空の状態である。結合性軌道のうち，エネルギーの最も高い軌道が最高被占軌道（highest occupied molecular orbital, HOMO）であり，反結合性軌道のうち，最もエネルギーの低い軌道が最低空軌道（lowest unoccupied molecular orbital, LUMO）である。

(3) HMO と AM1 の比較

単純 HMO 法の計算結果を，σ 結合まで含めた全ての分子軌道を計算できる AM1 計算結果と比較し，対応する軌道のみを示すと図 9.5 のようになる。

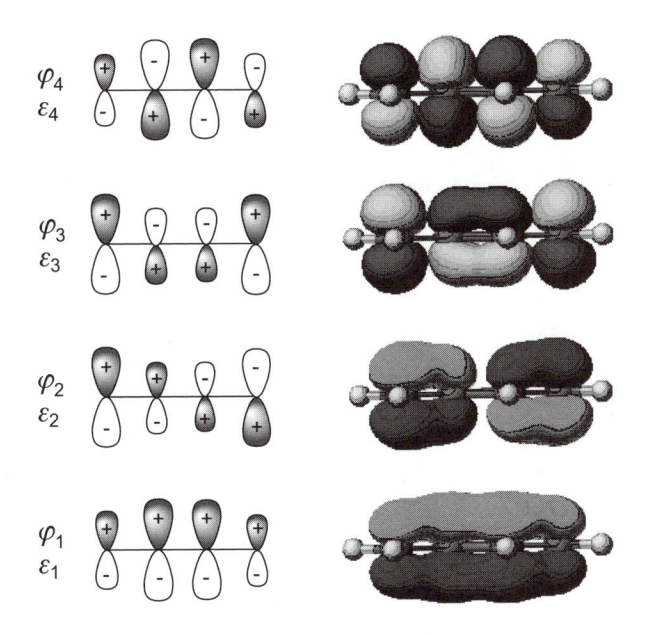

図 9.5 単純 HMO 計算結果（左）と AM1 計算結果（右）（参考図 20 参照）

単純 HMO 法の計算結果は AM1 で計算した π 分子軌道の結果と良く一致している。

(4) 共鳴エネルギー

では，共役二重結合系の共鳴エネルギーをこれまでの計算結果から求めてみよう。1,3-ブタジエンの 1π 電子エネルギーが式 (9-37) に示されている。各 ε_n は，n 番目の分子軌道にある 1 個の π 電子のエネルギーであるので，全 π 電子エネルギー E は，

$$E = 2(\alpha + 1.6180\beta) + 2(\alpha + 0.6180\beta) = 4\alpha + 4.4720\beta \tag{9-48}$$

一方，非共役系の π 電子エネルギーはエテンの結果を用いる。1,3-ブタジエンに対応させるためには，1 つの孤立 π 電子系の結果を 2 倍すればよい。

$$E_{\text{loc}} = 2[2(\alpha + \beta)] = 4\alpha + 4\beta \tag{9-49}$$

α も β も負の値をとるので，1,3-ブタジエンの π 電子エネルギーのほうが，-0.4720β だけ安定ということになる。この ΔE が共役 π 電子系の共鳴エネルギー（resonance energy）あるいは π 電子の非局在化エネルギー（delocalization energy）である。

> 問題 9-3　水素化エンタルピーの測定結果を用いて，1,3-ブタジエンの共鳴積分 β の値を見積もれ。

(5) 共役二重結合系の分子軌道の特徴

1,3-ブタジエンの φ_2 にはローブの符号が逆転するところがある（図 9.6）。

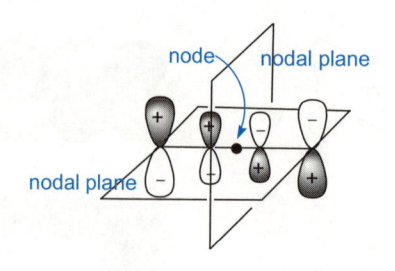

図 9.6　節と節面

ローブの符号が逆転する箇所の点を節（node）といい，節を含む面を節面（nodal plane）という。分子軌道には次のような特徴がある。

a) 図 9.6 の水平な節面は無視すると，分子軌道のエネルギーが高くなるにつれて，節面の数は，0 → 1 → 2 → 3 と，順番に増えていく。

b) ローブの両端の符号は図の上から眺めたときに，（＋ ＋）→（＋ −）→（＋ ＋）→（＋ −）と規則的に変化する。

c) 分子軌道を図 9.4 の左のように 2 次元平面に書いたとき，分子軌道の中央に置かれた鏡面に対する対称性は，S → A → S → A と変わる。ここで，S および A は対称（symmetry）および反対称（asymmetry）の略である。

d) 分子軌道を図 9.4 の左のように書いたとき，分子軌道の中央に置かれた対称軸に対する対称性は，A → S → A → S と変化する。

共役二重結合を構成する r 番目の sp² 炭素上の π 電子密度 q_r は次式で与えられる。

$$q_r = \sum_{j=1}^{m} \nu_j C_{jr}^2 \tag{9-50}$$

ここで，ν_j は j 番目の分子軌道 φ_j を占める電子の数，C_{jr} は φ_j の各 p_π 原子軌道 χ_r にかかる係数，m は電子が入っている軌道の内の m 番目を表す。1,3-ブタジエンでは

$$\begin{aligned}
q_1 &= 2 \times (0.3717)^2 + 2 \times (0.6015)^2 &= 1.000 \\
q_2 &= 2 \times (0.6015)^2 + 2 \times (0.3717)^2 &= 1.000 \\
q_3 &= 2 \times (0.6015)^2 + 2 \times (-0.3717)^2 &= 1.000 \\
q_4 &= 2 \times (0.3717)^2 + 2 \times (-0.6015)^2 &= 1.000
\end{aligned} \tag{9-51}$$

となり，全ての sp² 炭素上の π 電子密度は 1.000 となり，等しい。

共役二重結合系の r 番目の sp² 炭素とその隣の s 番目の sp² 炭素との間の結合次数 p_{rs} は，

$$p_{rs} = \sum_{j=1}^{m} \nu_j C_{jr} C_{js} \tag{9-52}$$

で表される。1,3-ブタジエンでは，

$$\begin{aligned}
p_{12} &= 2 \times 0.3717 \times 0.6015 + 2 \times 0.6015 \times 0.3717 &= 0.8943 \\
p_{23} &= 2 \times 0.6015 \times 0.6015 + 2 \times 0.3717 \times (-0.3717) &= 0.4473 \\
p_{34} &= 2 \times 0.6015 \times 0.3717 + 2 \times (-0.3717) \times (-0.6015) &= 0.8943
\end{aligned} \tag{9-53}$$

となる。この結合次数はπ電子についてのみの次数であり，σ結合の次数を1とすると，1,3-ブタジエンの結合次数は図9.7のようになる。

図9.7　1,3-ブタジエンのπ電子密度（q_r）と結合次数（p_{rs}）

2番目と3番目のsp^2炭素間にもπ電子が存在していることが結合次数から分かる。

（6）その他の共役二重結合系の単純 HMO

アリルカチオンは共鳴によって安定化された第1級カルボカチオンである。このアリルカチオンに対する単純 HMO を取り扱う。

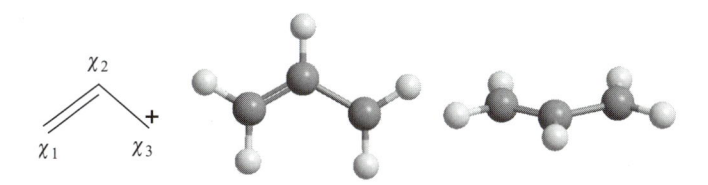

図9.8　アリルカチオン

LCAO MO は

$$\varphi = C_1\chi_1 + C_2\chi_2 + C_3\chi_3 \tag{9-54}$$

単純 HMO を解いた結果は以下の通りである。

$$\varphi_1 = \frac{1}{2}(\chi_1 + \sqrt{2}\chi_2 + \chi_3) \qquad \varepsilon_1 = \alpha + \sqrt{2}\beta$$

$$\varphi_2 = \frac{1}{\sqrt{2}}(\chi_1 - \chi_3) \qquad \varepsilon_2 = \alpha$$

$$\varphi_3 = \frac{1}{2}(\chi_1 - \sqrt{2}\chi_2 + \chi_3) \qquad \varepsilon_1 = \alpha - \sqrt{2}\beta \tag{9-55}$$

アリルカチオンの正電荷が入っている炭素は sp^2 混成軌道で，正電荷は p_z 軌道にある。よって，C＝C 二重結合と正電荷とは共役した関係にある。アリルカチオンの全π電子エネルギー E は

$$E = 2(\alpha + \sqrt{2}\beta) \tag{9-56}$$

同じ1つのπ結合を有するエテンの E と比べると，アリルカチオンは -0.8284β の共鳴エネルギーを持つことになる。

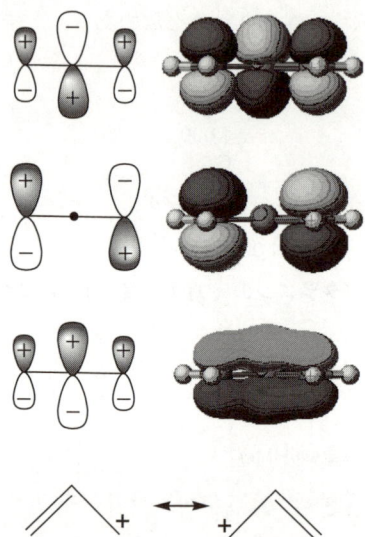

図 9.9　アリルカチオンの単純 HMO および AM1 計算結果とアリルカチオンの共鳴（参考図 21 参照）

> 問題 9-4　アリルカチオンの単純 HMO を解いて，分子軌道とそのエネルギーを求めよ。また，各 sp^2 炭素上の電子密度と各結合の結合次数を求めよ。

では環状完全共役二重結合系のベンゼンはどうだろうか？まずベンゼンの永年方程式は式 (9-57) となる。

$$C_1\lambda = C_2 + C_6$$
$$C_2\lambda = C_1 + C_3$$
$$C_3\lambda = C_2 + C_4$$
$$C_4\lambda = C_3 + C_5$$
$$C_5\lambda = C_4 + C_6$$
$$C_6\lambda = C_1 + C_5 \tag{9-57}$$

よって，永年行列式は

$$\begin{vmatrix} -\lambda & 1 & 0 & 0 & 0 & 1 \\ 1 & -\lambda & 1 & 0 & 0 & 0 \\ 0 & 1 & -\lambda & 1 & 0 & 0 \\ 0 & 0 & 1 & -\lambda & 1 & 0 \\ 0 & 0 & 0 & 1 & -\lambda & 1 \\ 1 & 0 & 0 & 0 & 1 & -\lambda \end{vmatrix} = 0 \tag{9-58}$$

式 (9-58) を小行列で解くと，

$$(\lambda^2 - 1)(\lambda^2 - 1)(\lambda^2 - 4) = 0 \tag{9-59}$$

となり，ベンゼンの π 電子エネルギーは次のように求められる。

$$\varepsilon_1 = \alpha + 2.0000\,\beta$$

$$\varepsilon_2 = \alpha + 1.0000\,\beta$$
$$\varepsilon_3 = \alpha + 1.0000\,\beta$$
$$\varepsilon_4 = \alpha - 1.0000\,\beta$$
$$\varepsilon_5 = \alpha - 1.0000\,\beta$$
$$\varepsilon_6 = \alpha - 2.0000\,\beta \tag{9-60}$$

これまでの方法でベンゼンの HMO を決定するのは難しい。群論（group theory）という分子の対称を数学的に取り扱う手法を用いれば，簡単にベンゼンの 6 つの HMO が決定できる。結果だけを以下に示す。

$$\varphi_1 = 0.4083(\chi_1 + \chi_2 + \chi_3 + \chi_4 + \chi_5 + \chi_6)$$
$$\varphi_2 = 0.5774(\chi_1 - \chi_4) + 0.2887(\chi_2 - \chi_3 - \chi_5 + \chi_6)$$
$$\varphi_3 = 0.5000(\chi_2 + \chi_3 - \chi_5 - \chi_6)$$
$$\varphi_4 = 0.5000(\chi_2 - \chi_3 + \chi_5 - \chi_6)$$
$$\varphi_5 = 0.5774(\chi_1 + \chi_4) - 0.2887(\chi_2 + \chi_3 + \chi_5 + \chi_6)$$
$$\varphi_6 = 0.4083(\chi_1 - \chi_2 + \chi_3 - \chi_4 + \chi_5 - \chi_6) \tag{9-61}$$

φ_2 と φ_3，φ_4 と φ_5 は同じエネルギー値を持つ。このような分子軌道は縮重（縮退）しているという。ベンゼンの全 π 電子エネルギー E は，

$$E = 2(\alpha + 2\beta) + 2(\alpha + \beta) + 2(\alpha + \beta) = 6\alpha + 8\beta \tag{9-62}$$

であり，共鳴エネルギーは -2β にもなる。

> **問題 9-5** 式 (9-58) の永年行列式を小行列に展開して式 (9-59) へ導け。
> **問題 9-6** ベンゼンの水素化エンタルピーの値（問題 9-1）から，ベンゼンの共鳴積分 β の値を見積もれ。

(7) Diels-Alder 反応

エテンと 1,3-ブタジエンとを封管中で 200 ℃ に加熱すると，約 20% の収率でシクロヘキセンが生成する。

$$\text{(diene)} + \text{(ethene)} \rightleftarrows \text{(cyclohexene)} \tag{9-63}$$

この反応は協奏的に進行する環化付加反応（cycloaddition reaction）である。式 (9-64) に示されるように，この反応では電子が 2 つの分子のヘリを輪を描くように移動して反応が起こり，いかなる中間体も生じない。このような反応をペリ環状反応（pericyclic reaction）という。ペリとは「周辺」といった意味である。また Diels-Alder 反応は可逆的である。

$$\tag{9-64}$$

diene　dienophile

1,3-ブタジエンをジエン成分（diene），エテンを親ジエン成分（dienophile）とよび，関与する π 電子の組み合わせがジエンの 4 と親ジエンの 2 であるので，[4 + 2] 環化付加反応と分類する。

ジエン成分に電子供与性基をつけるか，親ジエン成分に電子求引性基をつけると，Diels-Alder 反応が進行しやすくなる。

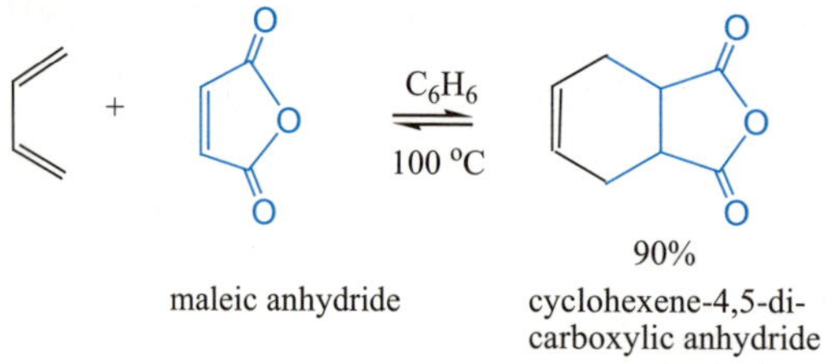

C6H6
100 °C
90%
maleic anhydride
cyclohexene-4,5-di-
carboxylic anhydride

(9-65)

ether
25 °C
CHO
H
cyclopentadiene
2-propenal
endo
main
exo
minor

(9-66)

1,3-ブタジエンが無水マレイン酸と反応するには，シソイド（cisoid）あるいは *s-cis*（σ 結合に対して *cis*）とよばれる構造をとる必要があり，トランソイド（transoid）あるいは *s-trans* の構造からは環化付加反応は起こらない。この点，シクロペンタジエンはもともと *s-cis* 構造になっており，Diels-Alder 反応には都合が良い。Diels-Alder 反応が協奏的に進行することは，次の立体特異的反応からも証明される。

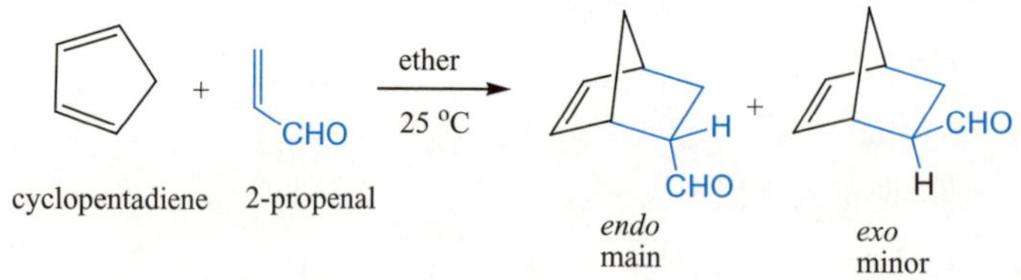

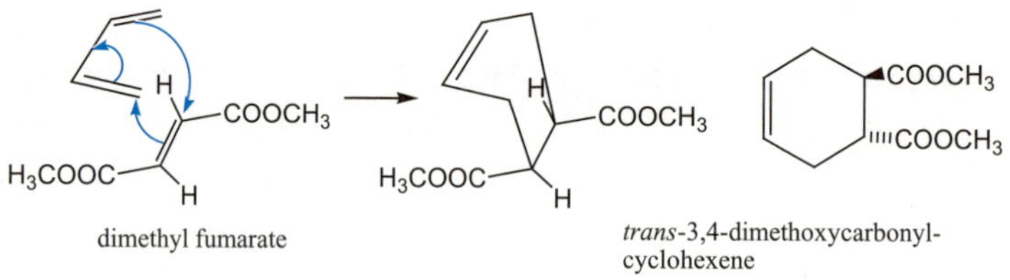

H
COOCH3
H3COOC
H
dimethyl fumarate
COOCH3
COOCH3
trans-3,4-dimethoxycarbonyl-
cyclohexene

(9-67)

このような [4 + 2] 環化付加反応は熱的に進行するが，次のような [2 + 2] 環化付加反応は熱的には進行しない。

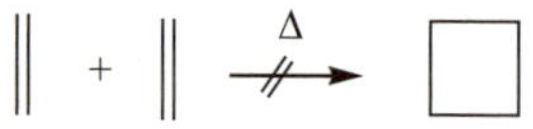

Δ

(9-68)

しかし，エテンの Diels-Alder 反応は光化学的には進行する。

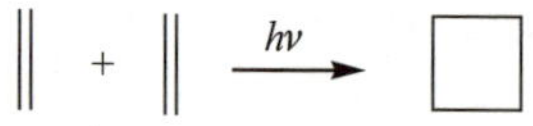

hν

(9-69)

このような Diels-Alder 反応の反応性は，分子軌道法に基づく Woodward-Hoffmann 則によって理解される。

(8) Woodward–Hoffmann 則

Woodward-Hoffmann 則は「軌道対称性の理論」ともいわれ，「Diels-Alder 反応においては，反

応に関与する一方の不飽和炭化水素のHOMO（あるいはLUMO）の軌道の対称性が，他方の不飽和炭化水素のLUMO（あるいはHOMO）の軌道の対称性と合うときには，その環化付加反応は許容（allowed）であり，合わなければ禁制（forbidden）である」というものである．この理論には，第2章で述べた福井謙一によるフロンティア電子理論が用いられている．軌道対称性が合うということはどういうことなのだろうか？簡単に言えば，反応する点での軌道のローブの符号が同じであるということである．エテンと1,3-ブタジエンを例にとり考えてみる．エテンと1,3-ブタジエンの単純HMO計算の結果はすでに図9.2と9.4に示してある．

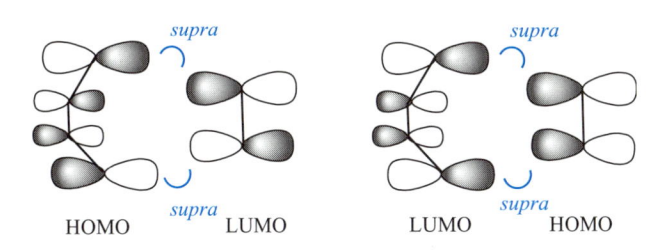

図 9.10　1,3-ブタジエンとエテン（エチレン）の環化付加反応における軌道対称性

図9.10を見ると，ジエンのHOMOと親ジエンのLUMOという組み合わせでも，ジエンのLUMOと親ジエンのHOMOでも，反応点での軌道の対称性は合っている．このように軌道の対称性が合う関係を同面的（suprafacial）という．一方のHOMOと他方のLUMOとが*supra-supra*の関係がある反応は熱的に許容である．ジエンには電子供与性の基が，親ジエンには電子求引性の基が付いたほうが反応しやすくなることを考えると，ジエンのHOMO，親ジエンのLUMOの組み合わせを考えるのが妥当であろう．このように，一方のHOMOと他方のLUMOの軌道を直接合わせてみて，環化付加反応の進行を判定する方法を，HOMO-LUMO法とよぶ．

ではエテンの[2 + 2]環化付加反応はどうだろうか？

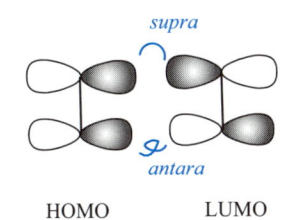

図 9.11　エテン（エチレン）の環化付加反応における軌道対称性

図9.11からも明らかなように軌道対称性の合わない組み合わせが1つある．このような関係を反面的（antarafacial）という．一方のHOMOと他方のLUMOとが*supra-antara*の組み合わせは熱的に禁制である．

では，エテンの光化学的な反応はどうだろうか？分子が光を吸収するということは，光を吸収していない状態（基底状態という）の結合性軌道にある1個の電子が，反結合性軌道に励起されることである．共役系の分子ではHOMOにある電子がLUMOに励起されるのが最もエネルギー

が少なくてすむ。

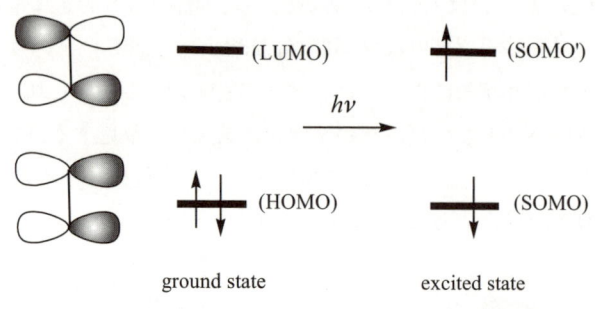

ground state　　　　　　　excited state

図 9.12　エテン（エチレン）の基底状態と励起状態

光化学反応は次のような過程で起こる。

$$\text{CH}_2=\text{CH}_2 + h\nu \longrightarrow \text{CH}_2=\text{CH}_2{}^* \tag{9-70}$$

$$\text{CH}_2{}^*=\text{CH}_2 + \text{CH}_2=\text{CH}_2 \longrightarrow \square \tag{9-71}$$

＊は光励起状態を表す。励起状態で，電子を1個しか持たない軌道は半占軌道（singly occupied molecular orbital, SOMO および SOMO'）という（図 9.12 参照）。このような光反応においては，熱反応（暗反応ということがある）における HOMO が SOMO' である。よって，光化学反応では一方のSOMO'と基底状態にある他方のLUMOの軌道対称性の相関を見ることになる。

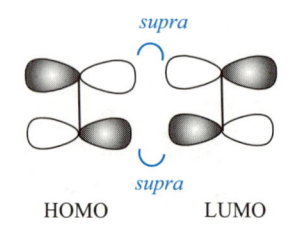

HOMO　　　　LUMO

図 9.13　エテン（エチレン）の光化学反応における軌道対称性

図 9.13 に示すように，エテンの光化学的 [2 + 2] 環化付加反応は *supra-supra* で許容である。

シクロペンタジエンは室温に放置しておくと次第に粘度の高い液体になってくる。これはシクロペンタジエンの [4 + 2] 環化付加反応が進行するためであるが，このものを加熱するともとのシクロペンタジエンに戻る。シクロペンタジエンはジエン成分にも親ジエン成分にもなりうる。シクロペンタジエンの分子軌道は単純HMO法では1,3-ブタジエンと同じであることに注意せよ。

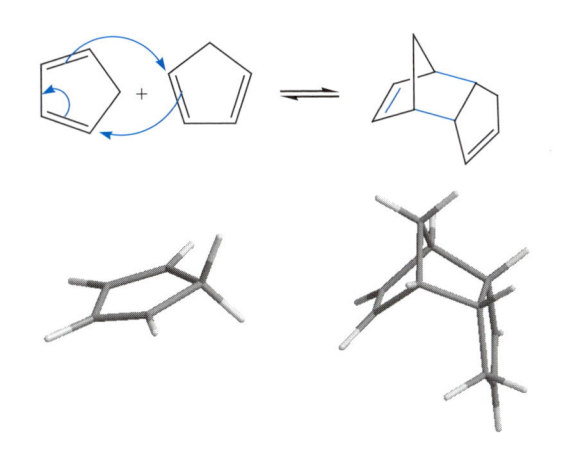

図 9.14　シクロペンタジエンの熱的二量化反応（原料と生成物の分子模型の
C＝C 二重結合は一本の棒で表現されているので注意すること）

HOMO-LUMO 法以外に相関図法（correlation diagram method）もあるが，本書では割愛する。

> 問題 9-7　1,3-ブタジエンとエテンの [4 + 2] 環化付加反応は光化学的に禁制であることを，Wooward-Hoffmann 則の HOMO-LUMO 法で説明せよ。
> 問題 9-8　1,3-ブタジエンとアリルカチオンの環化付加反応は熱的に進行するかどうかを，Woodward-Hoffmann 則の HOMO-LUMO 法で判定せよ。
> 問題 9-9　1,3-ブタジエン同士の [4 + 4] 環化付加反応について，Woodward-Hoffmann 則から考察せよ。

(8) 電子環状反応と Woodward-Hoffmann 則

共役二重結合を有する化合物は，熱的あるいは光化学的に分子の末端の sp^2 炭素間に σ 結合が形成されて，環状不飽和炭化水素に変化する。

　　　　　　　　　　　　　　　　　　　　　　　　　　　　　　　　　　　　　　(9-72)

　　　　　　　　　　　　　　　　　　　　　　　　　　　　　　　　　　　　　　(9-73)

このような分子内ペリ環状反応を電子環状反応（electrocyclic reaction）とよぶ。この反応も可逆的である。(2E,4Z,6E)-オクタトリエンの電子環状反応は立体特異的に進行する。

　(2E,4Z,6E)-オクタトリエンの熱反応では cis-5,6-ジメチル-1,3-シクロヘキサジエンが立体特異的に生成するが（図 9.15），光化学的には trans-5,6-ジメチル-1,3-シクロヘキサジエンが立体特異的に生成する（式 (9-74)）。

図9.15 (2E,4Z,6E)-オクタトリエンの立体特異的電子環状反応（熱反応）

$$\xrightarrow{h\nu} \tag{9-74}$$

このような立体特異的電子環状反応も，Woodward-Hoffmann則から理解される。

まず，(2E,4Z,6E)-オクタトリエンのHMOが分からなければならない。この分子の両末端（α, ω-位）にあるメチル基は単純HMOによる分子軌道計算には関係しない。よって，1,3,5-ヘキサトリエンの分子軌道が分かればよいことになる。もっというと，各分子軌道のローブの符号が分かれば，Woodward-Hoffmann則を使うことができる。1,3,5-ヘキサトリエンには6個のπ電子があるので，6個のπ分子軌道がある。9.2 (5) で解説した単純HMOの特徴をもとに，大体の分子軌道のローブの符号を決めることができる。まず，φ_1とφ_6は自動的に決定できる。

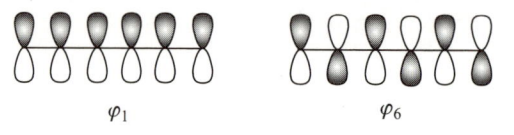

φ_1　　　　　φ_6

次にφ_2は節面が1つであるのですぐに決められる。

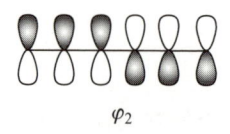

φ_2

φ_3は鏡面に対してS，C_2回転軸に対してAであり，かつ節面が2つある。このようなMOには次のような可能性がある。

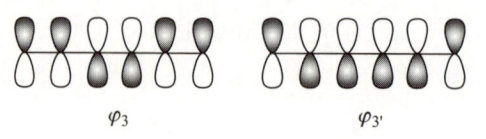

φ_3　　　　　$\varphi_{3'}$

φ_3 としてはバランスの良い左側の MO を採用する。φ_4 は両末端のローブの符号は（＋，−）であり，鏡面に対して A，対称軸に対して S，かつ節面は 3 個ある。このような MO としては次のような可能性がある。

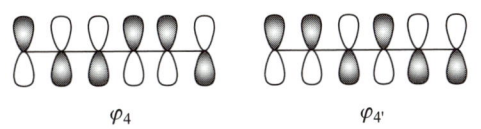

$$\varphi_4 \qquad \varphi_{4'}$$

分子軌道はエネルギーが高くなるにつれ，できるだけ端のほうでローブの符号を変える傾向がある。よって，φ_4 としては左を採用する。最後に残ったのは φ_5 である。両端のローブの符号は（＋，＋）であり，鏡面に対して S，対称軸に対して A，節面が 4 個となると，次の MO しかない。

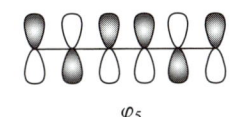

$$\varphi_5$$

これで全ての MO のローブの符号を決めることができた。

さて，電子環状反応に戻ろう。電子環状反応は分子内の反応であり，他の分子に電子を注入したり，他の分子から電子を受容したりしないので，熱反応におけるフロンティア軌道は，$(2E,4Z,6E)$-オクタトリエンの HOMO である。では，$(2E,4Z,6E)$-オクタトリエンの HOMO の軌道対称性を見てみよう。

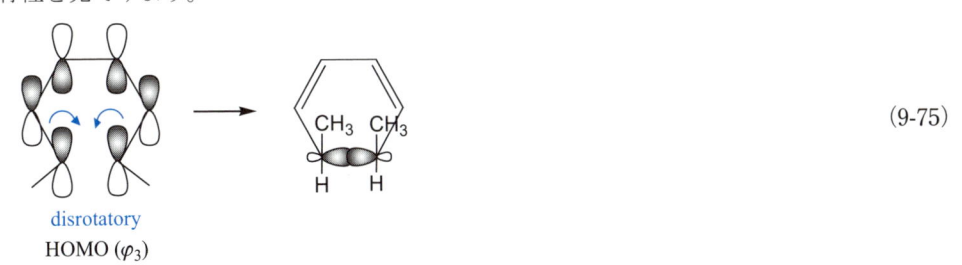

disrotatory
HOMO (φ_3) (9-75)

$(2E,4Z,6E)$-オクタトリエンの HOMO は φ_3 である。式（9-75）に示したように，環化するときに反応する両末端のローブの符号が同じになるためには，これらのローブがお互い反対方向に 90°回転しなければならない。このような回転を逆旋的（disrotatory）な回転という。逆旋的な回転をして環化すると，生成物は cis-5,6-ジメチル-1,3-シクロヘキサジエンのみとなる。絶対に trans- 体は生成しないことが分かる。

一方，光化学反応の場合にはフロンティア軌道は SOMO' となる。$(2E,4Z,6E)$-オクタトリエンの SOMO' は φ_4 であり，その軌道対称性は式（9-76）のようになる。

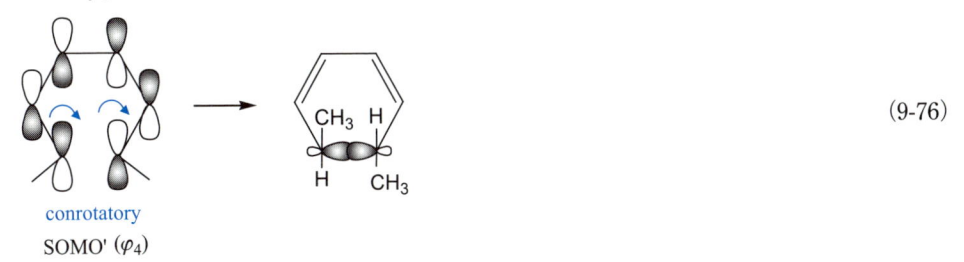

conrotatory
SOMO' (φ_4) (9-76)

両末端のローブの符号が合うためには，これらのローブが同方向に回転しなければならない。このような同方向への回転を共旋的（conrotatory）な回転という。共旋的な回転をして環化すると，(2E,4Z,6E)-オクタトリエンの光電子環状反応生成物は*trans*-5,6-ジメチル-1,3-シクロヘキサジエンのみとなり，*cis*-体は絶対に生成しない。

このように，Woodward-Hoffmann 則はペリ環状反応の立体特異性を見事に解き明かすことに成功した。この成果が元となり，量子化学を有機化学反応の理解に応用することが極く普通に行われるようになってきた。この素晴らしい功績に対し，Hoffmann はフロンティア電子理論の創始者である福井謙一とともに 1981 年のノーベル化学賞を受賞している（Woodward および Diels, Alder もそれぞれ 1965 年および 1950 年のノーベル化学賞受賞者である）。

> 問題 9-10　(2E,4E)-ヘキサジエンの熱および光化学電子環状反応の生成物の構造を立体化学が分かるように示し，Woodward-Hoffmann 則を用いて説明せよ。
> 問題 9-11　(2Z,4Z)-ヘキサジエンは電子環状反応を起こさない。その理由を述べよ。

(9) シグマトロピー転位と Woodward-Hoffmann 則
(1) Cope 転位

次のような反応が知られている。

$$\text{（反応式）} \tag{9-77}$$

式（9-77）の反応は Cope 転位として知られる [3,3] シグマトロピー転位（sigmatropic rearrangement）である。シグマトロピー転位とは，π-共役系を通して σ-結合が転位する反応をいう。式（9-77）の反応では，2 つの共役 π 電子系（共役 π 電子系であるアリルラジカルが 2 つ 1,1'-位で再結合した形）が，ペリ環状反応を起こし，3,3' 位で新たな σ-結合を作るとみなす。3 と 3' 位で新たな σ-結合が生じるので，[3,3] シグマトロピー転位と分類する。このシグマトロピー転位に対し Woodward-Hoffmann 則を使って理解する方法の 1 つは，1,1' 位で結合を切って 2 つのアリルラジカルとし，このラジカルの SOMO の軌道対称性を見ることである。遷移状態では，1,1' 位の結合が弱まると同時に，3,3' 位の結合ができ始め，π 電子が 1,2,3 および 1',2',3' 間にわたり分散して存在するようになる（図 9.16）。このような状態は 2 つのアリルラジカルの相互作用として近似できる。

アリルラジカルの単純 HMO はすでに図 9.9 に示してある。図 9.9 はアリルカチオンについての結果であるが，カチオンでもラジカルでも単純 HMO 計算は全く同じである。また，図 9.16 をみると，アリルラジカル（allyl radical）とブテニルラジカル（butenyl radical）との組み合わせになっているが，ブテニルラジカルの単純 HMO はアリルラジカルと全く同じである。図 9.16

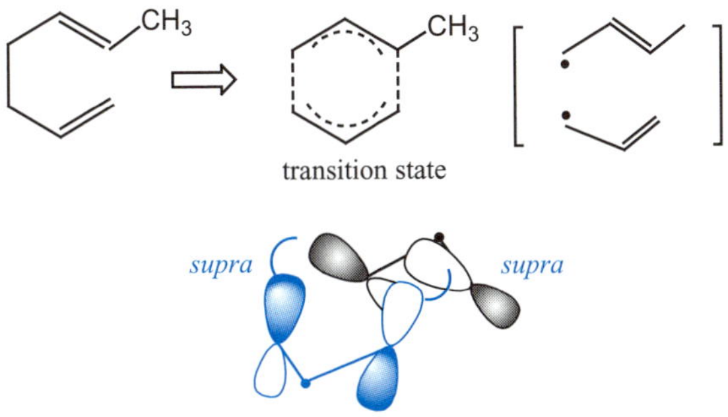

図 9.16　Cope 転位における軌道対称性

には遷移状態における軌道対称性を示している．この図から，[3,3]シグマトロピー転位は熱的に許容で，可逆的な反応であることが分かる．

Claisen-Cope 転位（式（9-78））や Claisen 転位（式（9-79））も[3,3]シグマトロピー転位である．

(9-78)

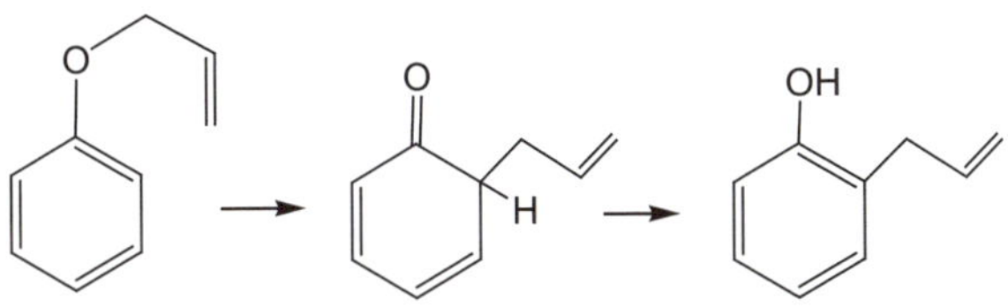

(9-79)

(2) [1,5] シグマトロピー転位

次のような転位反応も起こる．

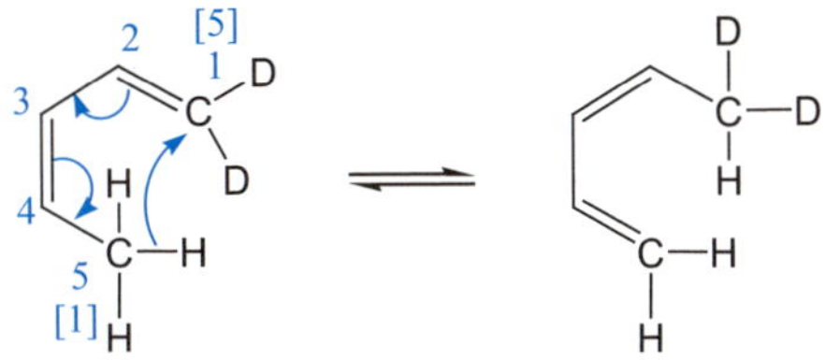

(9-80)

式（9-80）の出発物質の命名は，1,1-ジデュウテリオ-1,3-ペンタジエンである．このシグマトロピー転位の分類は[1,5]シグマトロピー転位である．1 と 5 は化合物の命名上の位置ではなく，転位の始点と終点を表している．この場合の Woodward-Hoffmann 則の適応にも，5 位のメチル基から水素がラジカル的に解裂し，生じる 1,3-ペンタジエニルラジカルと水素原子との軌道対称性をみるという方法がある．1,3-ペンタジエニルラジカルの単純 HMO を決める必要がある．ここで 1 つだけ，MO を決めるときの決まりを付け加える．ラジカルの最高半占軌道（SOMO）の偶数番目の p_π 原子軌道にかかる係数は全てゼロになるというものである．これまでの決まりと，この新たな決まりを用いると，1,3-ペンタジエニルラジカルの単純 HMO のローブの符号は図 9.17

のように決まる。

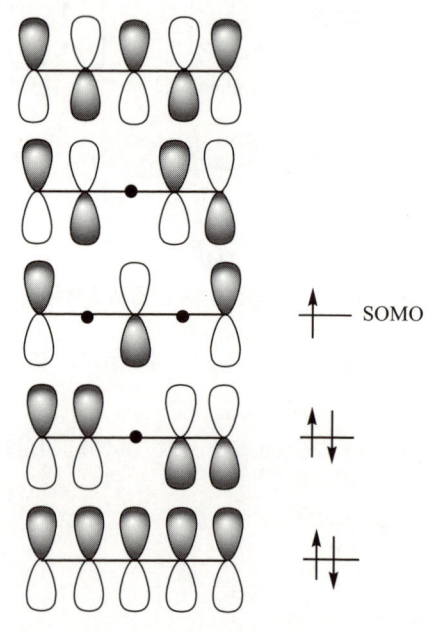

図 9.17 1,3-ペンタジエニルラジカルの単純 HMO のローブの符号

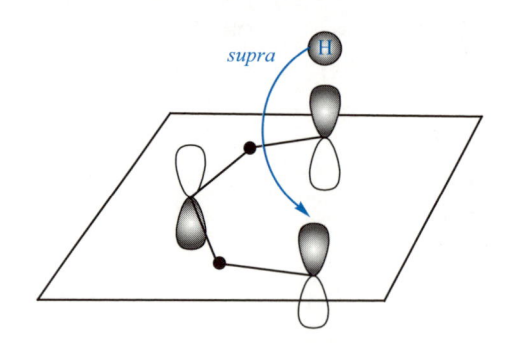

図 9.18 [1,5] シグマトロピー転位の軌道対称性

炭素から離れた水素原子は元の炭素と同じ位相を持っている。そうすると，図 9.18 から明らかなように，1,5 転位は同面的であるが，1,3 転位は反面的であり，[1,3] 転位は起こらない。

> **問題 9-12** 次のようなシグマトロピー転位が起こる可能性があるかどうかを Woodward-Hoffmann 則を用いて議論せよ。

10 芳香族化合物の特徴と反応性

ベンゼンは典型的な芳香族化合物（aromatic compound）である。ベンゼンを始めて単離したのは，電気化学で有名な Michael Faraday（1825 年）である。この分子は 80.1 ℃の沸点を持ち，その組成式は CH であった。長くベンゼンの構造式は分からないままであったが，1865 年，Kekulé が 1,3,5-ヘキサトリエン構造を提唱した。

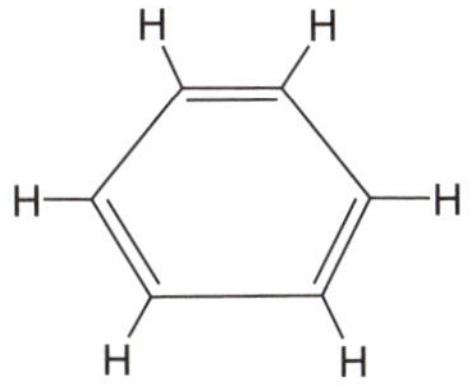

図 10.1 Kekulé が提唱したベンゼンの構造

この構造は確かに CH という組成式を矛盾なく説明するが，C＝C 二重結合を有するポリエン（polyene）としての性質をベンゼンが示さないという実験事実は説明できなかった。ベンゼンの構造と反応性を理解するには量子化学に裏づけされた共鳴の理論が必要であった。

10.1 ベンゼンと脂肪族不飽和化合物との反応性の相違

C＝C 二重結合を 1 つ有するアルケンの反応性については第 8 章で学んだ。その反応性の特徴は求電子付加反応を起こすことにあった。

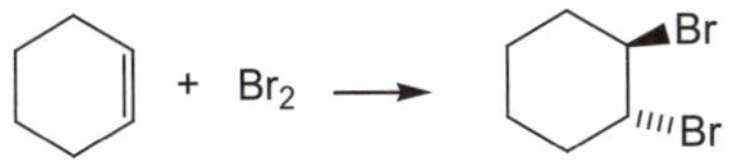

$$\text{シクロヘキセン} + Br_2 \longrightarrow \text{トランス-1,2-ジブロモシクロヘキサン} \tag{10-1}$$

しかし，ベンゼンは Br_2 とそのままでは反応しない。$FeBr_3$ などの Lewis 酸を触媒に用いたときに求電子置換反応を起こす。

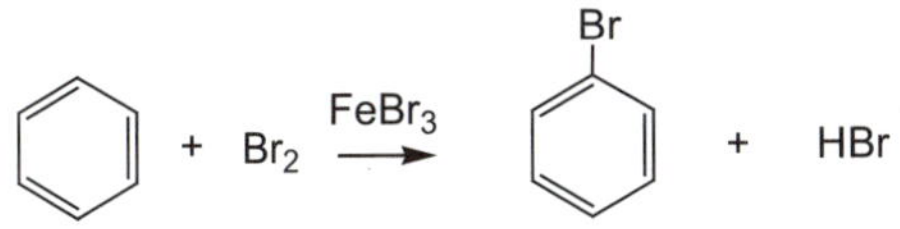

$$\text{ベンゼン} + Br_2 \xrightarrow{FeBr_3} \text{ブロモベンゼン} + HBr \tag{10-2}$$

第 9 章で学んだように，共役二重結合を有するジエンは親ジエン成分と Diels-Alder 反応を起こし，環化付加するが，ベンゼンは普通の条件では Diels-Alder 反応を起こさない。

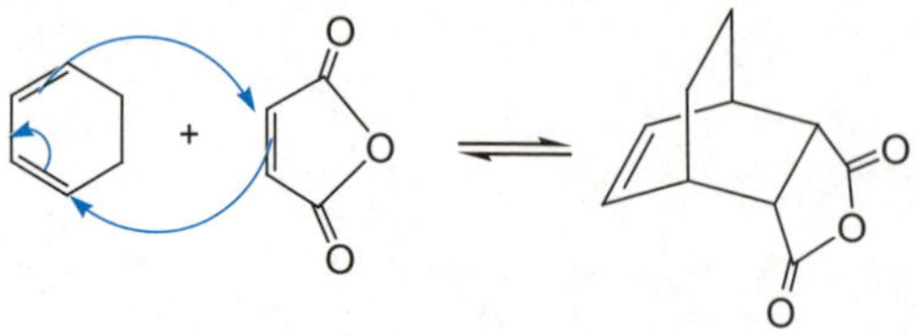

(10-3)

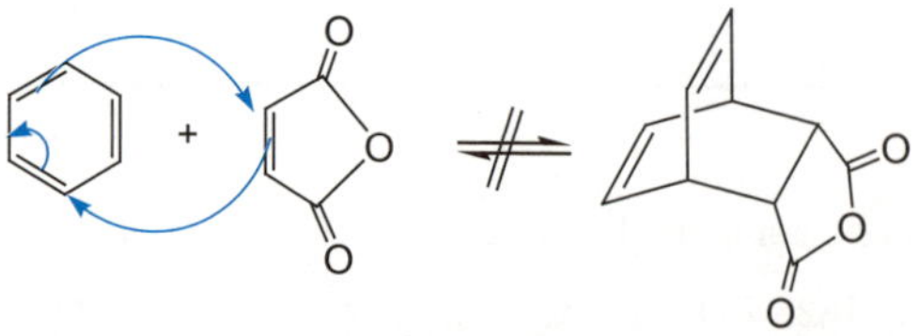

(10-4)

このようなベンゼンと脂肪族不飽和炭化水素との反応性の相違は，ベンゼンの π 電子が非局在化することにより著しく安定化されていることによる。

10.2　ベンゼンの共鳴安定化（π電子の非局在化）

これまでに不飽和化合物の安定性の目安として水素添加熱（水素化エンタルピー，ΔH^0）に注目してきた。ベンゼンの水素添加熱からベンゼンの共鳴エネルギーを求めることについては，第 9 章の問題 9-1 および問題 9-6 でとりあげている。もう一度，ベンゼンの水素添加熱を環状脂肪族不飽和炭化水素と比べてみよう。

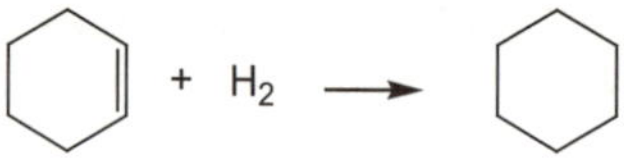

$$+ \text{H}_2 \longrightarrow \quad \Delta H^0 = -119.6 \text{ kJ/mol} \tag{10-5}$$

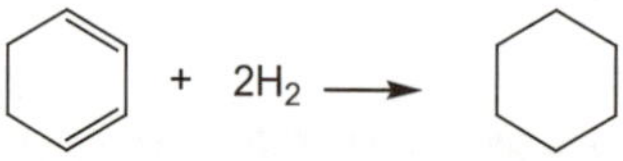

$$+ 2\text{H}_2 \longrightarrow \quad \Delta H^0 = -231.7 \text{ kJ/mol} \tag{10-6}$$

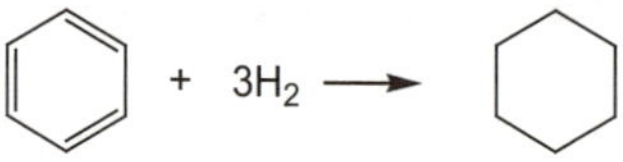

$$+ 3\text{H}_2 \longrightarrow \quad \Delta H^0 = -208.4 \text{ kJ/mol} \tag{10-7}$$

1,3-シクロヘキサジエンの 1 つの C=C 結合に対する水素化エンタルピーは−115.9 kJ/mol で，ほぼシクロヘキセンの ΔH^0 に等しい。しかし，ベンゼンの 1 つの C=C 結合に対する水素化エンタルピーは−69.5 kJ/mol しかない。1 つの π 結合と 1 つの H-H 結合を切るのに要するエネルギーの和と，2 つの C-H 結合ができたときに系に放出されるエネルギーとの差が，1 個の C=C 結合に対する水素化エンタルピーなので，ベンゼンの C=C 二重結合は脂肪族不飽和化合物の C=C 結合よりも著しく安定だということになる。これは，ベンゼンの π 電子が非局在化する（共鳴）ことによる安定化が原因である。

第 9 章で，ベンゼンの共鳴エネルギーは−2β（β は共鳴積分）であると説明した。式 (10-5) と (10-7) のデータからベンゼンの共鳴エネルギー（$\Delta\Delta H^0$）を計算すると，

$$\Delta\Delta H^0 = \Delta H^0(\text{benzene}) - 3(\Delta H^0(\text{cyclohexene})) = 150.4 \text{ kJ/mol} \tag{10-8}$$

となる。ベンゼンの π 電子系はアルケンやジエンなどに比べて著しく安定であることがこの $\Delta\Delta H^0$ からも理解される。

Pauling の共鳴理論は量子化学に裏打ちされているが，炭素の原子価は 4 であるという原子価結合法を用いて，化学の現象を説明するものである。ベンゼンの共鳴構造式は次のようになる。

(10-9)

Kekulé structures　　Dewar structures

共鳴構造式を書くときは電子のみを移動させ，原子核を移動させないということをもう一度確認しておこう。実際のベンゼンは式（10-9）のようなそれぞれの構造で存在するわけではなく，これらの共鳴混成体（resonance hybrid）として存在していると考えねばならない。

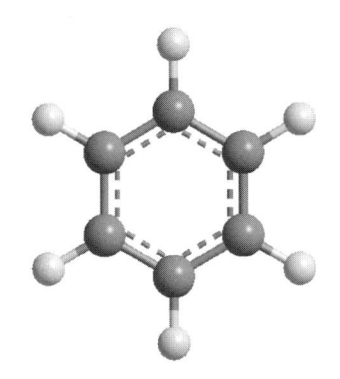

図 10.2　ベンゼンの π 電子の非局在化を意識した分子模型

第 9 章で述べたように，ベンゼンの単純 Hückel MO は次のとおりである。

$\varphi_1 = 0.4083(\chi_1 + \chi_2 + \chi_3 + \chi_4 + \chi_5 + \chi_6)$

$\varphi_2 = 0.5774(\chi_1 - \chi_4) + 0.2887(\chi_2 - \chi_3 - \chi_5 + \chi_6)$

$\varphi_3 = 0.5000(\chi_2 + \chi_3 - \chi_5 - \chi_6)$

$\varphi_4 = 0.5000(\chi_2 - \chi_3 + \chi_5 - \chi_6)$

$\varphi_5 = 0.5774(\chi_1 + \chi_4) - 0.2887(\chi_2 + \chi_3 + \chi_5 + \chi_6)$

$\varphi_6 = 0.4083(\chi_1 - \chi_2 + \chi_3 - \chi_4 + \chi_5 - \chi_6)$ (10-10)

この結果から，基底状態におけるベンゼンの π 電子密度を求めてみよう。もう一度第 9 章の復習をして欲しい。電子密度と結合次数は式（10-10）と（10-11）から求めることができる。

$$q_r = \sum_{j=1}^{m} \nu_j C_{jr}^{\ 2} \tag{10-11}$$

$$p_{rs} = \sum_{j=1}^{m} \nu_j C_{jr} C_{js} \tag{10-12}$$

各自で計算してみて欲しい。計算結果は，ベンゼンの6つのsp²炭素上の電子密度はいずれも1.00であり，各結合の結合次数はσ結合の次数を1とすれば1.67次となる。単純HMO法による計算は，ベンゼンのすべての結合は等価であり，単結合と二重結合とが交互に並んではいないということを示している。つまり，図10.2のような構造である。しかし，図10.2の構造では炭素が4価という原子価が使えなくなる。便宜上，共鳴構造式を用いるのはこのような理由による。

ベンゼンの6つの炭素原子は全てsp²炭素である。よってベンゼンは図10.3のような結合をしている。

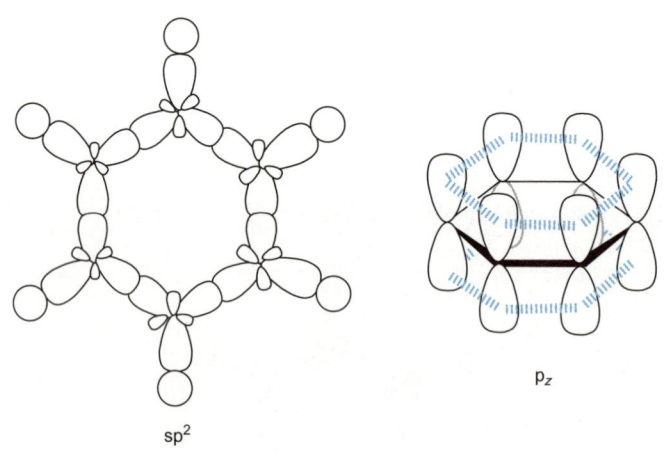

図 10.3 ベンゼンのσ結合とπ結合

全てのC-C単結合とC-H結合は炭素のsp²混成軌道を用いて作られており，全てのπ結合はp_z軌道を用いている。p_z軌道はベンゼン平面に垂直に立った軌道なので，この軌道の重なりで形成されるπ結合は，ベンゼン平面の上下にドーナツ状に位置することになる。

> **問題 10-1** ベンゼンの各炭素原子上の電子密度および各結合の結合次数を計算せよ。

10.3　芳香族性—Hückel則

ベンゼンは独特の芳香（aroma）をもっている。しかし，芳香族化合物を香りで分類しているわけではない。芳香族化合物を理論的に分類できるのはHückel則（Hückelの($4n+2$)則）である。「環状の完全共役ポリエン中に含まれるπ電子の数が($4n+2$)個（$n=0, 1, 2, 3, \cdots, n$）の化合物は，芳香族性（aromaticity）を有し，そのπ電子は共鳴によって著しく安定化され，芳香族特有の反応性を示す」というのがHückel則である。

10 芳香族化合物の特徴と反応性

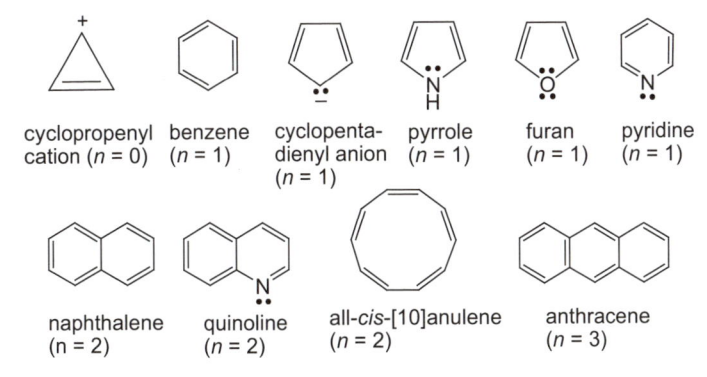

図 10.4 に示すような種々の芳香族化合物の構造を示す。

- cyclopropenyl cation ($n = 0$)
- benzene ($n = 1$)
- cyclopentadienyl anion ($n = 1$)
- pyrrole ($n = 1$)
- furan ($n = 1$)
- pyridine ($n = 1$)
- naphthalene ($n = 2$)
- quinoline ($n = 2$)
- all-*cis*-[10]anulene ($n = 2$)
- anthracene ($n = 3$)

図 10.4　種々の芳香族化合物

シクロプロペニルカチオンを例に考えてみる。この 3 員環カチオンの 3 つの炭素は全て sp² 混成軌道である。正電荷は p_z 軌道に入っている。このカチオンの 1 π 電子エネルギー ε を単純 HMO 法で解くと次のようになる。永年方程式は，

$$C_1 \lambda = C_2 \chi_2 + C_3 \chi_3$$
$$C_2 \lambda = C_1 \chi_1 + C_3 \chi_3$$
$$C_3 \lambda = C_1 \chi_1 + C_2 \chi_2 \tag{10-13}$$

よって，永年行列式は，

$$\begin{vmatrix} -\lambda & 1 & 1 \\ 1 & -\lambda & 1 \\ 1 & 1 & -\lambda \end{vmatrix} = 0 \tag{10-14}$$

となり，これを解けば，

$$(\lambda + 1)^2 (\lambda - 2) = 0 \tag{10-15}$$

となる。よって，各 MO の π 電子エネルギーは，

$$\varepsilon_1 = \alpha + 2\beta$$
$$\varepsilon_2 = \alpha - \beta$$
$$\varepsilon_3 = \alpha - \beta \tag{10-16}$$

と求まる。シクロプロペニルカチオンの π 電子は φ_1 の軌道に 2 個入っているので，全 π 電子エネルギー E は，

$$E = 2\alpha + 4\beta \tag{10-17}$$

である。これをエテンの結果に基づく $E_{\text{loc}} = 2\alpha + 2\beta$ を用いて共鳴エネルギーを求めると，ベンゼンの場合と同じくシクロプロペニルカチオンは -2β という大きな共鳴による安定化エネルギーを持っていることが分かる。

$$\tag{10-18}$$

シクロペンタジエニルアニオンも特殊な芳香族アニオンである。5 つの炭素は全て sp² 混成軌

181

道であり，負電荷は p_z 軌道に入っている。シクロペンタジエン（非芳香族，nonaromaticity）の pK_a は 16 であり，炭化水素からのイオン解離としては異常に小さな pK_a である（シクロペンタンの $pK_a = 50$）。これは，シクロペンタジエンが酸解離すると安定な芳香族性のアニオン（シクロペンタジエニルアニオン）となるからである。

$$\underset{\text{antiaromaticity}}{\text{H H}} \xrightleftharpoons{pK_a\ 16} \underset{\text{aromaticity}}{\ominus} + H^+ \tag{10-19}$$

> **問題 10-2** シクロブタジエンについて，単純 HMO 法より全 π 電子エネルギーと共鳴エネルギーを求めよ。この化合物が芳香族性を有しているかどうかを共鳴エネルギーから判定せよ。
>
> **問題 10-3** シクロペンタジエニルアニオンからフェロセンとよばれる有機金属化合物が得られる。フェロセンの合成法とその反応性を調べよ（フェロセンは芳香族化合物としての反応性を示す）。

10.4　ベンゼンの置換基効果

安息香酸（benzoic acid, ベンゼンカルボン酸（benzenecarboxylic acid））およびモノ置換安息香酸の pK_a の値が表 10.1 にまとめてある。

表 10.1　モノ置換安息香酸の pK_a

X	pK_a	X	pK_a
p-NH$_2$	4.85	p-I	4.00
m-NH$_2$	4.74	p-F	3.99
p-OH	4.58	m-F	3.85
p-OCH$_3$	4.48	m-I	3.85
p-CH$_3$	4.38	m-Cl	3.82
m-CH$_3$	4.27	m-Br	3.81
H	4.20	m-CN	3.60
p-F	4.14	p-CN	3.55
m-OCH$_3$	4.09	p-COOH	3.54
m-OH	4.08	m-COOH	3.50
p-Br	4.00	m-NO$_2$	3.45
		p-NO$_2$	3.44

この表から 2 つだけを例にとってみよう。p-アミノ安息酸（pK_a 4.85）と p-ニトロ安息香酸（pK_a 3.44）である。p-アミノ安息香酸の pK_a は無置換の安息香酸の pK_a よりも大きく（酸として弱く），p-ニトロ安息香酸は小さい（酸として強い）。パラ位に置換されたアミノ基はベンゾエートアニ

オンを不安定化し，反対にニトロ基は安定化するはずである。どのような機構で安定化や不安定化を起こすのだろうか？アニオンの負電荷が非局在化できる場合にはアニオンを安定化し，負電荷の非局在化を妨げる場合にはアニオンを不安定化するはずである。まず，安定化するはずのニトロ基について考えてみよう。*p*-ニトロベンゾエートアニオンの共鳴構造式を示す。

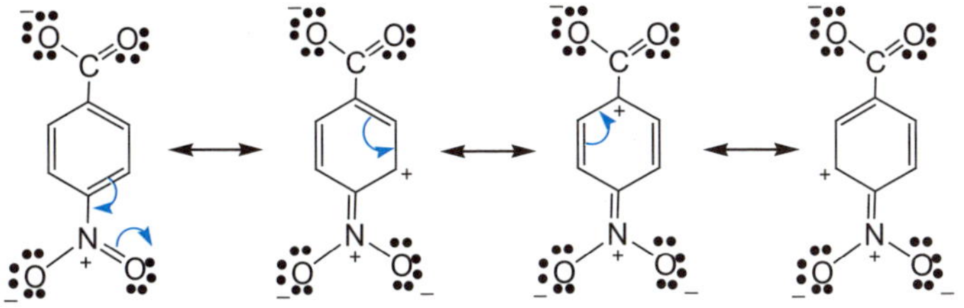

$$(10\text{-}20)$$

まず，ニトロ基の電子構造が書けるだろうか？ニトロ基の電子構造を書く手順を式（10-21）に示す。

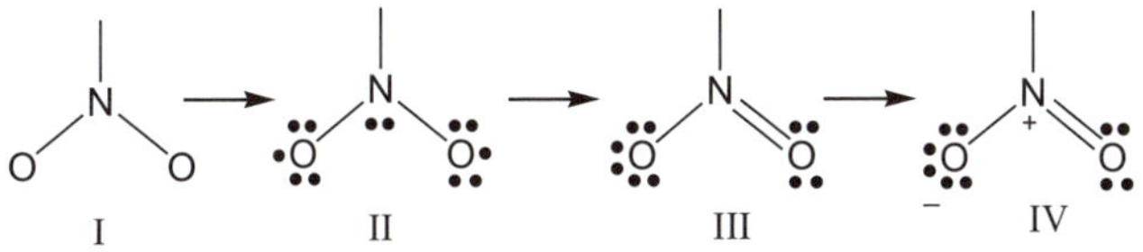

$$(10\text{-}21)$$

だれでもニトロ基を書くときには式（10-21）のIから始めるだろう。次に考えることは酸素の原子価電子は6，窒素の原子価電子は5だということで，とりあえず原子価が合うように・で電子を置いてみる。IIとなろう。一応原子価は満足しているが，酸素原子の周りの電子数を数えてみよ。7個しかなく，Lewisの8電子則を満足していない。そこで，窒素と酸素上にブルーで示した電子を結合させて二重結合を作ってみる。さらに窒素上に残ったもう1つのブルーの電子を左側の酸素の不対電子と対を作らせる。IIIとなる。この構造ではLewisの8電子則は満足している。しかし，左側の酸素原子は見かけ上原子価電子が7個，窒素原子は4個となる。酸素は1個電子が多いのでマイナス，窒素は1個少ないのでプラスを付けなければならない。このような電荷は形式荷電という。

さて，本題に戻ろう。ニトロ基の酸素も窒素も電気陰性度の大きな原子であるので電子を引き付ける傾向が強いだろう。ニトロ基が電子を求引するとすると式（10-20）のような共鳴構造式が書ける。ここで問題になるのは左から3番目の共鳴構造式である。COO⁻基が結合している付け根の炭素上に正の電荷が置かれている。そのために，COO⁻の負電荷をこの正の電荷が中和することができる。結論として負電荷がベンゼン環のほうへ非局在化できる。よってパラ位のニトロ基はベンゾエートアニオンを安定化し，酸として強くなるように働く。

では*p*-アミノ安息香酸はどうだろうか？

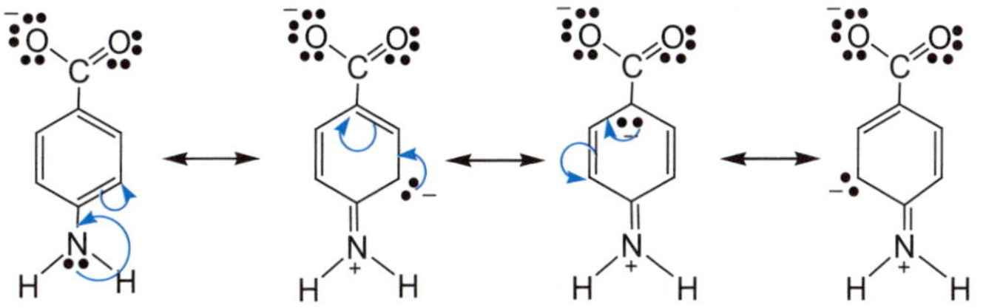

$$(10\text{-}22)$$

アミノ基の特殊性はアミノ基の窒素原子上の非共有電子対である。脂肪族化合物の場合，NH_2 基は電子求引性基として働く。窒素は電気陰性な原子で，誘起効果（I 効果）により電子を引き寄せるからである。しかし，芳香族化合物の場合には I 効果よりも共鳴効果（R 効果）がより大きく働いて，アミノ基上の負電荷はベンゼン環上に非局在化する。式（10-22）の左から3番目の共鳴構造を見て欲しい。COO^- 基の付け根の炭素に負電荷が置かれる。この構造は COO^- 上の負電荷と静電反発を起こし，ベンゾエートアニオンを不安定化する。よって，p-アミノ安息香酸は p-ニトロ安息香酸よりも弱い酸となる。

共鳴効果（メゾメリー効果）により，NH_2, OH, OCH_3, CH_3 基は電子をベンゼン環上に供与する性質があり（電子供与性基），特にオルトとパラ位の電子密度が高くなる。このような効果をオルト‐パラ配向性（ortho-para directing）という。

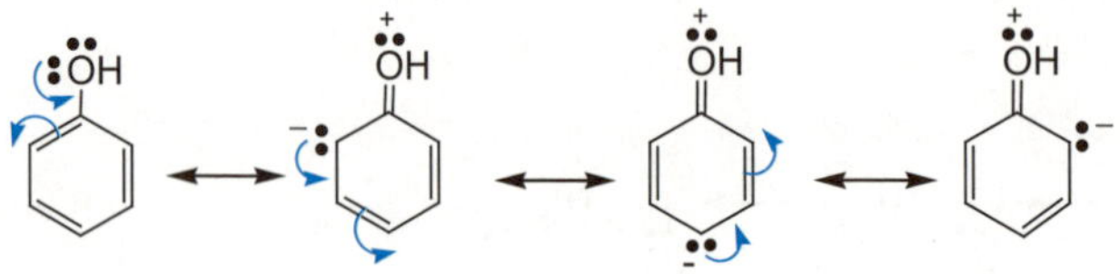

(10-23)

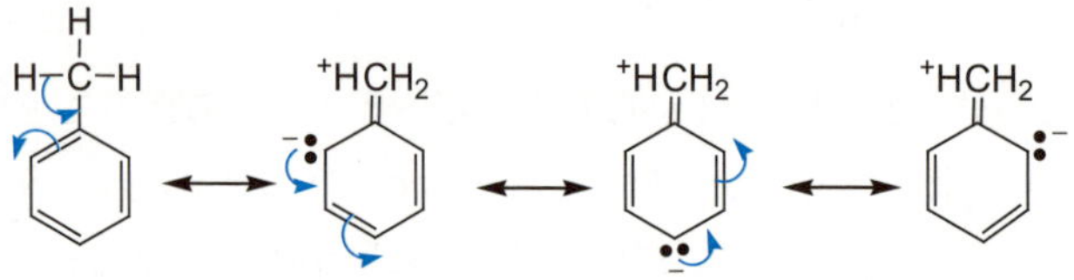

(10-24)

他方，CN, COOH, NO_2 基はベンゼン環から π 電子を受容する性質がある。共鳴構造式を用いて表すと次のようになる。

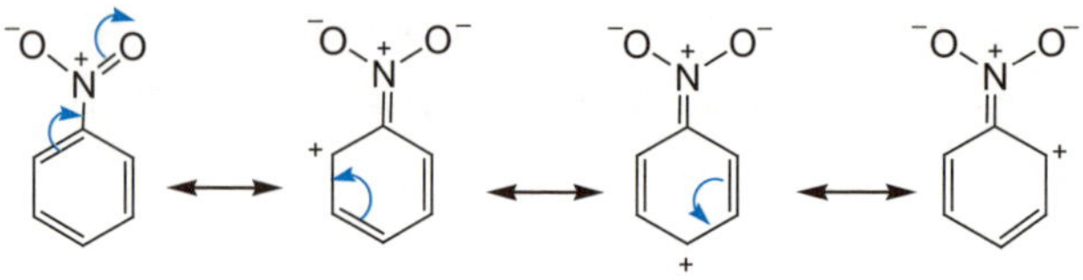

(10-25)

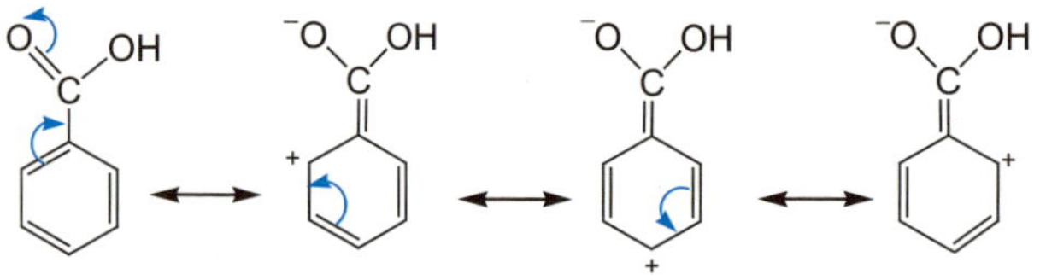

(10-26)

電子求引性の置換基ではオルトとパラ位の電子密度が低くなる。相対的にメタ位の電子密度が高い。このような置換基をメタ配向性（meta directing）の置換基とよぶ。

AM1 分子軌道法によって得られるアニリンとニトロベンゼンの静電ポテンシャルの計算結果を図 10.5 に示す。確かにアニリンの場合にはオルトとパラ位の炭素上はメタ位よりも電子密度が高くなっていることが計算からも分かる。一方，ニトロベンゼンの場合には，ベンゼン環上の電子密度がアニリンに比べて著しく低く，とりたててオルトとパラ位の電子密度がメタに比べて低いという様子は認められない。それほどに全体の電子密度がニトロ基によって低下していることが分かる。

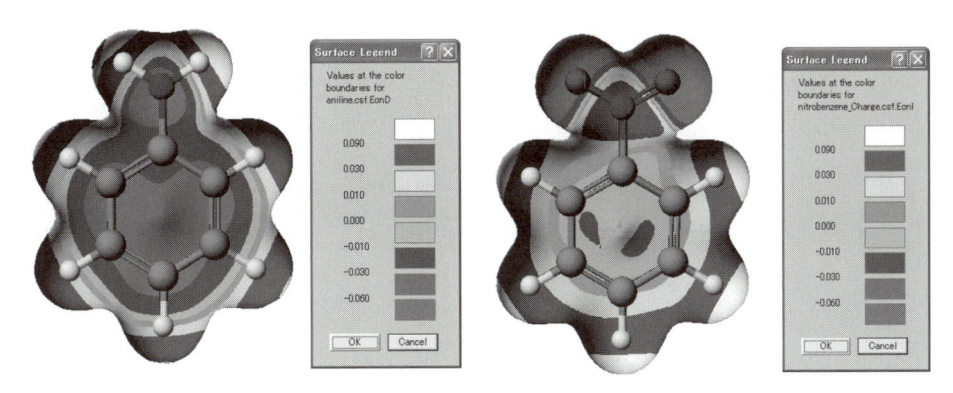

図 10.5　アニリン（左）とニトロベンゼン（右）の静電ポテンシャル計算（AM1）（参考図 22 参照）

10.5　Hammett 則

モノ置換安息香酸の pK_a は置換基の電子的効果を示す 1 つのパラメータになる。Hammett はそのように考えて，モノ置換ベンゼン類に対する置換基定数 σ(substituent constant) を次のように定義した。

$$\sigma = \log\left(\frac{K_X}{K_H}\right) = \mathrm{p}K_a(\mathrm{H}) - \mathrm{p}K_a(\mathrm{X}) \tag{10-27}$$

ここで，K_H は安息香酸の酸解離平衡定数であり，K_X はモノ置換安息香酸の酸解離平衡定数である。表 10.1 の結果から置換基定数 σ を決めることができる。その値を表 10.2 に示す。

表 10.2　Hammett の置換基定数

X	σ_p	σ_m	X	σ_p	σ_m
N(CH$_3$)$_2$	−0.83	−0.21	CHO	0.22	0.36
NH$_2$	−0.66	−0.16	OCF$_3$	0.36	0.40
OH	−0.37	0.12	CONH$_2$	0.36	0.28
OCH$_3$	−0.27	0.12	COOC$_2$H$_5$	0.45	0.37
CH$_3$	−0.17	−0.07	COOH	0.45	0.37
CH$_2$CH$_3$	−0.15	−0.07	COCH$_3$	0.50	0.38
C$_6$H$_5$	−0.01	0.06	CF$_3$	0.54	0.43
NHCOCH$_3$	−0.00	0.21	CN	0.66	0.56
SH	0.15	0.25	NO$_2$	0.78	0.71
F	0.06	0.34	N(CH$_3$)$_3{}^+$	0.82	0.88
Cl	0.23	0.37	N$_2{}^+$	0.91	1.76
Br	0.23	0.39			
I	0.18	0.35			

Hammett の置換基定数にはオルト位の置換基に対する値がない。これはカルボキシ基に対してオルトにある置換基は立体反発が大きく，ベンゼン環がねじれるために，メタやパラ位の置換

基の効果と同等として扱えないからである。

　Hammett の置換基定数はどのように利用されるのだろうか？いま，次のような反応を考えてみる。

$$\text{Y-C}_6\text{H}_5 + A \xrightarrow{k_0} \text{B-C}_6\text{H}_5 + C \tag{10-28}$$

$$\text{Y-C}_6\text{H}_4\text{-X} + A \xrightarrow{k} \text{B-C}_6\text{H}_4\text{-X} + C \tag{10-29}$$

　式（10-28）ではモノ置換ベンゼンの官能基 Y が試薬 A と反応する。その反応速度定数を k_0 とする。式（10-29）では，同じような反応を置換基 X をもった基質で行う。その反応速度定数を k とする。X を種々に変化させて同様の反応を行い，その速度定数を決める。すると，式（10-30）が成り立つことがある。

$$\log\left(\frac{k}{k_0}\right) = \rho\sigma \tag{10-30}$$

　ここで ρ は反応定数（reaction constant）という。式（10-30）が成り立つような反応では，モノ置換安息香酸の酸解離におよぼす置換基の効果と同じ電子的な効果が式（10-29）の反応にもおよんでいることを示すことになる。式（10-30）は Hammett 式とよばれている。

　Hammmett 式を適応した例をあげる。次の安息香酸メチルエステルのアルカリ加水分解反応における置換基効果では，置換基 X が電子求引性基によって加速され，電子供与性基によって減速される。式（10-30）の直線関係が成立し，ρ は正の値をとる。その理由は，式（10-31）に示す中間体が電子求引性基により安定化され，活性化エネルギーが下がるためである。電子求引性のニトロ基は四面体中間体のアニオンをベンゼン環に引き寄せ，アニオンの非局在化を引き起こす。カルボン酸エステルの加水分解機構については第 7 章に示されている。

$$\text{4-NO}_2\text{-C}_6\text{H}_4\text{-C(=O)OCH}_3 + \text{OH}^- \rightleftharpoons \text{4-NO}_2\text{-C}_6\text{H}_4\text{-C(OH)(O}^-\text{)OCH}_3 \tag{10-31}$$

10.6　芳香族求電子置換反応

　芳香族化合物の代表的な反応は求電子置換反応（electrophilic aromatic substitution）である。次のような経路で反応が進行する。

$$\text{(反応式)} \tag{10-32}$$

cyclohexadienyl intermediate

$$\text{(反応式)} \tag{10-33}$$

ベンゼンは比較的動きやすい π 電子を持っている。求電子試薬（electrophile, E^+）がそばに来ると，ベンゼンから π 電子が E^+ のほうへ移動し，シクロヘキサジエニル中間体（cyclohexadienyl intermediate, アレニウムイオン arenium あるいはベンゼノニウムイオン benzenonium ion ともいう）とよばれるカルボカチオン中間体が生じる。この中間体は非芳香族で不安定であるため，プロトンを放出して安定な芳香族化合物にもどる（式（10-33））。

このような過程で進行する芳香族求電子置換反応のポテンシャルエネルギー図は図 10.6 のようになる。

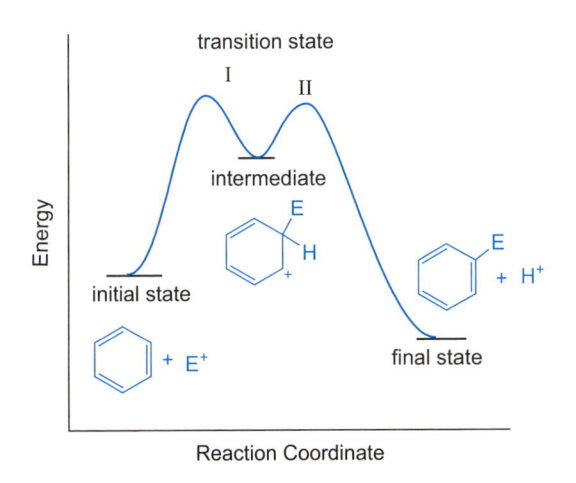

図 10.6　芳香族求電子置換反応のエネルギー図

芳香族求電子置換反応における置換基効果はどうなるのだろうか？中間に生じるカルボカチオン中間体（シクロヘキサジエニル中間体）の安定性を考えればよい。

$$\text{(反応式)} \tag{10-34}$$

$$\text{(共鳴構造式)} \tag{10-35}$$

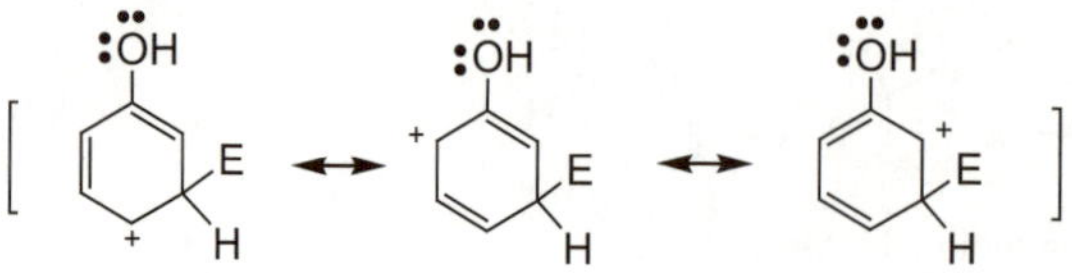

$$\tag{10-36}$$

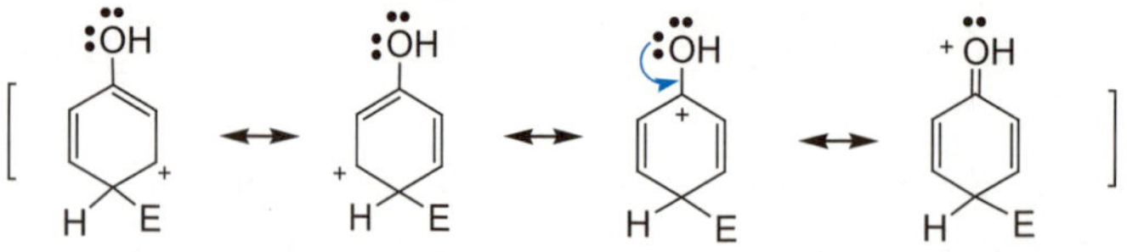

$$\tag{10-37}$$

式（10-35）はオルト置換体が生成するときのカチオン中間体である。4つの共鳴構造式が書けるが，中でも右端に書かれた構造の寄与が大きく，この中間体は安定である。ヒドロキシ基上の非共有電子対がカチオンの正電荷を中和するように移動する。そのため，正電荷の非局在化がさらに進む。式（10-36）はメタ置換体へ行くときの中間体である。オルト体のときのようにヒドロキシ基による安定化の寄与がない。式（10-37）はパラ中間体である。基本的にはオルト置換体と同じであり，やはり，カルボカチオン中間体はヒドロキシ基によって安定化される。芳香族求電子置換反応では電子供与基は反応を加速し，生成物はオルト‐パラ配向となる。

電子求引性基がカルボカチオン中間体におよぼす影響を次に考える。

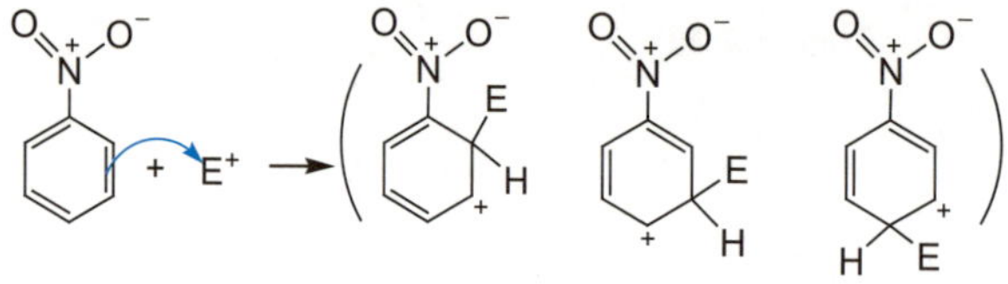

$$\tag{10-38}$$

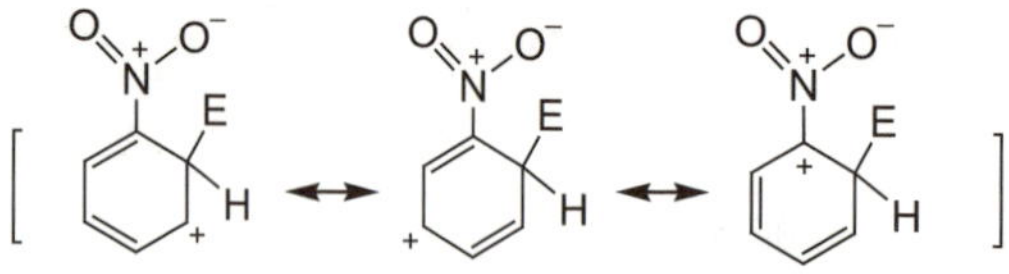

$$\tag{10-39}$$

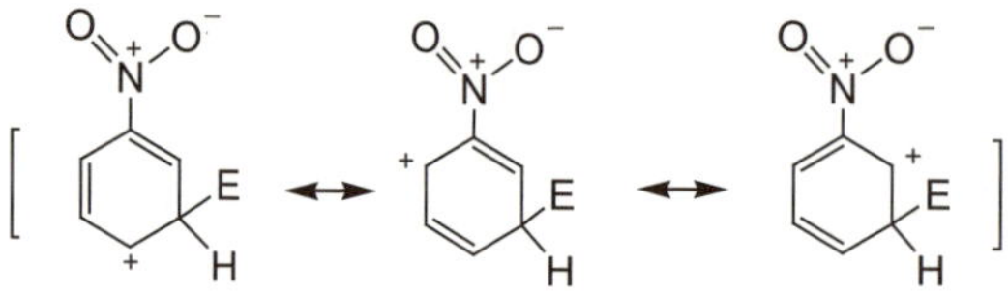

$$\tag{10-40}$$

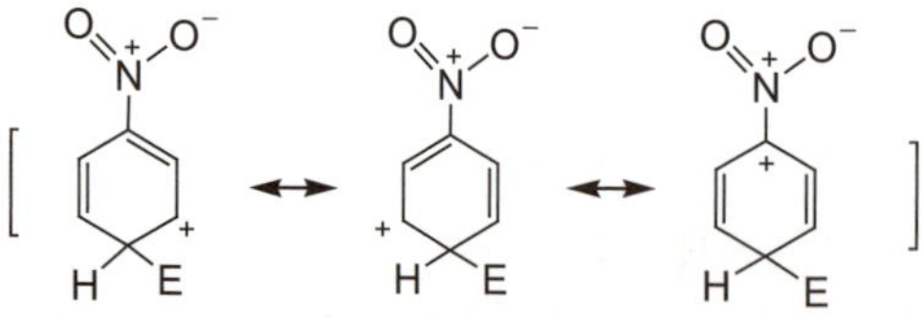

$$\tag{10-41}$$

オルト，メタ，パラのいずれの中間体も3つの共鳴構造式が書ける。よって，中間体の安定性はどれも同じかというと，そうではない。式（10-39）や（10-41）の右端の構造式を見ると，ニトロ基の付け根の炭素に正電荷が置かれている。これらの構造は，ニトロ基の窒素上の正電荷との静電反発があり，そうでない共鳴構造式よりも不安定となる。ニトロ基の付け根の炭素に正電

荷がこないメタ中間体のほうが相対的にオルトやパラ中間体よりも安定である。よって，芳香族求電子置換反応における電子求引性置換基は，メタ配向性を示す。オルト，メタ，パラのいずれの中間体も，ニトロ基の窒素上の正の電荷と求電子剤に由来する正電荷が反発し，中間体を不安定化する。よって，電子求引性基は芳香族求電子置換反応を起こりにくくする。

10.7 芳香族求電子置換反応の分子軌道法的取り扱い

芳香族求電子置換反応ではベンゼン環のπ電子が求電子剤に移動することによって起こる。よって，この反応におけるフロンティア軌道は芳香族化合物のHOMOと求電子剤のLUMOである。HOMOとLUMOが相互作用するとき，ローブの符号が同じであることは勿論であるが，ローブの重なりが最大になるところで反応速度も最大となるというのが，フロンティア電子理論の考え方である。電子供与性置換基をもつフェノール（ベンゼノール）と電子求引性基をもつニトロベンゼンのHOMOとLUMOをAM1計算で求めた結果を図10.7と10.8に示す。

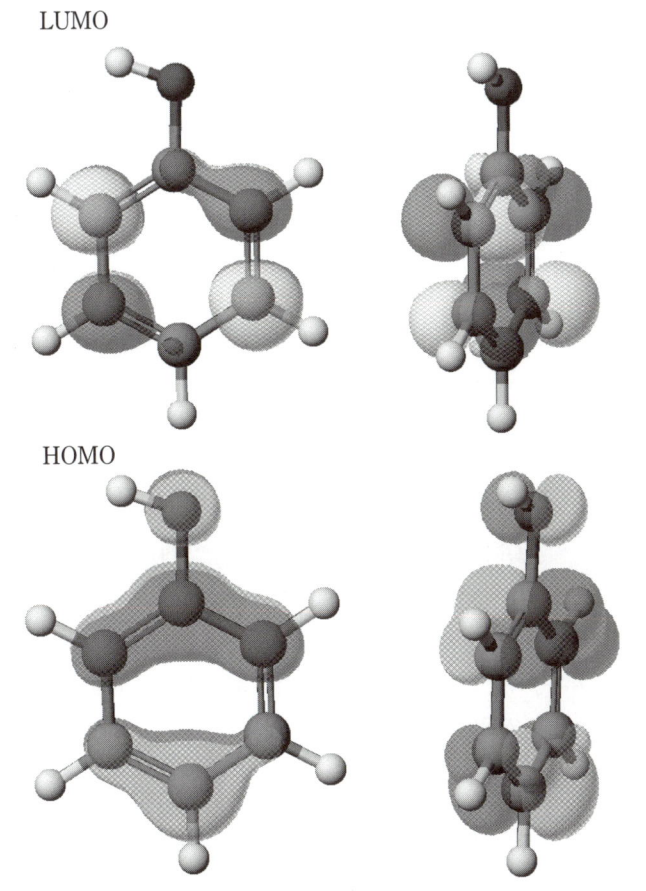

図10.7　フェノールのHOMOとLUMO　（AM1計算）（参考図23参照）

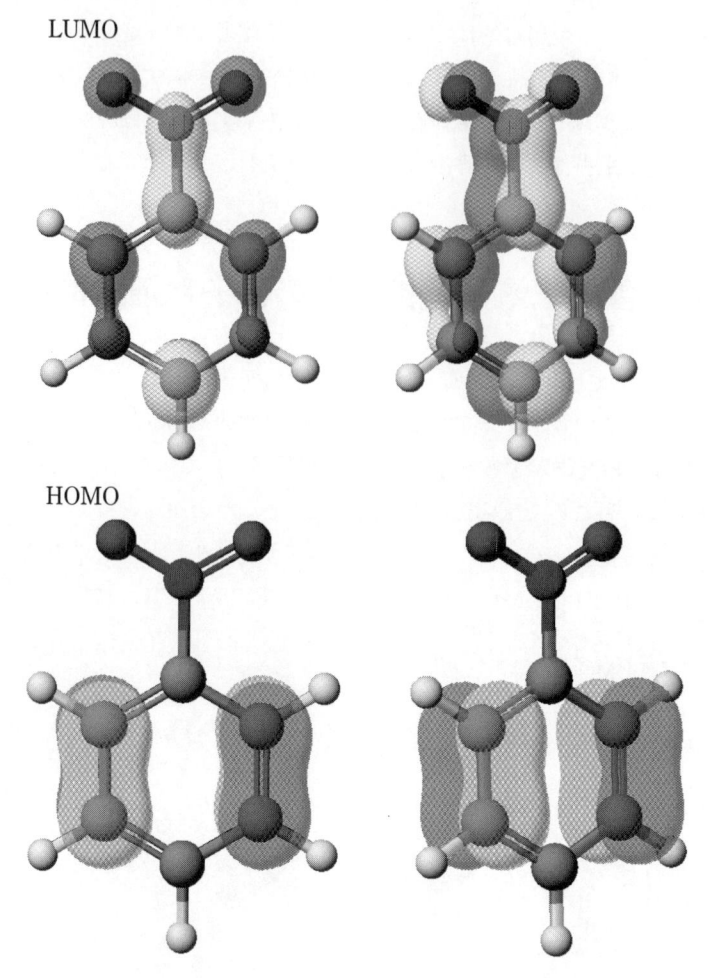

図 10.8　ニトロベンゼンの HOMO と LUMO　（AM1 計算）（参考図 24 参照）

　図 10.7 のフェノールの HOMO を見ると明らかにオルト位とパラ位はメタ位に比べてローブの広がりが大きい。フェノールの求電子置換反応はオルトとパラの位置で起こることは分子軌道計算からも分かる。

　一方，ニトロベンゼンの HOMO ではパラ位でローブの広がりは全くない。よってパラ置換体は生成しにくいことが分かる。しかし，オルト位のローブの広がりはメタ位とあまり変わらない。ニトロベンゼンの HOMO のみを考えるとオルトとメタの反応性は同じとなるが，実際には HOMO の軌道とあまりエネルギーが変わらない準位に HOMO-1，HOMO-2 等の軌道がある。これらの軌道を考慮しないとメタ配向性を分子軌道から理解するのは難しい。

11 芳香族求電子置換反応 各論

10章では芳香族求電子置換反応の機構について概説した。本章では各論として，ベンゼンやナフタレンのニトロ化，スルホン化，ハロゲン化，アルキル化，アルカノイル化，カルボキシ化およびアゾカップリング反応を学習する。

11.1 ニトロ化反応

(1) 求電子剤－ニトロニウムイオン

ベンゼンのニトロ化は硝酸－硫酸の混酸中，穏やかに加熱して行う。

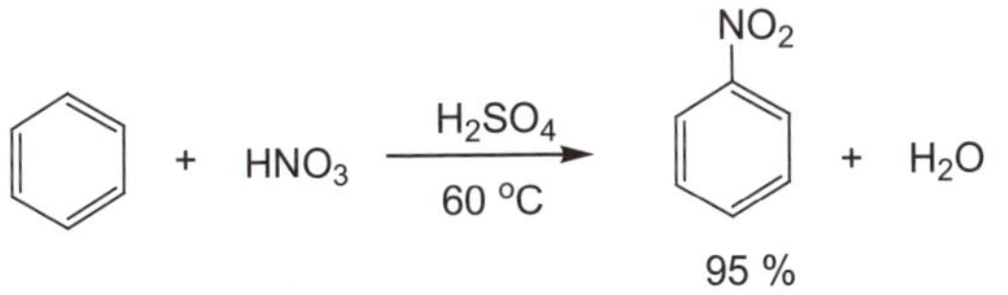

$$C_6H_6 + HNO_3 \xrightarrow[60\ ^\circ C]{H_2SO_4} C_6H_5NO_2\ (95\%) + H_2O \tag{11-1}$$

この反応の求電子剤は，ニトロニウムイオン（NO_2^+, nitronium ion）である。

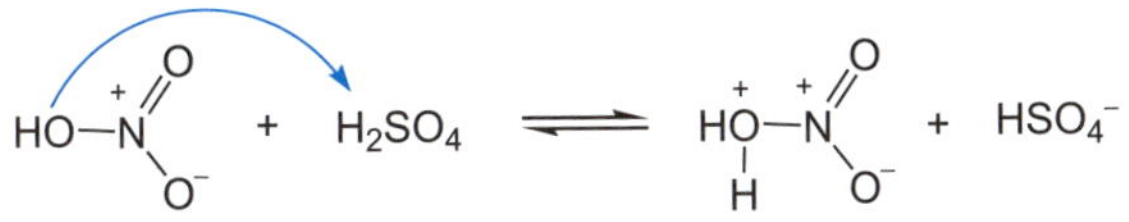

$$HO-NO_2 + H_2SO_4 \rightleftharpoons H_2O^+-NO_2 + HSO_4^- \tag{11-2}$$

$$H_2O^+-NO_2 \rightleftharpoons O=\overset{+}{N}=O + H_2O \tag{11-3}$$

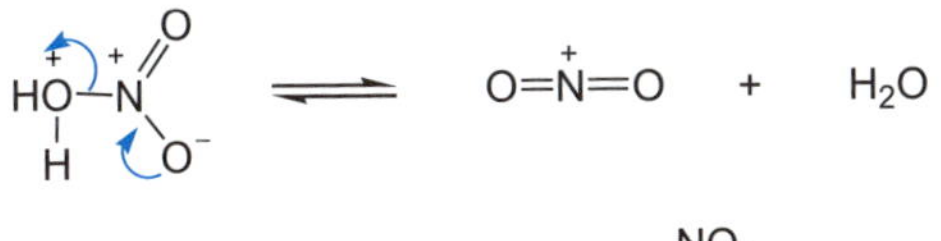

$$C_6H_6 + O=\overset{+}{N}=O \longrightarrow C_6H_5NO_2 + H^+ \tag{11-4}$$

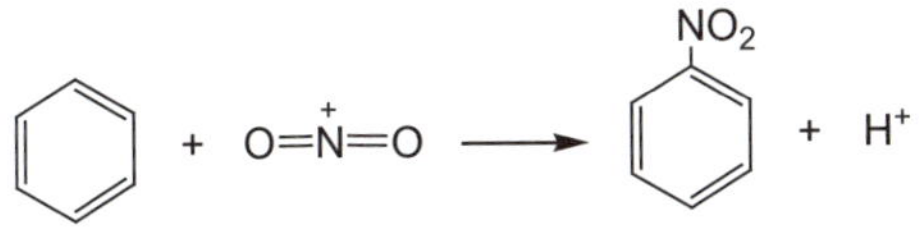

$$HSO_4^- + H^+ \rightleftharpoons H_2SO_4 \tag{11-5}$$

ニトロニウムイオンを発生させるのに，硫酸が酸，硝酸が塩基として作用する反応（式 (11-2)）が必要である。硝酸が塩基となるというのには抵抗があるかもしれないが，酸－塩基は相手に

よるということをもう一度認識しておこう。硝酸のpK_aは-1.4であるのに対し，硫酸のpK_aは-10である。硝酸は硫酸に対しては塩基となる。

式（11-4）をもう少し詳細に電子の流れ図で書き表すと次のようになる。

$$\text{（反応式）} \tag{11-6}$$

$$\text{（反応式）} \tag{11-7}$$

式（11-6）で生じるシクロヘキサジエニル中間体（カルボカチオン中間体）には第10章の式（10-32）に示したような共鳴構造がある。また，反応のエネルギー図は，第10章の図10.6に示してある。

(2) ニトロ化の配向性－共鳴効果と誘起効果

モノ置換ベンゼン類のニトロ化反応における配向性とベンゼンに対する相対速度のデータを表11.1に示す。

表 11.1　モノ置換ベンゼンの相対速度（k_X/k_H）と配向性

置換基 X	k_X/k_H	ortho %	meta %	para %
OH	～1000	40	<2	58
OCH_3	—	51.3	6.8	41.9
CH_3	27	58.1	3.7	38.2
C_2H_5	—	51.3	6.8	41.9
F	0.15	12.45	—	87.6
Cl	0.033	29.6	0.9	69.5
I	0.18	38.3	1.3	59.7
COOH	3.92×10^{-5}	22.3	76.5	1.2
CN	—	16.8	80.8	1.9
$COCH_3$	1.29×10^{-5}	26.4	71.6	<2
NO_2	5.8×10^{-8}	6.12	91.8	2.1

この表からいろいろなことが学べる。

(a) 電子供与性基を持つモノ置換ベンゼン類はベンゼンよりも速い速度でニトロ化され，オルト-パラ配向性を示す。

(b) ハロゲン置換ベンゼン類はベンゼンよりも反応速度は遅くなるが，オルト-パラ配向性を示す。

(c) 電子求引性基を有するモノ置換ベンゼン類のニトロ化速度は非常に遅く，メタ配向性を示す。しかし，オルト体もかなりの生成比で生じる。パラ体はほとんど生じない。

11 芳香族求電子置換反応 各論

　これらの特徴はすべて第 10 章で学んだことで理解できる。まず（a）の電子供与性置換基を有するベンゼン類が速い速度でオルト‐パラ置換ニトロベンゼン類を生じるという事実は，第 10 章の式（10-35）～（10-37）に示されているカルボカチオン（シクロヘキサジエニル）中間体の安定性で説明できる。この置換基の効果は共鳴効果（メゾメリー効果ともいう）である。
　ハロゲン置換ベンゼン類のニトロ化反応は特徴的である。ニトロ化の反応速度は無置換ベンゼンよりも遅いのに，オルト‐パラ配向性を示す。図 11.1 には AM1 計算で得られたベンゼンとクロロベンゼンの静電ポテンシャルを示している。

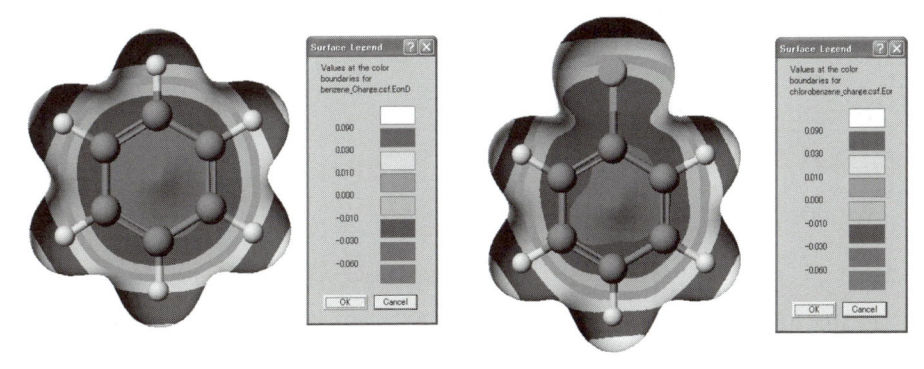

図 11.1 ベンゼン（左）とクロロベンゼン（右）の静電ポテンシャル計算（AM1）（参考図 25 参照）

　ベンゼンに比べて，クロロベンゼンの炭素原子上の電子密度は低くなっており，特にメタ位がオルト，パラ位よりも低くなっている様子が分かる。共鳴理論では，クロロベンゼンの Cl は誘起効果（I 効果）でベンゼン環上の π 電子を引き寄せるが，共鳴効果でオルトおよびパラ位の電子密度をメタ位よりも高くしていると解釈する。

(11-8)

　ハロゲン化ベンゼンのニトロ化反応の中間体は第 10 章の式（10-35）～（10-37）と全く同じになる。

> **問題 11-1** クロロベンゼンのニトロ化反応がオルト‐パラ配向性になる理由を，カルボカチオン中間体の共鳴構造式を書いて，その安定性から説明せよ。

　電子求引性基が置換したベンゼン類では，ニトロ化の反応速度はベンゼンに比べて顕著に遅くなっている。これは，第 10 章の式（10-39）～（10-41）に書かれた中間体の共鳴構造式から理解できる。式（10-39）～（10-41）を適用すると，ニトロベンゼンのニトロ化ということになる（ジニトロ化反応）。ニトロニウムイオンの正電荷が電子求引性置換基であるニトロ基の窒素上の正電荷と静電反発するために，中間体（遷移状態）のエネルギーが高くなる。このために反応速度

は遅くなる。メタ配向性も式（10-39）〜（10-41）で説明できる。

モノ置換ベンゼンとしてのニトロベンゼンの場合には，ニトロ基上に正電荷があることは理解したが，その他の電子求引性置換基の場合はどうなのだろうか？

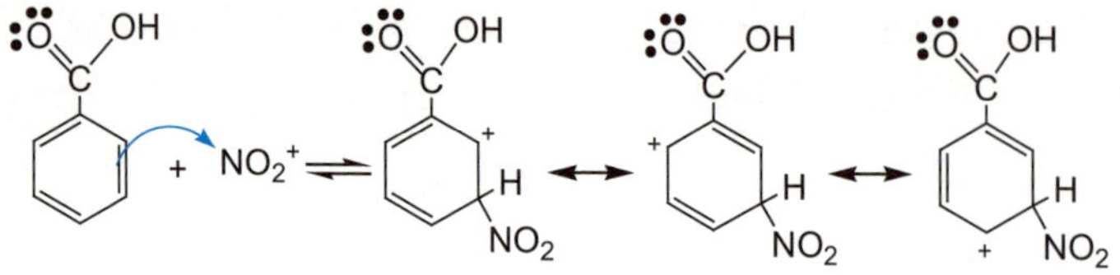

$$\text{(11-9)}$$

式（11-9）だけをみても分からない。では，次のような共鳴構造式を書いたらどうだろうか？

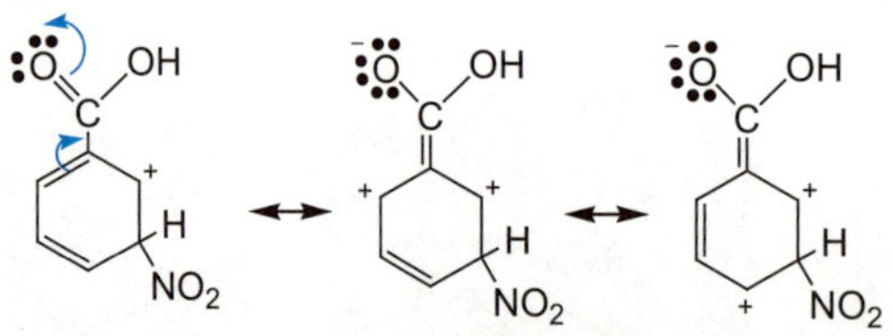

$$\text{(11-10)}$$

同じ環状に2つの正電荷がくるような不安定な共鳴構造式が書ける。カルボキシ基の電子求引性は式（11-10）のような不安定化を起こさせるので，求電子置換反応の速度はベンゼンに比べて遅くなる。式（11-10）と同等な中間体は，ニトロ基やシアノ基に対しても書ける。

メタ配向性はオルト-パラ配向性よりも生成物の分布の選択性が良くない。特にオルト置換体の生成がパラ置換体よりも多くなる傾向がある。これは，第10章で触れた電子求引性置換基を持つ化合物のHOMOにおけるローブの広がりが，オルトとメタ位であまり変わらないことに関係している。オルト置換体は一般に立体障害が大きく，その生成が阻害されることが多い。

> **問題 11-2** ベンゾニトリルのニトロ化反応がメタ配向性となり，その速度がベンゼンに比べて遅い理由を，カルボカチオン中間体の共鳴構造から説明せよ。

(3) 部分速度係数

無置換のベンゼンではニトロ化の反応を起こすことができる位置が6個所ある。一方，モノ置換ベンゼン類ではオルト位が2個所，メタ位が2個所，パラ位が1個所である。部分速度係数（partial rate factor）とは，モノ置換ベンゼンのオルト，メタ，パラのそれぞれ1個所の反応速度をベンゼンの1個所の反応速度と比較した値である。それぞれをf_o, f_m, f_pと表す。ベンゼンのニトロ化の反応速度を測定し，その速度定数をk_Hとする。ベンゼンの1個所の反応速度k_H'は，

$$k_H' = k_H/6 \tag{11-11}$$

である。いま，トルエン（メチルベンゼン）のニトロ化を同じ条件で行ったとする。トルエンのニトロ化全体の速度（トルエンの減少速度）をk_{CH_3}とする。

$$k_{CH_3} = 2k_o + 2k_m + k_p \tag{11-12}$$

ここで，k_o, k_m, k_pはオルト，メタ，パラ位の1個所の反応速度である。いま，o-, m- およびp-ニトロトルエンの収率を，o-%, m-% およびp-% とすると，

$$o\text{-}\% = (2k_o/k_{CH_3}) \times 100$$
$$m\text{-}\% = (2k_m/k_{CH_3}) \times 100$$
$$p\text{-}\% = (k_p/k_{CH_3}) \times 100 \tag{11-13}$$

である。式（11-13）から，
$$k_o = (o\text{-}\% \times k_{CH_3}) / (2 \times 100)$$
$$k_m = (m\text{-}\% \times k_{CH_3}) / (2 \times 100)$$
$$k_p = (p\text{-}\% \times k_{CH_3}) / 100 \tag{11-14}$$

となる。よって部分速度係数は
$$f_o = k_o/k_H' = [(o\text{-}\% \times k_{CH_3})/(2 \times 100)]/(k_H/6) = 3 \times (o\text{-}\%/100) \times (k_{CH_3}/k_H)$$
$$f_m = k_m/k_H' = [(m\text{-}\% \times k_{CH_3})/(2 \times 100)]/(k_H/6) = 3 \times (m\text{-}\%/100) \times (k_{CH_3}/k_H)$$
$$f_p = k_p/k_H' = [(p\text{-}\% \times k_{CH_3})/(100)]/(k_H/6) = 6 \times (p\text{-}\%/100) \times (k_{CH_3}/k_H) \tag{11-15}$$

で表される。部分速度係数を決定する実験は，ベンゼンとトルエンとを等モル混合溶液としてニトロ化反応に不活性な溶媒に溶かす。このものに対してニトロ化反応を実施する。このようにすると反応条件は 2 つの基質で全く同じとなる。反応の初期でニトロ化反応が進まないように停止し，そのときのベンゼンとトルエンの減少量をガスクロマトグラフィーなどで測定する。k_{CH_3}/k_H は両基質の減少量の比をとればよい。ガスクロマトグラフィーによる分析では，同時にニトロトルエンの $o\text{-}$, $m\text{-}$ および $p\text{-}$ 体の生成比が決定できる。あとは式（11-15）にデータを入れれば，各部分速度係数を決めることができる。表 11.1 から，トルエンに関しては，k_{CH_3}/k_H は 27 であり，$o\text{-}$, $m\text{-}$, $p\text{-}\%$ はそれぞれ 58.1, 3.7, 38.2 % であるので，式（11-15）から部分速度係数は，$f_o = 47$, $f_m = 3$, $f_p = 62$ と求まる。他のモノ置換ベンゼンの部分速度係数を図 11.2 に示す。

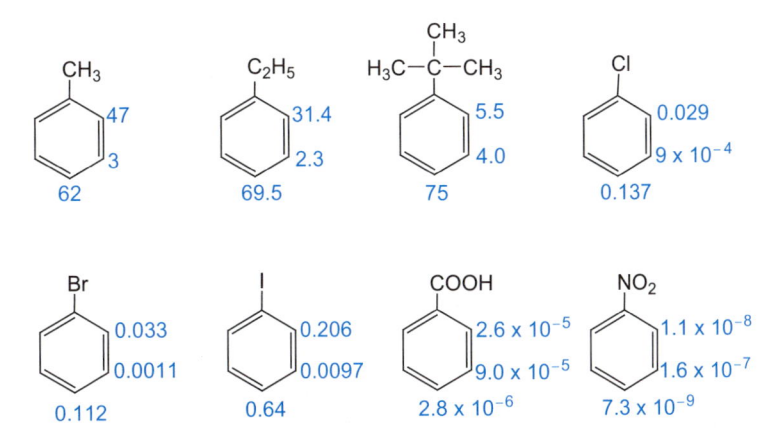

図 11.2 モノ置換ベンゼン類のニトロ化反応における部分速度係数

まず，アルキルベンゼンのニトロ化においては，アルキル基がかさ高くなるにつれてオルト位のニトロ化が進みにくくなる。これは立体障害による。

フロンティア電子理論で配向性を考えてみる。図 11.3 にはトルエンと 2-メチル-2-フェニルプロパン（t- ブチルベンゼン）の HOMO を示している。アルキルベンゼンの HOMO の軌道はパラ

位で大きくそのローブが広がっている。パラ位の高い反応性は HOMO の大きなローブの広がりに原因がある。トルエンの場合にはオルト位のローブの広がりはメタ位よりも大きい。よって，オルト位はメタ位よりもニトロ化されやすい。2-メチル-2-フェニルプロパンの場合にもオルト位のローブの広がりはメタ位よりもやや大きい。トルエンに比べて立体障害が大きく，オルト体の生成が顕著に抑えられていることが分かる。。

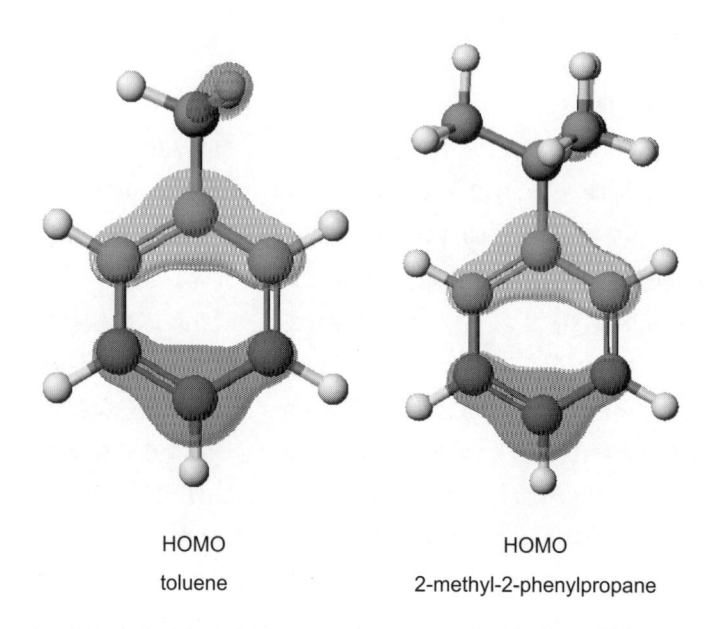

HOMO
toluene

HOMO
2-methyl-2-phenylpropane

図 11.3　トルエンと 2-メチル-2-フェニルプロパンの HOMO（AM1 計算）（参考図 26 参照）

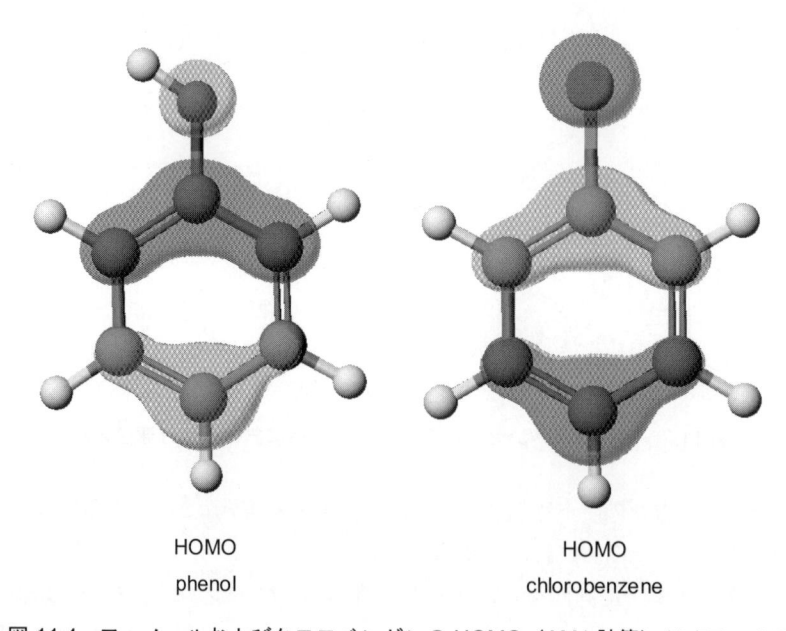

HOMO
phenol

HOMO
chlorobenzene

図 11.4　フェノールおよびクロロベンゼンの HOMO（AM1 計算）（参考図 27 参照）

11 芳香族求電子置換反応 各論

ニトロ化に対する反応性が非常に高いフェノールの f_o, f_m, f_p を表 11.1 の結果から計算すると，それぞれ 1200, 600, 3480 となる。圧倒的にパラ位の反応性が高いのは，図 11.4 に示すようにフェノールの HOMO のローブの広がりが大きいことによる。フェノールの場合にはオルト位のローブの広がりは明らかにメタ位よりも大きい。電子供与性基を持つモノ置換ベンゼン類のニトロ化反応は，フロンティア電子理論で説明できる。

フロンティア電子理論が芳香族求電子置換反応におよぼす置換基の効果を説明するのであれば，第 10 章の式（10-35）～（10-37）および式（10-39）～（10-41）に書かれている共鳴構造式の安定性から置換基の効果を議論してはいけないのだろうか？共鳴理論は中間体を遷移状態に似ているとして，カルボカチオン（シクロヘキサジエニル中間体）の安定性から配向性を議論しており，理論にかなっている。分子軌道計算が容易になった現在でも，この理論を芳香族求電子置換反応の配向性の理解に用いて差し支えない。第 10 章では，メチル基の電子供与性の効果を超共役で説明した（第 10 章，式（10-24））。ではシクロヘキサジエニル中間体の安定性もこの超共役で説明しなければいけないのだろうか。

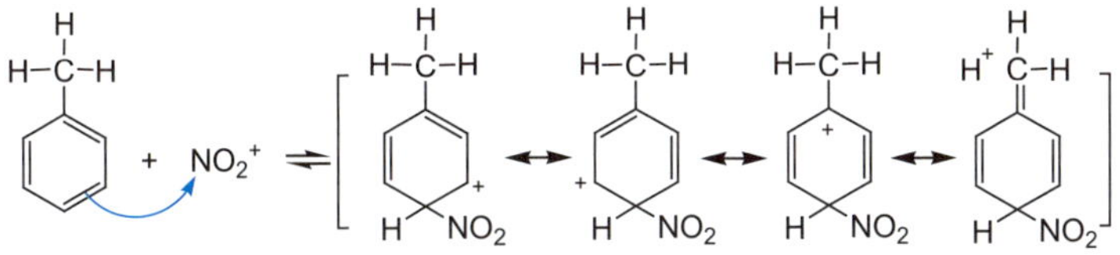

$$(11\text{-}16)$$

2-メチル-2-フェニルプロパンのカルボカチオン中間体では式（11-16）の右端の超共役による共鳴構造式は書けない。あえて書くとすれば式（11-17）のようである。

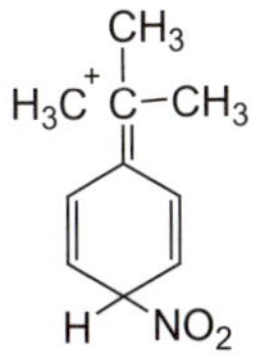

$$(11\text{-}17)$$

式（11-16）や（11-17）の超共役構造を考えなくとも，アルキル基の誘起効果がカルボカチオン中間体を安定化すると考えたほうが自然である。

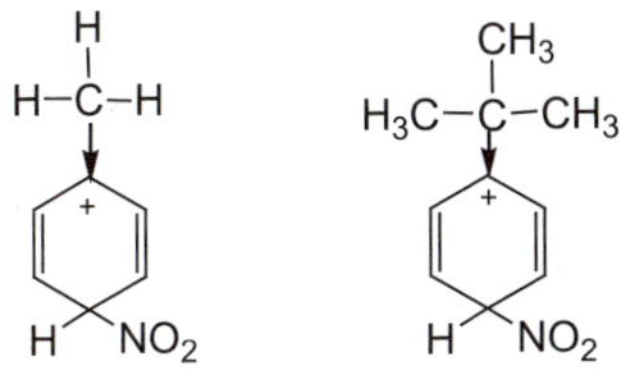

$$(11\text{-}18)$$

ハロゲン化ベンゼンの部分速度係数から，オルト，メタ，パラの全ての位置の反応性が，ベンゼンの反応性よりも低いことが分かる。相対的にはオルト-パラ配向性を示す。配向性は第 10 章の式（10-35）～（10-37）と同等の共鳴効果で理解できる。反応速度がベンゼンそのものに比べて遅いのは，カルボカチオン中間体の持つ正電荷の非局在化におよぼすハロゲン置換基の効果が，ヒドロキシ基やアルキル基に比べて弱いことに原因がある。ハロゲンは誘起効果でベンゼン

環のπ電子を求引するからである。ハロゲン置換ベンゼン類のニトロ化反応では、共鳴効果と誘起効果がそれぞれ配向性と反応速度に反映される。

図11.4にクロロベンゼンのHOMOがフェノールとの対比で示してある。ほとんど同じ分子軌道である。HOMOのローブの広がりから、生成物の配向性（オルト-パラ配向あるいはメタ配向）は分かるが、反応速度は分からない。反応速度はHOMOの軌道エネルギーと関係している。図11.5にHOMOのエネルギーをHammettのσ値に対してプロットした結果を示している。求電子置換反応の速度はモノ置換ベンゼン類のHOMOのエネルギーと相関関係がある。

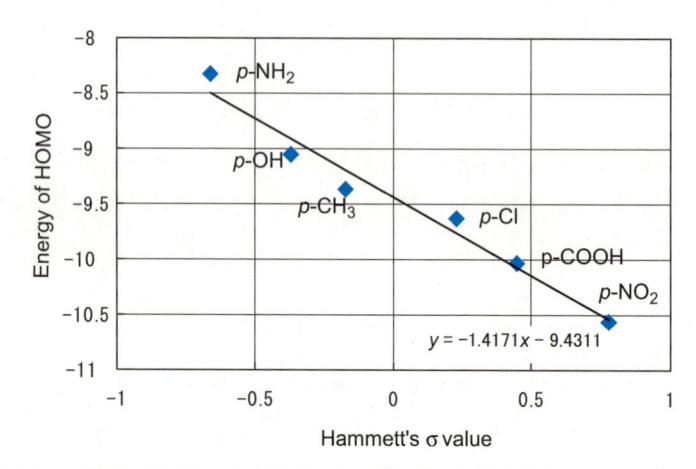

図11.5　p-置換ベンゼンのHOMOのエネルギーに対するHammettプロット

カルボキシ基やニトロ基のような電子求引性基がつくと、ニトロ化の反応は非常に進行しにくくなる。部分速度係数を見るとベンゼンに比べてどれほど反応性が低下するかが良くわかる。共鳴の理論では第10章の式（10-39）〜（10-41）や第11章の式（11-9），（11-10）に示されたカルボカチオン中間体の不安定さから、その低反応性が説明できる。

ニトロベンゼンのHOMOが第10章の図10.8に示されている。パラ位にはローブの広がりがない。安息香酸やニトロベンゼンのニトロ化反応に対する非常に小さなf_pに対応している。

（4）ナフタレンのニトロ化

ナフタレンのニトロ化では1-ニトロナフタレンが主生成物として得られ、2-ニトロナフタレンが少量副生する。

(11-19)

共鳴理論で説明すると以下のようになる。まず、1-置換体が生じる中間体の共鳴構造式を書くと式（11-20）のようになる。

11 芳香族求電子置換反応 各論

(11-20)

一方，2-置換体の中間体は式（11-21）となる。

(11-21)

1-置換体の場合には7個の共鳴構造式が書けるのに対し，2-置換体では6個しか書けない。よって，中間体（遷移状態）は1-置換体のほうが安定である。すなわち，1-置換体のほうがより早い速度で生成することになる。

生成物の安定性は，2-置換体のほうが高い。図11.6から分かるように，1位のニトロ基は8位の水素との立体反発が大きい。1位のニトロ基が回転しようとすると，8位の水素にぶつかってしまう。しかし，2位のニトロ基は立体反発が小さい。

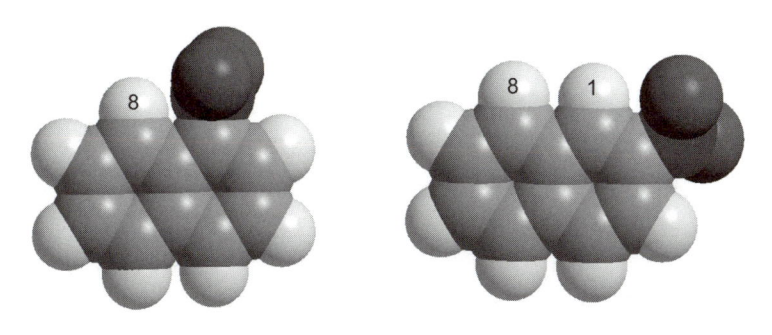

1-nitronaphthalene　　　　　　2-nitronaphthalene
図11.6　1-ニトロナフタレンおよび2-ニトロナフタレンの分子模型

生成物の安定性が悪くても，もっぱら活性化エネルギーの低い経路を通って，生成物を与えるような反応は「速度論支配（kinetic control）の反応」という。ナフタレンのニトロ化反応は速度論支配の反応である。

ナフタレンのニトロ化の分子軌道法的な取り扱いからは，1-ニトロナフタレンが生成しやすいことがもっと明確になる。

図11.7はナフタレンのAM1計算によって得られるHOMOが示されている。明らかに1位は2位よりもローブの広がりが大きい。フロンティア電子理論によれば，ニトロニウムイオンのLUMOはローブの広がりの大きなナフタレンのHOMOの1位と優先的に相互作用する。ニトロ

ニウムイオンの HOMO では，窒素原子上にローブの広がりがないことに注目しよう。

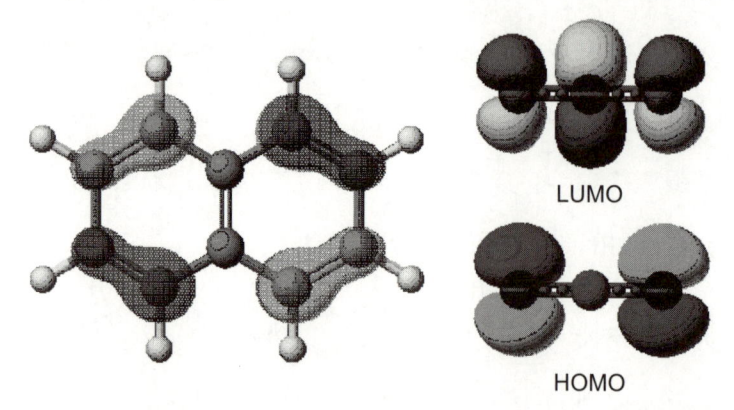

図 11.7 ナフタレンの HOMO とニトロニウムイオンの HOMO と LUMO（AM1 計算）（参考図 28 参照）

11.2　スルホン化反応

ベンゼンは濃硫酸と低温でゆっくりと反応してベンゼンスルホン酸となる。

$$\text{C}_6\text{H}_6 + \text{H}_2\text{SO}_4 \rightleftarrows \text{C}_6\text{H}_5\text{SO}_3\text{H} + \text{H}_2\text{O} \tag{11-22}$$

(Mechanism)

$$\text{HOSO}_2\text{OH} + \text{HOSO}_2\text{OH} \rightleftarrows \text{H}_2\text{OSO}_2\text{OH}^+ + {}^-\text{OSO}_2\text{OH} \tag{11-23}$$

$$\text{H}_2\text{OSO}_2\text{OH}^+ \rightleftarrows \text{HOSO}_2^+ + \text{H}_2\text{O} \tag{11-24}$$

$$\text{C}_6\text{H}_6 + {}^+\text{SO}_2\text{OH} \rightleftarrows [\text{C}_6\text{H}_6\text{SO}_3\text{H}]^+ \tag{11-25}$$

$$[\text{C}_6\text{H}_6\text{SO}_3\text{H}]^+ + {}^-\text{OSO}_2\text{OH} \rightleftarrows \text{C}_6\text{H}_5\text{SO}_3\text{H} + \text{H}_2\text{SO}_4 \tag{11-26}$$

濃硫酸で反応させた場合の求電子剤は HSO_3^+ である。硫酸に三酸化硫黄 SO_3 が溶けたものは発煙硫酸とよばれる。SO_3 は Lewis 酸であり，スルホン化反応に対しては活性が高い。SO_3 の結合については第 1 章に書かれているので，もう一度読み返して欲しい。

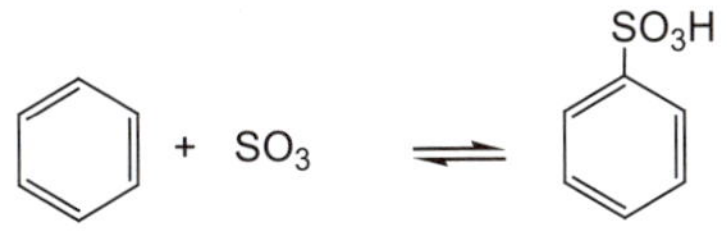

$$\text{benzene} + SO_3 \rightleftharpoons \text{benzenesulfonic acid} \tag{11-27}$$

(Mechanism)

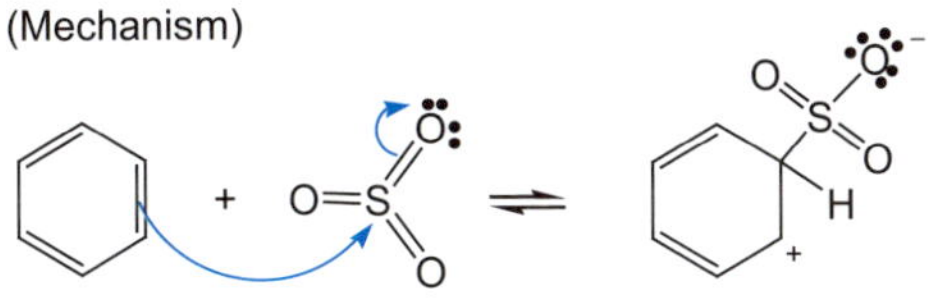

$$\text{(11-28)}$$

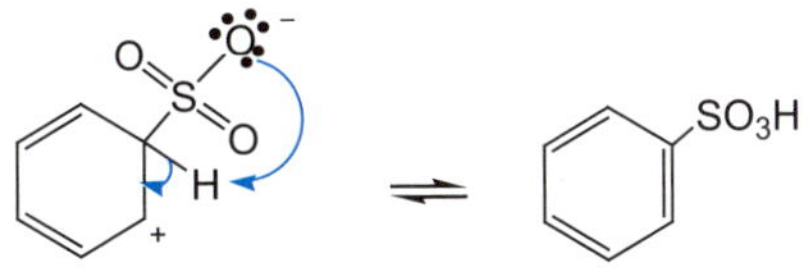

$$\text{(11-29)}$$

発煙硫酸を用いたときの求電子剤は SO_3 である（プロトン化された SO_3H^+ という説もある）。もちろん，この反応は求電子置換反応であるので，電子供与性の置換基は反応を加速し，オルト-パラ配向性を示す。

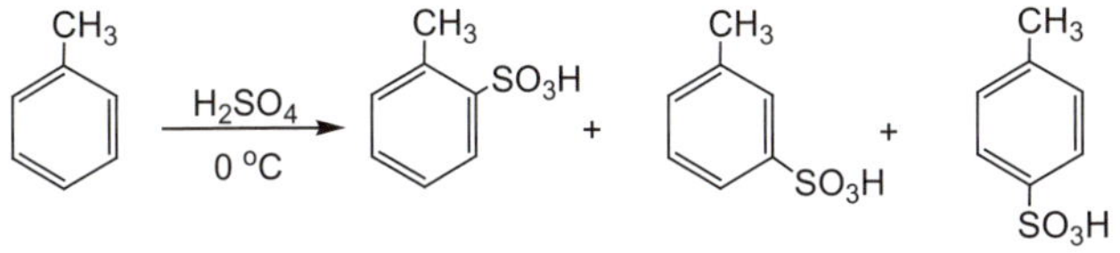

$$\text{トルエン} \xrightarrow{H_2SO_4,\ 0\ ^\circ C} \text{o-}(32\%) + \text{m-}(6\%) + \text{p-}(62\%) \tag{11-30}$$

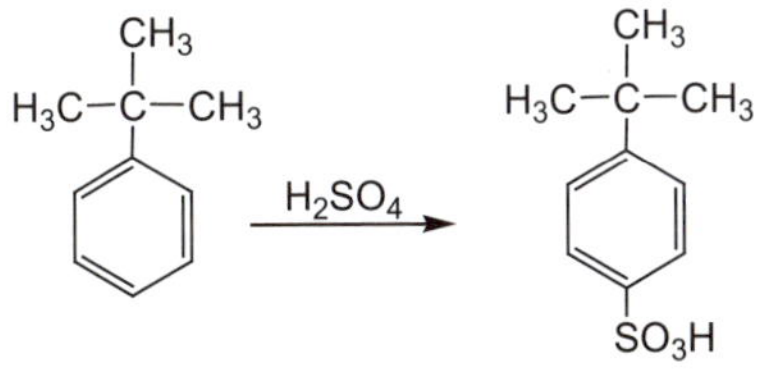

$$\text{t-ブチルベンゼン} \xrightarrow{H_2SO_4} \text{p-t-ブチルベンゼンスルホン酸} \tag{11-31}$$

$$\text{クロロベンゼン} \xrightarrow{H_2SO_4,\ 160\ ^\circ C} \text{p-クロロベンゼンスルホン酸} \tag{11-32}$$

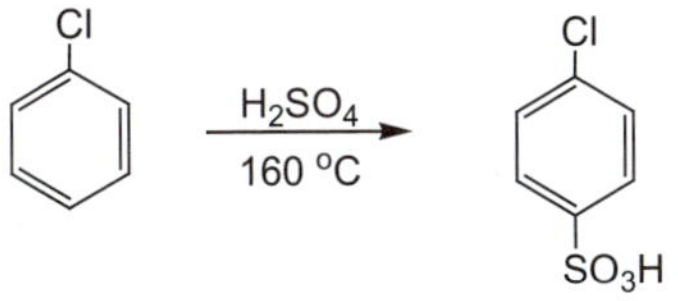

トルエンは電子供与性のメチル基を有しているので，スルホン化は穏やかな条件でも進行し，オルト-パラ配向性を示す。2-メチル-2-フェニルプロパン（t-ブチルベンゼン）も電子供与性基を持っているが，オルト体は生成しない。立体障害のせいである。クロロベンゼンのスルホン化は高温で進行し，やはりパラ体しか生成しない。Cl は電気陰性度の大きな置換基であり，その誘起効果（I 効果）がオルト位のカチオン中間体を不安定化する。

ベンゼンスルホン酸を水中で少量の硫酸存在下に加熱すると，脱スルホン化が進行する。すなわち，スルホン化の反応は可逆反応であることが分かる。

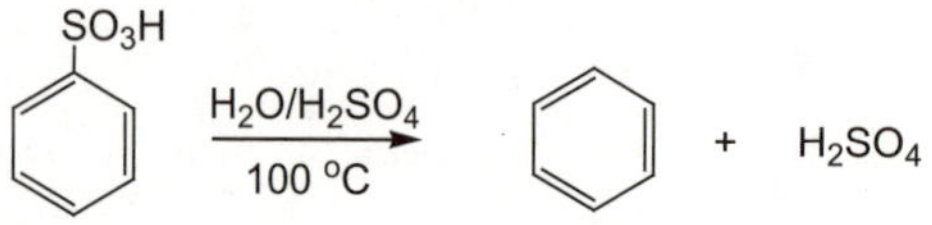

$$\text{C}_6\text{H}_5\text{SO}_3\text{H} \xrightarrow[100\ °C]{\text{H}_2\text{O}/\text{H}_2\text{SO}_4} \text{C}_6\text{H}_6 + \text{H}_2\text{SO}_4 \tag{11-33}$$

トルエンのスルホン化を 200℃という高温で行うと，オルトとパラ置換体の生成比率が低下し，メタ体の生成比が高くなる。式（11-30）と比較せよ。

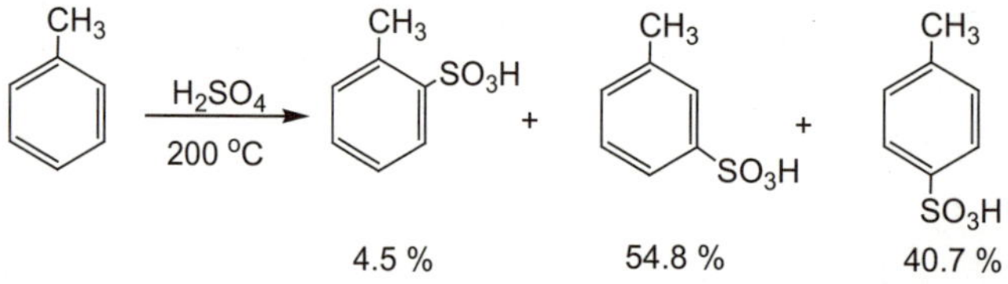

$$\text{トルエン} \xrightarrow[200\ °C]{\text{H}_2\text{SO}_4} o\text{-トルエンスルホン酸 (4.5\%)} + m\text{-トルエンスルホン酸 (54.8\%)} + p\text{-トルエンスルホン酸 (40.7\%)} \tag{11-34}$$

この配向性の変化はスルホン化が可逆反応であり，m-トルエンスルホン酸の方が，o- および p-トルエンスルホン酸より熱力学的に安定であることに原因がある。速度論的には o- および p-トルエンスルホン酸が多く生成するが，高温のため，逆反応の脱スルホン化反応が起こる。正‐逆反応を繰り返すことになるが，少量生成する m-トルエンスルホン酸は脱スルホン化されにくいので，時間が経過するにつれて m-体の相対量が増加することになる。o- および p-トルエンスルホン酸の生成は速度論支配の反応であるが，m-トルエンスルホン酸が最終的に多くできる反応は「熱力学支配（thermodynamic control）の反応」である。速度論的には不利であっても，熱力学的に安定な生成物を与えるように進む反応が熱力学支配の反応である。

熱力学支配の反応の顕著な例は，ナフタレンのスルホン化である。

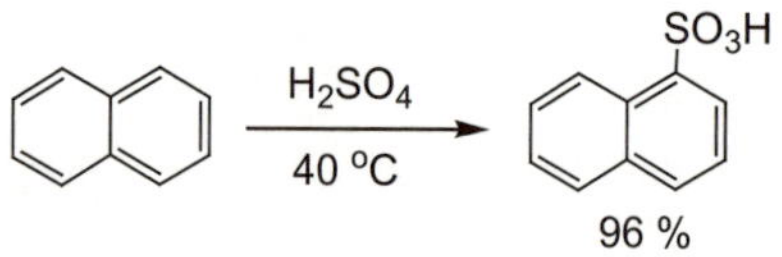

$$\text{ナフタレン} \xrightarrow[40\ °C]{\text{H}_2\text{SO}_4} \text{1-ナフタレンスルホン酸 (96\%)} \tag{11-35}$$

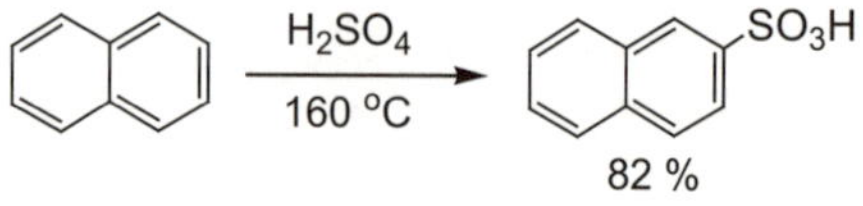

$$\text{ナフタレン} \xrightarrow[160\ °C]{\text{H}_2\text{SO}_4} \text{2-ナフタレンスルホン酸 (82\%)} \tag{11-36}$$

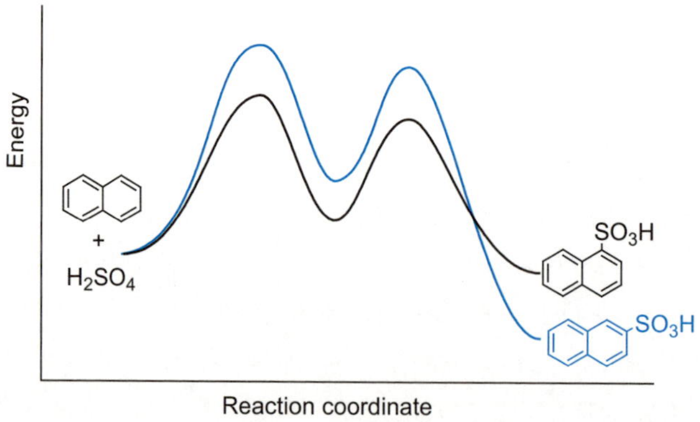

図 11.8　ナフタレンのスルホン化反応に対するエネルギー図

図 11.8 の反応のエネルギー図で，カルボカチオン中間体のエネルギーがかなり低く表現されている。ベンゼンやナフタレンのニトロ化反応におけるカルボカチオン中間体はかなり安定であることが，反応の 1 次水素同位体効果（ベンゼンの場合：$k_H/k_D = \sim 2$）から分かっている。

11.3 ハロゲン化

アルケンなどの C=C 二重結合を有する脂肪族不飽和炭化水素へは，ハロゲンは求電子付加をするが，共役 π 二重結合系が π 電子の著しい非局在化により安定化されているベンゼンでは，求電子付加は全く進行しない。代わって，Lewis 酸存在下に求電子置換反応が起こる。

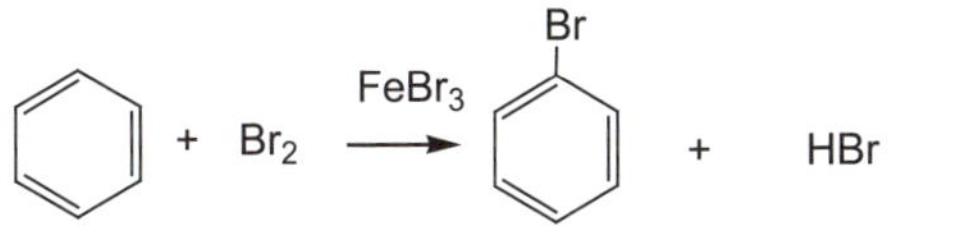

$$\text{C}_6\text{H}_6 + \text{Br}_2 \xrightarrow{\text{FeBr}_3} \text{C}_6\text{H}_5\text{Br} + \text{HBr} \tag{11-37}$$

式 (11-37) では $FeBr_3$ が Lewis 酸触媒として使われている。式 (11-38) では Fe が触媒となっているが，反応中に $FeBr_3$ が生じて触媒作用する。

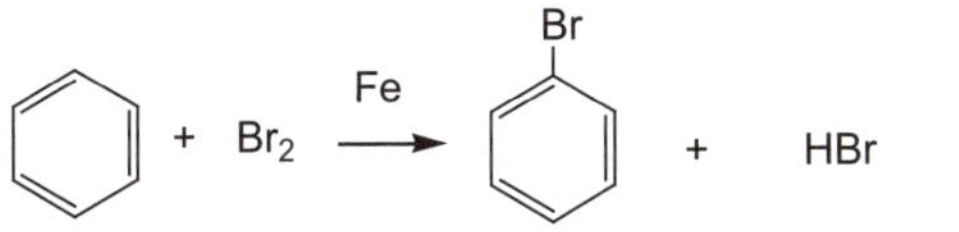

$$\text{C}_6\text{H}_6 + \text{Br}_2 \xrightarrow{\text{Fe}} \text{C}_6\text{H}_5\text{Br} + \text{HBr} \tag{11-38}$$

(Mechanism)

$$2\,\text{Fe} + 3\,\text{Br}_2 \longrightarrow 2\,\text{FeBr}_3 \tag{11-39}$$

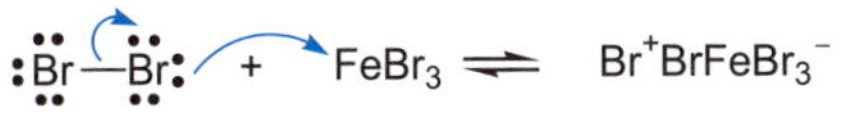

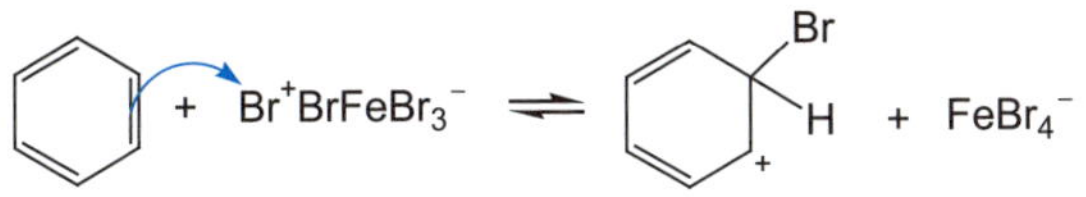

$$:\!\ddot{\text{Br}}\!-\!\ddot{\text{Br}}\!: + \text{FeBr}_3 \rightleftharpoons \text{Br}^+\text{BrFeBr}_3^- \tag{11-40}$$

$$\text{C}_6\text{H}_6 + \text{Br}^+\text{BrFeBr}_3^- \rightleftharpoons [\text{C}_6\text{H}_6\text{Br}]^+ + \text{FeBr}_4^- \tag{11-41}$$

$$[\text{C}_6\text{H}_6\text{Br}]^+ + \text{FeBr}_4^- \longrightarrow \text{C}_6\text{H}_5\text{Br} + \text{HBr} + \text{FeBr}_3 \tag{11-42}$$

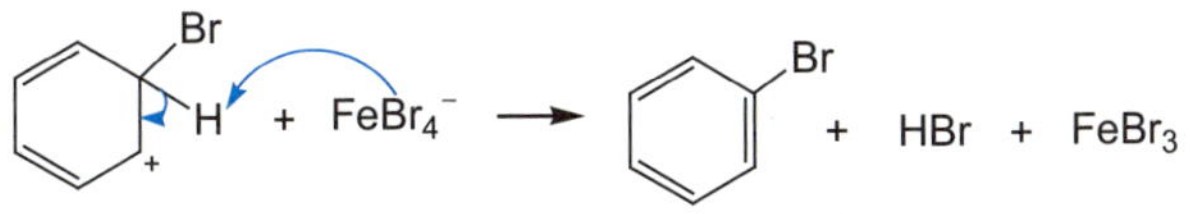

全く同じように，Fe あるいは $FeCl_3$ 触媒でベンゼンは Cl_2 によって塩素化され，クロロベンゼンを生じる。Lewis 酸として $AlCl_3$ を使ってもよい。

I_2 によるヨウ素化は吸熱反応であり，Lewis 酸を用いる反応ではベンゼンのヨウ素化反応は進行しない。I-I の結合エネルギーは 149 kJ/mol であり，C_6H_5-H 結合エネルギーは 460 kJ/mol である。一方，C_6H_5-I の結合エネルギーは 272 kJ/mol，H-I の結合エネルギーは 298 kJ/mol である。よってベンゼンのヨウ素化が起こると，(149 + 460) − (272 + 298) = 36 kJ/mol の吸熱となる。

> **問題 11-3** ベンゼンの塩素化および臭素化反応におけるエンタルピー変化を求めよ。

ベンゼンをヨウ素化するためには，強い酸化剤でヨウ素を I^+ にする必要がある。

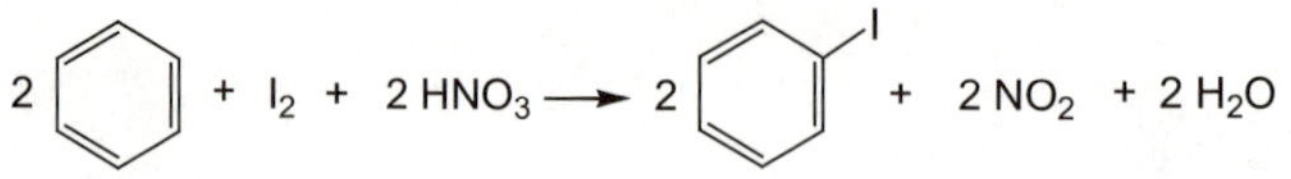

$$2\,C_6H_6 + I_2 + 2\,HNO_3 \longrightarrow 2\,C_6H_5I + 2\,NO_2 + 2\,H_2O \tag{11-43}$$

(Mechanism)

$$2\,H^+ + 2\,HNO_3 + I_2 \rightleftharpoons 2\,I^+ + 2\,NO_2 + 2\,H_2O \tag{11-44}$$

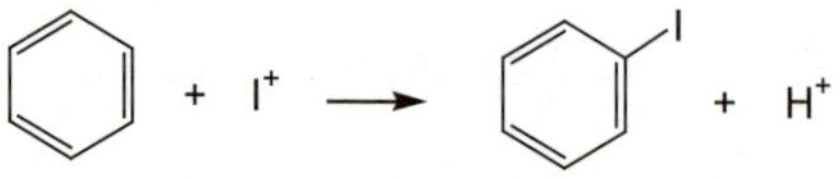

$$C_6H_6 + I^+ \longrightarrow C_6H_5I + H^+ \tag{11-45}$$

電子供与性基を有するモノ置換ベンゼン類では，触媒がなくても臭素化反応が進行するが，ハロゲンを1つだけ導入するのは難しい。条件を選べば（低温で反応するなど）フェノールのモノブロモ化は可能であるが，通常の条件ではトリハロゲン化が起こる。

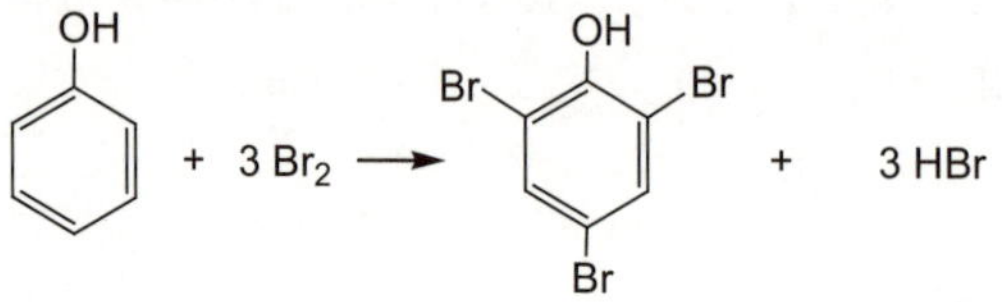

$$C_6H_5OH + 3\,Br_2 \longrightarrow 2,4,6\text{-}Br_3C_6H_2OH + 3\,HBr \tag{11-46}$$

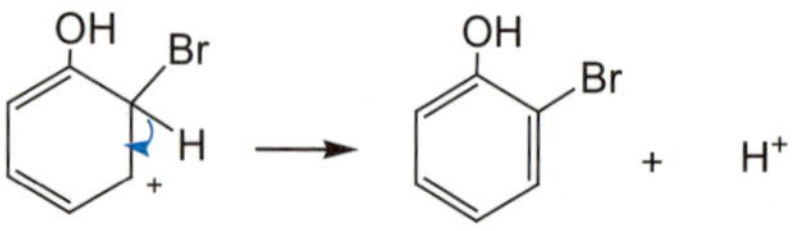

(Mechanism)

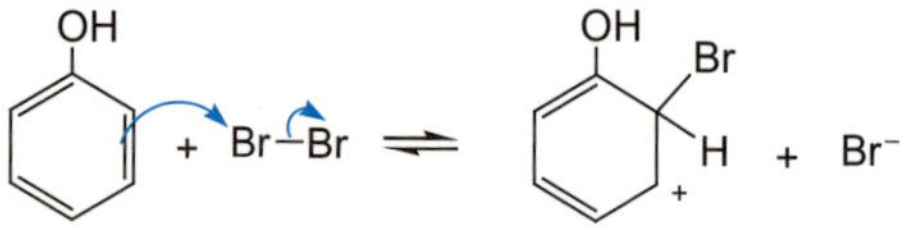

式 (11-47)

式 (11-48)

式 (11-49)

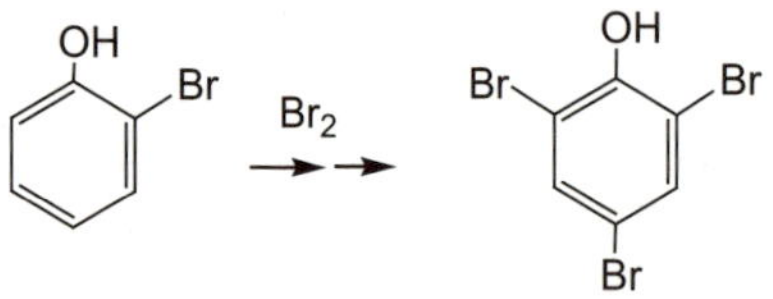

アニリンに臭素を1つだけ導入する方法として，アセトアニリド経由の反応がある。

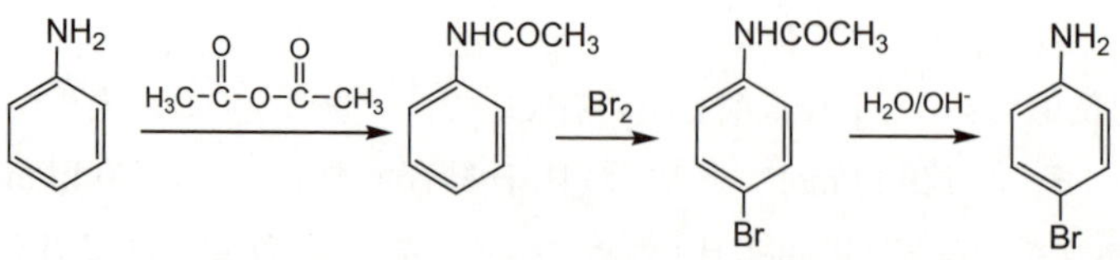

式 (11-50)

モノ置換ベンゼンにハロゲンを1つだけ導入するときには，後ほど述べる Sandmeyer 法を用いるのが普通である。

ナフタレンの臭素化はベンゼンよりも容易に起こり，Lewis 酸触媒がなくとも速度論支配の反応で 1-ブロモナフタレンを与える。

$$\text{ナフタレン} \xrightarrow{\text{Br}_2} \text{1-ブロモナフタレン} \quad 72\sim75\,\% \tag{11-51}$$

11.4　アルキル化およびアルカノイル化

(1) アルキル化

塩化アルミニウムを Lewis 酸触媒とするベンゼンのハロアルカンによるアルキル化反応（alkylation reaction）は 1877 年，Friedel と Crafts によって発見された。

1) Friedel-Crafts アルキル化

Friedel と Crafts によって最初に発見された反応を式 (11-52) に示す。

$$\text{C}_6\text{H}_6 + \text{CH}_3\text{Cl} \xrightarrow{\text{AlCl}_3} \text{C}_6\text{H}_5\text{CH}_3 + \text{HCl} \tag{11-52}$$

(Mechanism)

$$\text{CH}_3\ddot{\text{Cl}}: + \text{AlCl}_3 \rightleftharpoons \text{CH}_3-\overset{+}{\underset{..}{\text{Cl}}}-\bar{\text{AlCl}}_3 \tag{11-53}$$

$$\text{C}_6\text{H}_6 + \text{CH}_3-\overset{+}{\underset{..}{\text{Cl}}}-\bar{\text{AlCl}}_3 \rightleftharpoons [\text{C}_6\text{H}_6\text{CH}_3]^+ + \text{AlCl}_4^- \tag{11-54}$$

$$[\text{C}_6\text{H}_6\text{CH}_3]^+ + \text{AlCl}_4^- \longrightarrow \text{C}_6\text{H}_5\text{CH}_3 + \text{HCl} + \text{AlCl}_3 \tag{11-55}$$

Friedel-Crafts メチル化の求電子剤としてメチルカチオン（第 1 級カルボカチオン）は考えてはいけない。しかし，次の例に見られるように，第 3 級カルボカチオンが生じる反応では，カルボカチオンが求電子剤になっているだろう。しかし，ベンゼン中の反応であるので，カルボカチオンと FeCl$_4^-$ とは強いイオン対（contact ion-pair）を形成している。

$$\text{C}_6\text{H}_6 + (\text{CH}_3)_3\text{CCl} \xrightarrow{\text{FeCl}_3} \text{C}_6\text{H}_5\text{C}(\text{CH}_3)_3 + \text{HCl} \tag{11-56}$$

(Mechanism)

$$(\text{CH}_3)_3\text{C}\ddot{\text{Cl}}: + \text{FeCl}_3 \rightleftharpoons (\text{CH}_3)_3\text{C}-\overset{+}{\underset{..}{\text{Cl}}}-\bar{\text{FeCl}}_3 \rightleftharpoons (\text{CH}_3)_3\overset{+}{\text{C}}:\ddot{\text{Cl}}-\bar{\text{FeCl}}_3 \tag{11-57}$$

$$\text{C}_6\text{H}_6 + (\text{CH}_3)_3\text{C}^+ :\ddot{\text{Cl}}-\text{FeCl}_3 \rightleftharpoons [\text{C}_6\text{H}_6\text{-C}(\text{CH}_3)_3\text{H}]^+ + \text{FeCl}_4^- \quad (11\text{-}58)$$

$$[\text{C}_6\text{H}_6\text{-C}(\text{CH}_3)_3\text{H}]^+ + \text{FeCl}_4^- \longrightarrow \text{C}_6\text{H}_5\text{-C}(\text{CH}_3)_3 + \text{HCl} + \text{FeCl}_3 \quad (11\text{-}59)$$

Friedel-Crafts アルキル化反応には決定的な欠点がある。その1つは生成するアルキルベンゼンは電子供与性基を持つことになるので、さらに Friedel-Crafts アルキル化反応が進んでしまうことである。他の欠点は、アルキル基の転位が起こることである。

$$\text{C}_6\text{H}_6 \xrightarrow{\text{CH}_3\text{CH}_2\text{CH}_2\text{CH}_2\text{Cl/AlCl}_3} \text{C}_6\text{H}_5\text{-CH}_2\text{CH}_2\text{CH}_2\text{CH}_3 + \text{C}_6\text{H}_5\text{-CH}(\text{CH}_3)\text{CH}_2\text{CH}_3 \quad (11\text{-}60)$$

(Mechanism)

$$\text{CH}_3\text{CH}_2\text{CH}_2\text{CH}_2\ddot{\text{Cl}}: + \text{AlCl}_3 \rightleftharpoons \text{CH}_3\text{CH}_2\text{CH}_2\text{CH}_2\overset{+}{\text{Cl}}-\bar{\text{AlCl}}_3 \quad (11\text{-}61)$$

$$\text{CH}_3\text{CH}_2\text{CH}(\text{H})\text{CH}_2-\overset{+}{\text{Cl}}-\bar{\text{AlCl}}_3 \rightleftharpoons \text{CH}_3\text{CH}_2\overset{+}{\text{C}}\text{H}\text{CH}_3 + :\ddot{\text{Cl}}-\bar{\text{AlCl}}_3 \quad (11\text{-}62)$$

$$\text{C}_6\text{H}_6 + \text{CH}_3\text{CH}_2\overset{+}{\text{C}}\text{H}\text{CH}_3 \longrightarrow \text{C}_6\text{H}_5\text{-CH}(\text{CH}_3)\text{CH}_2\text{CH}_3 + \text{H}^+ \quad (11\text{-}63)$$

第4章でも述べたように、安定なカルボカチオンが生じるように、水素やメチル基が転位することがある。式 (11-62) の反応で、比較的安定な第2級カルボカチオンへの転位が起こっている。ベンゼン中、第2級カルボカチオンは AlCl_4^- とイオン対を作っていると思われるが、簡単に反応式を書けば式 (11-62)、(11-63) となる。

$$\text{C}_6\text{H}_6 + (\text{CH}_3)_2\text{CHCH}_2\text{Cl} \xrightarrow{\text{AlCl}_3} \text{C}_6\text{H}_5\text{-C}(\text{CH}_3)_3 + \text{HCl} \quad (11\text{-}64)$$

第3級カルボカチオンが生じさえすれば、ベンゼンのアルキル化は進行する。

$$\text{C}_6\text{H}_6 + (\text{CH}_3)_3\text{COH} \xrightarrow{\text{H}_2\text{SO}_4} \text{C}_6\text{H}_5\text{-C}(\text{CH}_3)_3 + \text{H}_2\text{O} \quad (11\text{-}65)$$

$$\text{C}_6\text{H}_6 + (\text{CH}_3)_2\text{C=CH}_2 \xrightarrow{\text{BF}_3/\text{HF}} \text{C}_6\text{H}_5\text{-C}(\text{CH}_3)_3 \quad (11\text{-}66)$$

11 芳香族求電子置換反応 各論

(Mechanism)

$$HF + BF_3 \rightleftharpoons H^+BF_4^- \tag{11-67}$$

$$(CH_3)_2C=CH_2 + H^+BF_4^- \rightleftharpoons (CH_3)_3C^+ + BF_4^- \tag{11-68}$$

$$C_6H_6 + (CH_3)_3C^+ + BF_4^- \longrightarrow C_6H_5C(CH_3)_3 + H^+BF_4^- \tag{11-69}$$

問題 11-4 式（11-64）の反応の機構を電子の流れ図で示せ。
問題 11-5 式（11-65）の反応の機構を電子の流れ図で示せ。

---

(2) アルカノイル化（アシル化）

ハロゲン化アルカノイル（ハロゲン化アシル）をLewis酸存在下にベンゼンと反応させると，Friedel-Craftsアルカノイル化（alkanoylation）が起こる。

$$C_6H_6 + CH_3COCl \xrightarrow[\text{2) } H_2O]{\text{1) AlCl}_3} C_6H_5COCH_3 + HCl \tag{11-70}$$

(Mechanism)

$$CH_3-\overset{O}{\underset{}{C}}-\ddot{\underset{}{Cl}}: + AlCl_3 \rightleftharpoons CH_3-\overset{\ddot{O}}{\underset{}{C}}-\overset{+}{\underset{}{Cl}}-\bar{A}lCl_3 \tag{11-71}$$

$$CH_3-\overset{\ddot{O}}{\underset{}{C}}-\overset{+}{\underset{}{Cl}}-\bar{A}lCl_3 \rightleftharpoons [CH_3-C\equiv\overset{+}{O}: \leftrightarrow CH_3-\overset{+}{C}=\ddot{O}:] + AlCl_4^- \tag{11-72}$$

acylium ion

$$C_6H_6 + CH_3-C\equiv\overset{+}{O}: \rightleftharpoons [\text{arenium ion with } COCH_3, H] \tag{11-73}$$

$$[\text{arenium ion}] + AlCl_4^- \longrightarrow C_6H_5COCH_3 + HCl + AlCl_3 \tag{11-74}$$

Friedel-Craftsアルカノイル化反応の求電子剤はアシリウムイオン（acylium ion）である。Friedel-Craftsアルカノイル化反応の特徴は，ベンゼン環に導入される官能基が電子求引性基だということである。そのため，さらに第2のアルカノイル基が導入されることはない。

生成物であるケトンはそのカルボニル酸素上に非共有電子対を有している。そのため，生成物がLewis塩基となり，Lewis酸触媒である塩化アルミニウムと塩を作る。

$$\text{PhCOCH}_3 + \text{AlCl}_3 \rightleftharpoons \text{PhC(=O}^+\text{-}\overline{\text{AlCl}}_3\text{)CH}_3 \tag{11-75}$$

この塩は red oil とよばれ，$AlCl_3$ を不活性化するので，Friedel-Crafts アルカノイル化反応では，やや過剰の $AlCl_3$ を用いる．red oil は，反応混合物を氷水に注いで分解する．

ケトンのカルボニル基は Wolff-Kishner 還元によって飽和炭化水素に変換できる（式 (11-76)）．

$$\text{PhCOCH}_3 \xrightarrow{\text{NH}_2\text{NH}_2/\text{KOH}} \text{PhCH}_2\text{CH}_3 \tag{11-76}$$

(Mechanism)

$$\text{R-C(=O)-R'} + :\text{NH}_2\text{NH}_2 \rightleftharpoons \text{R-C(O}^-\text{)(NH}_2^+\text{NH}_2\text{)-R'} \rightarrow \text{R-C(OH)(NH-NH}_2\text{)-R'} \tag{11-77}$$

$$\text{R-C(OH)(NH-NH}_2\text{)-R'} \rightleftharpoons \text{R-C(=NH-NH}_2^+\text{)-R'} + \text{OH}^- \rightarrow \text{R-C(=N-NH}_2\text{)-R'} + \text{H}_2\text{O} \tag{11-78}$$

$$\text{R-C(=N-NH}_2\text{)-R'} + \text{OH}^- \rightleftharpoons [\text{R-C(=N-NH}^-\text{)-R'} \leftrightarrow \text{R-C}^-\text{(-N=NH)-R'}] + \text{H}_2\text{O} \tag{11-79}$$

$$\text{R-C}^-\text{(-N=NH)-R'} + \text{H}_2\text{O} \rightleftharpoons \text{R-CH(-N=NH)-R'} + \text{OH}^- \tag{11-80}$$

$$\text{R-CH(-N=NH)-R'} + \text{OH}^- \rightleftharpoons \text{R-CH(-N=N}^-\text{)-R'} + \text{H}_2\text{O} \tag{11-81}$$

$$\text{H}_2\text{O} + \text{R-CH(-N=N}^-\text{)-R'} \rightarrow \text{R-CH}_2\text{-R'} + \text{OH}^- + \text{N}_2 \tag{11-82}$$

Wolff-Kishner 還元は 1,2-エタンジオール（エチレングリコール）中で，多量のアルカリ存在下に行う．ケトンの飽和炭化水素への還元には Clemmensen 還元という亜鉛アマルガム（Zn(Hg)）を用いた濃塩酸酸性中の反応もあるが，毒性の強い水銀を用いるため，他に方法がない場合に限って用いられるべきである．エタノール中，Pd を触媒とする水素添加反応で，芳香族ケトンを完全に還元できる場合もある．この一連の反応を用いれば，アルキル基の転位をともなわずにアルキルベンゼン類を合成できる．

$$\text{benzene} \xrightarrow{CH_3CH_2CH_2COCl/AlCl_3} \text{C}_6\text{H}_5\text{COCH}_2\text{CH}_3 \xrightarrow[\text{or } H_2/Pd]{\text{Wolff-Kishner reduction}}$$

$$\text{C}_6\text{H}_5\text{CH}_2\text{CH}_2\text{CH}_2\text{CH}_3 \tag{11-83}$$

> **問題 11-6** アニオン性界面活性剤であるドデシルベンゼンスルホン酸ナトリウム(sodium dodecylbenzenesulfonate, SDS)をベンゼンから合成する経路を書け。
>
> $C_{12}H_{25}$–C$_6$H$_4$–SO$_3$Na

ハロゲン化アルカノイルの代わりにカルボン酸無水物を用いる Friedel-Crafts アルカノイル化反応では末端にカルボキシ基を持った芳香族ケトカルボン酸(芳香族ケト酸)が得られる。

$$\text{benzene} + \text{succinic anhydride} \xrightarrow{AlCl_3} \text{C}_6\text{H}_5\text{COCH}_2\text{CH}_2\text{COOH} \tag{11-84}$$

succinic anhydride
(butanedioic anhydride)

3-benzoyl propanoic acid

(Mechanism)

$$\text{succinic anhydride} + AlCl_3 \rightleftharpoons \text{[activated complex]} \tag{11-85}$$

$$\rightleftharpoons \overset{+}{O}\equiv C-CH_2CH_2C(=O)-O-\bar{A}lCl_3 \tag{11-86}$$

$$\text{C}_6\text{H}_6 + \overset{+}{O}\equiv C-CH_2CH_2COO-\bar{A}lCl_3 \rightleftharpoons \text{[σ-complex: COCH}_2\text{CH}_2\text{COO}-\bar{A}lCl_3\text{]} \tag{11-87}$$

$$\text{[σ-complex]} \rightarrow \text{C}_6\text{H}_5\text{COCH}_2\text{CH}_2\text{COOH} + AlCl_3 \tag{11-88}$$

> **問題 11-7** 式(11-84)の反応を利用すれば,ベンゼンから 1-テトラロン(1-tetralone)を合成できる。その合成経路を示せ。
>
> **問題 11-8** 無水フタル酸(phthalic anhydride, benzene-1,2-dicarboxylic anhydride)とベンゼ

ンから 9,10-アントラキノンを合成する経路を考えよ。

1-tetralone

9,10-anthraquinone

問題 11-9 次の反応の機構を電子の流れ図で示せ。

$$\text{C}_6\text{H}_6 + \text{CH}_3\text{COOCCH}_3 \xrightarrow{\text{AlCl}_3} \text{C}_6\text{H}_5\text{COCH}_3 + \text{CH}_3\text{COOH}$$

(3) モノ置換ベンゼンのアルカノイル化

Friedel-Crafts 反応は芳香族求電子置換反応であるので，ベンゼン環に導入された電子供与性基はこの反応を加速する。

$$\text{C}_6\text{H}_5\text{CH}_2\text{CH}_3 + \text{CH}_3\text{COCl} \xrightarrow{\text{AlCl}_3} \text{CH}_3\text{CH}_2\text{C}_6\text{H}_4\text{COCH}_3 \tag{11-89}$$

$f_o = 1.0, f_m = 10.4, f_p = 753$

式（11-89）の部分速度係数をみると，パラ位の反応性は非常に高いにもかかわらず，オルト位の反応性はメタ位よりも低い。式（11-72）を見て欲しい。アシリウムイオンと AlCl_4^- とが離されて書かれているが，実際にはベンゼン中でイオン対の形をとっている。そのため，このアシリウムイオン錯体は相当にかさ高い。アシリウムイオン錯体のオルト位への攻撃は立体障害が大きいために，進みにくい。

アミノ基やヒドロキシ基には非共有電子対がある。そのため，これらの基は AlCl_3 へその電子対を供与することにより塩を作って，触媒を不活性化させる。このようなときには，アニリンはアセトアミドに，フェノールは酢酸エステルに変換してから Friedel-Crafts 反応を行う。

電子求引性の置換基は Friedel-Crafts 反応を著しく阻害する。ニトロベンゼンは Friedel-Crafts 反応の溶媒に使えるほど不活性である。

(4) ナフタレンのアルカノイル化

二硫化炭素（CS_2）中のナフタレンと塩化アセチルとの Friedel-Crafts 反応は速度論支配の反応で，1-フェニルエタノン（1-アセトナフトン）が得られる。しかし，ニトロベンゼン中の反応では 2-フェニルエタノンが 90% の収率で得られる。ニトロベンゼンはアシリウムイオン錯体に溶媒和し，大きな求電子剤になるために，立体障害が大きく 2-置換体が主生成物になる。

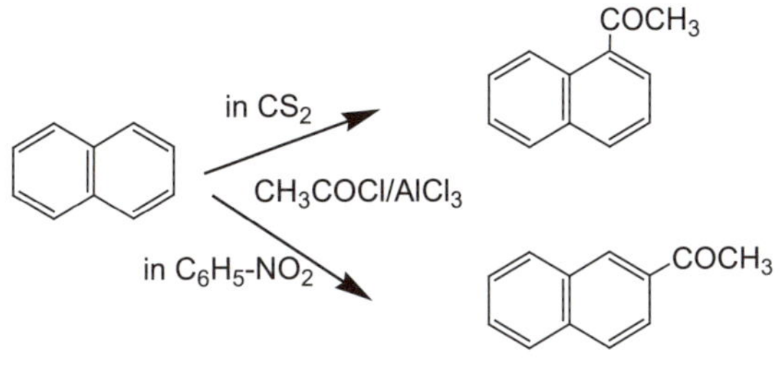

$$\text{(11-90)}$$

ナフタレン + CH₃COCl/AlCl₃ → in CS₂ で 1-アセチルナフタレン, in C₆H₅-NO₂ で 2-アセチルナフタレン

(5) Friedel-Crafts 類似反応

Blanc-Quelet 反応はベンゼンをホルムアルデヒドおよび塩化水素と Lewis 塩基としての $ZnCl_2$ 存在下に反応させて，(クロロメチル)ベンゼン ((chloromethyl)benzene) を得る反応である。

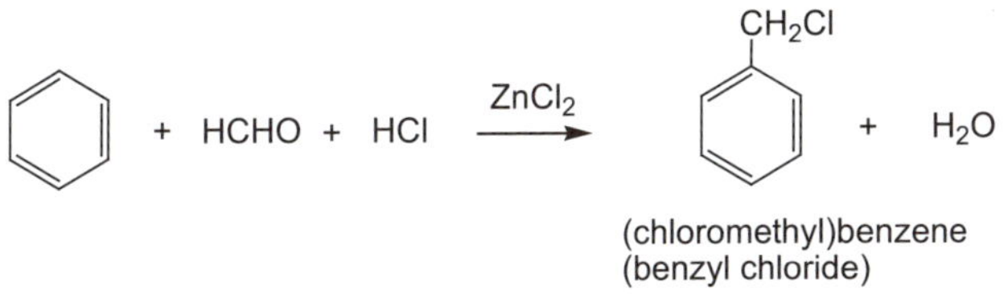

$$\text{benzene} + HCHO + HCl \xrightarrow{ZnCl_2} \text{(chloromethyl)benzene (benzyl chloride)} + H_2O \quad (11\text{-}91)$$

(Mechanism)

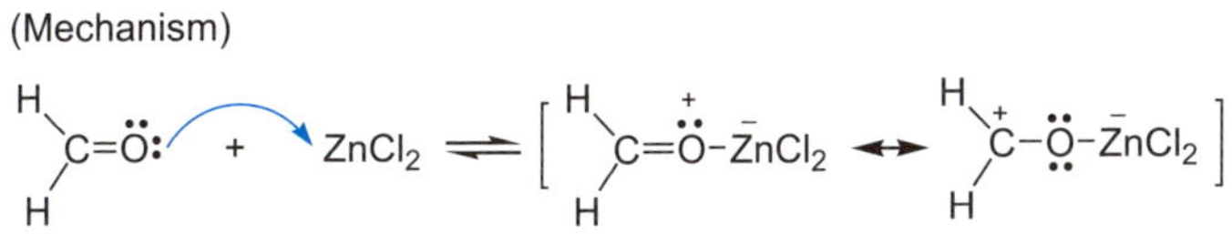

$$(11\text{-}92)$$

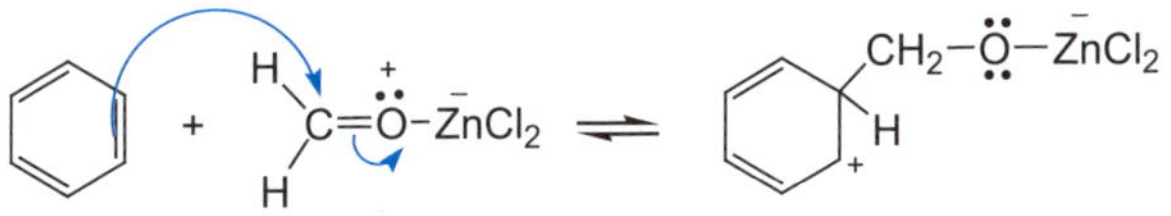

$$(11\text{-}93)$$

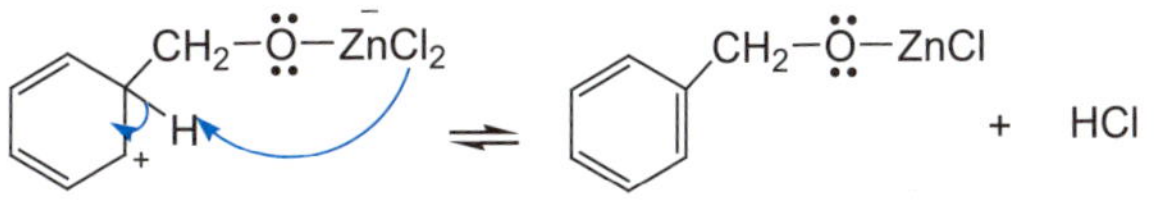

$$(11\text{-}94)$$

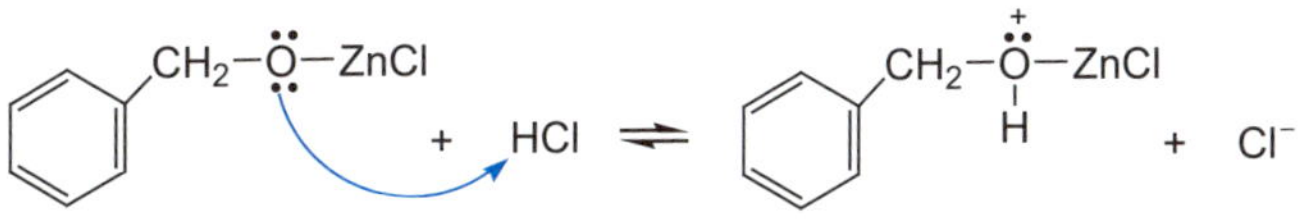

$$(11\text{-}95)$$

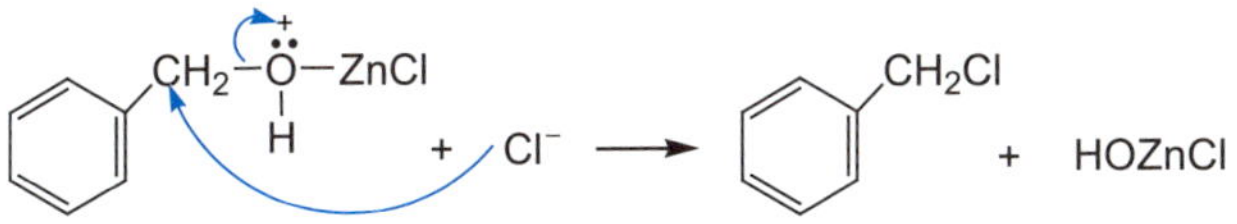

$$(11\text{-}96)$$

$$HOZnCl + HCl \longrightarrow ZnCl_2 + H_2O \quad (11\text{-}97)$$

Gatterman-Koch 反応は一酸化炭素と塩化水素を $AlCl_3$ とともに加圧してベンゼンと反応させ，ベンズアルデヒドを生じる反応である。塩化ホルミル (formyl chloride) からホルミルカチオン (formyl cation) ができ，これが求電子剤となる。

$$\text{C}_6\text{H}_6 + \text{CO} \xrightarrow[\text{high pressure}]{\text{HCl/AlCl}_3} \text{C}_6\text{H}_5\text{CHO} \tag{11-98}$$

(Mechanism)

$$\text{H–Cl} + :\text{C}=\ddot{\text{O}}: \rightleftharpoons \underset{\text{Cl}}{\overset{\text{H}}{\text{C}}}=\ddot{\text{O}}: \tag{11-99}$$

$$\underset{\text{O}}{\overset{\text{H}}{\text{C}}}-\ddot{\text{Cl}}: + \text{AlCl}_3 \rightleftharpoons \underset{\text{O}}{\overset{\text{H}}{\text{C}}}-\overset{+}{\text{Cl}}-\bar{\text{A}}\text{lCl}_3 \tag{11-100}$$

$$\underset{:\ddot{\text{O}}:}{\overset{\text{H}}{\text{C}}}-\overset{+}{\text{Cl}}-\bar{\text{A}}\text{lCl}_3 \rightleftharpoons [\text{H}-\text{C}\equiv\overset{+}{\text{O}} \leftrightarrow \text{H}-\overset{+}{\text{C}}=\text{O}] + \text{AlCl}_4^- \tag{11-101}$$

$$\text{formyl cation}$$

$$\text{C}_6\text{H}_6 + \text{H}-\text{C}\equiv\overset{+}{\text{O}} \rightleftharpoons \text{[arenium-CHO]}^+$$

$$\text{[arenium-CHO]}^+ + \text{AlCl}_4^- \longrightarrow \text{C}_6\text{H}_5\text{CHO} + \text{HCl} + \text{AlCl}_3 \tag{11-102}$$

11.5　カルボキシ化反応

電子供与性基をもつフェノールは，二酸化炭素によってカルボキシ化（carboxylation）される。この反応は Kolbe-Schmit 反応とよばれる。

$$\text{C}_6\text{H}_5\text{ONa} + \text{CO}_2 \xrightarrow{125\ ^\circ\text{C}/100\ \text{atm}} \text{2-HO-C}_6\text{H}_4\text{-COONa} \tag{11-103}$$

(Mechanism)

$$\text{PhO}^- + \ddot{\text{O}}=\text{C}=\ddot{\text{O}} \rightleftharpoons \text{[cyclohexadienone-CO}_2^-\text{]} \tag{11-104}$$

$$\text{[cyclohexadienone-H-CO}_2^-\text{]} \longrightarrow \text{2-HO-C}_6\text{H}_4\text{-COO}^- \tag{11-105}$$

二酸化炭素は次のような共鳴構造式がかけ，中心炭素には求電子性がある。

$$\ddot{\text{O}}=\text{C}=\ddot{\text{O}} \leftrightarrow \ddot{\text{O}}=\overset{+}{\text{C}}-\ddot{\text{O}}:^- \leftrightarrow {}^-:\ddot{\text{O}}-\overset{+}{\text{C}}=\ddot{\text{O}} \tag{11-106}$$

Kolbe-Schmit 反応では o-ヒドロキシ安息香酸（サリチル酸）が主生成物であり，p-ヒドロキシ安息香酸の生成は少ない。位置選択的（regioselective reaction）な反応である。なぜ p- 体の生成が少ないのだろうか？生成物の熱力学的な安定性に原因がある。

(11-107)

分子内水素結合の形成でサリチル酸アニオンは，p-ヒドロキシ安息香酸アニオンよりも熱力学的に安定である。Kolbe-Schmit 反応は熱力学支配の反応である。

11.6　ジアゾカップリング反応

アニリンを亜硝酸と反応させると，ジアゾニウム塩ができる。

$$\text{PhNH}_2 + \text{HNO}_2 + \text{HCl} \longrightarrow \text{PhN}_2^+\text{Cl}^- + \text{H}_2\text{O} \tag{11-108}$$

(Mechanism)

$$\text{H-}\ddot{\text{O}}\text{-}\ddot{\text{N}}\text{=}\ddot{\text{O}}\text{:} + \text{HCl} \rightleftharpoons \text{H-}\overset{+}{\underset{H}{\ddot{\text{O}}}}\text{-}\ddot{\text{N}}\text{=}\ddot{\text{O}}\text{:} + \text{Cl}^- \tag{11-109}$$

$$\text{H-}\overset{+}{\underset{H}{\ddot{\text{O}}}}\text{-}\ddot{\text{N}}\text{=}\ddot{\text{O}}\text{:} \rightleftharpoons \ddot{\text{N}}\text{≡}\ddot{\text{O}}\text{:}^+ + \text{H}_2\text{O} \tag{11-110}$$

$$\text{Ph-}\ddot{\text{N}}\text{H}_2 + \ddot{\text{N}}\text{≡}\ddot{\text{O}}\text{:}^+ \rightleftharpoons \text{Ph-}\overset{+}{\text{N}}\text{H}_2\text{-}\ddot{\text{N}}\text{=}\ddot{\text{O}}\text{:} \tag{11-111}$$

$$\text{Ph-}\overset{+}{\text{N}}\text{H}_2\text{-}\ddot{\text{N}}\text{=}\ddot{\text{O}}\text{:} \rightleftharpoons [\text{Ph-}\ddot{\text{N}}\text{H-}\ddot{\text{N}}\text{=}\ddot{\text{O}}\text{:} \rightleftharpoons \text{Ph-}\ddot{\text{N}}\text{=}\ddot{\text{N}}\text{-}\ddot{\text{O}}\text{-H}] + \text{H}^+ \tag{11-112}$$

$$\text{Ph-}\ddot{\text{N}}\text{=}\ddot{\text{N}}\text{-}\ddot{\text{O}}\text{-H} + \text{H}^+ \rightleftharpoons \text{Ph-}\ddot{\text{N}}\text{=}\ddot{\text{N}}\text{-}\overset{+}{\underset{H}{\ddot{\text{O}}}}\text{-H} \tag{11-113}$$

$$\text{Ph-}\ddot{\text{N}}\text{=}\ddot{\text{N}}\text{-}\overset{+}{\underset{H}{\ddot{\text{O}}}}\text{-H} \longrightarrow \text{Ph-}\overset{+}{\text{N}}\text{≡}\ddot{\text{N}} + \text{H}_2\text{O} \tag{11-114}$$

ジアゾニウム塩は種々の芳香族化合物とジアゾカップリング反応（アゾカップリング反応ともいう）を起こし，アゾ染料を与える。ジアゾニウム塩をジアゾ成分，相手の芳香族化合物をカップリング成分（カプラー，coupler）とよぶことがある。カプラーとしては電子供与性置換基をもつベンゼン誘導体あるいはナフタレン誘導体が良い。

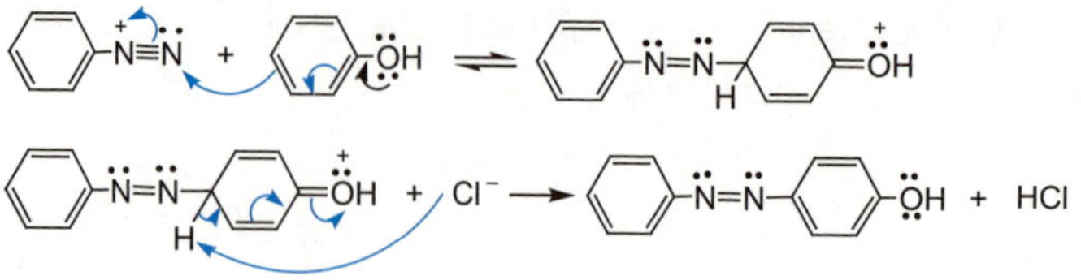

$$\text{[PhN}_2^+\text{]} + \text{[C}_6\text{H}_5\text{OH]} \rightleftharpoons \text{[Ph-N=N-C}_6\text{H}_4\text{(H)-OH]}^+ \tag{11-115}$$

$$\text{[Ph-N=N-C}_6\text{H}_4\text{(H)-OH]}^+ + Cl^- \longrightarrow \text{Ph-N=N-C}_6\text{H}_4\text{-OH} + HCl \tag{11-116}$$

ジアゾカップリリング反応により，次のような染料を合成できる。

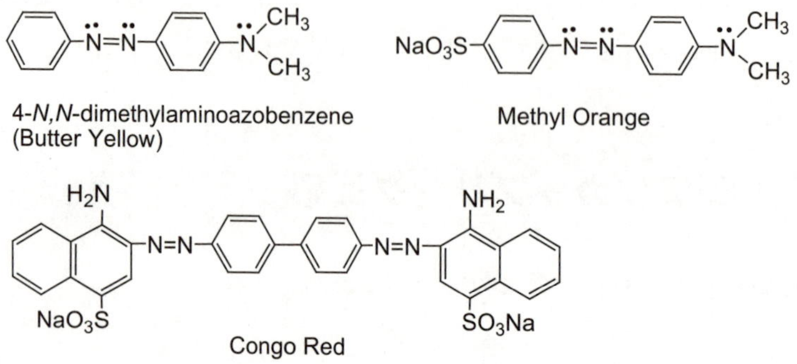

4-*N*,*N*-dimethylaminoazobenzene
(Butter Yellow)

Methyl Orange

Congo Red

図 11.9 各種のアゾ色素

　アゾ色素は合成が容易で，鮮やかな色を呈するものが多い。化粧品や毛髪の着色剤あるいは木綿や絹の染料として使われているが，中には発がん性を示すもの（例えばバターイエロー）もあるので，使用に際しては注意が必要である。

12 芳香族求核置換反応

　ベンゼンに代表される芳香族化合物の反応の多くは求電子置換反応である。しかし，電子求引性基を有する芳香族化合物では，求核的なイプソ置換反応を起こす場合がある。また，ジアゾニウム塩の分解によって生じるアリールカチオンを中間に経る求核置換反応も進行する。さらに，オルト二置換ベンゼンの1,2-脱離（β-脱離）によって生じる不安定中間体のベンザイン（benzyne）への求核付加も知られている。芳香族求核置換反応はこのような3つの形式の反応に分類できる。

　a）　付加−脱離機構（芳香族 S_N2 反応）

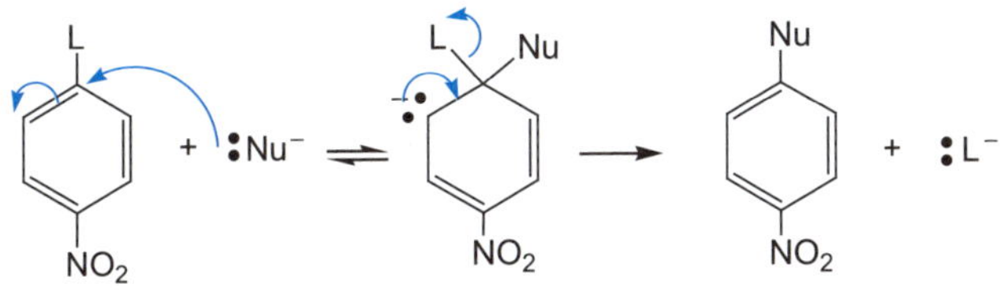

　電子求引性基が脱離基 L の結合位置の電子密度を下げると，求核剤 Nu:$^-$ は L の付け根の炭素に求核攻撃してカルボアニオン中間体を生じ，その後 L を追い出してその場所に Nu が置換する。L の位置に Nu が交換して入り込むような反応をイプソ置換反応（ipso substitution reaction）という。

　b）　アリールカチオン機構（芳香族 S_N1 反応）

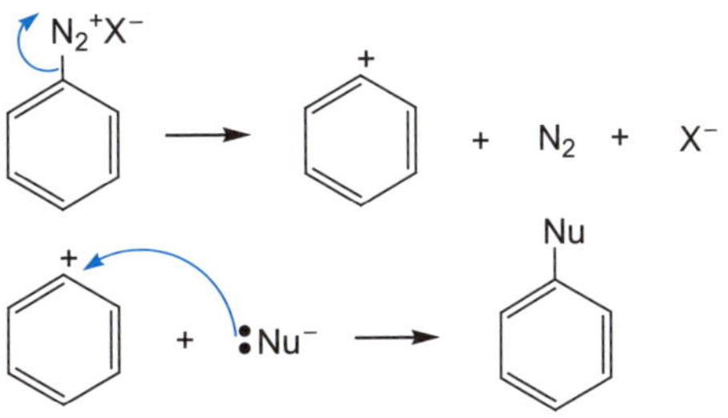

　芳香族ジアゾニウム塩が分解するとアリールカチオンができる。このカルボカチオンに求核剤が付加をする。

c) 脱離－付加機構（ベンザイン反応）

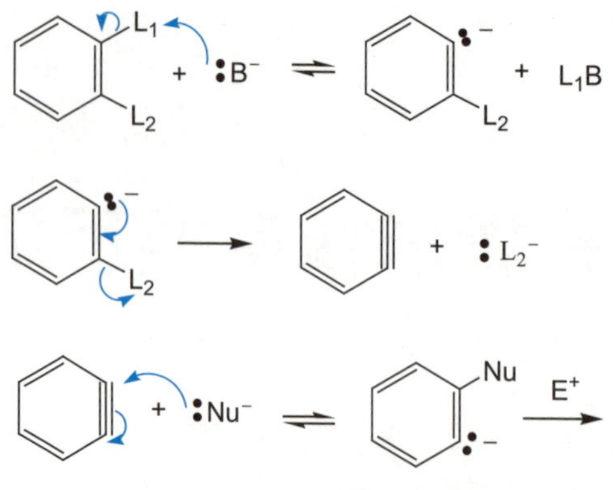

不安定中間体であるベンザインは，アリーン（aryne）ともよばれる。

12.1　付加－脱離機構（芳香族 S_N2 反応）

p-ニトロクロロベンゼンをアルカリ存在下に加熱すると p-ニトロフェノールが得られる。

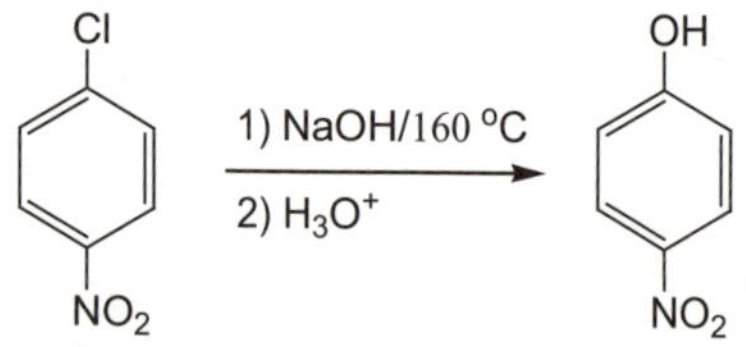

(12-1)

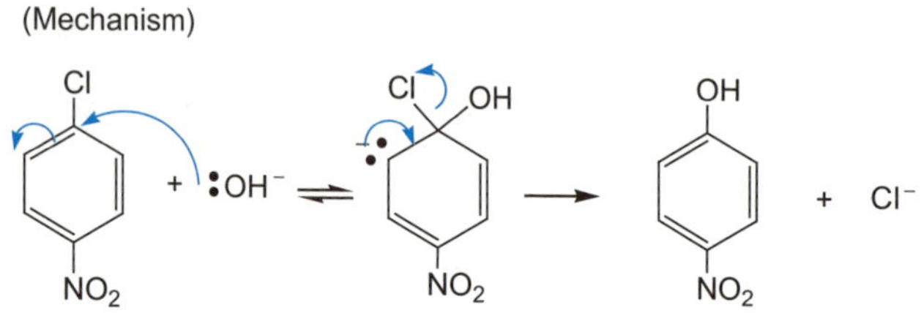

(Mechanism)

(12-2)

もともと脱離しやすい置換基が結合していた位置に，求核剤が置換して入り込んでいる。このようなタイプの反応はイプソ置換反応（ipso substitution reaction）とよばれる。ipso とはラテン語で英語の itself にあたる。ベンゼン環に電子求引性基が多くつけばつくほど，求核的なイプソ置換反応は進行しやすくなる。

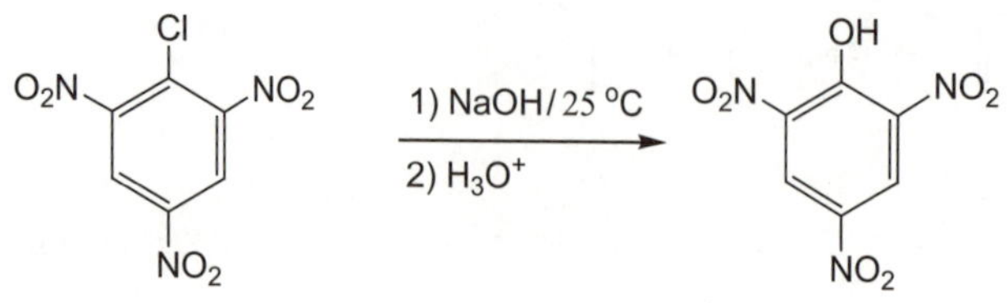

(12-3)

ニトロ基の効果は次の共鳴構造式から理解できよう。

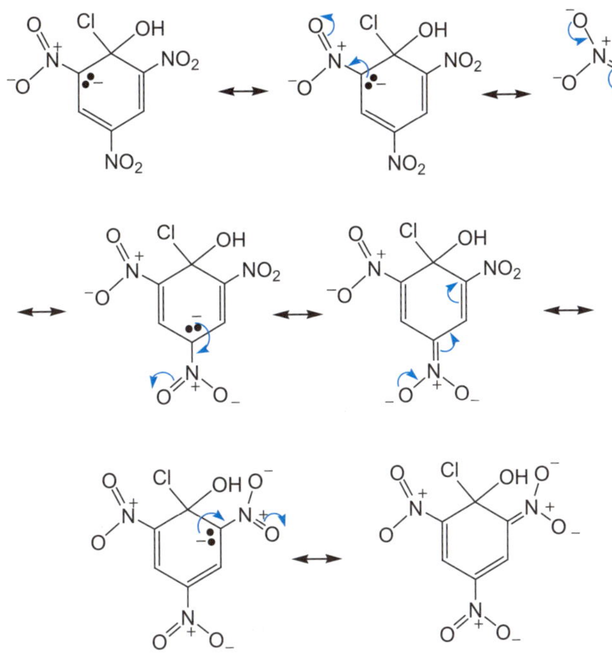

$$(12\text{-}4)$$

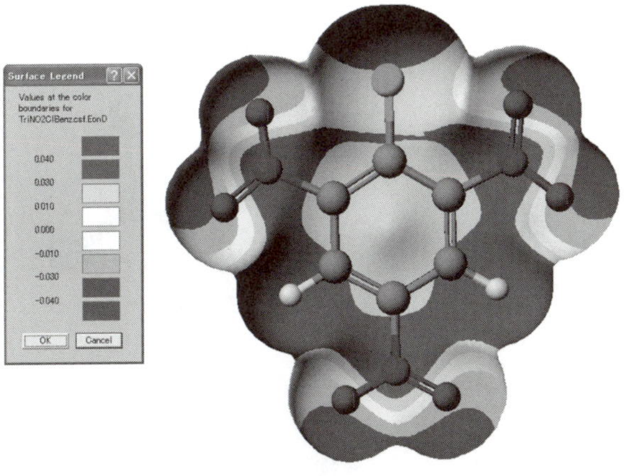

図12.1 2,4,6-トリニトロクロロベンゼンの静電ポテンシャル（AM1 計算）（参考図29 参照）

2,4,6-トリニトロクロロベンゼンの静電ポテンシャルの計算結果（図12.1）をみると，3つのニトロ基がベンゼン環の電子を著しく求引していることがわかる。

電子求引性基を有するハロゲン化ベンゼンは求核剤としてのアミンともイプソ置換反応を起こす。

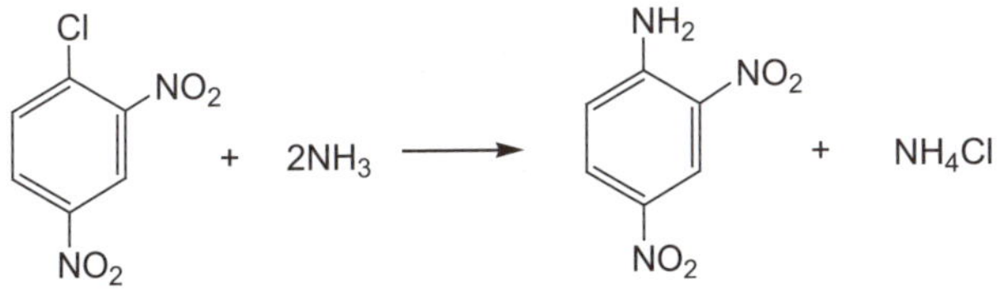

$$(12\text{-}5)$$

$$\text{(Cl, NO}_2\text{, NO}_2\text{-benzene)} + 2\text{CH}_3\text{NH}_2 \longrightarrow \text{(NHCH}_3\text{, NO}_2\text{, NO}_2\text{-benzene)} + \text{CH}_3\text{NH}_3^+\text{Cl}^- \qquad (12\text{-}6)$$

　求核的な芳香族イプソ置換反応は，芳香族 S_N2 反応とよばれる．求核剤が基質を求核攻撃する段階が律速段階であるので，反応の速度は基質濃度に対して 1 次，求核剤濃度に対して 1 次の計 2 次となる．しかし，芳香族 S_N2 反応では中間体（カルボアニオン中間体）が生じる点と，Walden 反転を起こさない点で，協奏的に進行して Walden 反転する脂肪族 S_N2 反応とは，反応機構上に明らかな相違がある．

> **問題 12-1**　式（12-6）の反応の機構を，電子の流れ図で示せ．
> **問題 12-2**　式（12-3）に示された反応のエネルギー図を書き，脂肪族 S_N2 反応のエネルギーと比較せよ．

　芳香族 S_N2 反応の分子軌道法的取り扱いでは，基質へ求核剤が電子を注入してくる反応であるから，フロンティア軌道として基質の LUMO と求核剤の HOMO を選び，それらの相互作用を考える．

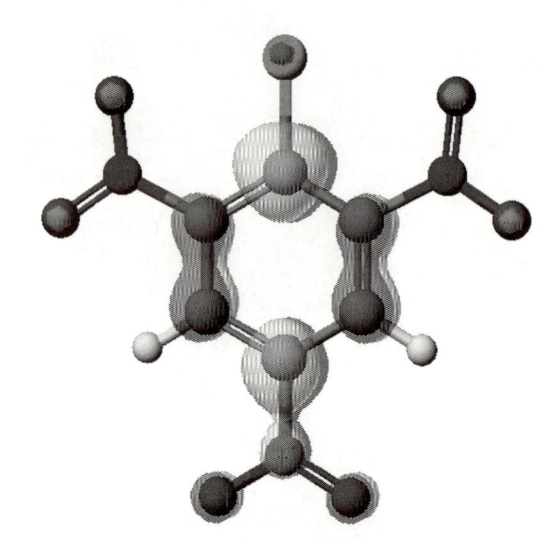

図 12.2　2,4,6-トリニトロクロロベンゼンの LUMO（AM1 計算）（参考図 30 参照）

　図 12.2 には 2,4,6-トリニトロクロロベンゼンの LUMO が示してある．クロロ基が結合している付け根の炭素のローブが大きく広がっている．求核剤はこの炭素を求核攻撃する．

12.2 アリールカチオン機構（芳香族 S_N1 反応）

芳香族ジアゾニウム塩は酸性水溶液中，対応するアミンのジアゾ化反応で得られる。このジアゾニウム塩を酸性条件下で分解するとアリールカチオンが生じる。アリールカチオンは求電子性が極めて高いので，水溶液中の求核剤の攻撃を受ける。

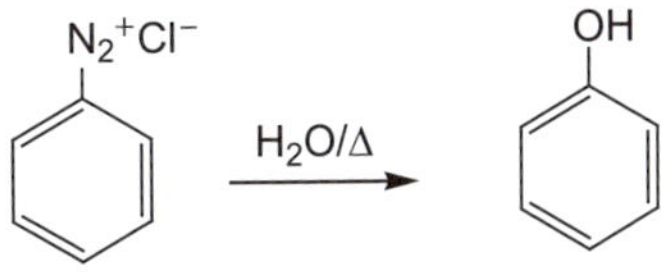

$$\text{PhN}_2^+\text{Cl}^- \xrightarrow{\text{H}_2\text{O}/\Delta} \text{PhOH} \tag{12-7}$$

(Mechanism)

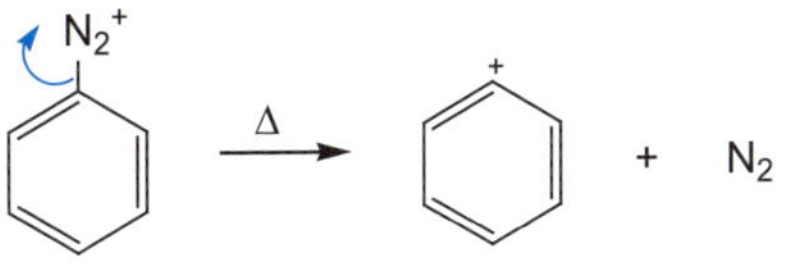

$$\text{PhN}_2^+ \xrightarrow{\Delta} \text{Ph}^+ + \text{N}_2 \tag{12-8}$$

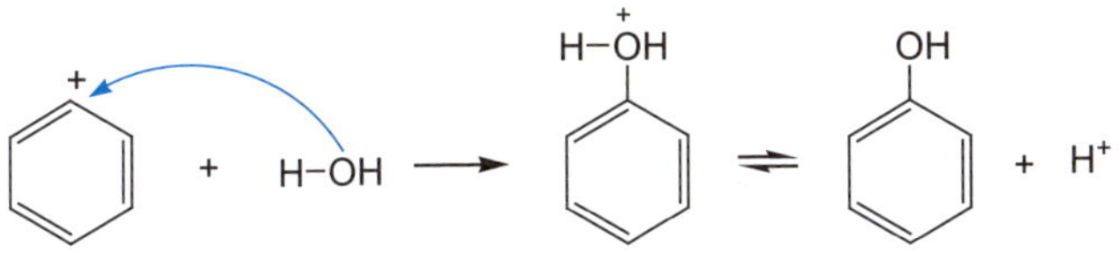

$$\text{Ph}^+ + \text{H-OH} \longrightarrow \text{Ph-}\overset{+}{\text{O}}\text{H}_2 \rightleftarrows \text{PhOH} + \text{H}^+ \tag{12-9}$$

ジアゾニウム塩の N_2 は極めて良好な脱離基である。水溶液中に多量のハロゲン化物イオンが共存すれば，ヒドロキシ化反応とハロゲン化反応が競争する。

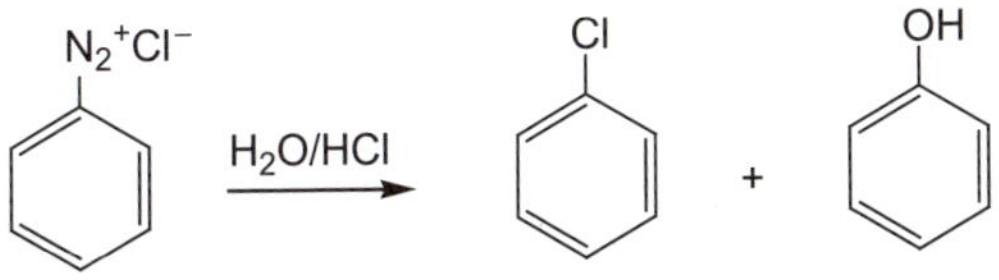

$$\text{PhN}_2^+\text{Cl}^- \xrightarrow{\text{H}_2\text{O}/\text{HCl}} \text{PhCl} + \text{PhOH} \tag{12-10}$$

Sandmeyer 法は，芳香族第1級アミンからそのジアゾニウム塩を経て，芳香環へハロゲンを導入するための優れた方法である。

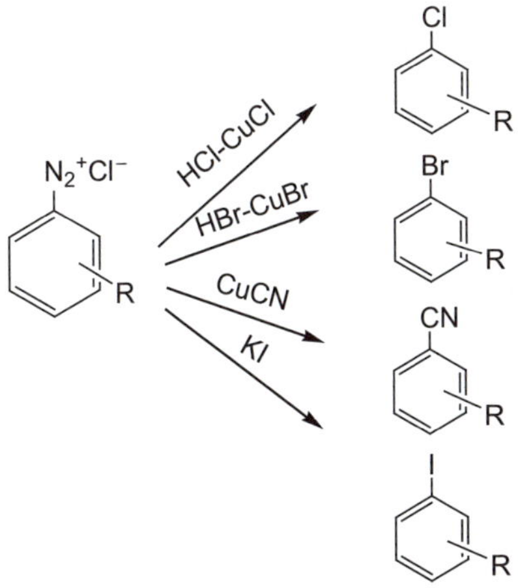

$$\text{ArN}_2^+\text{Cl}^- \begin{array}{c} \xrightarrow{\text{HCl-CuCl}} \text{Ar-Cl} \\ \xrightarrow{\text{HBr-CuBr}} \text{Ar-Br} \\ \xrightarrow{\text{CuCN}} \text{Ar-CN} \\ \xrightarrow{\text{KI}} \text{Ar-I} \end{array} \tag{12-11}$$

種々の芳香族モノハロゲン化物がSandmeyer法によって，合成できる。

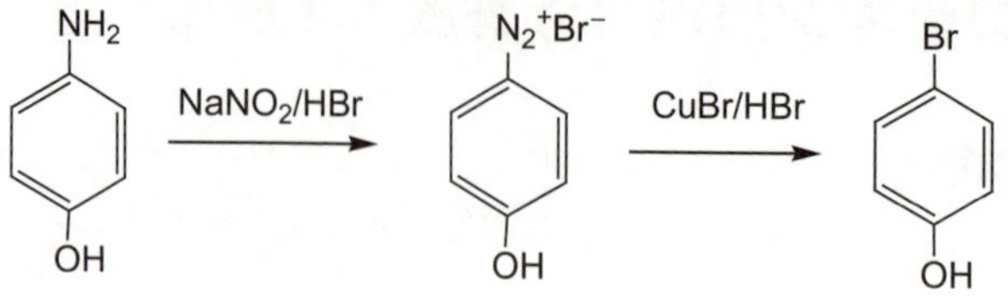

$$\text{(12-12)}$$

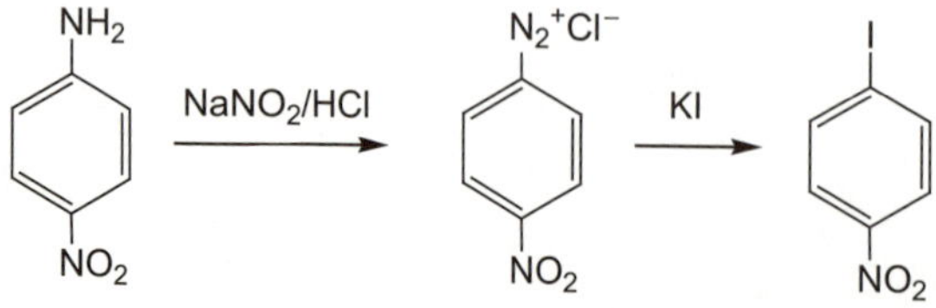

$$\text{(12-13)}$$

> **問題 12-3** フェノールのBr_2によるブロモ化反応と比べ，式（12-12）の反応が優れている点を指摘せよ。
>
> **問題 12-4** ヨードベンゼンのニトロ化反応生成物の構造式を示し，式（12-13）の反応の利点を指摘せよ。

Sandmeyer反応の機構は形式上，次のように考えられる。

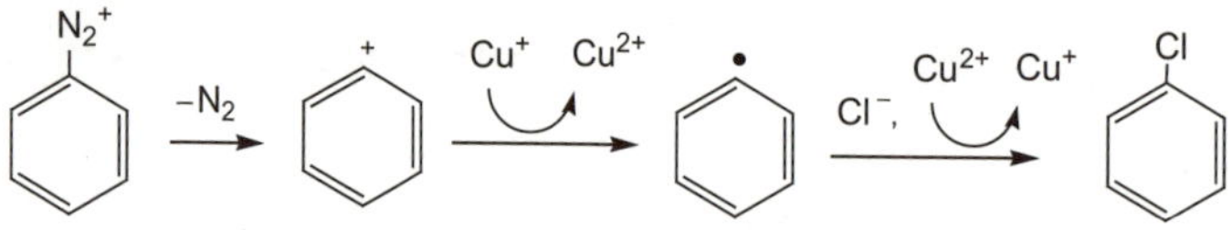

$$\text{(12-14)}$$

12.3　脱離－付加機構

次の反応はどのように解釈されるだろうか？

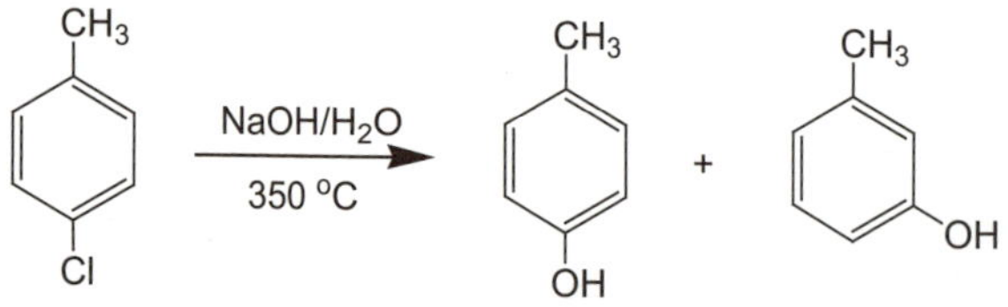

$$\text{(12-15)}$$

p-クロロトルエンからp-ヒドロキシトルエンの生成はいかにも求核的なイプソ置換反応のように見受けられる。しかし，メチル基は電子供与性基であるのに，芳香族S_N2反応が起こるのだろうか？答えはノーである。m-ヒドロキシトルエンの生成が鍵である。式（12-15）の反応はベンザイン（benzyne）を中間に経る反応である。

12 芳香族求核置換反応

(Mechanism)

[反応式 (12-16): p-クロロトルエンと OH⁻ からベンザイン中間体を経由して Cl⁻ が脱離する反応機構]　　(12-16)

[反応式 (12-17): ベンザイン中間体に H-OH が付加して p-クレゾールが生成する反応]　　(12-17)

[反応式 (12-18): ベンザイン中間体に H-OH が付加して m-クレゾールが生成する反応]　　(12-18)

図 12.3 に p-クロロトルエンの静電ポテンシャルの計算結果を示しているが，Cl が結合している位置の隣の炭素に結合した水素は，Cl の誘起効果（I 効果）で相当に酸性度が高まっている。

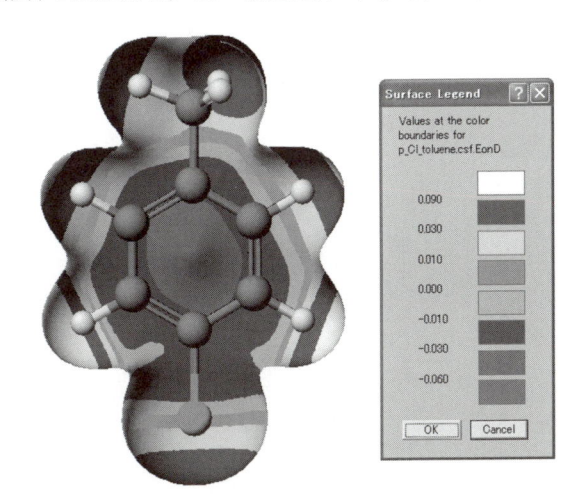

図 12.3　p-クロロトルエンの静電ポテンシャル（AM1 計算）（参考図 31 参照）

ベンザインは三重結合を分子内に持っているが，この三重結合の炭素は sp 混成軌道ではない。2 つの隣り合った sp^2 混成軌道に逆スピンの不対電子がそれぞれ 1 個ずつ入り，これが弱い軌道の重なりを起こして三重結合を形成する。

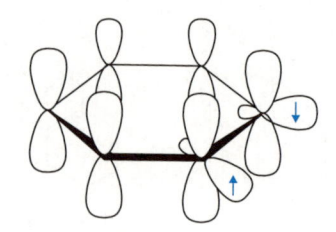

図 12.4　一重項ベンザインの結合

次の反応もベンザインを中間に経る。

$$\text{o-ClC}_6\text{H}_4\text{CH}_3 \xrightarrow{\text{KNH}_2/\text{NH}_3} \text{m-CH}_3\text{C}_6\text{H}_4\text{NH}_2 + \text{o-CH}_3\text{C}_6\text{H}_4\text{NH}_2 \tag{12-19}$$

(Mechanism)

(12-20)

(12-21)

(12-22)

(12-23)

(12-24)

(12-25)

ベンザインを経る反応は，律速段階が塩基による水素引き抜きにあるので，第1次水素同位体効果が観察される。

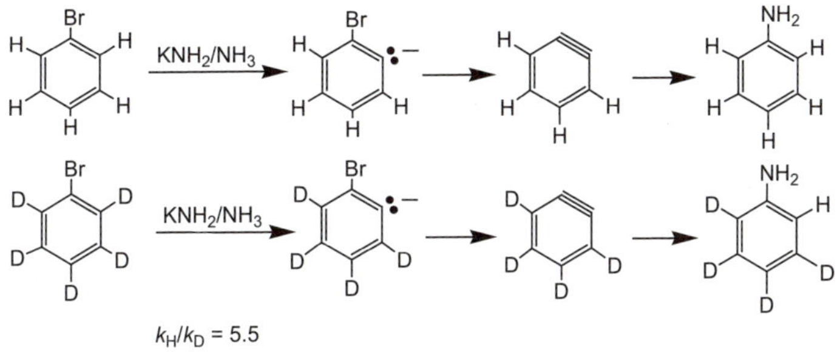

(12-26)

次のベンザイン発生法は強い塩基を使う必要がない優れた方法である。

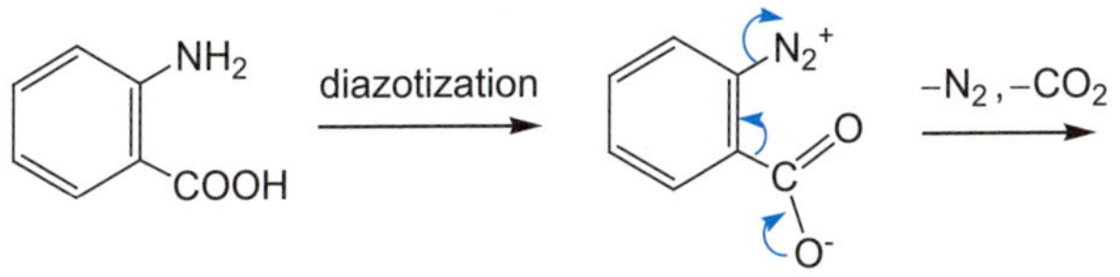

(12-27)

ベンザインは Diels-Alder 反応を起こす。

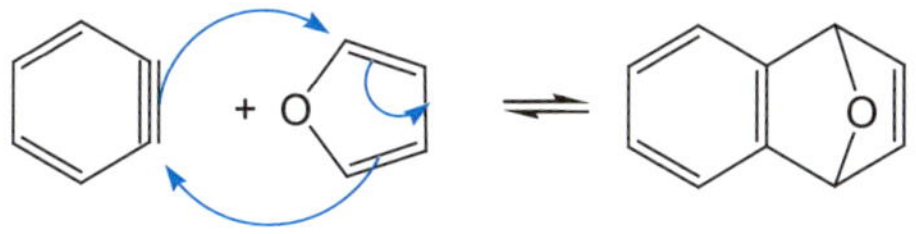

(12-28)

> 問題 12-5　m-クロロトルエンを液体アンモニア中，$NaNH_2$ と反応させたときに予想される生成物の構造式を全て書け。

13 芳香族ヘテロ環化合物

　ヘテロ環（複素環ともいう，hetelocycle）とは，環を構成している原子の1つまたはそれ以上がヘテロ原子（炭素以外の原子）でできているものをいう。たとえばオキサシクロプロパン（エチレンオキシド）はヘテロ環化合物（heterocyclic compound）の1つである。ヘテロ環化合物は生体の中にも多く含まれるし，また生理活性な化合物が非常に多い。DNA（デオキシリボ核酸，deoxyribonucleic acid）を構成する4つの核酸塩基はヘテロ環化合物である。

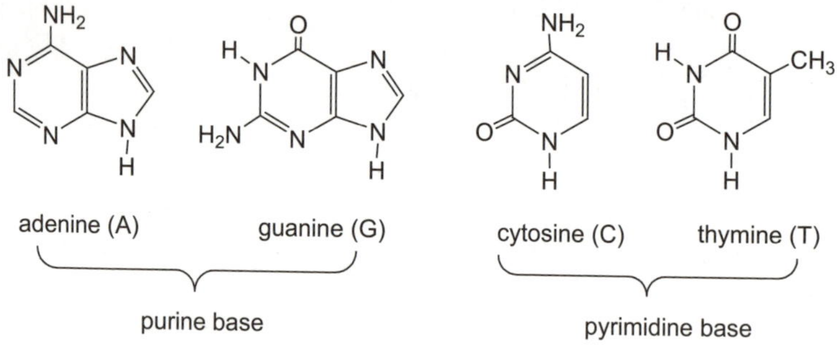

adenine (A)　　guanine (G)　　cytosine (C)　　thymine (T)

purine base　　　　　　　　pyrimidine base

　赤血球の中にあり酸素を体の隅々まで運ぶ働きをしているヘモグロビンには，その補欠分子族としてヘム（プロトポルフィリンIX）という芳香族ヘテロ環化合物が含まれている。

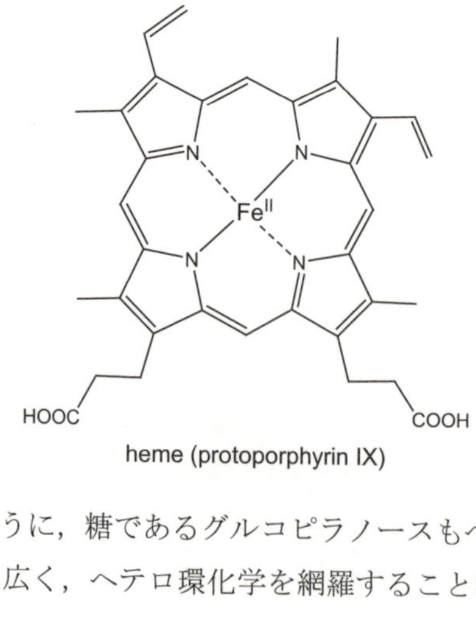

heme (protoporphyrin IX)

　すでに第6章で学習したように，糖であるグルコピラノースもヘテロ環である。このようにヘテロ環化合物の範囲は非常に広く，ヘテロ環化学を網羅することは紙面の関係上不可能である。

そこで，本書では，芳香族ヘテロ環化合物のみをとりあげ，しかもその中のピリジン，ピロールおよびフランのみにつき学習する。

13.1 ピリジン，ピロールおよびフランの構造化学

ピリジンは Hückel 則の $n = 1$ にあたる化合物であり，ピリジン環中の窒素原子は sp^2 混成軌道である。窒素原子上の非共有電子対は sp^2 混成軌道上に位置する。

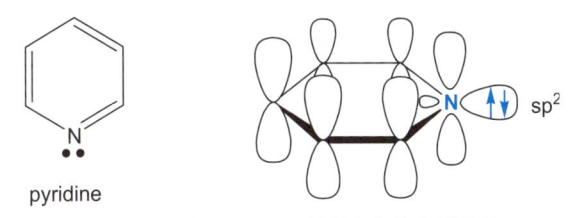

図 13.1 ピリジンの π 軌道と非共有電子対

sp^2 混成軌道中の非共有電子対はピリジン環上を非局在化することはない。ピリジンの共鳴構造式は式（13-1）のようになる。

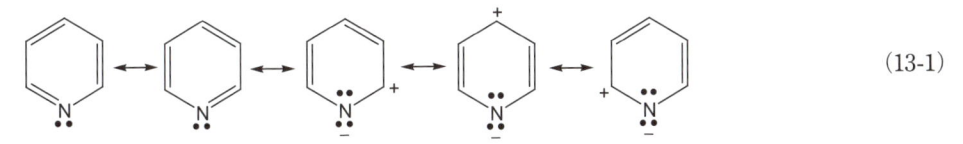

(13-1)

窒素原子は電気陰性度が大きいので，ピリジン環の π 電子を求引する。そのためピリジン環はベンゼン環に比べて電子欠乏形の π 電子系である。そのため，芳香族求電子置換反応に対して不活性である。分子軌道計算によって求めた静電ポテンシャルも，ピリジンの 2, 4, 6 位の電子密度がかなり低いことを示している。特に 2, 6 位の電子密度は低い。

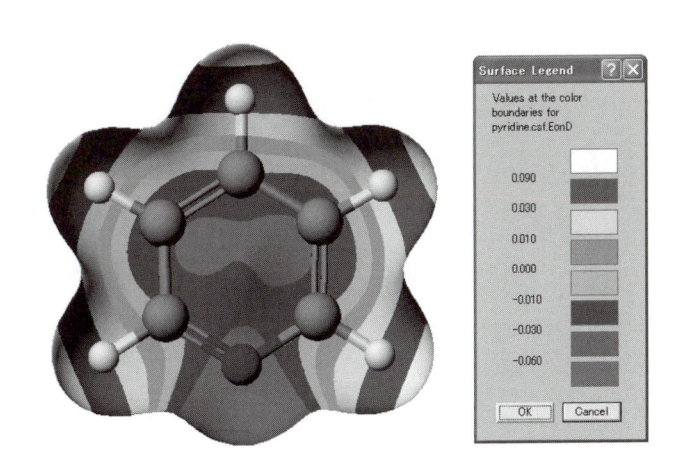

図 13.2 ピリジンの静電ポテンシャル（AM1 計算）（参考図 32 参照）

求電子置換反応が起こると，次のようなカルボカチオン中間体が生じる。

$$\text{(13-2)}$$

$$\text{(13-3)}$$

$$\text{(13-4)}$$

2および4置換体が生じる中間体（式（13-2）と（13-4））では電気陰性な窒素原子上に正電荷がくるような共鳴構造式がある。このような構造では，窒素原子はLewisの8電子則を満足していない不安定な電子配置を取っている。よって，ピリジンに求電子置換反応が起こるとすれば，3位に起こる。ピリジンの求電子置換反応に対する不活性さはニトロベンゼンに匹敵する。

ピロール（pyrrole）は5員環のヘテロ環化合物である。π電子は4つしかないのになぜ芳香族なのだろうか？

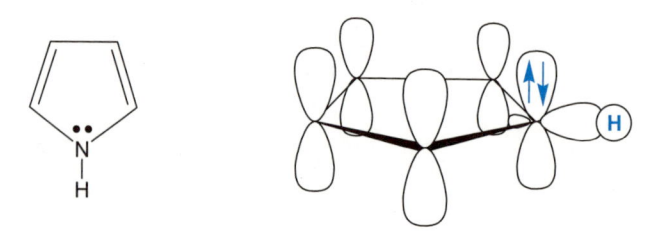

図 13.3　ピロールのπ電子と非共有電子対

ピロールの窒素はsp^2混成軌道である。3つのσ結合はこのsp^2混成軌道を使って作られる。窒素原子上の非共有電子対はp_z軌道に置かれる。よって，p_z軌道上の非共有電子対はπ軌道上を非局在化できる。ピロールは6π電子系の芳香族化合物である。

$$\text{(13-5)}$$

式（13-5）をみれば，ピロールのあらゆる位置に負電荷がくる構造となっており，π電子豊富な化合物であることが予想される。分子軌道計算によるピロールの電子密度を見積もってみても，あらゆる位置の電子密度が高いということがわかる（図13.4）。よって，ピロールは求電子置換反応に対して活性が高いと予想される。

13 芳香族ヘテロ環化合物

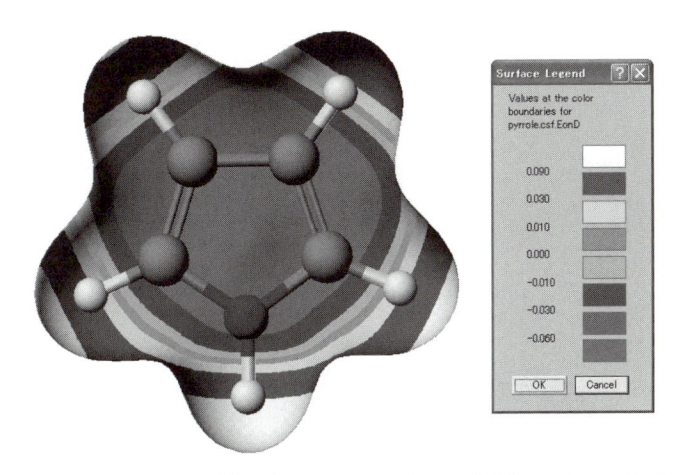

図 13.4　ピロールの静電ポテンシャル（AM1 計算）（参考図 33 参照）

求電子置換反応の中間体が以下に書かれている。共鳴理論から，ピロールの 2 位は 3 位よりも反応性が高いことが分かる。

(13-6)

(13-7)

ピロールの共役酸の pK_a は -3.8 である。プロトン化はピロールの炭素上に起こる。ピロールは塩基性が弱い。その理由は，プロトン化により，芳香族性が消失するからである。プロトン化ピロールは不安定な非芳香族であり，芳香族性を回復するために，脱プロトン化を起こしやすい。すなわち，共役酸は強酸である。

(13-8)

aromaticity　　　　　　　　　　nonaromaticity

> **問題 13-1**　ピリジンの共役酸の pK_a は 5.2 である。ピロールの共役酸の pK_a と比較して，芳香族性から，ピリジンの共役酸の pK_a を議論せよ。

フラン（furan）はピロールに似た 6π 電子系の芳香族ヘテロ環化合物である。

$$\text{（構造式）} \tag{13-9}$$

フランの酸素は sp^2 混成軌道であり，2 組の非共有電子対の 1 つは sp^2 混成軌道の 1 つを使い，他方は p_z 軌道に入る。この p_z 軌道の電子対は π 軌道上を非局在化する。

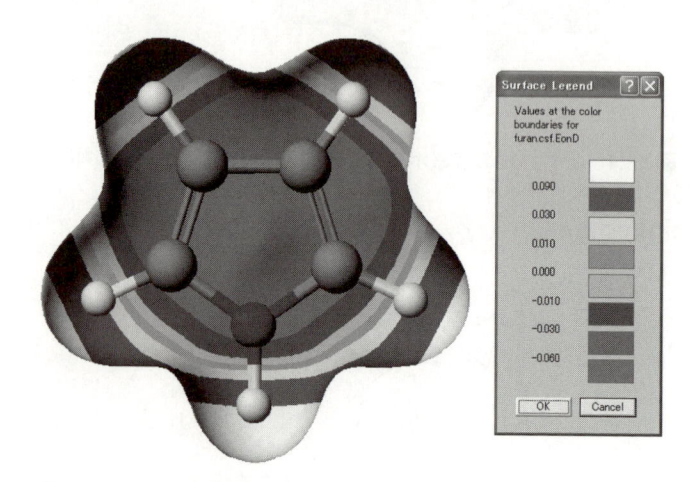

図 13.5　フランの静電ポテンシャル（AM1 計算）（参考図 34 参照）

フランもピロール同様，すべての位置の電子密度は高く，電子豊富形芳香族化合物であり，芳香族求電子置換反応に対して活性である。

> 問題 13-2　フランの 2 組の非共有電子対の配置を，図 13.3 に習って書け。

13.2　求電子置換反応

(1) ピリジンのニトロ化反応

ピリジンはニトロベンゼンと同様に，求電子置換反応に対して不活性である。ニトロ化反応には強い条件が必要であり，しかも収率が悪い。

$$\text{ピリジン} + HNO_3 \xrightarrow[300\ ^\circ C,\ 24\ hr]{H_2SO_4} \text{3-ニトロピリジン (6\%)} + H_2O \tag{13-10}$$

(Mechanism)

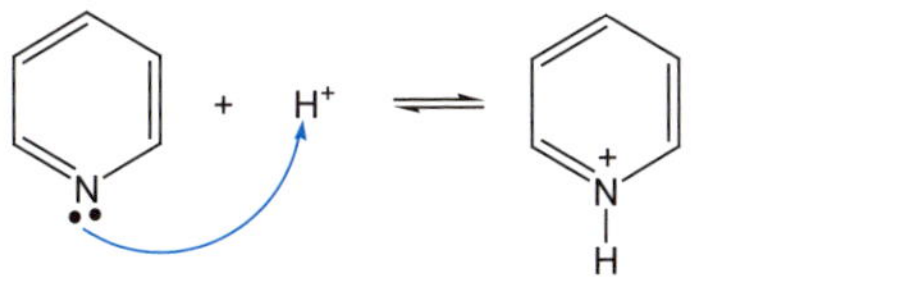

$$\text{pyridine} + H^+ \rightleftharpoons \text{pyridinium} \tag{13-11}$$

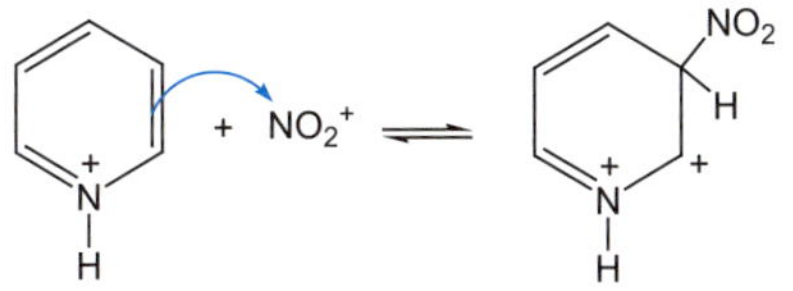

$$\text{pyridinium} + NO_2^+ \rightleftharpoons \text{intermediate} \tag{13-12}$$

$$\text{intermediate} \longrightarrow \text{3-nitropyridinium} + H^+ \tag{13-13}$$

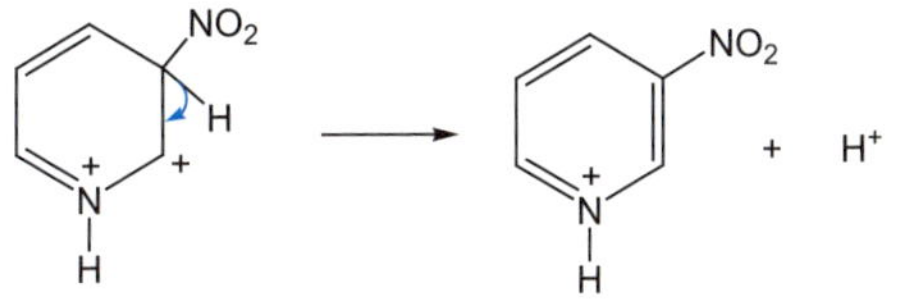

式 (13-12) に書かれているカルボカチオン中間体を見ると，同じ化学種の中に 2 つの正電荷がある。このような構造は静電反発が大きく，不安定である。

> **問題 13-3** 仮にピリジンの 2 あるいは 4 位にニトロ化が起こるとすると，どのようなカルボカチオン中間体となるか。この中間体が 3 位の中間体よりも不安定である理由を，共鳴理論から説明せよ。

キノリンのニトロ化反応はピリジン環を避けて進行する。

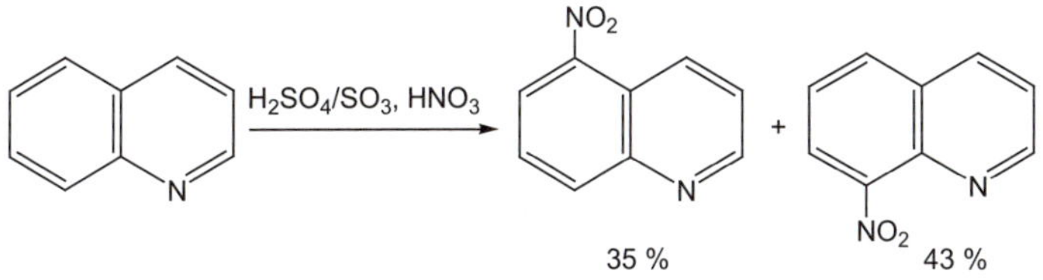

$$\text{quinoline} \xrightarrow{H_2SO_4/SO_3,\ HNO_3} \text{5-nitroquinoline (35\%)} + \text{8-nitroquinoline (43\%)} \tag{13-14}$$

4-ニトロピリジンのすばらしい合成法が，落合らによって開発されている。

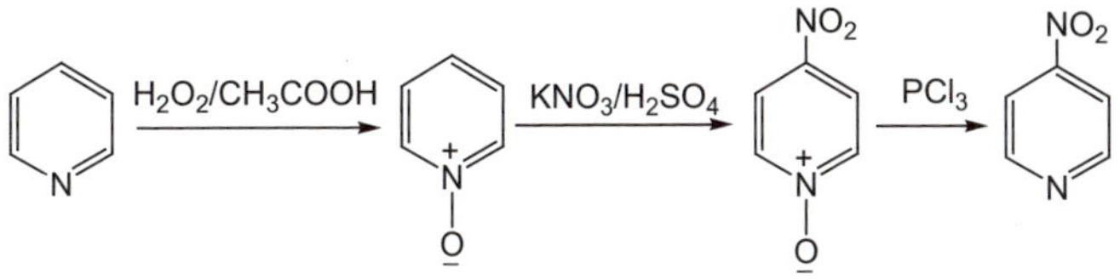

$$\text{pyridine} \xrightarrow{H_2O_2/CH_3COOH} \text{pyridine-}N\text{-oxide} \xrightarrow{KNO_3/H_2SO_4} \text{4-nitropyridine-}N\text{-oxide} \xrightarrow{PCl_3} \text{4-nitropyridine} \tag{13-15}$$

ピリジン-1-オキシドは酢酸と過酸化水素との反応でできる過酢酸とピリジンとから生成する。

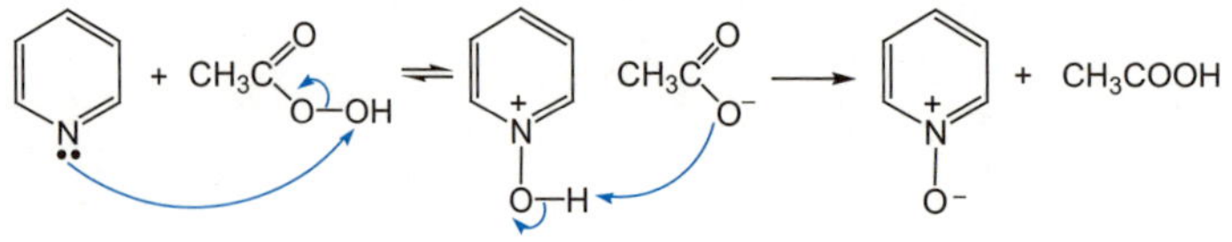

$$\text{(13-16)}$$

まず，ピリジン-1-オキシドの性質を共鳴構造式から予測してみる。

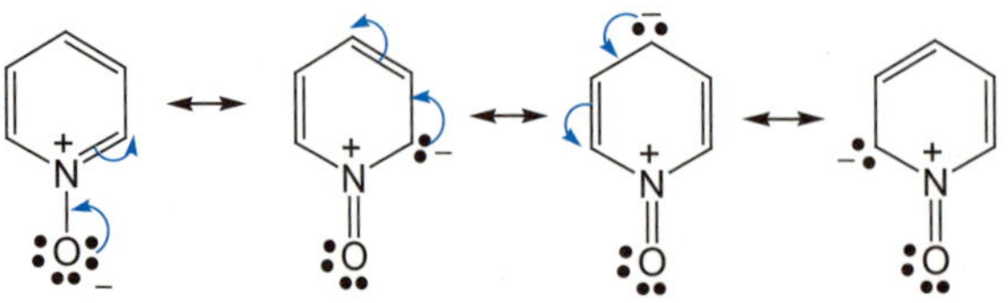

$$\text{(13-17)}$$

式 (13-17) に書かれているように，ピリジンをピリジン-1-オキシドにすると2位と4位に負電荷がくるような共鳴構造式が書ける。ニトロ化反応の中間体の共鳴構造式は，次のようになる。

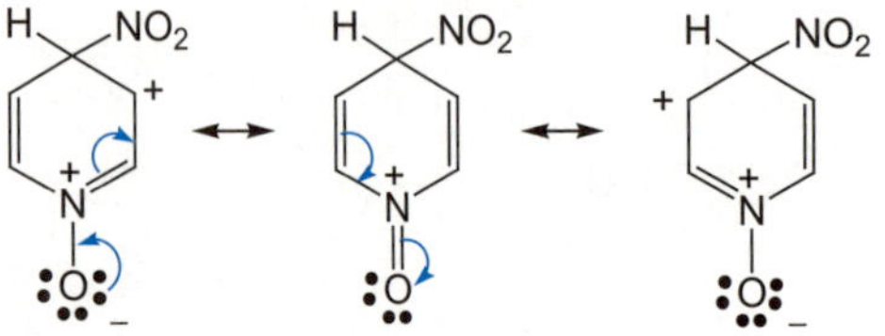

$$\text{(13-18)}$$

式 (13-18) の真ん中の構造を見てほしい。中間に生成するカルボカチオン中間体はこの構造が取れることにより著しく安定化される。式 (13-18) に示されたカルボカチオン中間体から芳香族性を回復するように脱プロトン化が起これば，4-ニトロピリジン-1-オキシドが得られる。このものからの脱オキシ化は三塩化リンで行う。

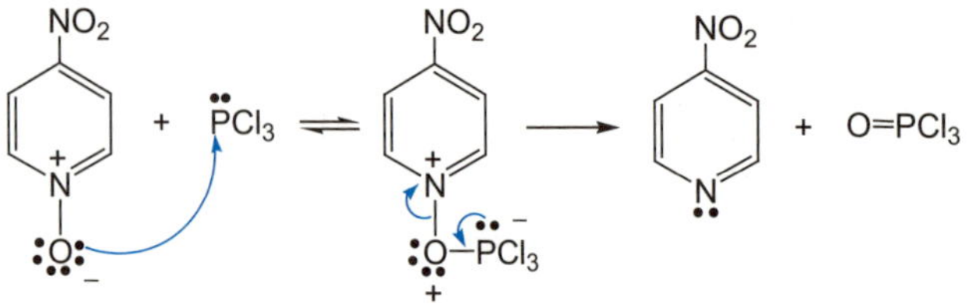

$$\text{(13-19)}$$

(2) ピロールおよびフランのニトロ化反応

ピロールは強い酸性条件にすると容易に重合する。フランも酸性条件では樹脂化する。よって，通常の硝酸と硫酸の混酸をこれらの化合物のニトロ化反応には用いることができない。このような場合には硝酸アセチル（acetyl nitrate）をニトロ化剤に用いる。

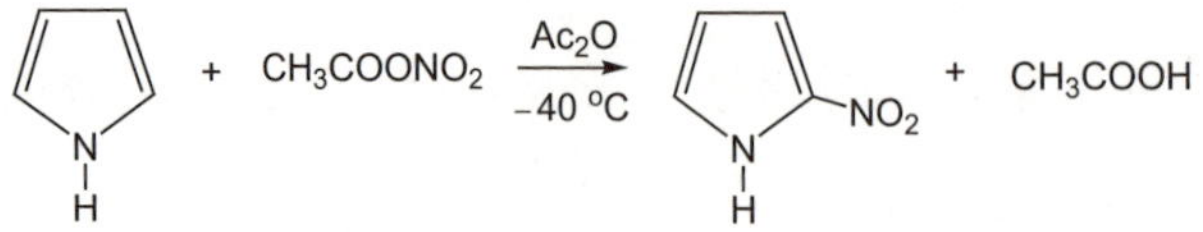

$$\text{(13-20)}$$

(Mechanism)

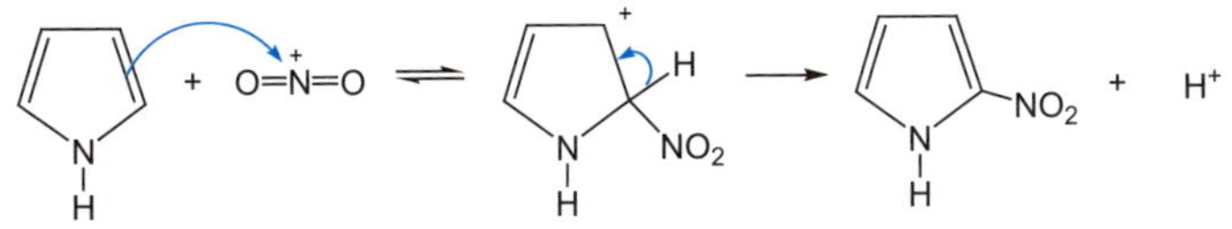

$$\text{ピロール} + O=\overset{+}{N}=O \rightleftharpoons \text{中間体} \longrightarrow \text{2-ニトロピロール} + H^+ \tag{13-21}$$

ピロールのニトロ化では3置換体も副生する。

フランのニトロ化では反応後，塩基で処理する必要がある。その理由は次の反応式に示してある。

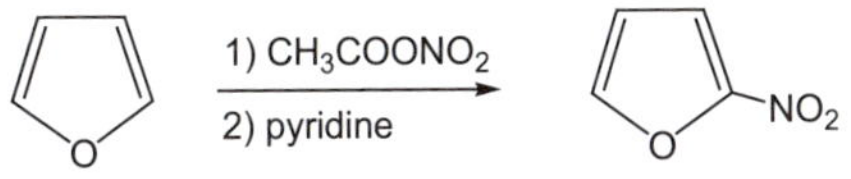

$$\text{フラン} \xrightarrow[\text{2) pyridine}]{\text{1) CH}_3\text{COONO}_2} \text{2-ニトロフラン} \tag{13-22}$$

(Mechanism)

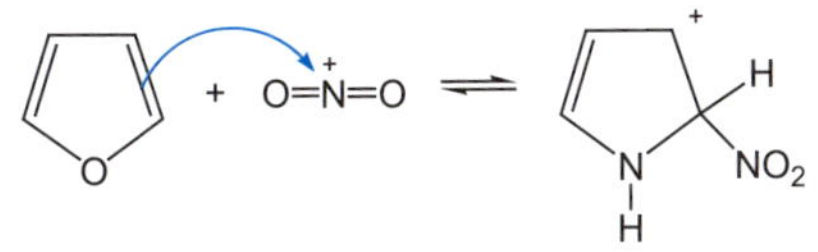

$$\text{フラン} + O=\overset{+}{N}=O \rightleftharpoons \text{中間体} \tag{13-23}$$

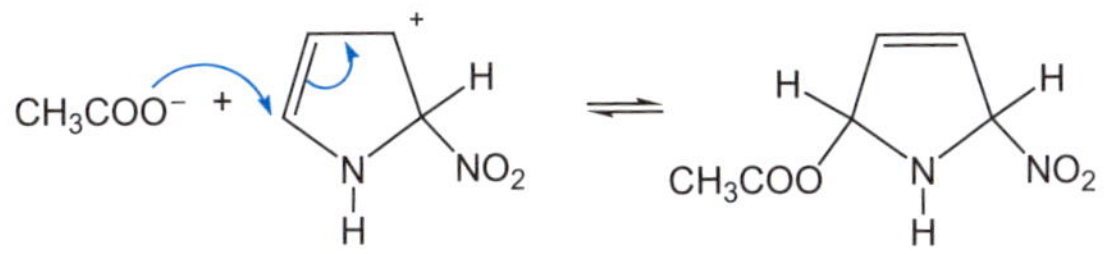

$$CH_3COO^- + \text{中間体} \rightleftharpoons \text{付加体} \tag{13-24}$$

$$\text{付加体} + :N\text{(pyridine)} \longrightarrow \text{2-ニトロフラン} + CH_3COO^- + H-\overset{+}{N}\text{(pyridinium)} \tag{13-25}$$

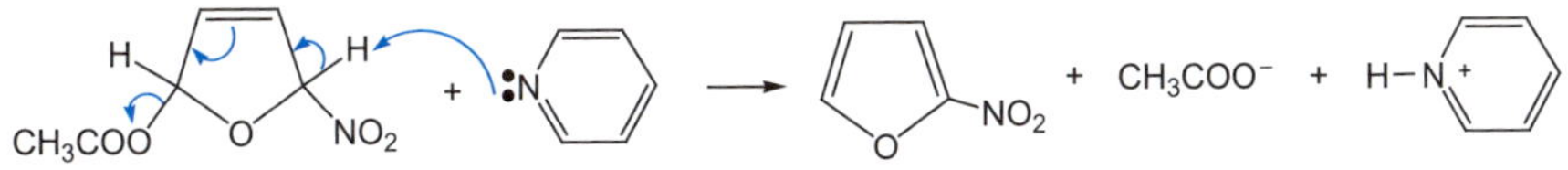

(2) ピリジンのスルホン化

ピリジンの発煙硫酸によるスルホン化は，ニトロ化同様に起こりにくい。しかし，硫酸水銀を触媒として加えると，比較的収率良くピリジン-3-スルホン酸が得られる。

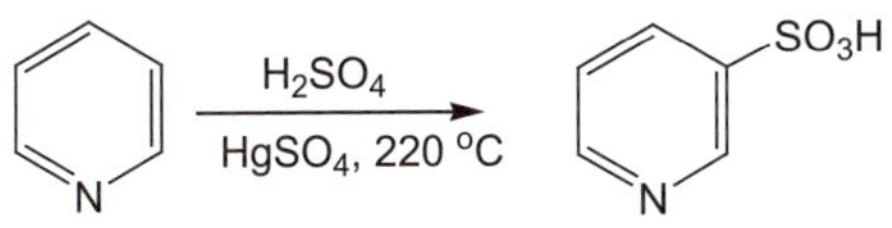

$$\text{ピリジン} \xrightarrow[\text{HgSO}_4, 220\ ^\circ\text{C}]{\text{H}_2\text{SO}_4} \text{ピリジン-3-SO}_3\text{H} \quad 71\ \% \tag{13-26}$$

(3) ピロールおよびフランのスルホン化

ピロールやフランは発煙硫酸により重合してしまう。三酸化硫黄のピリジン錯体のような穏やかなスルホン化剤を使用する。

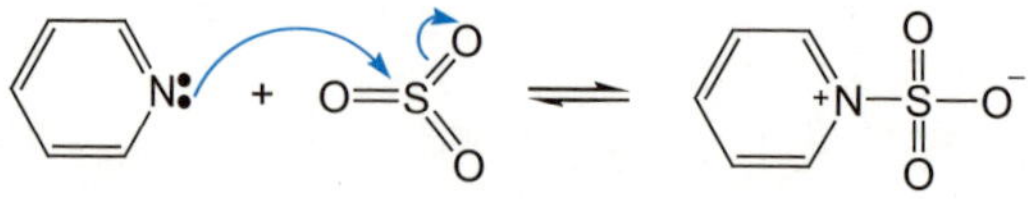

$$\text{(13-27)}$$

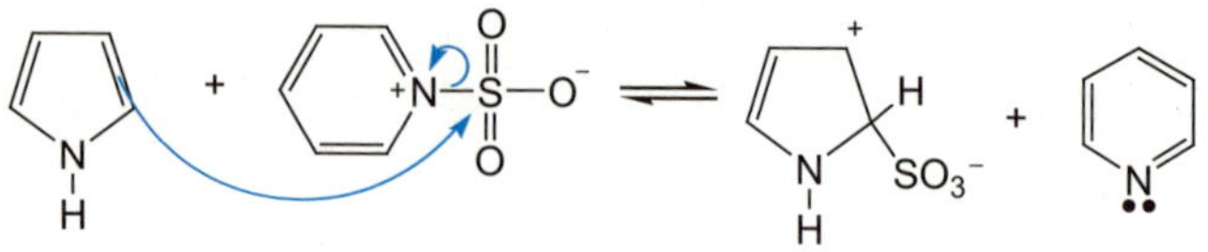

$$\text{(13-28)}$$

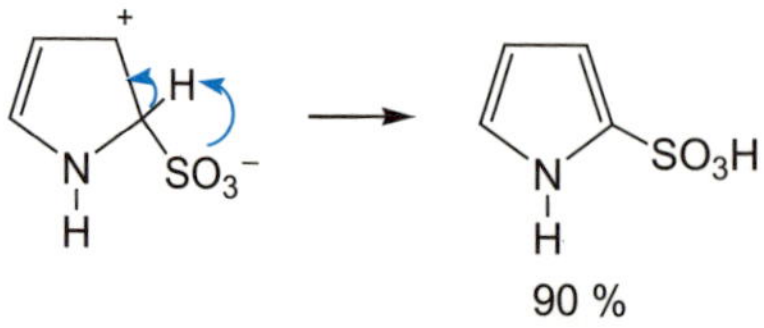

$$\text{(13-29)}$$

90 %

式（13-27）の反応が進行するのは，SO₃ が Lewis 酸，ピリジンが Lewis 塩基だからだ。三酸化硫黄のピリジン錯体はフランもスルホン化できるが，ベンゼンはスルホン化できない。しかし，電子供与性基をもつアニソール（メトキシベンゼン）はスルホン化できる。

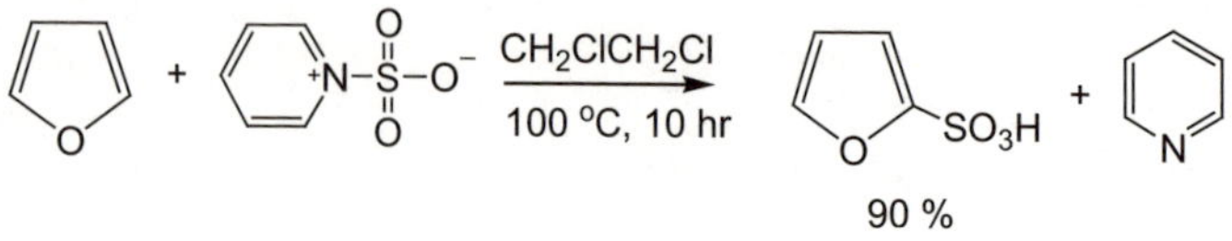

$$\text{(13-30)}$$

90 %

（4）ピリジンのハロゲン化

ピリジンのハロゲン化反応は，Lewis 酸存在下にある程度進行する。

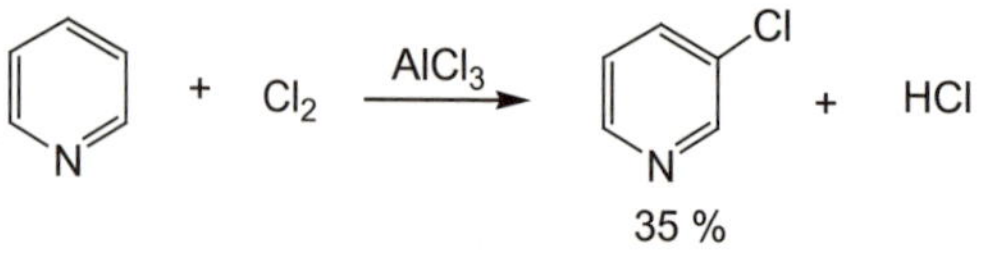

$$\text{(13-31)}$$

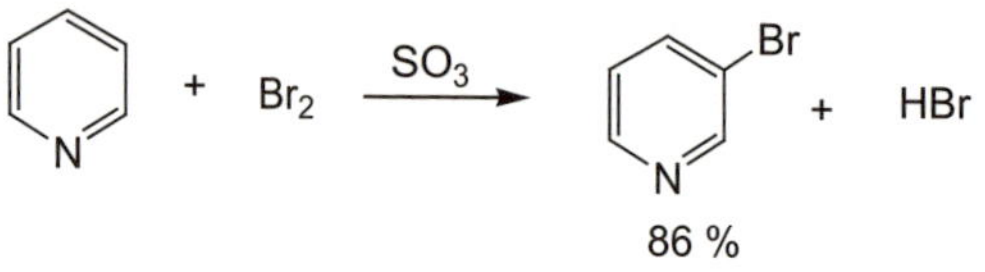

35 %

$$\text{(13-32)}$$

86 %

ピリジンに電子供与性基がつけば，ハロゲン化は触媒なしでも進行するようになる。

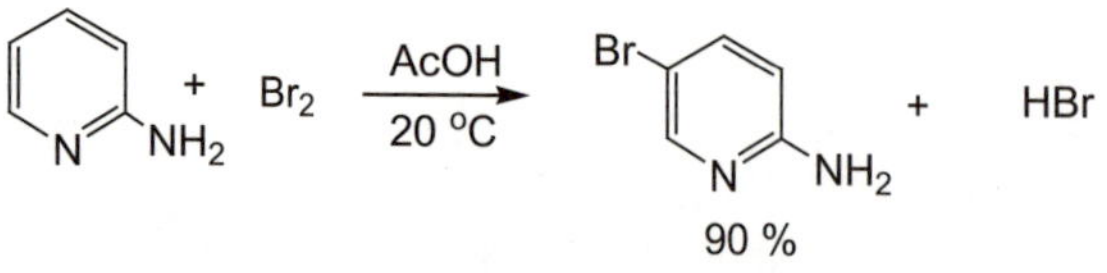

$$\text{(13-33)}$$

90 %

（5）ピロールおよびフランのハロゲン化

ピロールはハロゲン化反応に対しても活性であり，モノハロゲン化で反応を止めることは相当

13 芳香族ヘテロ環化合物

に難しい。

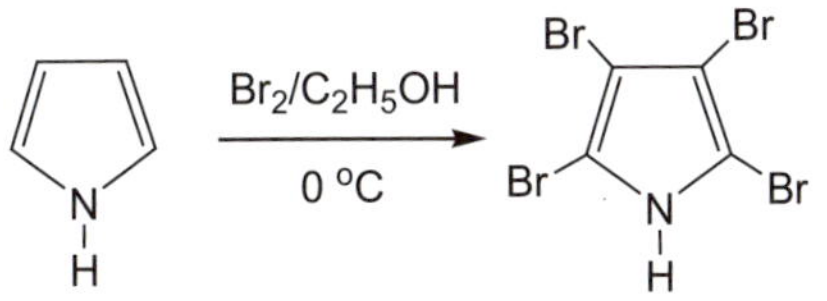

$$\text{pyrrole} \xrightarrow[\text{0 °C}]{\text{Br}_2/\text{C}_2\text{H}_5\text{OH}} \text{2,3,4,5-tetrabromopyrrole} \tag{13-34}$$

フランの臭素化には，Br_2 の 1,4-ジオキサン（1,4-ジオキサシクロヘキサン）錯体を用いる。この錯体は穏やかな臭素化剤である。

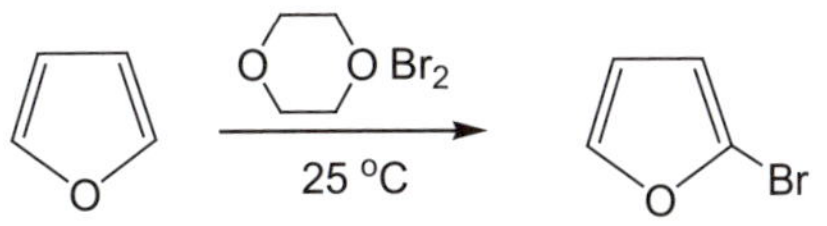

$$\text{furan} \xrightarrow[\text{25 °C}]{\text{O}\bigcirc\text{O}\cdot\text{Br}_2} \text{2-bromofuran} \tag{13-35}$$

(6) ピリジン，ピロールおよびフランのアルカノイル化

ピリジンはニトロベンゼンと同様に Friedel-Crafts アルカノイル化反応に対しては不活性である。反応条件によっては N-アルカノイル化反応が進行する。

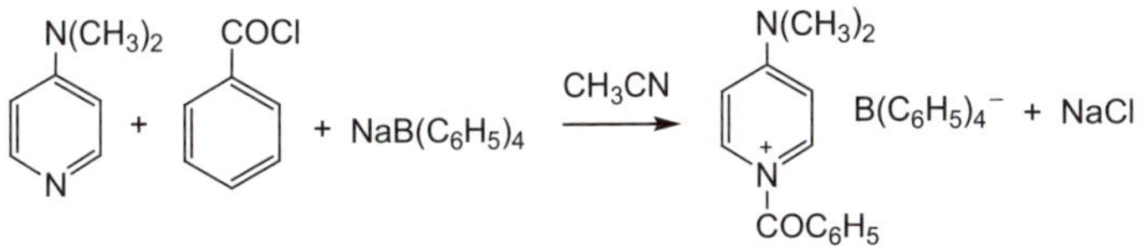

$$\text{4-(dimethylamino)pyridine} + \text{C}_6\text{H}_5\text{COCl} + \text{NaB}(\text{C}_6\text{H}_5)_4 \xrightarrow{\text{CH}_3\text{CN}} \text{N-benzoyl product} \; \text{B}(\text{C}_6\text{H}_5)_4^- + \text{NaCl} \tag{13-36}$$

ピロールは反応性が高いため，Lewis 酸を用いなくとも，無水酢酸と反応し，アセチル化物を与える。

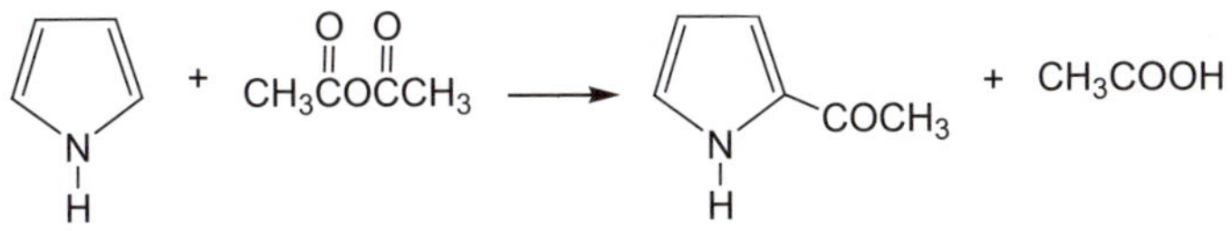

$$\text{pyrrole} + \text{CH}_3\text{COCCH}_3\text{(=O)(=O)} \longrightarrow \text{2-acetylpyrrole} + \text{CH}_3\text{COOH} \tag{13-37}$$

(Mechanism)

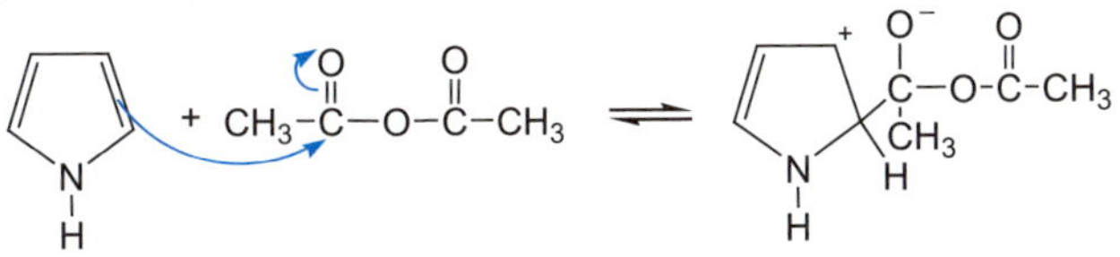

$$\tag{13-38}$$

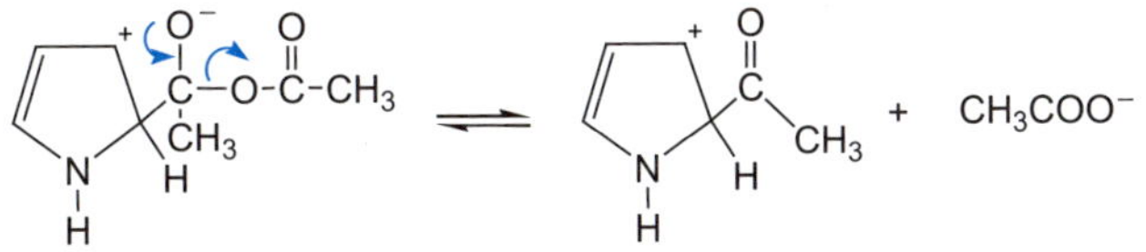

$$\tag{13-39}$$

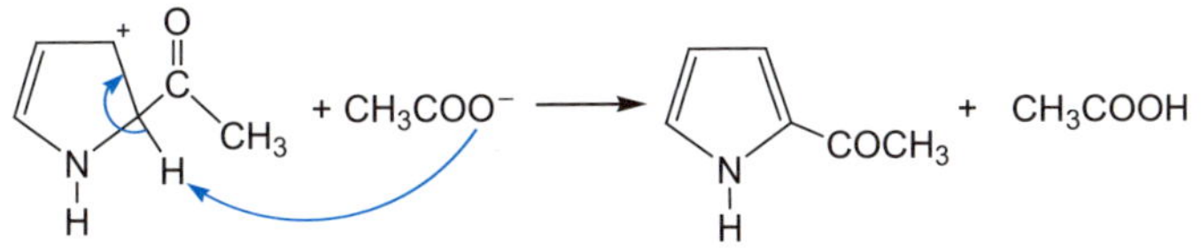

$$\tag{13-40}$$

233

フランのアルカノイル化反応にはLewis酸が必要である。

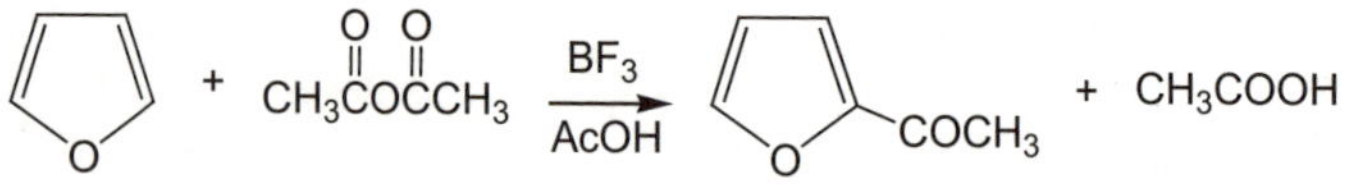

$$\text{フラン} + CH_3COCCH_3 \xrightarrow[\text{AcOH}]{BF_3} \text{フラン-COCH}_3 + CH_3COOH \tag{13-41}$$

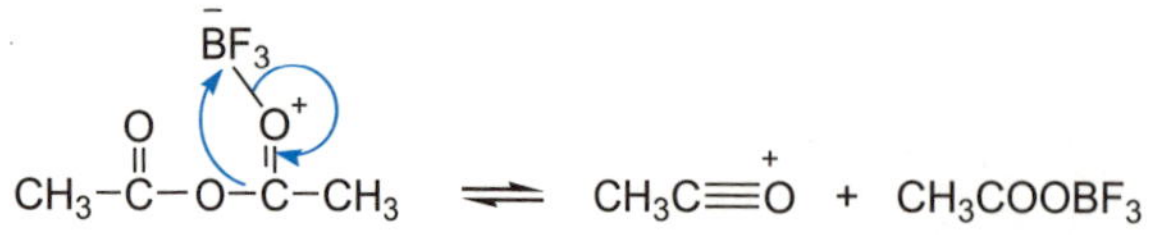

(Mechanism)

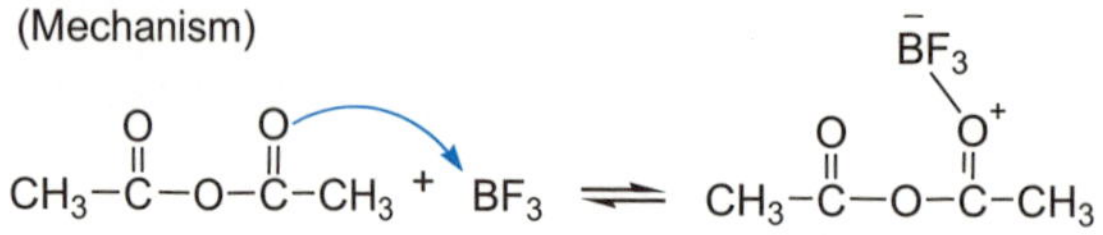

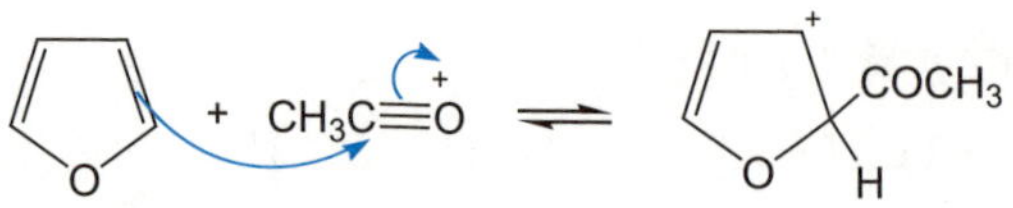

$$CH_3-\underset{\|}{C}-O-\underset{\|}{C}-CH_3 + BF_3 \rightleftharpoons CH_3-\underset{\|}{C}-O-\underset{\|}{C}-CH_3 \tag{13-42}$$

$$CH_3-\underset{\|}{C}-O-\underset{\|}{C}-CH_3 \rightleftharpoons CH_3C\equiv O^+ + CH_3COOBF_3 \tag{13-43}$$

$$\text{フラン} + CH_3C\equiv O^+ \rightleftharpoons \text{フラン-COCH}_3 \tag{13-44}$$

$$\text{フラン-COCH}_3(+) \longrightarrow \text{フラン-COCH}_3 + H^+ \tag{13-45}$$

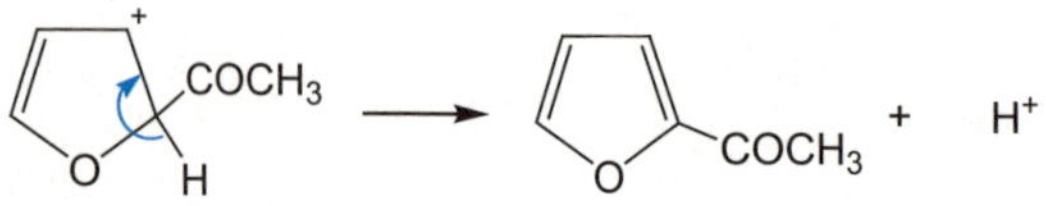

$$CH_3COOBF_3 + H^+ \longrightarrow CH_3COOH + BF_3 \tag{13-46}$$

13.3　求核置換反応

　ピリジンのような電子欠乏形芳香族化合物は，求電子置換反応には不活性であるが，逆に求核置換反応にはある程度の活性を持つ．反対に，電子豊富形のピロールやフランは求核置換反応を起こしにくい．

　求核剤がピリジンの2および3位に攻撃したときのカルボアニオン中間体の共鳴構造式を示す．

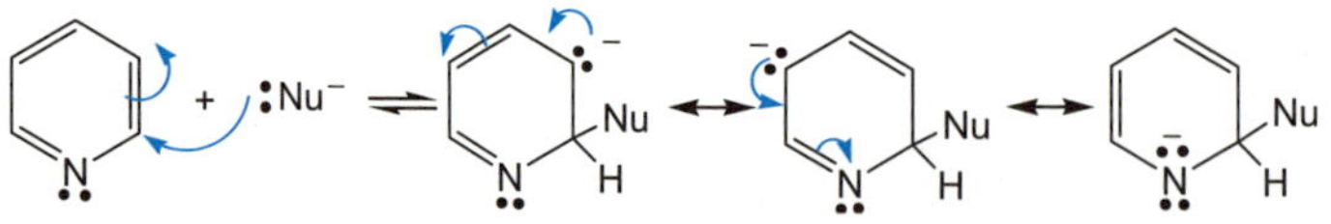

$$\text{(ピリジン)} + :Nu^- \rightleftharpoons \cdots \leftrightarrow \cdots \leftrightarrow \cdots \tag{13-47}$$

$$\text{(ピリジン)} + :Nu^- \rightleftharpoons \cdots \leftrightarrow \cdots \leftrightarrow \cdots \tag{13-48}$$

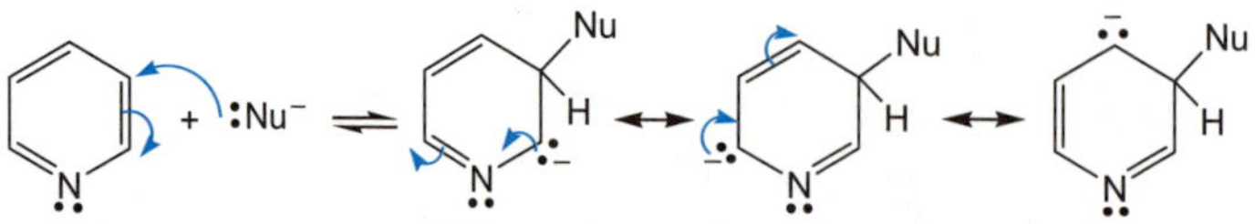

　どちらの場合にも3つの共鳴構造式が書け，構成原子のすべてはLewisの8電子則を満足している．では，どちらの中間体も同程度に安定化というとそうではない．2置換体のほうが安定

である。その理由は，電気陰性度の大きな窒素原子上に負電荷があるほうが，電気的により陽性な炭素原子上に負電荷がくるよりも安定だからである。よって，ピリジンへの求核置換反応は2あるいは6位に起こり，2, 6位に置換基が結合している場合には4位に起こる。

ピロールへの求核剤の攻撃で生じるカルボアニオン中間体の共鳴構造式は2置換体で2つ，3置換体で1つしか書けない。

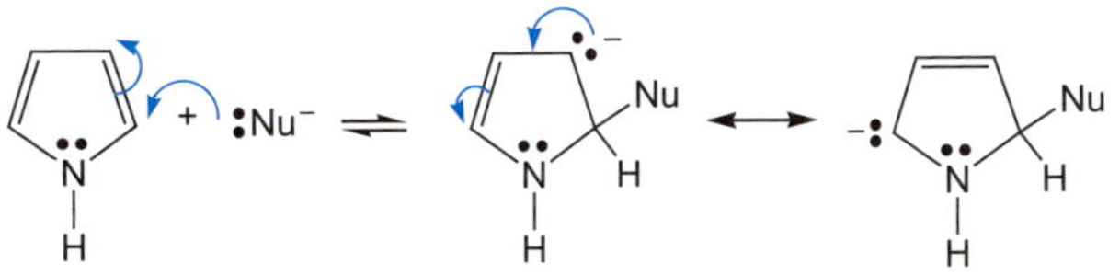

$$\text{(13-49)}$$

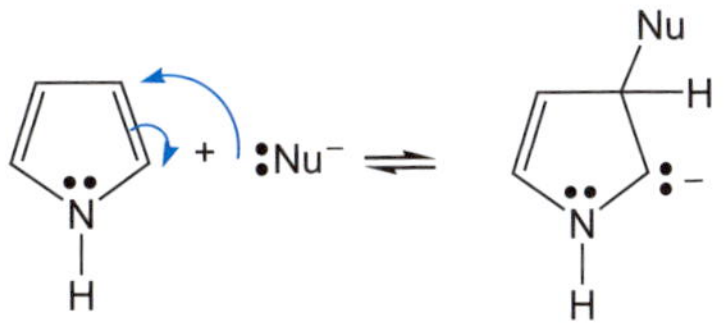

$$\text{(13-50)}$$

フランの中間体の構造もピロールのそれらと同じである。ピロールやフランは求核置換反応に対しては不活性である。

(1) 付加-脱離機構

Chichibabin (Tschitschibabin) 反応は，良く知られたピリジンの求核置換反応である。

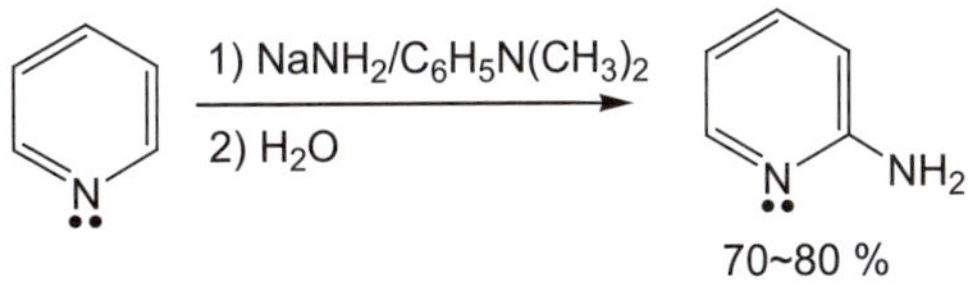

$$\text{(13-51)}$$

(Mechanism)

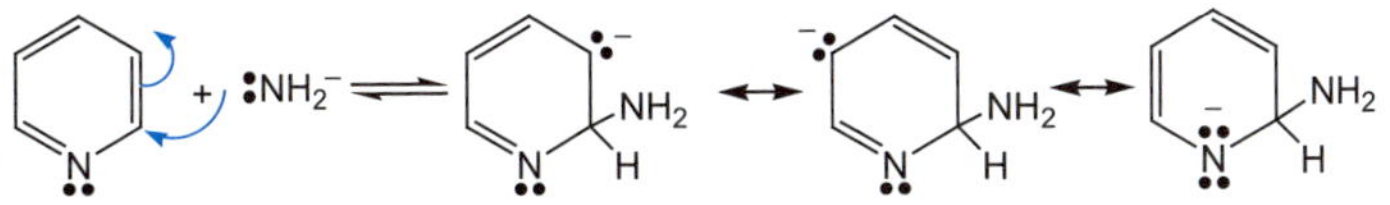

$$\text{(13-52)}$$

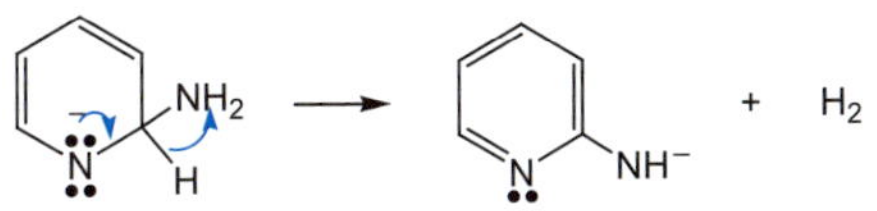

$$\text{(13-53)}$$

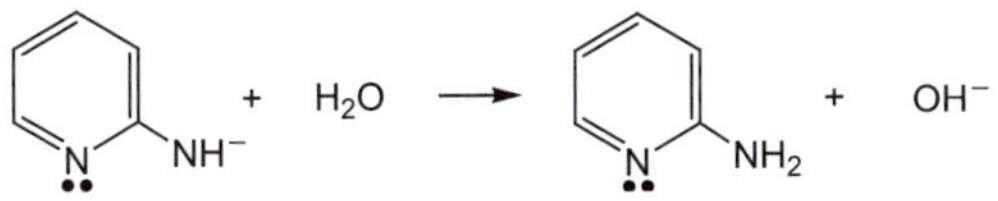

$$\text{(13-54)}$$

2-アミノピリジンのアミノ基は反応後の処理までは，アニオンとして存在する。有機リチウムは強い求核剤であり，ピリジンをアルキル化あるいはアリール化する。

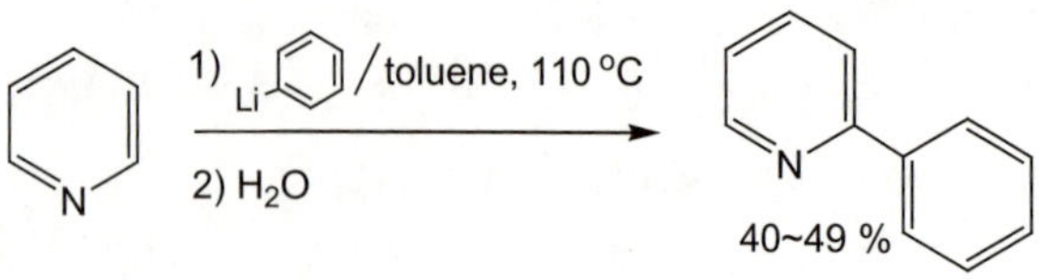

$$\text{(pyridine)} \xrightarrow[\text{2) H}_2\text{O}]{\text{1) PhLi / toluene, 110 °C}} \text{2-phenylpyridine} \quad 40\text{~}49\% \tag{13-55}$$

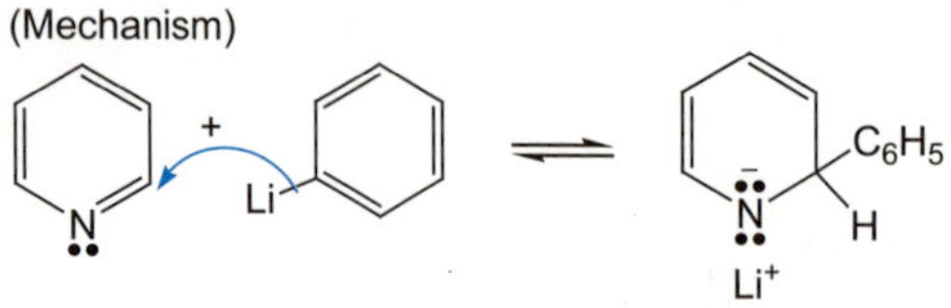

(Mechanism)

$$\text{pyridine} + \text{PhLi} \rightleftharpoons \text{[2-Ph-dihydropyridine]}^- \text{Li}^+ \tag{13-56}$$

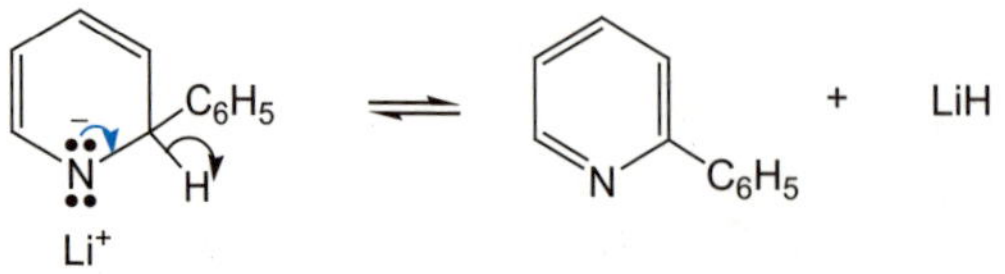

$$\text{[intermediate]} \rightleftharpoons \text{2-phenylpyridine} + \text{LiH} \tag{13-57}$$

ハロピリジンは求核置換反応の良い基質である。

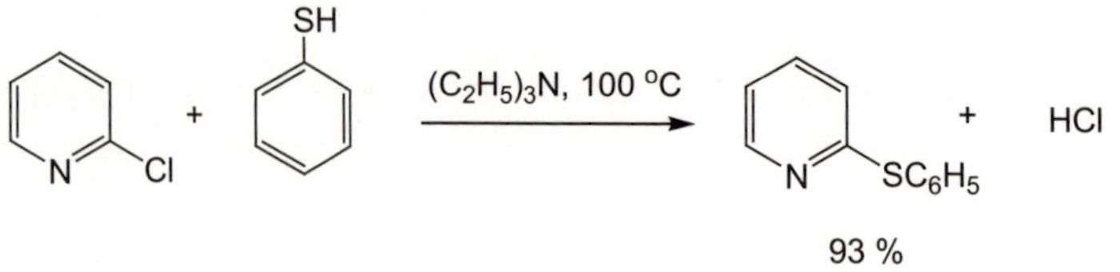

$$\text{2-chloropyridine} + \text{C}_6\text{H}_5\text{SH} \xrightarrow{(\text{C}_2\text{H}_5)_3\text{N},\ 100\ °\text{C}} \text{2-(phenylthio)pyridine} + \text{HCl} \quad 93\% \tag{13-58}$$

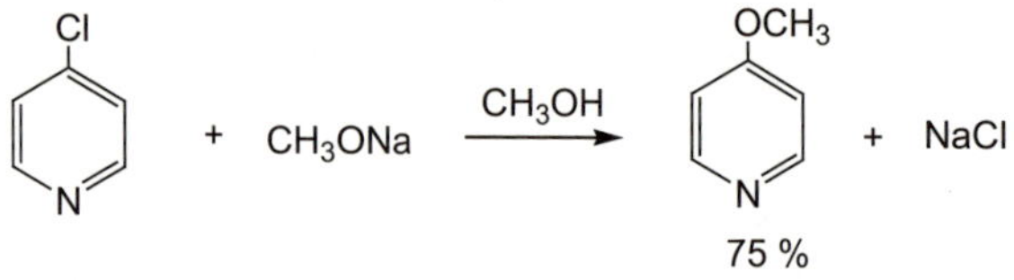

$$\text{4-chloropyridine} + \text{CH}_3\text{ONa} \xrightarrow{\text{CH}_3\text{OH}} \text{4-methoxypyridine} + \text{NaCl} \quad 75\% \tag{13-59}$$

ピロールやフランでは，このような求核置換反応は進行しない。

> 問題 13-4　式（13-58）および（13-59）の反応の機構を，電子の流れ図で示せ。

（2）アリールカチオン機構

アニリンは容易にジアゾ化されるが，4-アミノピリジンのジアゾニウム塩は非常に不安定であり，4-ピリドン（4(1H)-pyridinone）あるいは4-クロロピリジンを与える。

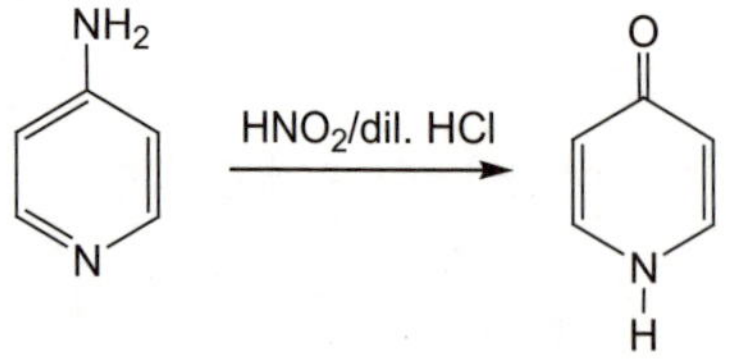

$$\text{4-aminopyridine} \xrightarrow{\text{HNO}_2/\text{dil. HCl}} \text{4(1}H\text{)-pyridinone} \tag{13-60}$$

13 芳香族ヘテロ環化合物

(13-61)

ピリドンは4-ヒドロキシピリジンの互変異性体である。

(3) 脱離−付加機構（ピリダイン機構）

3-クロロピリジンを強力な塩基と反応させると，ピリダイン（pyridyne）あるいは3,4-デヒドロピリジン（3,4-dehydropyridine）とよばれる不安定中間体を与える。

(13-62)

(Mechanism)

(13-63)

(13-64)

ピリダインはさらに反応し，アミノピリジンを生成する。

(13-65)

(13-66)

(13-67)

分子軌道計算（拡張Hückel法）によると，3,4-デヒドロピリジンは2,3-デヒドロピリジンよりも安定である。よって，3-クロロピリジンの反応からは3,4-デヒドロピリジンが優先して生成する。

索　引

あ 行

アキシャル　93
アキラル（achiral）　97
アシリウムイオン（acylium ion）　207
アシロイン縮合反応
　（acyloin condensation）　130
アセタール（acetal）　92, 94
アセチルアセトン　87
アセチレン（acetylene）　7
アセトニトリル　14
アゾ色素　214
アミド　119, 126
4-アミノピリジンのジアゾニウム塩　236
アリールカチオン機構　215
アリーン（aryne）　216
アリルカチオン　165, 219
アリルラジカル　174
アルカノイル化（alkanoylation）　207
アルキル化　205
アルキルトリフェニルホスホニウム塩　105
アルキルラジカルの安定性　145
アルキルリチウム　106
アルデヒド　85
アルデヒド基　93
アルドール縮合反応（aldol condensation reaction）　104
アルドール反応　103
アルドトリオース（aldotriose）　97
アルドン酸　98
α-アノマー　93
アルミニウムトリイソプロポキシド（aluminum triisopropoxide）　113
アレニウムイオン（arenium ion）　187
アレン（allene）　9
9,10-アントラキノン　210

イオン解裂（heterolysis）　51
イオン結合　1
イオン-双極子相互作用（ion-dipole interaction）　32
イオン対（contact ion-pair）　205
異性体の分類　8

1次水素同位体効果（primary hydrogen isotope effect）　67, 203
一重項ベンザイン　222
1電子波動関数　15
1分子的求核置換反応（unimolecular nucleophilic substitution）　51
イプソ置換反応（ipso substitution reaction）　215
イミン　100
イリド（ylid）　105

永年行列式　16, 158
永年方程式　16
エカトリアル（equatorial）　93
エステル交換反応（transesterification）　124
1,2-エタンジオール　95
エチレン（ethylene）　6
エチレングリコール　95
エチレン（エテン）の分子軌道　19
エチン（ethyne）　7
エテン（ethene）　6
エナミン（enamine）　102
エナンチオマー（enantiomer）　37, 70
エノール互変異性体（enol tautomer）　87
エノラートイオン（enolate ion）　88, 103, 127
エポキシド　153
エリトロース　99
エリトロ体（erythro）　70
塩化アセチル（acetyl chloride）　118
塩化チオニル　121
塩化ベリリウム　14
塩化ホルミル（formyl chloride）　211

オキサシクロプロパン誘導体　153
オキサホスフェタン　106
オキシ水銀化―脱水銀化反応　146
オキシム（oxime）　101
オキシラン　153
オキソニウムイオン（oxonium ion）　21
2-オキソプロパン酸　29
2E,4Z,6E-オクタトリエン　171

オニウム塩（onium salt）　74
オルト-パラ配向性
　（ortho-para directing）　184

Adams 触媒　155
AdE3 機構　144
AM1 計算　19
anti-Markovnikov 付加　145
anti 脱離　71
anti-同一平面状（anti-coplanar）　69
anti 付加　139
Arrhenius の活性化エネルギー　40
E1cB 反応　82
E1 反応　77
E1 反応のポテンシャルエネルギー図　78
E2 反応　65
E2 反応のポテンシャルエネルギー図　67
endo　71
exo　71
E-体（entgegen）　70
I 効果　27
　+I 効果　27
　-I 効果　27
LCAO MO 法　157
M 効果　85
N,N-ジメチルアセトアミド（N,N-dimethylacetamide, DMA）　63
N,N-ジメチルホルムアミド（N,N-dimethylformamide, DMF）　63
R 効果　85
S_N1 反応　51
S_N1 反応のポテンシャルエネルギー図　54
S_N2 反応　34
S_N2 反応のポテンシャルエネルギー図　39
S_N2 反応の遷移状態　39
Williamson 反応　41
Wittig 反応　105
Wolff-Kishner 還元　208
Woodward-Hofmann 則　155, 168

か 行

解の確認　162
化学結合　1

239

化学種（chemical species） 22
過酢酸 229
重なり形(eclipsed conformation) 6
重なり積分 16, 157
過酸 153
加水分解 117, 119
カップリング成分 213
価電子（valence electron） 3
カプラー（coupler） 213
加溶媒分解反応（solvolysis） 51
カルベノイド（carbenoid） 151
カルベン（carbene） 149
　1重項—— 149
　3重項—— 149
カルボアニオン 127
カルボカチオン 52
カルボカチオン機構 139
カルボカチオンのLUMO 80
カルボキシ化（carboxylation） 212
カルボニル化合物の双極子モーメント 86
カルボニル基の保護 94
カルボン酸無水物 118, 125
カルボン酸誘導体 116
環化付加反応（cycloaddition reaction） 167
[4 + 2] 環化付加反応 168
[2 + 2] 環化付加反応 169
還元的アミノ化反応 100

幾何異性体 8
規格化 161
規格化の条件 17
気体定数 31
軌道角運動量量子数 2
軌道対称性の理論 168
キノリン 229
逆旋的（disrotatory）な回転 173
求核剤（nucleophile） 35
求核性（nucleophilicity） 35, 44
　——，定数 44
　——，ハロゲン化物イオンの 44
　——，プロトン性極性溶媒の 60
求核付加-脱離機構（nucleophilic addition-elimination mechanism） 116
求核付加反応 85
求電子性（electrophilicity） 35
求電子置換反応（electrophilic aromatic substitution） 186
求電子付加反応（electrophilic addition reaction） 138
共旋的（conrotatory）な回転 174
鏡像異性体 8, 37
協奏機構（concerted mechanism） 37, 139
共鳴エネルギー（resonance energy） 163
共鳴限界構造式 28
共鳴効果（resonance effect） 28, 85
共鳴構造式 28
共鳴混成体 28
共鳴積分 16, 157
共役塩基（conjugate base） 22
共役酸（conjugate acid） 22
共役二重結合 155
共有結合（covalent bond） 1
極性（polarity） 29
極性溶媒（polar solvent） 30
橋頭位の炭素 71
許容（allowed） 169
キラリティー（chirality） 38
キラル（chiral） 38
禁制（forbidden） 169
金属亜鉛 84
金属マグネシウム 84

クラウンエーテル 63
グリセルアルデヒド 97
グルコース 92
グルコピラノース 92
1-クロロ-1,2-ジフェニルプロパン 69
1-クロロ-1-フェニルエタン 54
2-クロロ-2-メチルプロパン 77
m-クロロ過安息香酸 153
p-クロロトルエン 220
m-クロロペルオキシ安息香酸 153
（クロロメチル）ベンゼン（(chloromethyl) benzene） 211
クーロン積分 16

形式荷電（formal charge） 22
結合次数 164
結合性 σ 分子軌道 48
結合性 π 分子軌道 159
結合性分子軌道（bonding molecular orbital） 3
β-ケトエステル 127, 128
ケト-エノール 86
ケト互変異性体（keto tautomer） 87
ケトン 85
原子価（valence） 3
原子価殻 3
原子価殻の拡大（valence shell expansion） 12
原子核（atomic nucleus） 1
原子価電子 3
原子軌道（atomic orbital） 1, 2

原子番号（atomic number） 1
五塩化リン 11
互変異性（tautomerism） 86
孤立電子対（lone electron pair） 10
混合アルドール反応 104
混合 Claisen 縮合反応 129
混成軌道（hybrid orbital） 5
　sp — 7
　sp² —— 6
　sp³ —— 5
　sp³d —— 11, 12
　sp³d² —— 12

Cahn-Ingold-Prelog の絶対配置表示法 37
Cannizzaro 反応 112
Claisen-Cope 転位 175
Claisen 縮合反応（Claisen condensation reaction） 127
Claisen 転位 175
Clemmensen 還元 208
Cope 転位 174
Cram, D. J. 69
Gatterman-Koch 反応 211
gem-ジオール 90
Gibbs の自由エネルギー変化 31
Grignard 試薬 106, 132
Kekulé 177
Kiliani-Fischer 法 97
Kolbe-Schmit 反応 212

さ　行

最外殻 3
最高被占軌道(highest occupied molecular orbital, HOMO) 18, 162
最低空軌道(lowest unoccupied molecular orbital, LUMO) 18, 162
サリチル酸 213
酸・塩基 21
酸解離平衡定数 23
三酸化硫黄 13, 200
酸素同位体 123

ジアステレオマー（diastereomer） 70
ジアゾカップリング反応 213
ジアゾ成分 213
ジアゾニウム塩 213, 219
ジアゾメタン 42, 150
シアノヒドリン（cyanohydrin） 97
シアン化水素 97
ジエチレングリコールジエチルエーテル 72

ジエン成分（diene） 168
1,4-ジオキサスピロ [4.5] デカン 95
磁気量子数 2
軸性キラリティー 38
[3,3] シグマトロピー転位（sigmatropic rearrangement） 174
[1,5] シグマトロピー転位 175
ジグリム 72, 147
シクロプロペニルカチオン 181
シクロヘキサジエニル中間体（cyclohexadienyl intermediate） 187
シクロペンタジエニルアニオン 182
シクロペンタジエン 181
1,1-ジクロロ-2,2,2-トリフルオロエタン 83
β-ジケトン 87
始原系 31
シソイド（cisoid） 168
質量数 1
1,1-ジデューテリオ-1,3-ペンタジエン 175
2,4-ジニトロフェニルヒドラジン 101
1,3-ジフェニル-1,3-プロパンジオン 87
1,3-ジフェニルプロペノン 109
1,2-ジフェニルプロペン 70
2,3-ジブロモビシクロ [2.2.1] ヘプタン 71
ジベンゾ-18-クラウン-6 64
ジベンゾイルメタン 87
脂肪族求核置換反応（nucleophilic aliphatic substitution） 34
4-(N,N-ジメチルアミノ) ベンズアルデヒド 100
1,1-ジメチルエチルカチオン 59
1,1-ジメチルエチル基 55
ジメチルスルホキシド（dimethyl sulfoxide, DMSO） 63
ジメチル硫酸 42
四面体中間体(tetrahedral intermediate) 116
しゃへい効果（shielding effect） 27
縮重（縮退） 167
主量子数 2
順位則（sequence rule） 37
昇位 5
昇位エネルギー 9
小行列 160
硝酸アセチル（acetyl nitrate） 230
衝突錯体（collision complex） 40
親ジエン成分（dienophile） 168

水素アニオン（H:⁻） 110
水素化アルミニウムリチウム（LiAlH$_4$, lithium aluminum hydride） 111
水素化エンタルピー 73, 155
水素化ナトリウム 105
水素化ホウ素ナトリウム（NaBH$_4$, sodium borohydride） 110
水素結合（hydrogen bonding） 32, 33
水素添加熱（heat of hydrogenation） 73, 155
水和（hydration） 89, 145
水和平衡定数 90
スクリーン効果（screen effect） 27
スピロ環 95
スピン量子数 2
スルホン化反応 200
スルホン酸エステル 47

正四面体構造 6
生成系 31
節（node） 164
絶対配置表示法 37
節面（nodal plane） 164
遷移状態（transition state） 31, 39
相間移動触媒（phase-transfer catalyst） 152
相関図法（correlation diagram method） 171
双極子-双極子相互作用（dipole-dipole interaction） 32
双極子モーメント 36
速度論支配（kinetic control）の反応 199
疎水性相互作用（hydrophobic interaction） 33

CAChe 50
Sandmeyer 法 219
Saytzeff 則 73
Schiff 塩基（Schiff base） 100
Schrödinger の波動方程式 2
s-cis 168
syn 脱離 71
syn-同平面 71
Z-体（zusanmen） 70

た 行

第 1 級カルボカチオン 58
第 1 次水素同位体効果 223
脱スルホン化 201
脱離基（leaving group） 45
——, 良好な 46

脱離反応 65
単純 Hückel 法 20
炭素同位体 1
炭素陽イオン（carbocation） 52
置換基定数（substituent constant） 185
中間体（intermediate） 40, 54
中心キラリティー 38
中性子（neutron） 1
超共役（hyperconjugation） 53, 90
超脱離基（super leaving group） 48
対アニオン（counter anion） 55
積み上げ原理（Aufbau principle） 2
テトラブチルアンモニウムクロリド（TBAB） 83, 153
1-テトラロン（1-tetralone） 209
3,4-デヒドロピリジン（3,4-dehydropyridine） 237
exo-cis-3-デュウテリオビシクロ [2.2.1]-2-ヘプチルトシラート 72
転位 56
電荷移動相互作用（charge-transfer interaction） 33
電気陰性度（electronegativity） 26
電気的に陰性 26
電気的に陽性 26
電子環状反応（electrocyclic reaction） 171
電子求引性基（electron-withdrawing group） 27, 28
電子供与性基（electron-donating group） 27, 28
電子の流れ図（electron-flow diagram） 37
電子の非局在化 26
同族元素 11
同面的（suprafacial） 169
トシルクロリド 47
ドデシルベンゼンスルホン酸ナトリウム（sodium dodecylbenzenesulfonate） 209
トランソイド（transoid） 168
トリアルキルボラン 148
2,4,6-トリニトロクロロベンゼン 217
トリフェニルホスフィン（triphenylphosphine） 105
トリフラート 48
トリメチルアミン 51
p-トルエンスルホニルクロリド（p-toluenesulfonyl chloride） 13
p-トルエンスルホン酸クロリド 47

トレオ（threo） 70
トレオース 99

Chichibabin（Tschitschibabin）反応 235
Dean-Stark トラップ 95
Dieckmann 縮合 130
Diels-Alder 反応 155, 167
s-trans 168

な 行

ナトリウムヒドリド 105
ナフタレン 198

二酸化硫黄 121
二酸化炭素 212
ニトリルの酸加水分解 98
ニトロ化 191
ニトロ化の配向性 192
1-ニトロナフタレン 198
2-ニトロナフタレン 198
ニトロニウムイオン（nitronium ion） 191
4-ニトロピリジン 229
4-ニトロピリジン-1-オキシド 230
二分子的求核置換反応（bimolecular nucleophilic substitution） 35
二分子的求電子付加反応（bimolecular electropholic addition reaction, AdE2） 138
二分子的脱離反応（bimolecular elimination reaction） 66

ねじれ形（staggered conformation） 6
熱反応 170
熱力学 31
熱力学支配（thermodynamic control）の反応 202

ノルカラン（norcarane） 150
ノルボルナン（norbornane） 71

は 行

配位共有結合 1
配位結合（coordination bonding） 33
裸のアニオン（naked anion） 64, 153
波動性 15
ハミルトン演算子 16
ハロゲン化 203
ハロゲン化アシル 121
ハロゲン化アルカノイル 121
ハロゲン化水素の付加 143

ハロゲン化物イオンの塩基性 83
ハロゲン化リン 11
ハロゲンの付加反応 138
ハロニウムイオン（halonium ion） 138, 140
反結合性 σ^* 分子軌道 48
反結合性 π^* 分子軌道 159
反結合性分子軌道（antibonding molecular orbital） 3
半占軌道（singly occupied molecular orbital, SOMO および SOMO'） 170
反転（inversion） 54
反応座標（reaction coordinate） 31
反応速度論 35
反応定数（reaction constant） 186
反応のエネルギー図 31
反面的（antarafacial） 169

光反応 170
光励起状態 170
非共有電子対（unshared electron pair） 10
非局在化エネルギー（delocalization energy） 163
非結合性分子軌道（nonbonding MO） 48
非結合電子対（nonbonding electron pair） 10
ビシクロ[2.2.1]ヘプタン 71
ヒドラジン 101
ヒドラゾン 101
ヒドリドイオン（hydride ion） 110
ヒドリド還元 135
2-ヒドロキシ-2-フェニル酢酸 100
o-ヒドロキシ安息香酸 213
ヒドロキシカルボン酸 97
α-ヒドロキシケトン 131
ヒドロホウ素化—酸化反応 147
非プロトン性極性溶媒 63
非芳香族（nonaromaticity） 182
ピボット原子 38
比誘電率（dielectric constant） 29
標準エンタルピー変化 31
標準エントロピー変化 31
ピリジン 225
ピリジン-1-オキシド 229
ピリジン-3-スルホン酸 231
ピリジンの共役酸 227
ピリダイン（pyridyne） 237
4-ピリドン 236
ピルビン酸 29
ピロール 225
ピロールの共役酸 227

フェニルアニオン 26
1-フェニルエテン（スチレン） 71
1-フェニルプロペン 142
1,2-付加 109
1,4-付加 108
付加水素 123
付加—脱離機構 215
不均化反応（disproportionation reaction） 112
福井謙一 19
不斉炭素（asymmetric carbon） 37
1,3-ブタジエン 160
t-ブチル基 55
1-ブチルリチウム 106, 107
γ-ブチロラクトン 123
ブテニルラジカル（butenyl radical） 174
1-ブテン 74
cis-2-ブテン 74
trans-2-ブテン 74
部分速度係数（partial rate factor） 194
部分ラセミ化（partial racemization） 54
α,β-不飽和カルボニル化合物 104
フラン 225
プロキラル（prochiral） 97, 142
1-ブロモ-2-フェニルエタン 41
1-ブロモ-2-メチルプロパン 41
2-ブロモ-2-メチルプロパン 41, 52
2-ブロモオクタン 39
1-ブロモナフタレン 205
ブロモニウムイオン（bromonium ion） 140
1-ブロモブタン 68
2-ブロモブタン 37
2-ブロモプロパン 41
ブロモメタン（bromomethane） 34
ブロモメタンの全分子軌道 49
フロンティア電子理論 19, 48, 169
分散力（dispersion force） 32
分子軌道法 15
分子内アセタール化反応 95
分子内エステル化反応 122

β-アノマー 93
1,3,5-ヘキサトリエン構造 177
ヘキサメチルリン酸トリアミド（hexamethylphosphoric triamide, HMPA, HMPT） 63
ベタイン 106
ヘテロ環化合物（heterocyclic compound） 224
ヘミアセタール（hemiacetal） 92
ペリ環状反応（pericyclic reaction）

索引

167
ヘリシティー 38
ベンザイン（benzyne） 220
ベンジリデンアセトフェノン 109
ベンゼニド（benzenide） 26
ベンゼノニウムイオン（benzenonium ion） 187
変旋光（mutarotation） 93
ベンゼンスルホン酸 200
ベンゼンの単純 Hückel MO 179
1,3-ペンタジエニルラジカル 175
ペンタン-2,4-ジオン 29
2,4-ペンタンジオン 87
変分法 16, 157

方位量子数 2
芳香族 S_N1 反応 215
芳香族 S_N2 反応 215
芳香族化合物（aromatic compound） 177
芳香族求核置換反応 215
芳香族求電子置換反応 186
芳香族求電子置換反応のエネルギー図 187
芳香族ケトカルボン酸 209
芳香族ケト酸 209
芳香族性（aromaticity） 180
包接錯体 64
保持（retention） 54
ポテンシャルエネルギー図 39
ボラン（BH_3） 110
ホルマリン（formalin） 89
ホルミルカチオン（formyl cation） 211
ホルミル基 93
ホルムアルデヒド（formaldehyde） 89

π 電子の非局在化 178
π 電子密度 164
Blanc-Quelet 反応 211
Brönsted-Lowry の定義 21
Brown, H. C. 75, 147
Faraday 177
Finkelstein 反応 42
Fischer の投影式 92
Friedel-Crafts アルキル化 205
Hammett 則 185
Haworth 投影式 93
Henderson-Hasselbalch の式 23
Hofmann 則 74
Hofmann 脱離 74
HOMO のエネルギー 198
Hückel 分子軌道法 20, 156
Hückel の（$4n + 2$）則 180

Hückel 則 180
Hund の規則（Hund's rule） 2
Pauling, L. 5
Pauli の原理（Pauli の排他律，Pauli's principle） 2
p-d 相互作用 13
Pedersen, C. J. 64
pK_a 23
——，H_2 の 106
——，アセトンの 130
——，アミンの 25
——，エチルアセトアセテートの 128
——，ギ酸（HCOOH）の 27
——，酢酸の 30
——，酢酸メチルの 130
——，ジイソプロピルアミンの 69
——，シクロペンタンの 182
——，無機 Brönsted 酸の 24
——，モノ置換安息香酸の 182
——，有機 Brönsted 酸の 24
PM3 計算 143
van der Waals 相互作用 32
van't Hoff プロット 33

ま 行

マーキュリニウムイオン（mercurinium ion） 146
マンデル酸 100

水の付加 145

無極性溶媒（nonpolar solvent） 30
無水フタル酸（phthalic anhydride） 209
無水マレイン酸 168

メシラート 48
メソメリー効果（mesomeric effect） 85
メタニド（methanide） 26
メタ配向性（meta directing） 184
メタンの分子軌道 18
2-メチル-2-ブトキシドイオン 68
メチルアニオン 26
メチルトリオクチルアンモニウムクロリド（TOMAC） 153
2-メチルプロパン酸エチル 128
2-メチルプロペン 143
メチレン 150
面性キラリティー 38

モノアルキルボラン 148

Markovnikov 則（Markownikoff 則） 144
Meerwein-Ponndorf-Varley 還元 113
Menschutkin 反応 42
Michael 受容体 131
Michael 付加反応 131
MOPAC 48
MOPAC 計算 50

や 行

有機カドミウム 133
誘起効果（inductive effect） 27
誘起双極子（induced dipole） 141
誘起双極子-誘起双極子相互作用 32
有機リチウム 132

陽子（proton） 1
溶質-溶媒相互作用（solute-solvent interaction） 32
溶媒効果（solvent effect） 60, 80
——，S_N1 反応の 61
——，S_N2 反応の 61
溶媒和 32

ら 行

ラクトン 98, 122
ラジカル解裂（homolysis） 51
ラセミ化 54
ラセミ化率 54

リチウムジイソプロピルアミド（lithium diisopropyl amide, LDA） 68
立体異性体（stereoisomer） 7, 8, 37
立体障害（steric hindrance） 6, 40
立体特異的（stereospecific） 38
立体配座（conformation） 6, 37
立体配座異性体（conformational isomer, conformer） 6, 8
立体配置（configuration） 37
立体配置異性体 8
粒子性 15
量子化 2
量子数 2
両親媒性（amphiphilic） 153
リンイリド 105

レプリカ原子 38

ローブ（lobe） 7, 48

243

LCAO MO 法（Linear Combination of Atomic Orbital Molecular Orbital Theory） 15

Lehn, J.-M. 69
Lewis の8電子則 4
Lewis 塩基 21
Lewis 構造式 4
Lewis 酸 21
Lewis の定義 21
Raney Ni 155

わ 行

Wagner-Meerwein 転位（Wagner-Meerwein rearrangement） 57
Walden 反転 37

参 考 図

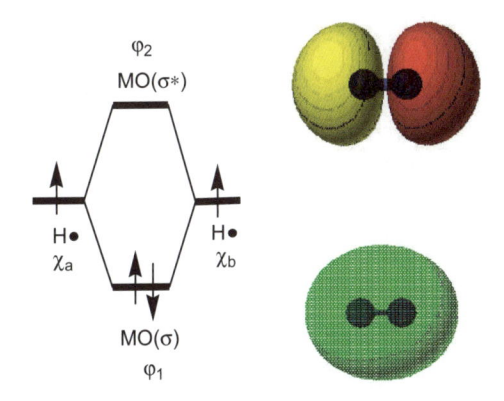

参考図1　水素分子の結合性 σ 分子軌道と反結合性 σ* 分子軌道 (p.18 参照)

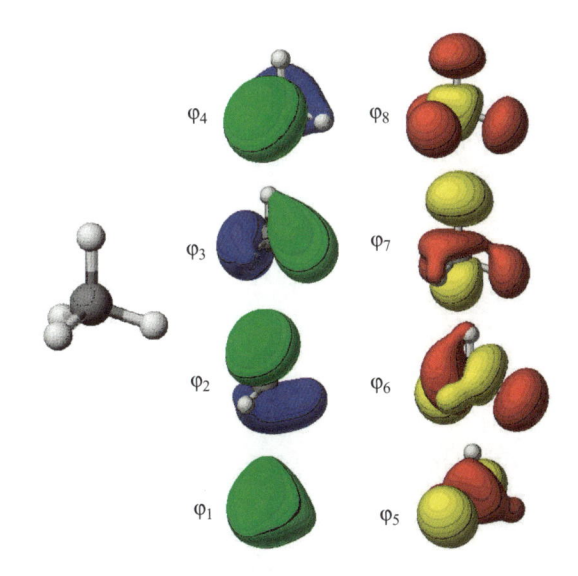

参考図2　メタンの分子軌道（AM1 計算）(p.19 参照)

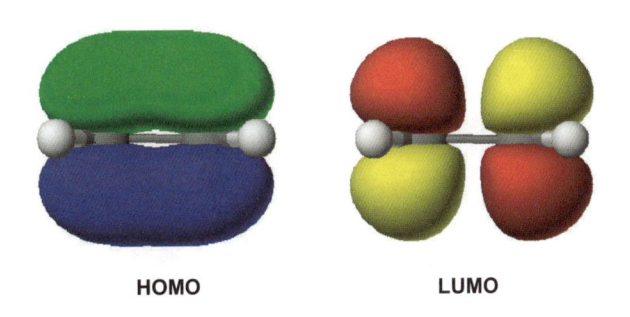

HOMO　　　**LUMO**

参考図3　エチレン（エテン）の HOMO と LUMO　（AM1 計算結果）(p.19 参照)

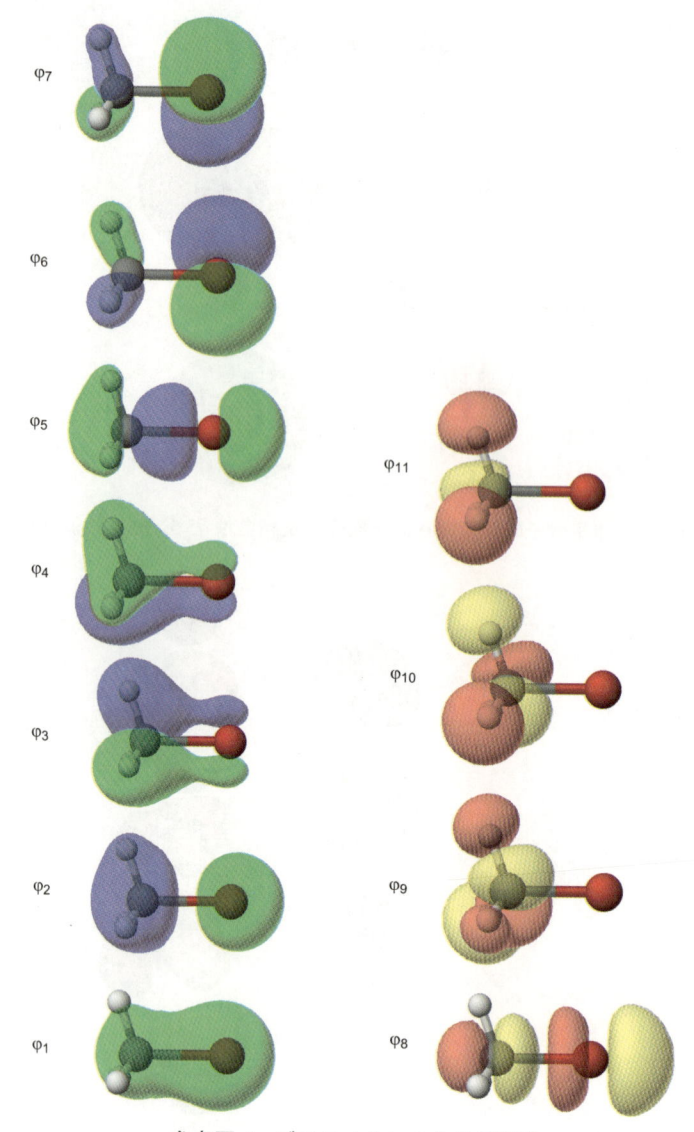

参考図4　ブロモメタンの全分子軌道
左側は結合性 σ MO と非共有電子対の入る非結合性 MO であり，右側は反結合性 σ*MO である。(p.49 参照)

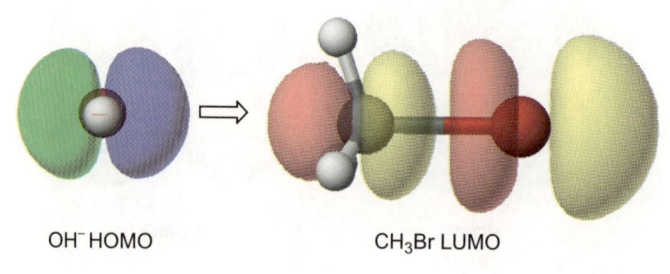

OH⁻ HOMO　　　　　CH₃Br LUMO

参考図5　ブロモメタンの LUMO と水酸化物イオンの HOMO との相互作用 (p.50 参照)

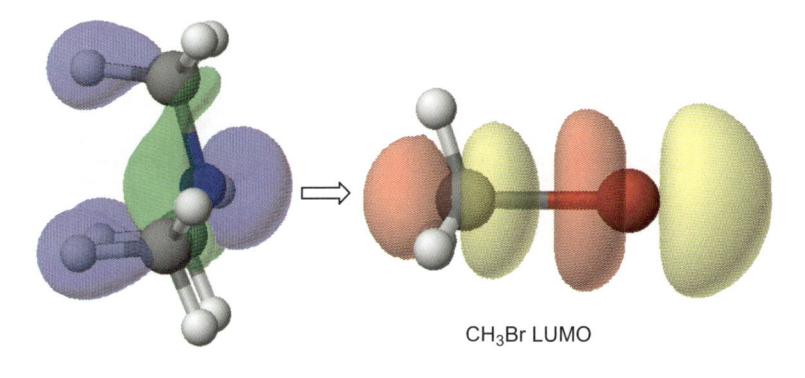

trimethylamine HOMO

CH₃Br LUMO

参考図 6　Menschutkin 反応における HOMO-LUMO 相互作用（p.50 参照）

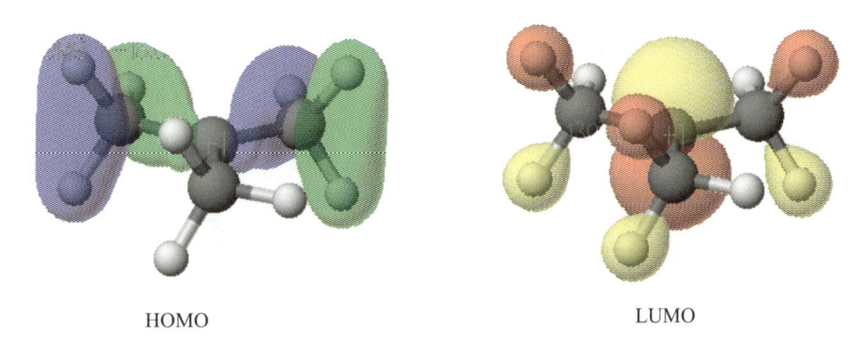

HOMO

LUMO

参考図 7　1,1-ジメチルエチルカチオンの HOMO と LUMO（p.59 参照）

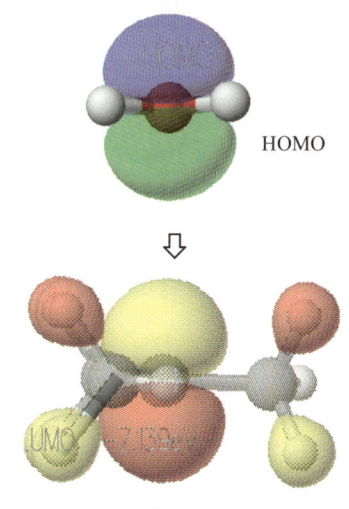

HOMO

LUMO

参考図 8　1,1-ジメチルエチルカチオンの LUMO と水の HOMO との相互作用（p.59 参照）

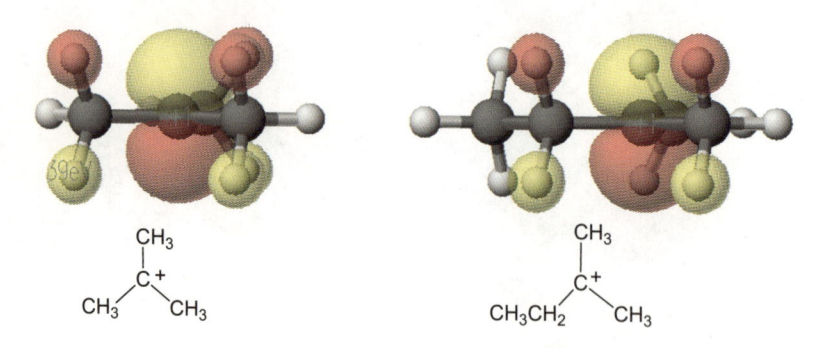

参考図 9　カルボカチオンの LUMO（p.80 参照）

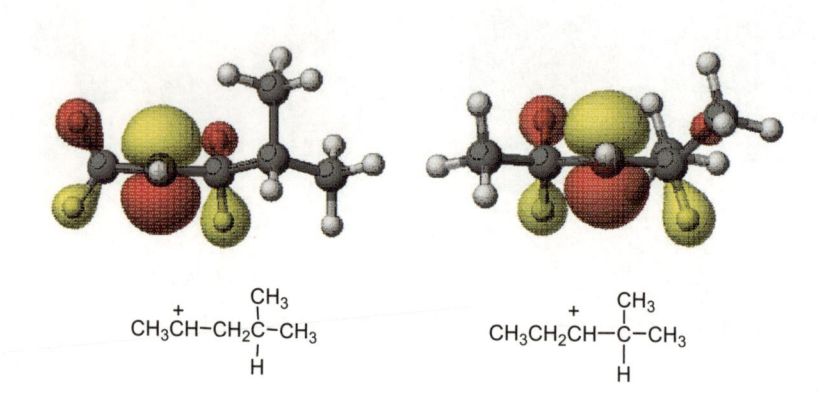

参考図 10　転位する第 2 級カルボカチオンの LUMO（p.80 参照）

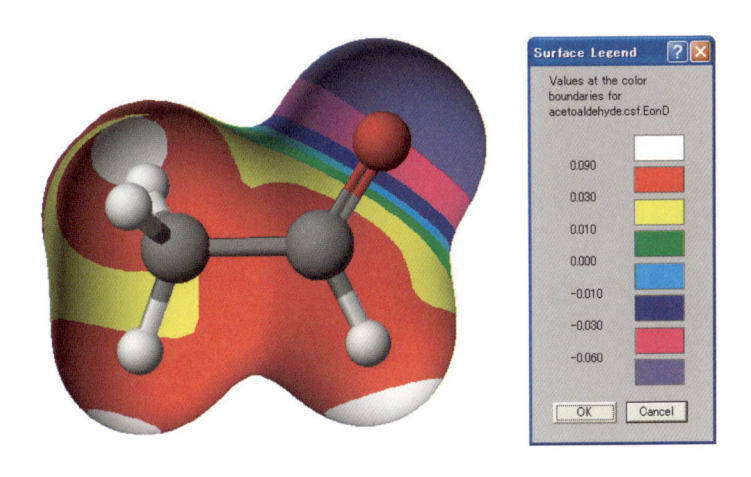

参考図11　アセトアルデヒドの静電ポテンシャル分布（AM1 計算）(p.86 参照)
カルボニル炭素が正に酸素が負に分極していることが分かる。

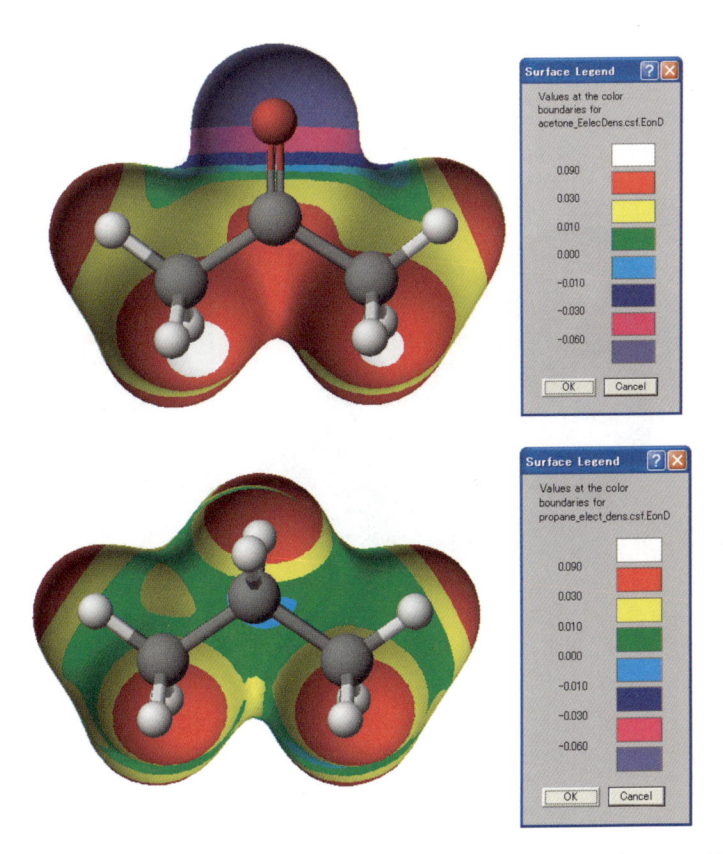

参考図12　アセトン（上）とプロパン（下）の静電ポテンシャル分布（AM1 計算）
(p.88 参照)

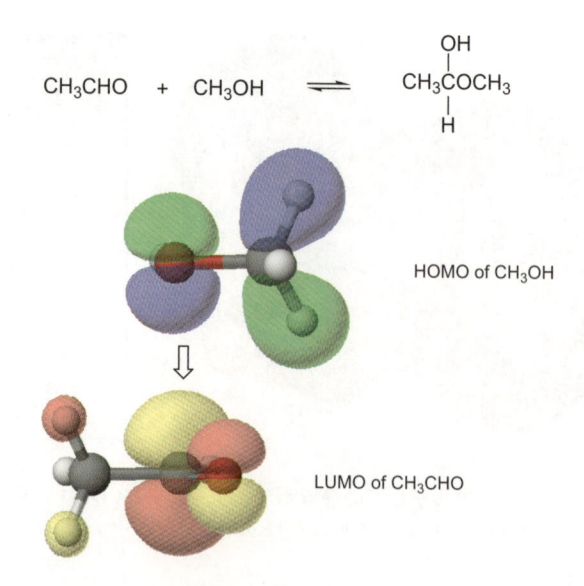

参考図 13　ヘミアセタール化反応におけるアセトアルデヒドの LUMO とメタノールの HOMO との相互作用（p.115 参照）

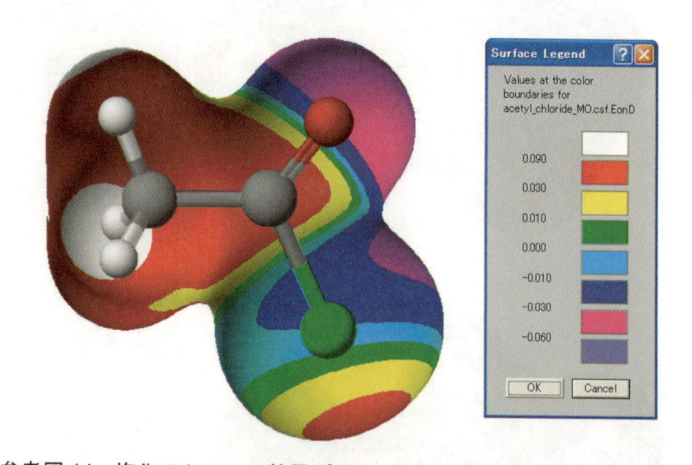

参考図 14　塩化アセチルの静電ポテンシャル　（AM1 計算）（p.118 参照）

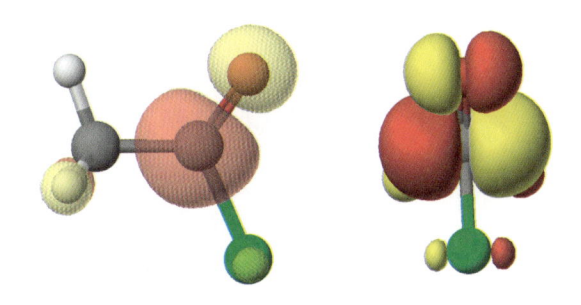

参考図 15　塩化アセチルの LUMO（AM1 計算）(p.136 参照)

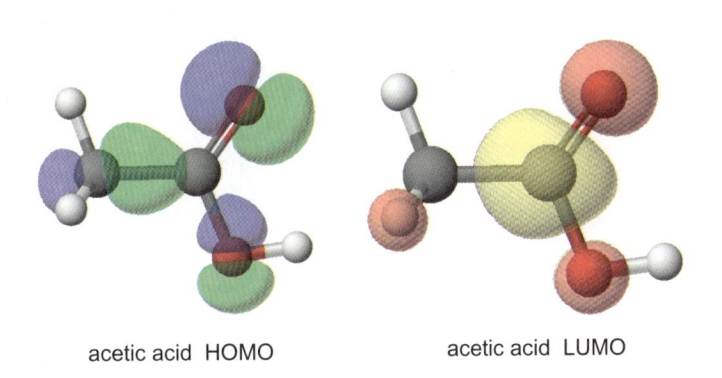

acetic acid HOMO　　　　　acetic acid LUMO

参考図 16　酢酸の HOMO と LUMO（AM1 計算）(p.137 参照)

参考図 17　エテン（エチレン）の HOMO と Br_2 の LUMO　（AM1 計算）(p.143 参照)

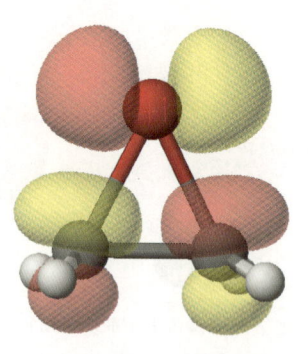

参考図18　エテン（エチレン）のブロモニウムイオンの LUMO（PM3 計算）(p.143 参照)

参考図19　ボランの LUMO（左）と 2-メチルプロペンの HOMO（右）（AM1 計算）(p.148 参照)

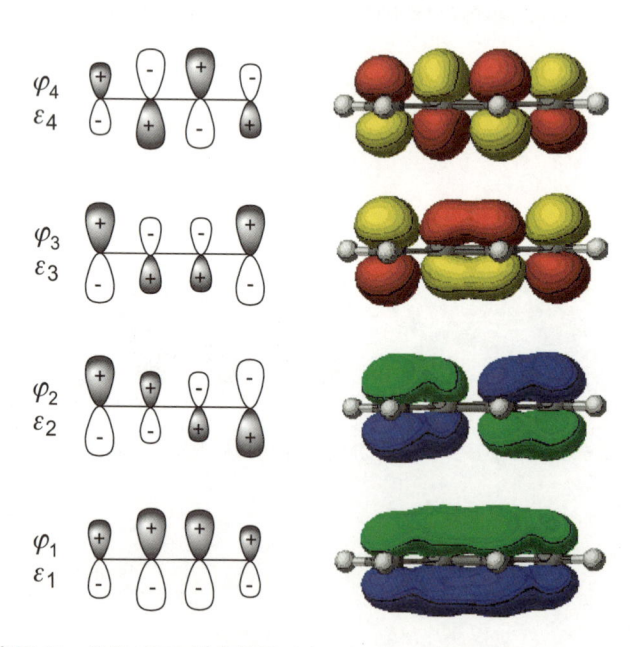

φ_4
ε_4

φ_3
ε_3

φ_2
ε_2

φ_1
ε_1

参考図20　単純 HMO 計算結果（左）と AM1 計算結果（右）(p.163 参照)

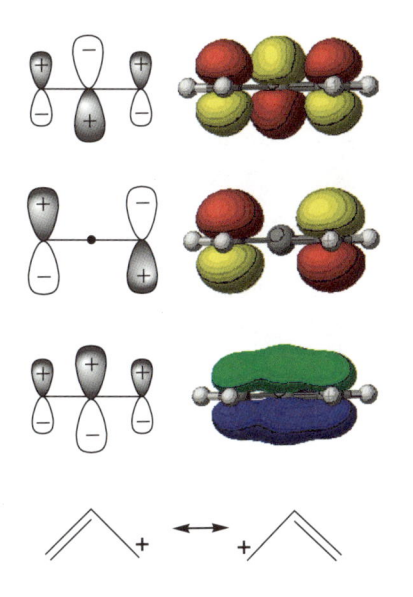

参考図 21　アリルカチオンの単純 HMO および AM1 計算結果とアリルカチオンの共鳴（p.166 参照）

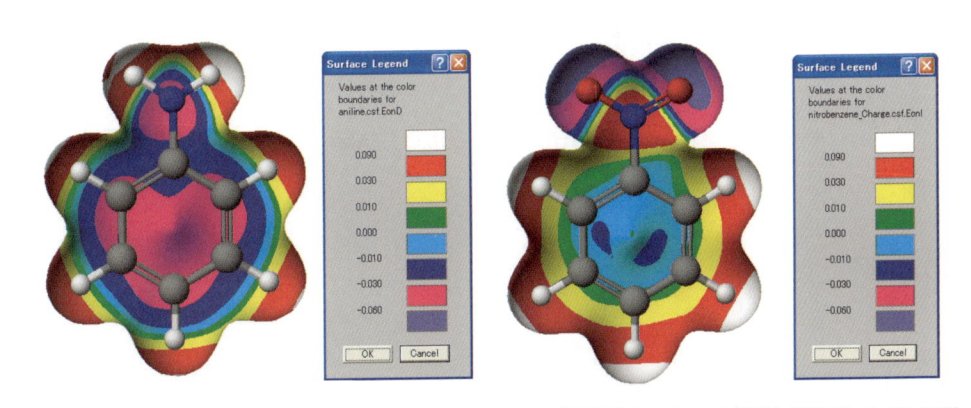

参考図 22　アニリン（左）とニトロベンゼン（右）の静電ポテンシャル計算（AM1）（p.185 参照）

LUMO

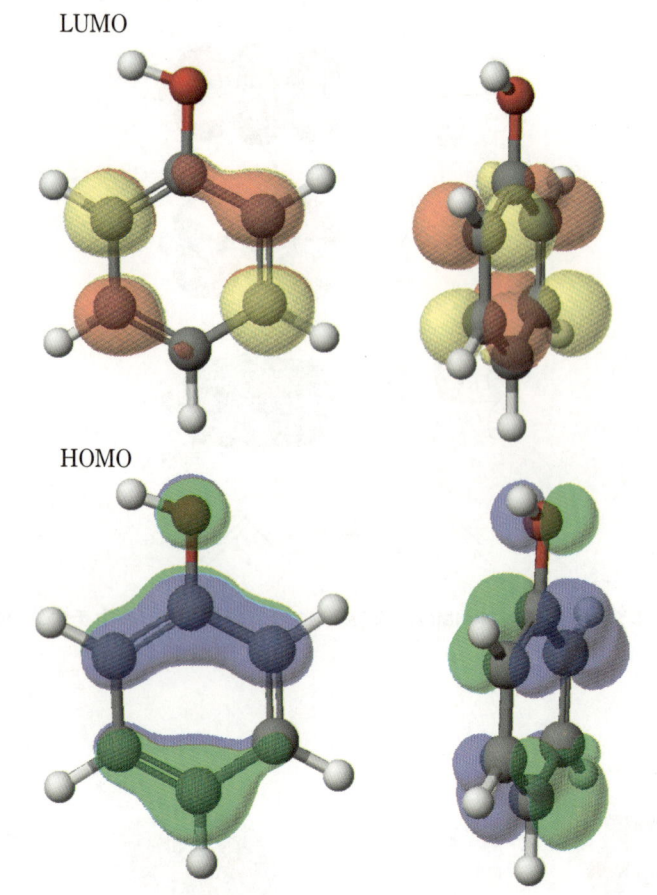

HOMO

参考図23 フェノールの HOMO と LUMO （AM1 計算）(p.189 参照)

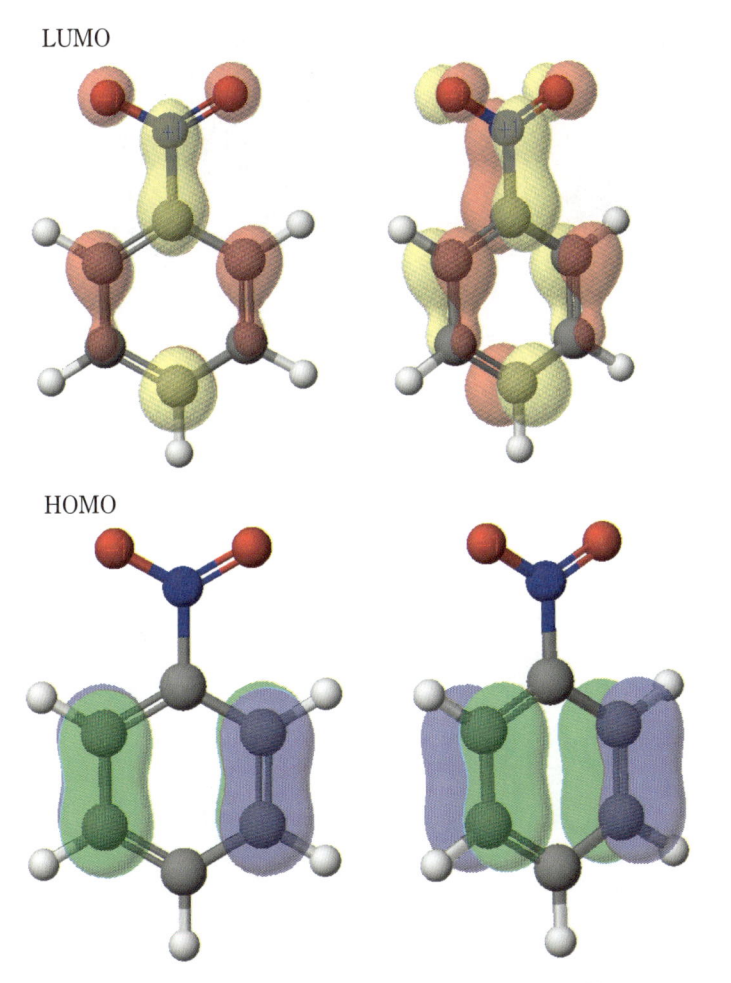

参考図24　ニトロベンゼンのHOMOとLUMO　（AM1計算）(p.190参照)

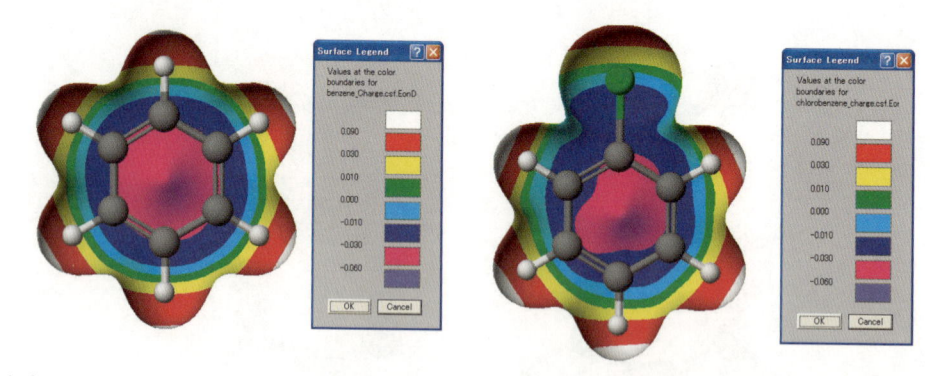

参考図 25　ベンゼン（左）とクロロベンゼン（右）の静電ポテンシャル計算（AM1）(p.193 参照)

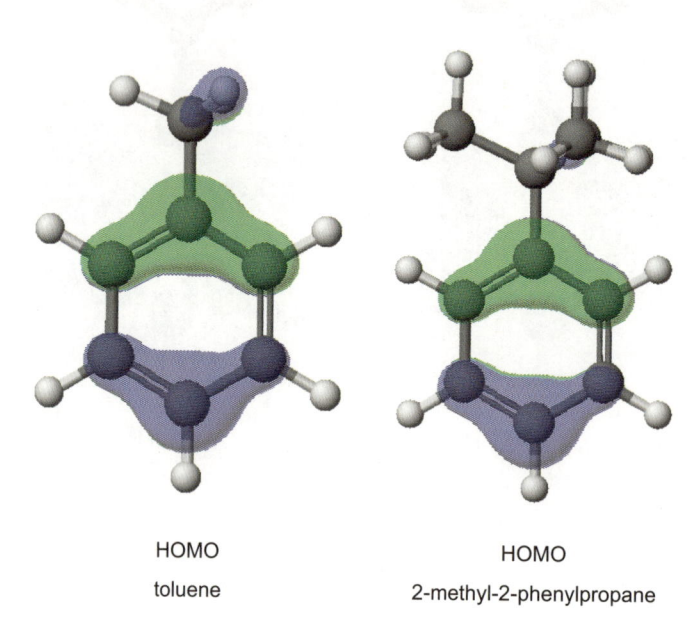

HOMO
toluene

HOMO
2-methyl-2-phenylpropane

参考図 26　トルエンと 2-メチル-2-フェニルプロパンの HOMO（AM1 計算）(p.196 参照)

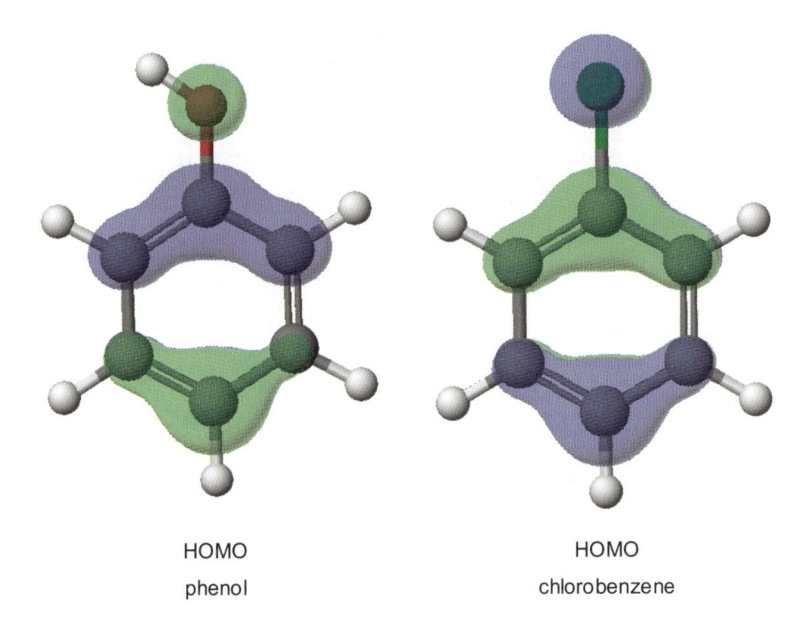

HOMO
phenol

HOMO
chlorobenzene

参考図 27　フェノールおよびクロロベンゼンの HOMO（AM1 計算）(p.196 参照)

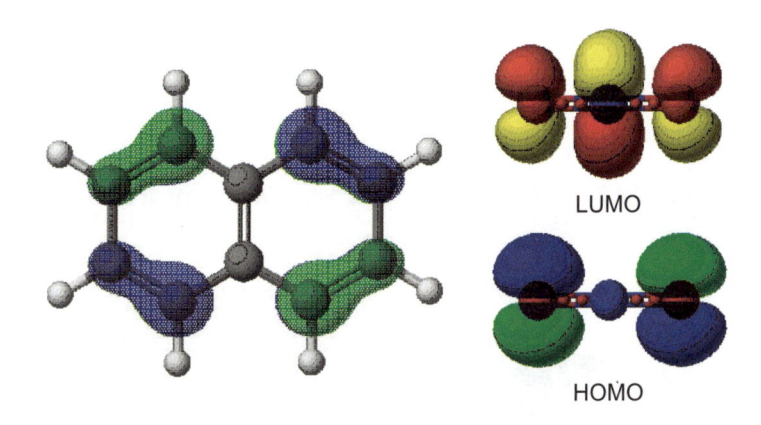

LUMO

HOMO

参考図 28　ナフタレンの HOMO とニトロニウムイオンの HOMO と LUMO（AM1 計算）(p.200 参照)

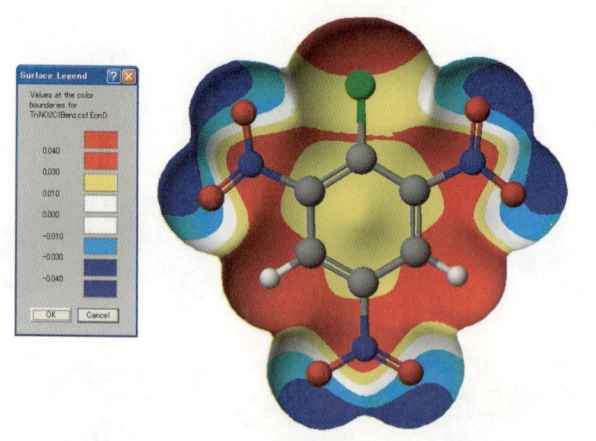

参考図29　2,4,6-トリニトロクロロベンゼンの静電ポテンシャル（AM1 計算）(p.217 参照)

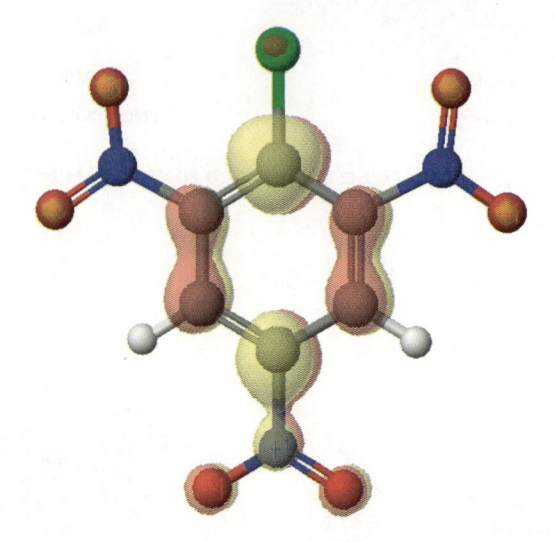

参考図30　2,4,6-トリニトロクロロベンゼンの LUMO（AM1 計算）(p.218 参照)

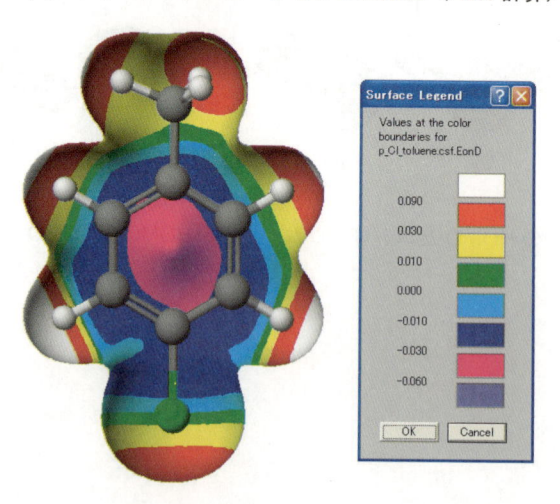

参考図31　p-クロロトルエンの静電ポテンシャル（AM1 計算）(p.221 参照)

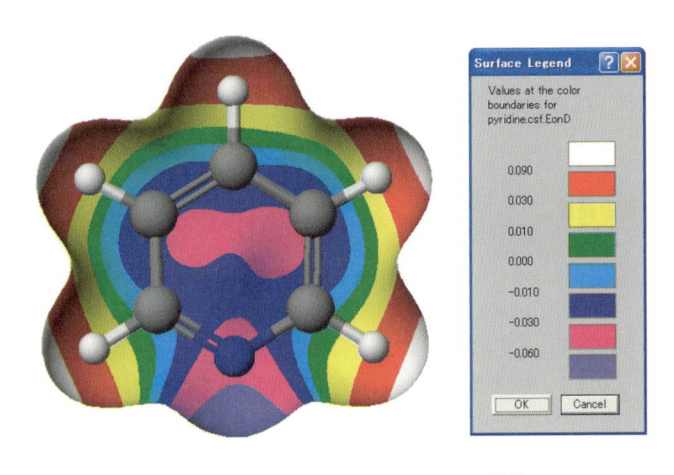

参考図 32　ピリジンの静電ポテンシャル（AM1 計算）（p.225 参照）

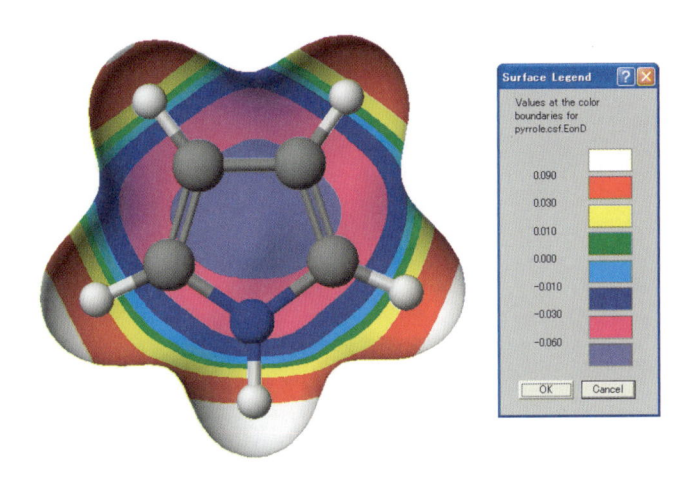

参考図 33　ピロールの静電ポテンシャル（AM1 計算）（p.227 参照）

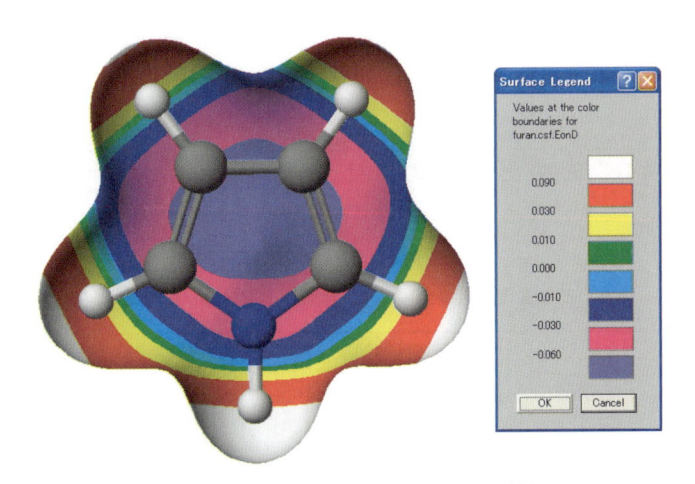

参考図 34　フランの静電ポテンシャル（AM1 計算）（p.228 参照）

著者略歴

加納　航治（工学博士）
（かのう　こうじ）

　1966年　同志社大学工学部工業化学科卒業
　1972年　同志社大学大学院工学研究科博士課程修了
　2014年　同志社大学大学院工学研究科教授定年退職
　現　在　同志社大学名誉教授
　専　門　生体機能化学，超分子化学

有機反応論
（ゆうきはんのうろん）

2006年4月20日　初版　第1刷発行
2016年3月1日　初版　第4刷発行

　　　　　　　　　　　　　　　　　　Ⓒ　著者　加　納　航　治
　　　　　　　　　　　　　　　　　　　　発行者　秀　島　　　功
　　　　　　　　　　　　　　　　　　　　印刷者　荒　木　浩　一

発行所　三共出版株式会社　東京都千代田区神田神保町3の2
　　　　　　　　　　　　　郵便番号 101-0051　振替 00110-9-1065
　　　　　　　　　　　　　電話 03-3264-5711　FAX 03-3265-5149
　　　　　　　　　　　　　http://www.sankyoshuppan.co.jp

一般社団法人 日本書籍出版協会・一般社団法人 自然科学書協会・工学書協会　会員

製版・印刷・製本　アイ・ピー・エス

JCOPY ＜(社)出版者著作権管理機構 委託出版物＞
本書の無断複写は著作権法上での例外を除き禁じられています。複写される場合は，そのつど事前に，(社) 出版者著作権管理機構（電話 03-3513-6969，FAX 03-3513-6979，e-mail:info@jcopy.or.jp）の許諾を得てください。

ISBN 4-7827-0525-5